普通高等院校经济与贸易类专业精品系列教材

国际贸易实务

主　编　高云龙　张少楠
副主编　王　丁　张晓宁

北京理工大学出版社
BEIJING INSTITUTE OF TECHNOLOGY PRESS

内 容 简 介

本教材整体结构采用"总分"方式。

导论和第一章是对教材内容的总体介绍,第二章至第十二章分别为具体的国际贸易合同条款内容,分别包括贸易术语、合同标的、国际货物运输及保险、商品价格与国际货款支付,以及商品检验、索赔、仲裁和不可抗力等条款内容。

本教材突出国际贸易实务操作细节和真实案例的讲解,结合企业、银行最新操作实践,配合知识点设置了大量的线上素材提供扩展知识。

本教材可供大学经管类本科生和研究生教学使用,也可供职业类院校学生作为参考用书,还可供社会人士自学使用。

版权专有 侵权必究

图书在版编目(CIP)数据

国际贸易实务 / 高云龙,张少楠主编. --北京:北京理工大学出版社,2023.9(2025.8 重印)
ISBN 978-7-5763-2829-5

Ⅰ. ①国… Ⅱ. ①高… ②张… Ⅲ. ①国际贸易-高等学校-教材 Ⅳ. ①F74

中国国家版本馆 CIP 数据核字(2023)第 164742 号

责任编辑:申玉琴	**文案编辑**:申玉琴
责任校对:刘亚男	**责任印制**:李志强

出版发行 /	北京理工大学出版社有限责任公司
社　　址 /	北京市丰台区四合庄路 6 号
邮　　编 /	100070
电　　话 /	(010)68914026(教材售后服务热线)
	(010)68944437(课件资源服务热线)
网　　址 /	http://www.bitpress.com.cn
版 印 次 /	2025 年 8 月第 1 版第 3 次印刷
印　　刷 /	三河市天利华印刷装订有限公司
开　　本 /	787 mm×1092 mm 1/16
印　　张 /	19.5
字　　数 /	458 千字
定　　价 /	49.80 元

图书出现印装质量问题,请拨打售后服务热线,负责调换

前 言
PREFACE

习近平总书记在党的二十大报告中强调,"中国坚持对外开放的基本国策,坚定奉行互利共赢的开放战略""推进高水平对外开放"。建设贸易强国和推动共建"一带一路"高质量发展是高水平对外开放的根本要求。为实现二十大所确立的目标,我国高校需要培养更多优秀的国际经济贸易人才。

新时代中国对外贸易发展迅速,客观上也需要大量优秀的国际经济贸易人才。2022年,中国货物进出口总值首次突破40万亿元关口,连续6年保持世界第一货物贸易国地位。随着中国货物进出口规模的不断扩大,相关贸易操作实务也在不断调整,出现了一些新的规则和习惯做法,对课程教学提出了新的要求。

国际贸易实务作为讲解货物进出口实际操作的课程,必须紧密跟随货物对外贸易实践发展的需要,也必须满足当前学生培养目标的需要。十八大以来,中国对外贸易发展迅速,相关领域呈现出各种新现象,主要表现在以下方面:

- 中国已是世界130多个国家(地区)的最大贸易伙伴;
- 中国已经签署20个自由贸易协定;
- 包括中国公司在内的跨国公司内部贸易增长迅速;
- 中国优秀企业数量庞大;
- 境外贸易伙伴的需求特征和信用水平迥异;
- 进出口商品种类繁多;
- 中国和国际各种制度、规则不断更新,影响不断扩大;
- 跨境电商与国际服务贸易大发展。

这些新的贸易实践对当前国际贸易实务教材提出了新的要求。

本教材编写组在结合长期教学经验的基础上,通过整理最新国内法律法规和国际惯例,以及企业、银行最新操作实践,并参考大量实务类教材完成了本教材的编写。

本教材的编写理念分为六个方面:深入贯彻思政教育、以英语表述为核心、真实案例贯穿全书、严格以最新规范为基础、关注细节知识点、设置丰富线上资源。

第一,深入贯彻思政教育。

编写组认真学习领会教育部《高等学校课程思政建设指导纲要》(2020年)的要求,坚持不懈用习近平新时代中国特色社会主义思想铸魂育人,引导学生了解世情国情党情民情。在导论中专门设置"国家利益与企业利益、个人利益间的平衡"一节,培养学生的家国情怀，从实务操作的角度讲解社会主义核心价值观，融爱国与爱岗敬业于无形中，避免了刻板的说教。通过引用国内最新相关法规和制度，无形中塑造学生懂法守规的专业意识，也使学生认识到中国在制度建设方面取得的成绩；在线上知识库方面，对国内展会、国内规章、企业规范以及国内优秀企业和机构进行介绍，引导学生了解国情，培养学生的国家自豪感和民族自信心；在应用案例方面，设置相关思考题目，引导学生思考企业管理方面的问题，提高学生的岗位职责意识，促进学生爱岗敬业意识的培养；通过对国际相关机构、企业及制度的介绍，丰富学生的知识结构，增长学生的见识，有助于塑造学生的国际视野。

整体上本教材通过更新相关知识点，以大量真实案例和知识库等方式讲解国内外贸易领域相关情况，能够坚定学生的社会主义制度自信，提高学生的爱国和敬业情怀，引导学生深刻理解守诚信和崇正义等中华优秀传统文化。

第二，以英语表述为核心。

目前英语仍然是国际贸易交易中应用最为广泛的语言，作为国际贸易领域的初学者，在校学生必须从国际贸易实务教材中获得最基础贸易用语的英语表达方式。

本教材对国际贸易实践中常见的专用名词都做了中英文标注，部分词语标出了多个英文常用表达方式，对于一些不适于用中文表达的词语或语句均以英文表达为主。

举例如下：

1. 国际商会（ICC）在《国际商会国际销售示范合同（制成品，2013年修订版）》（ICC 第 738E 号出版物）合同条款内容包括：

（1）Goods Sold（Packages, Item Description, Origin, Quantity）；

（2）Contract Price（Currency, Amount）；

（3）Delivery Terms（According to the Incoterms® Rules）；

（4）Time of Delivery；

（5）Inspection of the Goods；

（6）Payment Conditions；

（7）Documents Provided by Seller；

（8）Liability for Delay；

（9）Applicable Law；

（10）Resolution of Disputes（Arbitration or Litigation）。

2. 关于商品型号举例：Part Number：USB4105, USB Type C Receptacle Range；Part Number：USB3075, Micro USB Receptacle, 5 PIN, Type B。

3. 数量单位举例：5 000MT（公吨），100 000Pairs（双），100Drums（桶），900Boxes（箱），80CBMS（立方米）等。

4. 多种英文表述：船东管装管卸（FLT, Full Liner Terms；Liner Terms, Gross Terms, Berth Terms）；进口滞期费（IB DEM, Inbound Demurrage, Import Demurrage）；收款人（Beneficiary, Payee, Remittee）等。

5. 强调英文为中心词汇：指示提单是指"Consignee（收货人）"栏填写了"To Order"或"To Order of"等文字的提单。强调该定义的核心词汇是英文的"To Order"或"To Order of"，而非中文的"凭指定"一词。

线上资源"英文词汇索引"快速查找英文词汇或缩写形式的中文含义。

第三，真实案例贯穿全书。

本教材从中国裁判文书网、中国各级法院网以及相关期刊选编了大量真实案例，短的案例约400字，长的案例约2 000字。根据各章的知识点设置了相应的导入案例和应用案例。导入案例使学生在正式学习该章内容之前，对设置的问题先行思考；章节知识点后面设置的应用案例，进一步引导学生深入理解相关知识点。

比如在第七章国际货物运输开篇之前设置导入案例，并列出思考题目：

1. 请问浙江云龙公司为何采用海运方式运输该批货物？
2. 请问浙江云龙公司为何会弄错目的地？该公司管理上存在哪些问题？
3. 进口方拒绝提货的原因可能有哪些？
4. 浙江云龙公司在货到目的港9个多月后才申请退运，在公司管理上存在哪些问题？

比如在第十章国际货款支付中讲解托收之后，设置应用案例，并列出案例中的关键点：①托收行国际寄单无错，但快递公司出错；②国际快递公司在目的地遭欺骗，且私自变更单据收件人，被买家拿走；③买家系骗子，用正本提单提货；④中国出口企业未能识别国外骗子，但损失最后由快递公司承担；⑤如果快递公司正确交付代收行，国外买家肯定不会付款赎单，中国出口企业需要对货物进行处理。

本教材中的导入案例和应用案例（除注明出处外）主要来自中国裁判文书网，为配合教学需要，编写组对原裁判文书中参与企业名称、时间、地点、部分情节以及合同相关内容进行了改编，但基本保留了案例中的主要纠纷点。

第四，严格以最新规范为基础。

中国企业在国际贸易活动中需遵守国内外法规、管理等制度，必须掌握最新的相关规定。

本教材尽可能对涉及的相关法律、法规、公约、惯例等注明生效年份或版本号。比如注明《协调制度》（2022年版）、《中华人民共和国进出口商品检验法》（2021年修正）、中国《强制性产品认证目录描述与界定表（2020年修订）》，2022年1月1日同时生效的《中华人民共和国进口食品境外生产企业注册管理规定》《出口食品生产企业申请境外注册管理办法》，《中华人民共和国知识产权海关保护条例（2018年修订）》、《中华人民共和国海关进出口货物报关单填制规范》（2019年修订），中国与欧盟于2020年签署《中国与欧盟地理标志保护与合作协定》以及《中华人民共和国国际海运条例实施细则》（2019年修订）、《统一杂货租船合同（2022版）》等。

本教材基于目前业内的主要操作规范对一些名词的表述做了调整，比如将"汇付"改为"汇款"，将"仓至仓"条款改为"仓至仓"责任，将"基本险"改为"主险"。

本教材对班轮运费的讲解做了较大的调整，将现有教材流行的班轮运费计算调整为"散杂货物基本运费"，并做了相应删减，增加了"集装箱货物基本运费"，对现有教材对"滞期费"的解释进行了分解，分为"班轮方式下的滞期费"和"航次租船方式下的滞期费"。

第五，关注细节知识点。

本教材对一些细节知识点进行了较为全面的总结和分析，并对一些表述做了调整，举例如下：

1. 对2020通则十一个术语之间的区别与联系做了较为详细的总结归纳，在第五章第三节按照术语的不同特征分为五组进行讲解，并对所有术语的共同点进行总结，以便于学生掌握。同时，对各主要分组术语还配了相应的押韵词，以提高教学的乐趣性，比如针对

FOB、CFR 和 CIF 一组术语，配合的押韵词如下：

船上组术语词
腾云遁地非我能，水中遨游我称雄。
卖家备货运码头，报关报检手续清。
货置船上起身行，风险担当交换中。
纵使狂风巨浪起，卖家交货靠单证。
运输保险卸货费，通盘考虑需商定。
FOB 最经典，买家操盘抖机灵。
CFR 好中庸，运输保险有互动。
CIF 传承久，卖家运筹善经营。

2. 对"仓至仓"责任关键点进行解释。"仓至仓"责任起讫体现在以下关键点上。

开始时的一个关键点："仓至仓"责任开始于被保险货物离开保险单载明的起运地的仓库开始运输时，关键点是在该仓库内以及装车时保险责任均未开始。

终止时的三个关键点："仓至仓"责任结束于货物到达保险单载明的目的地收货人的最后仓库。其一，到达仓库必须完成货物卸载并放置在指定仓库内的合理位置，收货人需正式接收货物，如果在仓库卸货时货物受损，仍处于保险责任期间；其二，该仓库必须是收货人指定，如果货物卸载后到达承运人或货代的仓库，则保险责任仍未终止，但以卸船后 60 天为限；其三，货物在目的地卸载后运往外地时，保险责任在开始转运时终止。

为了对"仓至仓"责任进行更加明晰的解释，还设置了一个应用案例。

3. 专门对电汇、托收和信用证的费率进行了讲解。现有教材通常只是提到三种结算方式之间费用的高低对比，极少有教材列出具体费率，本教材结合招商银行的费率表做了讲解，提高了学生对结算方式费率的了解。

4. 对提单、保险单和汇票的具体背书情况做了详细讲解。比如，"To Order"抬头的指示提单的第一背书人是"Shipper"，"To Order of ABC"抬头的指示提单的第一背书人是 ABC 公司。

5. 对保险加费率做了更加详细的讲解。比如，保险费率与主险险别、附加险险别、航线以及货物种类等均有关系，通常情况下，一切险费率在 0.05% 左右，战争险和罢工险双险费率在 0.03% 左右，所以常规的一切险加战争险组合的保险费率一般不超过 0.1%，占货物总值的比重很低，因此保险费占出口成本可以忽略。

6. 通过每章的思维导图帮助学生掌握相关知识点间的联系（每章后所附思维导图为简版，读者可以通过扫描二维码查阅详细版的思维导图）。

第六，设置丰富线上资源。

本教材各章节的设置主要是向学生讲授国际贸易实务的基本操作知识点，对于很多实践中涉及的问题，编写组还精心编写了线上资源，既包括相关案例，也包括相关法规和相关扩展知识素材，以二维码链接的方式为学生自学提供支持，帮助学生了解复杂的贸易实践中需要掌握的多元知识。

本教材编写分工如下：

主编高云龙副教授和张少楠副教授合作设计了教材的编写框架和编写理念，对所有内容进行了审核。其中高云龙副教授负责编写导论、第一章至第四章，第六章和第九章，王丁博士与张晓宁博士共同编写了第七章和第八章，张少楠副教授编写了第十章，硕士研究生詹梓昕与何梦兰共同编写了第五章、第十一章和第十二章。线上资源中的案例由高云龙副教授编写,知识性素材由王丁博士整理编写,相关法规、政策等其他材料由硕士研究生詹梓昕与何梦兰整理编写。

为提高教学效果,教材中使用了一些银行、企业、政府机构等单位在各自官方网站中的公开资料,但不代表相关单位参与了本教材的编写,在此表示感谢!

为提高本教材相关内容的权威性并减少错误,编写组将相关章节的一些问题向外贸企业、物流企业、银行等专业人士做了咨询,并得到了有效的指导意见,在此表示感谢!

感谢河北经贸大学商学院国际贸易系李清主任,教务处马书刚副处长对本教材出版的大力支持!

本教材涉及内容繁多,因学识所限,难免存在错漏之处,编写组恳请国内学者、企业界专业人士和各位读者不吝指教,多提宝贵意见,在此表示感谢!以便再版时修正并丰富教材内容,反馈电邮:gyunlong@hueb.edu.cn。

2023年是习近平主席提出共建"一带一路"倡议十周年,愿这本教材能够助力我国更多优秀国际贸易从业人才的培养,支持"一带一路"倡议在全球的深入推广。同时在2023年河北经贸大学也迎来建校七十周年,本教材编写组谨以此书献给河北经贸大学,祝愿河北经贸大学各项事业蒸蒸日上!

编　者

目 录
CONTENTS

导 论 ··· (1)

第一章　国际贸易合同 ·· (16)
　　第一节　合同的内容 ·· (17)
　　第二节　合同中买卖双方的基本义务 ··· (20)
　　第三节　合同谈判过程 ·· (21)
　　第四节　合同样本 ··· (26)

第二章　国际贸易术语概述 ··· (31)
　　第一节　贸易术语的重要性及含义 ·· (32)
　　第二节　贸易术语的国际惯例 ··· (34)

第三章　FOB，CFR，CIF 术语 ··· (38)
　　第一节　FOB 术语 ··· (39)
　　第二节　CFR 和 CIF 术语 ··· (44)
　　第三节　贸易术语变形 ·· (46)

第四章　FCA，CPT，CIP 术语 ··· (50)
　　第一节　FCA 术语 ··· (51)
　　第二节　CPT 和 CIP 术语 ··· (53)

第五章　其他术语和术语的使用 ··· (58)
　　第一节　EXW，FAS 术语 ··· (59)
　　第二节　DAP，DPU，DDP 术语 ·· (62)
　　第三节　Incoterms® 2020 中术语的分类 ··· (65)

第六章　商品名称、质量、数量和包装 ·· (70)
　　第一节　商品名称 ··· (71)
　　第二节　商品质量 ··· (75)
　　第三节　商品数量 ··· (85)
　　第四节　商品包装 ··· (92)

第七章　国际货物运输 （103）
- 第一节　海洋运输方式 （104）
- 第二节　其他运输方式 （118）
- 第三节　装运条款 （131）
- 第四节　运输单据 （139）

第八章　国际货物运输保险 （166）
- 第一节　国际货物运输保险概述 （167）
- 第二节　海洋运输货物保险的保障范围 （171）
- 第三节　中国海洋运输货物相关保险条款 （179）
- 第四节　其他运输方式货物保险主险条款 （188）
- 第五节　合同保险条款与保险单 （191）

第九章　进出口商品价格 （202）
- 第一节　价格的构成 （203）
- 第二节　价格的核算 （210）
- 第三节　佣金和折扣 （216）
- 第四节　价格条款谈判原则 （218）

第十章　国际货款收付 （222）
- 第一节　票　据 （224）
- 第二节　汇款与托收 （233）
- 第三节　信用证付款方式 （244）
- 第四节　银行保函与备用信用证 （263）
- 第五节　付款方式与贸易融资 （264）

第十一章　商品检验 （273）
- 第一节　商品检验类型 （274）
- 第二节　合同检验条款 （276）

第十二章　争端解决与处理 （283）
- 第一节　索赔条款 （284）
- 第二节　仲裁条款 （287）
- 第三节　不可抗力条款 （293）

参考文献 （302）

导 论

以下出口案例包括了一个完整的国际贸易出口流程，涉及本教材各章节的相关知识点，请认真阅读，可不求甚解，相关疑问会随着相关课程内容的学习而得到解答。

出口案例

签约：中国甲钢铁公司与巴西 BRAIZ 公司签订 YL-324 号供货合同，约定甲钢铁公司向 BRAIZ 公司供应 Y91 型钢结构件。2015 年 10 月至 2015 年 11 月期间，甲钢铁公司、BRAIZ 公司先后签订 3 份订单，约定：BRAIZ 公司向甲钢铁公司采购 Y91 型钢结构件，模块号分别为 M-05、M-15 和 M-16，总净重为 1 432 924.35 千克，贸易条款为 CIF，交易价格为每千克 3.401 美元，货款合计 4 873 375.71 美元，货物运至巴西 W 港。BRAIZ 公司于 2015 年 12 月 11 日、2016 年 8 月 21 日、2017 年 2 月 27 日分三次以电汇方式向甲钢铁公司付清全部货款。

运输安排：甲钢铁公司为安排货物运输，于 2016 年 4 月 30 日与当地丙丁公司签订《货物运输合同》，约定：甲钢铁公司委托丙丁公司安排约 22 000 立方米/5 600 吨的钢结构运输，包括从甲钢铁公司指定工厂到起运港码头段的拖车运输、起运港港口操作、出口报关报检代理、装船、绑扎、垫料、海运、到目的港舱底交货（海运段为船方负责装船不负责卸船的 LIFO 条款）的全部事宜。货物大约在 2016 年 5 月 10 日起陆续发运，分为 2 个批次：第 1 批计划集港时间为 2016 年 5 月 10 日至 2016 年 5 月 25 日，批量约为 6 000 立方米/1 400 吨；第 2 批计划集港时间为 2016 年 7 月 15 日至 2016 年 7 月 30 日，批量约为 16 000 立方米/4 200 吨。货物装货港为中国东莞港或中国深圳港；卸货港为巴西 W 港。

货代：《货物运输合同》签订后，丙丁公司为该货物安排出口报关、报检、运输等相关事宜。2016 年 7 月 13 日，丙丁公司向 K 船务代理公司订舱。丙丁公司通过 H 报关咨询公司在海关为该批货物办理出口报关手续，报关单申报成交方式为 FOB，共 98 件，毛重 1 518 900 千克，净重 1 432 924.35 千克，单价为每千克 3.34 美元，总价为 4 785 967.33 美元。

承运人和提单：2016 年 7 月 24 日，Z 公司作为船长的代理人，签发了 MZ03 号正本提单。该提单为金康提单 1994 版样式，记载的托运人为甲钢铁公司，收货人与通知方均为 BRAIZ 公司，承运船舶航次为"RUI"轮第 16078 航次，装货港为中国东莞港，卸货港为巴西 W 港，货物为海上浮式生产储存卸载平台钢结构件，共 98 件，毛重 1 518 900 千克，体积 5 101.023 立方米，2016 年 7 月 24 日装船，运费预付，共计 448 000 美元。提单同时注明，有 66 件货物装载在甲板上，由货方承担风险和运费，承运人对任何损失和/或损坏不承担任何责任。

投保和保险单：提单签发后，甲钢铁公司委托丙丁公司就货物运输进行投保，丙丁公司向 D 保险经纪公司投保，D 保险经纪公司随后向乙保险公司投保，保险费费率为保险金额的 0.03%。2016 年 7 月 24 日，乙保险公司签发保险单。该保险单记载被保险人为甲钢铁公司，保险金额为美元 4 785 967.33 元，承保险别为根据《乙保险公司海洋货物运输保险条款》承保一切险，但不包括擦刮、压凹、腐蚀、氧化和碰撞所导致的损失和损害，免赔额为人民币 20 000 元或所受损失的 10%，以较高者为准；赔款偿付地点为中国东莞，以美元支付。乙保险公司确认已收齐保险费。

国际运输：2016 年 7 月 24 日，货物由 "RUI" 轮装载，自中国东莞港起运，于 2016 年 7 月 30 日在新加坡加油后，驶往目的港巴西 W 港，并于 2016 年 9 月 25 日抵达巴西 W 港，于 2016 年 9 月 26 日开始卸货。货物自船上卸下后，由平板拖车装载，直接运输至 BRAIZ 公司的施工现场，于 2016 年 9 月 28 日卸货完毕。

单据与背书：甲钢铁公司已于 2016 年 8 月 21 日签署特别授权书将其在海上保险合同中的权利义务转让给 BRAIZ 公司，其载明：2016 年 7 月 24 日甲钢铁公司向乙保险公司投保 98 件从中国东莞港运至巴西 W 港的钢结构件货物，该保险承保运输期间的一切险，乙保险公司签发了保险单，该保险单是电子保险单，甲钢铁公司已经通过背书将该保险单与提单一并转让予 BRAIZ 公司；由于该保险单记载甲钢铁公司为受益人，甲钢铁公司特别授权将该保险单项下的权利和义务自甲钢铁公司转让给 BRAIZ 公司，BRAIZ 公司将承担该保险单项下的权利和义务。保险单背面记载转让人为甲钢铁公司，受让人为 BRAIZ 公司，时间为 2016 年 8 月 21 日，并盖有甲钢铁公司的公章。

保险事故：海运途中，"RUI" 轮先后两次遭遇恶劣天气与大浪，导致船载货物受损及落海。该轮船长于 2016 年 8 月 8 日和 2016 年 9 月 1 日分别做出了 2 份海损报告。

保险赔偿：2021 年经法院二审判决，乙保险公司应向 BRAIZ 公司支付海损金额 733 776.33 美元及利息。

本案例三个特殊点：第一，合同约定贸易术语为 CIF，与出口报关术语 FOB 不同，但二者差价符合正常价格差，不违反国家规定；第二，卖方投保，但保险金额与货物 FOB 货值相同，低于 CIF 货值的 110%，不符合常规贸易投保习惯做法；第三，合同约定贸易术语为 CIF，并约定卖方不负责目的港卸船费，这属于 CIF 术语的变形应用。

国际贸易是世界各个国家或地区之间进行的货物或服务等商品的商业交易活动。根据世界贸易组织的规定，国际贸易一般分为货物贸易和服务贸易。国际贸易或对外贸易研究通常主要基于商品国际交易活动的宏观视角。宏观国际贸易的研究对微观视角下具体贸易活动的完成过程不予考虑。

一、国际贸易实务的概念

国际贸易实务，就是国际货物贸易实务，是讲授完成一批货物出口或进口完整业务操作流程的课程，是基于微观企业管理与操作的视角，开展货物进出口业务的企业经理、外贸部门经理和业务员等工作人员必须掌握的相关知识。**学生在学习课程中应当将自己代入**

企业的相应岗位，追求外贸业务盈利并且顺利完成企业的基本经营目标。

2022年，我国全年货物进出口总值首次突破40万亿元关口，连续6年保持世界第一货物贸易国地位；有进出口实绩的外贸企业59.8万家，同比增加5.6%。民营企业、外商投资企业、国有企业等三大类外贸主体充分发挥各自优势，进出口运行表现稳健。民营企业外贸第一大主体地位继续巩固。2022年，有进出口实绩的民营外贸企业51万家，进出口值达到21.4万亿元，同比增长12.9%。民营企业进出口规模所占比重达到50.9%，同比提高2.3个百分点，年度占比首次超过一半，对外贸增长贡献率达到80.8%。同期，外商投资企业进出口13.82万亿元，国有企业进出口6.77万亿元，分别占进出口总值的32.9%和16.1%。整体而言，外贸相关岗位具有较好的职业发展前景。

二、国际贸易实务的特点

国际贸易实务与国际服务贸易、跨境电商以及国内贸易的操作均存在重大的差异。

（一）与国际服务贸易相比，国际货物贸易实务涉及货物的报关、运输、包装等流程

世界各国均设立海关（Customs）对进出本国关境的货物、物品和运输工具进行监管。国际贸易中的报关是指进出口货物的收发货人或代理企业向海关报告实际进出口货物的情况，并完成海关规定手续的程序。报关流程主要包括申报，提交相关单证，配合查验，缴纳关税及其他税费等环节。货物贸易的完成必须实现货物从出口国（地区）到进口国（地区）的运输，因此货物必须匹配适当的运输包装，采用恰当的运输方式，在出境或进境时均须货物的收发货人为货物的进出境办理报关。

国际服务贸易的交易对象是服务产品，不是货物，比如旅游服务、教育服务以及版权服务等，其无形性的特征决定了绝大部分服务贸易的完成无须运输，不需要经过海关管理，因此不需要报关。在实践商业活动中，有的服务贸易会涉及货物贸易，比如会展服务、维修服务，有的货物贸易会涉及服务贸易，比如高新技术产品的出口既涵盖货物交易，也涵盖技术交易，这些交易会增加贸易活动的复杂性，必须同时符合货物贸易和服务贸易实务操作的要求。

（二）与跨境电商货物贸易相比，国际货物贸易实务涉及的是传统货物贸易操作流程

跨境电商和国际贸易实务都属于国际货物贸易的范畴，但是二者发展历史和依赖的客观条件均不同。跨境电商是在现代信息网络技术和现代国际物流业高度融合发展的背景下发展起来的新兴货物贸易形态，其操作与传统的国际货物贸易实务有着较大的区别。

1. 跨境电商B2B方式是对传统贸易模式的发展

B2B方式中买卖双方利用电商平台进行沟通与交流，大额交易一般仍需通过传统的贸易方式完成相关流程，包括签署合同，合同条款（商品质量、数量、运输、保险、价格等）的谈判，进出口报关的办理等。小额（低于5 000元人民币）交易的流程较为简单，为促进小额跨境电商B2B方式出口业务的开展，中国海关总署采用专门的海关监管方式代码"9710"（跨境电商B2B直接出口）和"9810"（跨境电商B2B出口海外仓）进行监管，提高了小额B2B出口的便利性。

2. 跨境电商B2C方式是对传统贸易模式的颠覆，有着小额多单的特点，以销售消费品为主，在物流上主要采用航空小包、邮寄、快递等方式

（1）B2C方式下买卖双方无须就任何交易细节进行谈判，甚至无须交流，买方只需根

据电商平台展示的信息提交订单并完成支付即可，而卖方则需根据订单情况尽快安排发货事宜，负责出口报关。快递企业负责货物的进口报关，对于买方而言，购买体验与国内电商采购几乎没有区别。

（2）B2C方式下卖方完全负责产品的各项性能、质量、外观等的设计与生产，并在电商平台进行展示，买方无话语权，只有选择权，因此卖方必须在产品的设计研发方面加大投入，及时更新店铺商品的展示信息，对于热销产品加大产能，及时撤下滞销产品。传统贸易中，通常买方提供相关产品的性能和质量等要求，卖方研发主动性受到一定的限制，且单一大客户具有极大的话语权。

（3）B2C方式下卖方具有商品价格的决定权，可以配合平台政策提供折扣，也可以随时调整营销策略，但不接受买家的还价。在传统贸易中，成交价格的确定受到多方面因素的影响，包括商品的数量、质量、运输方式、贸易术语、货款支付方式，以及买卖双方的市场影响力等。目前由于大量国内同类出口产品的竞争，降低了出口电商企业的定价权。

（4）B2C方式下卖方每一单的交易量可以是1件，可以是1美元，远远小于传统贸易中每一单的交易规模，但是B2C方式下容易出现爆款，即某一商品的小订单量出现爆发式增长，其出口总量会远远超过传统贸易规模。

（5）B2C方式下利润率通常高于传统贸易方式，且采用空运集中托运方式，甚至运费会高于商品的成本，但交货快，能够快速抓住市场行情，买方需求能够迅速得到满足。传统贸易方式下，出口产品从签约到最终消费者手中流程复杂、环节多，且运输时间长，使得卖方无法及时掌握终端市场的反馈，通常会受制于中间商。

（6）B2C方式下可以采用两种运营和通关模式。第一种是小单模式，即跨境电商卖方针对电商平台的每一笔订单从国内单独发货，单独报关并快递给买家；第二种是境外保税仓模式，即跨境电商卖方提前将大批量货物以一般贸易的方式出口至境外的保税仓库，暂时存储，再根据电商平台的订单单独从境外保税仓库直接发货。B2C方式下，报关主体是电商企业，中国海关总署针对跨境电商B2C方式的独特性，采取了具有针对性的管理模式，采用专门的海关监管方式代码"1210"（保税跨境贸易电子商务），"1239"（保税跨境贸易电子商务A）和"9610"（跨境贸易电子商务）进行便利化通关管理，提高了中国跨境电商进出口的通关效率。中国跨境电商企业在将国内货物大规模出口（大于5 000元人民币）至国外保税仓时，其申报海关监管代码与传统国际贸易方式相同，即"0110"（一般贸易）。

3. 跨境电商小额B2B平台和B2C平台出口商品以个人消费品为主，一般不涉及工业用品

中国敦煌网（DHgate.com）是中国领先B2B跨境电商交易服务平台，专注小额B2B赛道，该平台将商品划分为十一大品类：A. 计算机和网络、手机和手机附件、消费类电子、数码相机、摄影器材、电玩游戏、安全与监控、家用电器；B. 服装；C. 表、珠宝、时尚配件；D. 鞋类、箱包及辅料；E. 婚纱礼服；F. 健康与美容、发制品；G. 母婴用品、玩具与礼物；H. 运动与户外产品、战术装备；I. 家具与花园、办公文教＆工商业；J. 照明灯饰；汽车、摩托车；K. 乐器。阿里巴巴集团旗下跨境电商B2C出口平台全球速卖通（AliExpress）销售的商品主要包括服装配饰、珠宝饰品、手表、鞋包、美容美发、孕婴童用品、玩具、婚纱、汽摩配件、电脑办公、消费电子、手机通信等共约三十大类。

(三) 与国内贸易相比，国际货物贸易表现出较强的复杂性

（1）国际贸易的开展要求业务人员必须具有较好的英语等外语应用能力。通常情况下，国际贸易中的合同以及各项单据文件都必须采用英语，部分进口国会要求某些文件采用进口国法定语言。

（2）国际贸易中，中外双方的文化背景、政治环境、市场条件等存在较大差异，且不同地区市场特征存在较大差异，容易导致中方企业误判。

（3）国际贸易中获客方式、客户维护方式与国内不同，中方企业需认真了解不同国家客户的核心诉求。

（4）国际贸易中索赔成本高，导致境外企业违约成本低，中国企业必须认真审核对方信用水平，综合确定合同条款。进口方拒收货物时，出口方的处置成本高、风险大，如处理不当，可能遭进口国海关没收。

（5）国际贸易涉及不同货币间的换算，必须考虑汇率风险，金额较大时可通过金融市场操作避险。

（6）国际商品市场和运输行情受多种因素影响，波动较大，中方企业承担的风险较大。

（7）国际贸易涉及较多国际相关规则以及不同国别市场差异化的法规、标准、技术要求和海关制度，对中方企业外贸人员法规、技术综合素质要求高。

（8）国际贸易中出口方提供售后服务和技术支持的成本和难度较高，需综合计入成交价格中。

（9）中国企业出口商品可以获得增值税、消费税出口退税，降低企业的成本。

知识库

2019年12月，为落实国务院关于调整扩大跨境电子商务零售进口商品清单的要求，促进跨境电子商务零售进口的健康发展，财政部、发展改革委、工业和信息化部、生态环境部、农业农村部、商务部、人民银行、海关总署、税务总局、市场监管总局、药监局、密码局和濒管办等十三个部门联合发布了《跨境电子商务零售进口商品清单（2019年版）》，自2020年1月1日起实施，共包括1 413个8位税号。

2022年1月，为促进跨境电子商务零售进口健康发展，满足人民美好生活需要，财政部、发展改革委等八个部门联合发布了《跨境电子商务零售进口商品清单调整表》，自2022年3月1日起生效，该调整表对《跨境电子商务零售进口商品清单（2019年版）》进行了优化，增加了29个8位税号，删除了1个8位税号，并做了其他调整和优化。

三、国际贸易的参与方及流程

国际贸易中最核心的参与方为出口方（卖方，Exporter，Seller）和进口方（买方，Importer，Buyer）。

(一) 外贸企业和自营企业

进出口企业分为两种身份，分别是外贸企业和自营企业。

外贸企业是以赚取差价为目的，通过采购境外（内）企业的产品，再以自己名义将产品进（出）口的专门从事进出口业务的企业。外贸企业通过将低价产品销售至价格高的不

同国家（地区）市场获取利润，通常被称为中间商，也作为自营企业的代理负责进出口业务的操作，通过收取佣金赚取利润。中国香港特区是世界著名的贸易港，在香港特区有大量的外贸企业作为中间商与中国内地企业开展进出口贸易活动，将中国内地的产品销往世界各地，并将世界各地的产品转卖至中国内地。

自营企业是指专门出口自产产品或进口自用产品的各种类型企业、机构或组织。自营出口企业通常为生产型企业，拥有自己的工厂。

为完成一个出口或进口业务，买卖双方需要从银行、保险公司、货运代理、运输企业、快递公司、检验公司等企业购买多种服务，并且还需要向海关、税务局、商务厅（局）、外汇管理局等政府部门办理相关业务。

（二）进出口流程

长期以来国际贸易多为买方市场，即出口方需努力通过多种渠道向潜在进口方推销自己的产品，一个国际贸易合同从签署到完成需经历多个阶段。

1. 市场开发

出口方开发国际市场的途径一般包括：参加国际展会，网络关键词推广，电商平台推广，开发信推广，客户拜访。

国际展会包括综合类和专业类展会，每年境内外都有大量展会，比如《广东省商务厅关于做好2023年"粤贸全球"广东商品境外展览平台相关工作的补充通知》（粤商务贸函〔2023〕64号）文件中确定了204个重点境外展会，支持企业参展，企业可以根据市场开发需要选择参加境内或境外相关展会。国际展会可以实现出口方与潜在客户之间的直接交流，能够现场介绍出口企业的优势以及产品的相关属性，因此随着出口领域的竞争加剧，国内出口企业参加国际展会的积极性不断提高。企业参加展会尤其是境外展会，需要综合考虑参加展会的获客效率，并核算布展费用、摊位费用以及人员费用等支出，合理规划每年度参展计划，不可盲目参加国际展会。中国企业赴境外参展前，必须认真审查参展产品是否涉嫌知识产权侵权，否则在参展过程中会被主办单位强制退展，严重的会被侵权单位索赔。

网络关键词推广是指企业在 Google、Facebook、Twitter、LinkedIn 等境外社交网站购买搜索关键词的产品国际推广举措。潜在客户在相关网站搜索关键词时点击出口企业的推广链接可向出口企业进行询价，从而推动国际贸易的谈判。

电商平台推广主要是出口企业付费后通过阿里巴巴等 B2B 电商平台向境外潜在市场发布产品信息，境外客户登录平台通过搜索可以查看中国企业的出口产品信息，从而推动国际贸易的谈判。目前阿里巴巴国际平台积累了大量的国内出口企业，境外潜在买家通过该平台可以向国内几乎所有同类产品出口商询价，导致阿里巴巴平台出口企业间竞价非常激烈。

开发信推广是出口企业业务员通过各种渠道搜集境外潜在买家采购经理的电子邮件或相关社交平台账户后，大批量发送企业出口产品信息的推广方式。该方式目前已被滥用，电子邮件多被归入垃圾邮件，成交效果较差。

客户拜访是出口企业人员直接赴境外拜访现有客户或目标客户，一是对客户的办公场所进行实地考察，确认客户实力，二是表达深入合作的意愿。客户拜访是维护现有客户的重要方式。

2. 合同谈判

出口方和进口方通过相关渠道取得联系后，会针对产品种类、产品质量和规格、数量、包装、运输、交货期、付款方式等相关合同条款展开谈判。出口方主要关注的是出口总利润额和收汇安全，进口方主要关注的是产品的质量和交货期。

出口方的业务经理首先必须是产品专家，对产品的生产和性能非常熟悉，能够回答进口方关于产品的绝大部分问题；其次必须熟悉合同各个条款，能够平衡各个条款之间的关系，为出口企业争取最大的商业利益。合同数量和交货期要与企业的生产能力相匹配，必须能保证在规定交货期内完成合同约定数量的生产。目前，中国出口企业对于发展中国家中小客户较多采用全部或部分预付款方式，以保证收汇安全，对其他优质客户采用托收或赊销等付款方式。

进口方业务经理必须掌握进口市场的需求，从而向出口方订购符合市场需求的商品。进口方的主要责任是对外付款，如果预付款，通常可以获得一定的价格优惠，但也存在一定的风险。

国际贸易术语是谈判中较早确定的内容之一。国际贸易术语是用来表明商品价格构成，说明货物交接过程中有关的责任、风险和费用划分问题的专门用语，通常由 3 个英文字母组成。在双方确定贸易术语后，基本上就确定了各方在运输、办理运输保险和报关等方面的责任划分，为商谈其他条款提供了方便。

3. 合同履行

进出口双方完成合同内容谈判，并签署后，合同进入履行阶段。

（1）出口方一般履约环节通常为"货、证、船、款"。

第一，按照合同约定开始安排生产。自营出口企业安排自己车间进行生产，外贸企业则委托供货工厂进行生产。对于涉及进口方预付款或开立信用证的情形，出口方一般会在收到进口方预付款或信用证后开始安排生产。

第二，如果进口方未按时支付预付款或开立信用证，则出口方应催促进口方完成相关责任，并声明如果在规定时间内未支付预付款或开立信用证，则不承担延期交货的责任。在收到信用证后，出口方应认真审核信用证，确认信用证内容与合同条款不冲突。

第三，采用 CFR 或 CIF 术语时，出口方须向船公司或货代办理订舱，确定舱位和装船日期，并支付海运费。

第四，出口方完成出口报关并交付货物后，向进口方索要货款或余款。

（2）进口方履约主要是付款。

第一，进口方应根据合同支付预付款或开立信用证。

第二，采用 FOB 或 FCA 术语时，进口方须向船公司或承运人办理订舱，确定舱位和装运日期，并支付国际运费。

第三，进口方在进口目的地提货并办理报关手续。

第四，进口方根据合同约定向出口方支付货款或余款。

在国际贸易实践中，如果没有支付预付款，一些信用较差的进口方会在货物到达进口目的地后，拒绝提货和付款，从而要挟出口方降价。部分国家海关规定进口货物到港后 1 个月内如果未提货，则强制拍卖，进口方则通过参与海关拍卖以较低价格获得该批商品，从而导致中国出口企业钱货两空。

中国出口企业可以采用收取预付款的方式，也可以采用购买中国出口信用保险公司的出口信用险的方式规避进口方的拒付风险。

4. 出口流程图

出口流程图（CIF 术语，信用证方式）如图 0-1 所示。

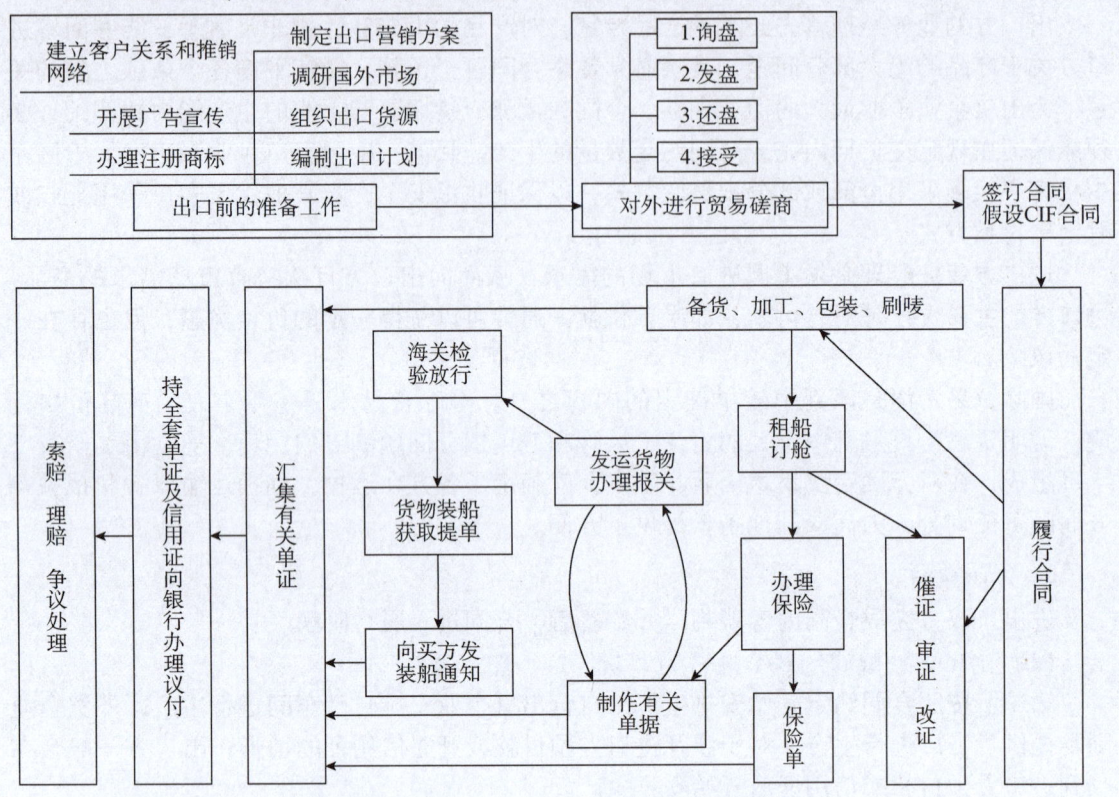

图 0-1 出口流程图（CIF 术语，信用证方式）

5. 进口流程图

进口流程图（FOB 术语，信用证方式）如图 0-2 所示。

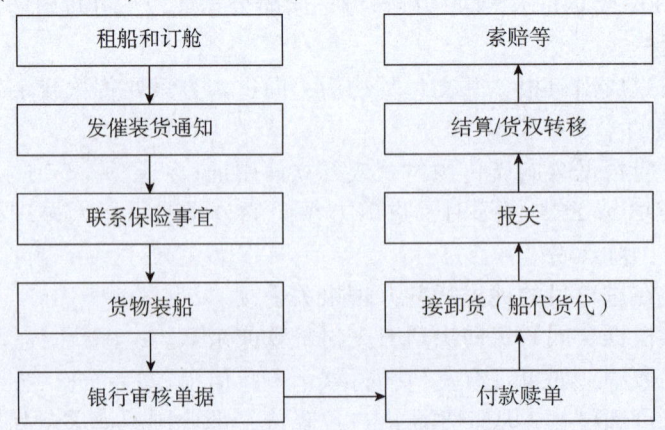

图 0-2 进口流程（FOB 术语，信用证方式）

(三) 出口流程案例

1. 案情

2018年4月22日，山东云龙公司通过Robert先生，签订出口合同。合同载明买方为中国香港特区的DTU国际有限公司（DTU International LTD-Hong Kong），云龙公司向DTU国际有限公司出售三氯异氰尿酸，65 000千克，25千克/袋，无托盘，成交方式为1 089美元/吨EXW聊城交货，不含内陆运费与港杂费，总价共计70 785美元，款到发货。

2018年5月18日，货物由云龙公司装箱并出具装箱单，同时取得了集装箱装运危险货物装箱证明书。2018年5月19日，当地出入境检验检疫局签发出入境危险货物运输包装使用鉴定结果单，其中载明申请人与使用人均为云龙公司，包装容器名称及规格为塑料编织袋50厘米×90厘米，皮重0.15千克，运输方式为水路运输，危险货物名称三氯异氰尿酸，危险货物类别5.1，危险货物状态为固态，2 600件，罐装日期2018年4月22日，鉴定结果为"依据上述检验检疫，对上述危险货物所使用的包装容器进行抽样鉴定，其适用性及使用方法符合《国际海运危险货物规则》的要求"。

2018年5月20日，云龙公司收到了付款人货款70 734美元。

2018年5月25日，承运人M公司向货代海鼎公司发出订舱确认书。海鼎公司通过与Robert先生联系，根据Robert先生的指示向M公司进行订舱。Robert先生系以本柔公司的名义订舱，Robert先生要求承运人签发以本柔公司为托运人的提单。

2018年5月26日，当地海关对出口货物进行了审核，并出具了危险/污染危害性货物安全适运申报单，其中载明报送单证有危险货物技术说明书、集装箱装运危险货物装箱证明书、出境危险货物包装使用鉴定结果单、出境危险货物运输性能检验结果单等。该申报单还载明："声明：上述拟交付船舶装运的危险货物/污染危害货物已按规定全部并准确地填写了正确运输名称、危规编号、分类、危险性和应急措施，需要附单证齐全，包装危险货物包装正确、质量完好；标志/标牌正确、耐久，以上申报正确无误。"

货物的报关单显示，货物出口经营单位与发货单位均为云龙公司，出口时间为2018年5月29日，总价为70 785美元。

5月29日，M公司签发了该票货物的全套正本提单。提单载明托运人为本柔公司，收货人与通知方为同一境外收货人SIMPT SSA，船名航次SAC9 523W，起运港青岛，目的港巴西S港，货物为三氯异氰尿酸，2 600袋，危险货物编号2468，等级5.1，2个集装箱，发货人负责装载、积载、称重和清点，装船日期为2018年5月29日，承运人为M公司。

海鼎公司向M公司支付了海运费，并在收到该票货物的全套正本提单后，将提单邮寄给了Robert先生。

2. 案例梳理

（1）相关当事人。

山东云龙公司是本案例中的货物生产企业、出口企业、出口报关和报检企业。

Robert先生是货物出口的中间人，促成了出口合同的签署，是香港公司和本柔公司的关联人，是将货物转售给巴西最终买家的当事人。

香港特区的DTU国际有限公司是出口合同中的买家，也是巴西最终买家SIMPT SSA

的供货商，是该笔交易的中转贸易商，赚取差价，与 Robert 先生存在关联关系。

M 公司是出口货物的承运人，负责货物的国际运输，签发提单。

海鼎公司是接受本柔公司委托向承运人办理托运的货代企业，负责从云龙公司提货装箱，并运输至承运人指定装运港交接地点。

本柔公司是 Robert 先生指定的向承运人订舱并签订托运协议的企业，要求承运人签发提单的托运人（Shipper）为本柔公司，具体货物从工厂至码头的运输事宜均委托海鼎公司办理。

SIMPT SSA 为巴西最终买家，与香港特区的 DTU 国际有限公司之间有采购合同关系。

（2）案例分析。

Robert 先生系香港特区 DTU 国际有限公司的关联人，以 DTU 国际有限公司的名义开发国际客户，与巴西买家签订出口合同，约定商品数量、质量、包装、装运期等条款。

Robert 先生再以香港特区 DTU 国际有限公司名义与境内生产企业云龙公司签订国际贸易合同，由 DTU 公司向云龙公司支付货款。Robert 先生主导的前后两个合同金额的差值为香港 DTU 公司的利润。

云龙公司出口合同约定贸易术语为 EXW，云龙公司必须保证货物的质量、数量、包装达到出口合同的要求，完成货物包装的法定检验，协助海鼎公司完成工厂装箱作业。

货物出口托运由 Robert 先生所属的境内企业本柔公司负责，本柔公司和承运人就船期、集装箱数量等订舱信息达成协议，并支付运费和杂费，此举是避免生产企业云龙公司获得国外买家相关信息，并能确保本柔公司能获得全套正本提单，掌握货物控制权。

具体货物的工厂装箱和境内运输事宜，本柔公司委托给专业的货代公司海鼎公司完成，降低成本。

（四）进口流程案例

1. 案情

2014 年 8 月 12 日，河北少楠食品公司与韩国 KHS 公司通过传真方式签订买卖冷冻鱿鱼的合同。合同约定：河北少楠食品公司购买韩国 KHS 公司的陆地冷冻整尾鱿鱼 880 吨（水分含量 2%），产品规格每条 300~400 克，每吨 1 789 美元，总价 1 574 320 美元，贸易术语 CFR 天津，装船日期为 2014 年 9 月 15 日前，从韩国港口至中国港口，允许转运和分批装运，付款方式信用证（数量和金额上允许上下浮动 10%）。

2014 年 8 月 17 日，河北少楠食品公司申请开立了金额为 145 万美元的不撤销的可转让跟单信用证，余款将在收到全部货物后支付。

2014 年 8 月 29 日至 9 月，韩国 KHS 公司分 2 批次交付货物。

河北少楠食品公司提货时，分别以汽车过磅的方式委托码头进行称重，并获得过磅单，发现货物短重 20 余公吨。

河北少楠食品公司在发现韩国 KHS 公司所供货物短重后，曾通过电话方式同韩国 KHS 公司协商，韩国 KHS 公司不予认可。在协商未果的情况下，为避免损失加重，河北少楠食品公司将货物在短期内加工出售。

河北少楠食品公司拒付了信用证项下的货款和余款，并向法院起诉。在向法院申请诉讼保全及变卖法院查封物品的过程中，又发生了支出：海关关税、进口增值税、进口货物滞报金等合计约人民币 22 万元。

2. 案例梳理

进口方河北少楠食品公司根据进口合同约定，按期申请开立信用证，货物到港后，办理报关提货手续。在收到货物后，委托相关企业对货物重量进行检验，获取货物重量信息，其中部分货物进行了转卖，部分用于工厂深加工。

在确认货物短重后，进口方采取措施包括：第一，与国外供货商协商；第二，通知银行拒付信用证；第三，向法院申请诉讼保全；第四，将加工贸易货物改变为一般进口，办理正常进口报关并纳税。

（五）相关说明

上述流程是国际贸易中最常见的也是最简单的流程，基本属于一般直接进出口贸易，即进出口双方直接达成交易，再根据合同逐步履行相应的责任。

实际上，中国政府制定了大量的鼓励对外贸易发展的措施，中国企业为达到最大的商业利益，必须掌握国家最新的贸易管理政策，比如外贸新业态新模式、海关特殊监管区域措施、自由贸易试验区政策等，从而使得相应的贸易操作流程复杂化，对外贸业务员的综合素质提出了更高的要求。

知识库

国务院《关于推进自由贸易试验区贸易投资便利化改革创新的若干措施》（2021年8月2日），列出了推进自贸试验区贸易投资便利化改革创新的十九项措施，其中多项措施与货物贸易直接或密切相关：

一、加大对港澳投资开放力度
二、放开国际登记船舶法定检验
三、开展进口贸易创新
四、释放新型贸易方式潜力
五、推进"两头在外"保税维修业务
六、提升医药产品进口便利度
七、推进开放通道建设
八、加快推进多式联运"一单制"
九、探索赋予多式联运单证物权凭证功能
十、进一步丰富商品期货品种
十一、加快引入境外交易者参与期货交易
十二、完善期货保税交割监管政策
十三、创新账户体系管理
十四、开展融资租赁公司外债便利化试点
十五、开展知识产权证券化试点
十六、开展网络游戏属地管理试点
十七、提升航运管理服务效率
十八、提高土地资源配置效率
十九、完善仲裁司法审查

四、出口方和进口方的核心利益

宏观层面，世界各国积极发展对外贸易是因为可从中获取较大的经济和社会利益；微观层面，企业积极参与进出口的主要动机是追求更大的经济利益。

出口方通过开发国际市场，扩大市场规模，降低对国内市场的依赖，并且针对不同市场投入差异化商品，提升企业的综合利润水平，降低应收账款风险，实现企业综合竞争能力的提升。进出口双方谈判的焦点是商品的成交价格。出口方谈判时，既要着眼于单个合同的利润率，也要综合考虑长期合作的潜在利润总额，在细节上要平衡企业生产能力、交货期限、运输安排以及货款支付等条款，最终寻求最佳短期或长期的出口方案。

进口方通过境外采购，既可以满足企业自用需求，也可以通过境内外转售获取高额利润。以转售为目的的国际采购，进口方必须先了解目标市场规模和需求特征，再与境外相关供货企业进行接洽并进行深入谈判。进口方的核心诉求是保障采购后转售的预期利润率，对境外卖方发盘的筛选也应结合卖方生产能力以及其他因素综合决定，短期合作与长期合作的谈判诉求有着一定的差异。

五、国际贸易涉及的法律和惯例

中国企业从事对外贸易时，既应遵守具有强制约束力的法律法规，包括中国和客户所在国家（地区）的法律法规、《联合国国际货物销售合同公约》（CIGS），还应遵守不具有强制约束力、非法律性质的国际贸易惯例。

（一）法律法规、行业规范等一般具有强制性，进出口企业必须认真遵守

进出口商品的生产、质量、包装等方面必须同时遵守进出口国（地区）相关法律法规。中国出口企业在生产各个环节要严格遵守合同约定以及中国和进口国（地区）的规定。

在进出口方处理纠纷时，双方可以基于意思自治原则决定适用某一国（地区）的法律或特定公约进行仲裁或诉讼。意思自治原则是指当事人取得权利义务或从事民事活动时有基于其意志的自由，不受国家权力和其他当事人非法干预。该原则的核心是充分尊重当事人在进行民事活动中对外表达的内心真实意愿。具体而言，一家公司的意思自治原则是指该公司作为独立的法律主体，可以根据自己的意思自主决定公司的活动，能够按照自己的自由意志决定自己的活动，或者按自己的意志产生自己所希望形成的法律关系。

根据《中华人民共和国涉外民事关系法律适用法》第四十一条①，当中国企业与境外客户发生诉讼纠纷且在中国境内起诉的，如双方未选择某一国的国内法作为合同适用法律时，如对方国家系《联合国国际货物销售合同公约》（以下简称《销售公约》）的成员，当事人之间纠纷的审理应首先适用《销售公约》，《销售公约》未规定的，则适用中华人民共和国的民事法律，比如《中华人民共和国民法典》（以下简称《民法典》）。

---

① 《中华人民共和国涉外民事关系法律适用法》第四十一条：当事人可以协议选择合同适用的法律。当事人没有选择的，适用履行义务最能体现该合同特征的一方当事人经常居所地法律或者其他与该合同有最密切联系的法律。

(二) 国际贸易惯例的意思自治原则与有限强制性

国际贸易惯例是指国际贸易实践中特定领域内或特定当事人之间形成的一般习惯做法，普遍存在于国际贸易操作的各个环节，包括成文惯例和不成文惯例。

成文的国际贸易惯例通常由国际组织根据国际贸易实践制定成文，在国际上具有广泛的影响力。成文的国际贸易惯例主要为国际商会的出版物，比如《国际贸易术语解释通则》《托收统一规则》《跟单信用证统一惯例》等，在国际贸易实践中影响非常广泛。

不成文的惯例也可能得到我国法院的采纳，比如在信用证方式下，开证行一般通过SWIFT系统向通知行表示承兑，尽管不符合《中华人民共和国票据法》（以下简称《票据法》）上对于票据承兑应当在票据上明确"承兑"（Acceptance）字样的要求，但我国司法实践中一直认可信用证交易中的国际习惯做法，即认为通过SWIFT电文表示的承兑构成信用证项下有效的付款承诺。

《销售公约》第九条对惯例的效力进行了约定：①双方当事人业已同意的任何惯例和他们之间确立的任何习惯做法，对双方当事人均有约束力。②除非另有协议，双方当事人应视为已默示地同意对他们的合同或合同的订立适用双方当事人已知道或理应知道的惯例，而这种惯例，在国际贸易上，已为有关特定贸易所涉同类合同的当事人所广泛知道并为他们所经常遵守。

《民法典》针对"习惯""交易习惯"做出了规定，赋予了"习惯"在处理买卖双方关系时的效力。其中第十条规定"处理民事纠纷，应当依照法律；法律没有规定的，可以适用习惯，但是不得违背公序良俗"；第五百一十条规定"合同生效后，当事人就质量、价款或者报酬、履行地点等内容没有约定或者约定不明确的，可以协议补充；不能达成补充协议的，按照合同相关条款或者交易习惯确定"。

《销售公约》和《民法典》均没有规定国际贸易惯例的形式，因此既可以是编撰成文的形式，也可以是习惯性做法，无论何种形式的国际贸易惯例在适用时均遵从意思自治原则。

国际贸易惯例的适用遵从进出口各方意思自治的原则，即当事人可以在合同中约定遵守某一惯例的全部或部分内容，也可以约定不遵守某一惯例，甚至对部分内容进行修改，各方具有完全的主动权。

在实践中，国际贸易惯例对贸易双方仍然具有一定的有限强制性，主要表现在两方面：第一，当事人约定遵守某一惯例全部或部分内容时，则该惯例相应内容对当事人就构成强制性的约束，必须基于相关内容进行履约，受到法律的保护；第二，当事人未约定采用某一惯例时，一旦当事人间的争议无相关法律法规、公约等进行规范，则法院或仲裁机构会结合相关国际贸易惯例进行裁决，从而赋予惯例强制性。

六、国家利益与企业利益、个人利益间的平衡

经济利益是企业开展进出口活动的重要动机，也是外贸从业人员努力追求的目标。对外贸易虽然具有较大的复杂性和风险性，但是外贸岗位是最容易获得收入跃升的职业之一，一般出口企业给予外贸业务员出口金额5%左右的奖励，或利润额20%~30%的奖励，外贸业务人员很容易通过一笔大订单而实现收入的大幅增长。

一名合格的外贸专业人才既应具备扎实的国际贸易专业知识，也应树立正确的爱国主义观念、守法理念和爱岗敬业精神。因此，外贸业务员在业务中，必须对个人利益、企业

利益和国家利益进行有效的平衡。

第一，外贸业务员和企业管理者必须严格遵守国家法律法规，在业务中坚决维护国家利益。

我国目前基本建立并逐步健全了以《对外贸易法》为核心的对外贸易管理的法律体系。我国现行的与对外贸易管制有关的法律主要有《对外贸易法》《外商投资法》《海关法》《出口管制法》《商检法》《动植物检疫法》《固体废物污染环境防治法》《卫生检疫法》《野生动物保护法》《药品管理法》《文物保护法》《食品安全法》《专利法》等，此外还有四十余部行政法规和部门规章对进出口贸易做出了规范。

我国对部分货物和技术实行进出口许可管理制度，其管理范围包括禁止进出口的货物和技术、限制进出口的货物和技术、自由进出口的技术及自由进出口中部分实行自动许可管理的货物。企业在进出口相关货物和技术时必须严格遵守相关制度，切实维护国家利益，遵守国家法律法规。

第二，外贸业务员必须遵守企业内部规章，爱岗敬业，维护企业利益。

外贸业务员是代表其所隶属的贸易企业开展货物进出口业务，必须遵守企业的内部规章，贸易谈判的过程和结果必须符合所属企业的战略定位和发展目标，不可以损害企业的形象和商业利益。外贸业务员必须有爱岗敬业的职业素养，认真提升业务能力，在商务谈判中积极维护企业的核心利益，努力为企业创造长期的商业价值，扩大国际市场影响力，坚决抵制有损国家利益以及企业商誉和商业利益的客户诉求。

在出口方面，准确把握企业的产品供应能力，不做超出企业供应能力的任何承诺，对客户的需求及时做出积极反馈，推动企业供应能力和研发能力的提升。合理评估各种商业风险，能够使用各种避险工具，平衡各项贸易条款，有效促成出口业务。

在进口方面，准确评估境内市场需求，认真考察境外供货企业的资质，积极谈判，实现进口货物最大商业利益。

第三，企业必须兼顾业务员的利益诉求，实现共同发展。

企业商业利益的实现必须依赖外贸业务员的优秀表现，贸易企业应当为业务员提供恰当的平台，既要有助于提升业务员的职业素质，也要有助于业务员才华的施展。一般主要措施包括给予业务员合理的薪资和提成待遇、充分的培训机会以及其他福利待遇。业务员的核心利益诉求得到满足有助于提高业务员的工作动力，可有效实现企业和业务员的共同发展。企业还应加强内部客户管理系统的建设，避免业务员跳槽带走大量客户而造成的重大损失。

> **违法案例**
>
> **京唐港海关查发6票出口货物申报不实情事**
>
> 近期，石家庄海关所属京唐港海关连续查发6票出口货物申报不实情事。
>
> 据了解，京唐港海关在对4票出口货物审核报关信息时，发现货值异常偏高，经开箱验核实货，判断货物申报的货值信息失实，最后确认，异常货值是由于企业申报时小数点错位造成的申报错误。同月，该海关在对2票出口货物实施查验时，发现货物境内货源地申报存在异常，经核实，确认出口货源地信息申报错误。目前，该海关已根据有关规定对涉事企业进行行政处罚。

> 根据《中华人民共和国海关行政处罚实施条例》，进出口货物的品名、税则号列、数量、规格、价格、贸易方式、原产地、起运地、运抵地、最终目的地或者其他应当申报的项目未申报或者申报不实的，按照规定予以处罚，有违法所得的，没收违法所得。
>
> 编者注：出口报关申报金额超过实际出口货物价值，对于企业而言具有较大的经济利益，如果海关审核未发现该问题，则企业可以因此获得更高的国家出口退税。如果该案例中确实由于业务员疏忽造成，则企业应加强管理。如果是有意高报出口价值，则是有意骗取国家退税款。
>
> （引自：石家庄海关网站，2022年5月9日：京唐港海关查发6票出口货物申报不实情事 http://shijiazhuang.customs.gov.cn/shijiazhuang_customs/456970/456971/4341596/index.html）

思维导图

导论 知识俯视图

1. 国际贸易实务的特点
   - （1）与国际服务贸易相比，国际货物贸易实务涉及货物的报关、运输、包装等流程
   - （2）与跨境电商相比，国际货物贸易实务涉及的是传统货物贸易操作流程
   - （3）与国内贸易相比，国际货物贸易表现出较强的复杂性

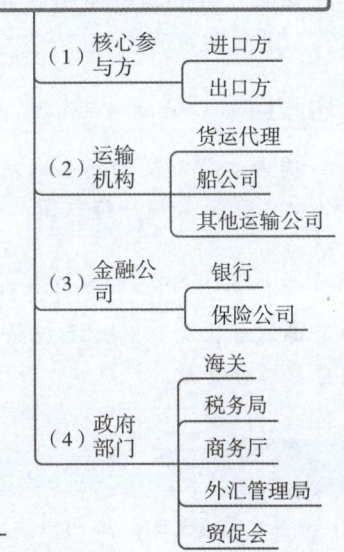

2. 国际贸易的参与方
   - （1）核心参与方
     - 进口方
     - 出口方
   - （2）运输机构
     - 货运代理
     - 船公司
     - 其他运输公司
   - （3）金融公司
     - 银行
     - 保险公司
   - （4）政府部门
     - 海关
     - 税务局
     - 商务厅
     - 外汇管理局
     - 贸促会

3. 出口方和进口方的核心利益
   - （1）出口方通过开发国际市场，扩大市场规模，降低对国内市场的依赖，并且针对不同市场投入差异化商品，提升企业的综合利润水平，降低应收账款风险，实现企业综合竞争能力的提升
   - （2）进口方通过境外采购，既可以满足企业自用需求，也可以通过境内转售获取高额利润

4. 国际贸易涉及的法律和惯例
   - （1）法律法规、行业规范等一般具有强制性，进出口企业必须认真遵守
   - （2）国际贸易惯例的意思自治原则与有限强制性

5. 国家利益与企业利益、个人利益间的平衡
   - （1）外贸业务员和企业管理者必须严格遵守国家法律法规，在业务中坚决维护国家利益
   - （2）外贸业务员必须遵守企业内部规章，爱岗敬业，维护企业利益
   - （3）企业必须兼顾业务员的利益诉求，实现共同发展

第一章　国际贸易合同

学习目标

1. 掌握国际贸易合同的内容。
2. 掌握国际贸易合同中买卖双方的基本义务。
3. 了解有关规范国际贸易合同的相关国际规则和惯例。
4. 掌握磋商谈判的各个步骤及基本要求。
5. 掌握发盘和接受的构成条件。

思政目标

1. 国内法律以及国际公约对国际贸易合同各个方面均进行了规范，在参与国际贸易活动中，学生必须严谨认真、守法遵规、诚实守信，并有效平衡国家利益与企业的商业利益。
2. 合同内容复杂，谈判过程充满各种挑战，学生必须精通商品知识，了解生产环节和市场需求状况，同时还应熟悉法律赋予的义务以及责任，因此学生应刻苦学习以提高自身综合素质。

导入案例

2015年8月16日，江西云龙公司与中国香港思达ST公司通过电子邮件往来的形式签订AB06号合同，载明：购方（甲方）香港思达ST公司，供方（乙方）江西云龙公司；成品名称纯棉纱（漂白），型号规格半精梳21S/1；单价3.28美元/千克；订货数量140 000千克，金额459 200美元；收货地点及收货人为江西丁宁公司或江西丁宁公司指定地点及收货人；分批发货，2015年10月6日前交完；编织袋包装，15只/袋；汽车运输，运输费由乙方负责；付款方式为即期信用证；并约定了质量要求及违约责任等。

合同签订后，江西云龙公司即组织生产并按照约定分批向指定收货人江西丁宁公司送货。江西云龙公司将合同所载货物全部交付给江西丁宁公司后，与江西丁宁公司就所送棉纱的数量、品种和对应的价格进行了对账确认，江西丁宁公司在棉纱记录和对应表中签章，认可收到AB06号合同中载明的全部货物。

香港思达ST公司拒绝付款，认为其在AB06号合同中加盖的小圆章并非公司条形行政章，故该合同未生效。江西云龙公司遂向法院起诉。

法院认为双方签订的AB06号合同系双方真实意思表示，且不违反法律、法规的强制性规定，应认定为有效协议。经审查，双方通过电子邮件形式签订的数份合同，均使用的是小圆章而非条形章；双方已经按照约定履行完毕并结清货款的AB05号合同，香港思达ST公司签约时亦使用的是小圆章；且AB06号合同载明的货物品种、数量，与合同约定的指定收货人江西丁宁公司确认收到货物的数量、品种、价格及送货时间一致，与三方在海关报关的资料相符，符合双方交易习惯，故认定合同有效。

思考：
1. 合同内容一般包括哪些内容？
2. 双方签章形式对合同生效有何影响？
3. 合同约定内容对双方有何约束力？

国际贸易中买卖双方签署的合同，在《联合国国际货物销售合同公约》（以下简称《销售公约》）中称作"Contracts of Sale of Goods"（货物销售合同），国际商会（ICC）在《国际商会国际销售示范合同（制成品，2013年修订版）》（ICC第738E号出版物）（以下简称《国际商会示范合同》）中称作"Sale Contract"（销售合同），在《民法典》中称作"买卖合同"。在国际贸易中，采用"Sales Contract"较多，内容较为简化时采用"Sales Confirmation"（销售确认书），均缩写为"S/C"。

在合同名称中强调"Sale"，这意味着书面合同的起草由卖方完成，《销售公约》和《国际商会示范合同》均采用"Sale Contract"表明在国际贸易中卖方起草合同是一种常见现象。国际商会在示范合同738E号出版物中声明，尽管示范合同名为"Sale Contract"，但由于它平衡了出口商（卖方）和进口商（买方）的利益，因此示范合同同样适用于买方使用，它也可以被当作"Purchase Agreement"（采购合同）来使用。在国际贸易实践中，也有采用Purchase Order（采购协议，P/O）来命名合同。

第一节　合同的内容

中国企业订立国际贸易合同（含进口采购合同、出口销售合同、出口确认书）时，合同内容需要遵守双方协商确定的适用的公约或法律。中国企业签订合同时一般涉及的法律依据包括《销售公约》《民法典》以及境外相关法律。

一、合同适用的法律

根据《中华人民共和国民事诉讼法》（2021年修正）关于涉外部分的规定，中国企业与境外企业发生纠纷时且在我国起诉时，如果对方为《销售公约》缔约方，则双方纠纷解决优先适用《销售公约》，对于《销售公约》未明确规定的事项，双方可商定适用我国法律或其他境外法律。

基于此规定，为确保企业在国际贸易中认真履行合同义务并保障自身权益，中国企业必须认真掌握《销售公约》和《民法典》中关于买卖合同的有关规定。

二、合同形式

在合同形式方面，《销售公约》第十一条规定：销售合同无须以书面订立或书面证明，在形式方面也不受任何其他条件的限制。销售合同可以用包括人证在内的任何方法证明。

《民法典》与公约的核心原则一致，并做出了更详细的规定：当事人订立合同，可以采用书面形式、口头形式或者其他形式。书面形式是合同书、信件、电报、电传、传真等可以有形地表现所载内容的形式。以电子数据交换、电子邮件等方式能够有形地表现所载内容，并可以随时调取查用的数据电文，视为书面形式。

> **应用案例**
>
> 2009年4月17日，昆明湾花公司以传真方式向荷兰WSH发送订单，订购花卉球茎222 000件，指定由ABS B. V. 运输，目的港深圳，发货日期2009年5月5日。5月2日，WSH出具200821号商业发票，载明其通过货运代理ABS B. V. 向湾花公司发送了价值43 221.56欧元的花卉球茎222 000件，1个20英尺集装箱号，目的地深圳，运输条款：FOB鹿特丹港（荷兰），付款条件：开具发票之日起90天。5月7日，承运人出具不可转让提单，载明其承运1个集装箱，出口托运人为ABS B. V.，收货人为湾花公司，卸货港为深圳港，收货日期为2009年5月2日，上船日期为2009年5月7日。
>
> 2009年5月至10月，昆明湾花公司以传真方式向荷兰WSH共发送类似传真订单7次，涉及金额20余万欧元，荷兰WSH均顺利发货，湾花公司均顺利提货。
>
> 2013年10月25日，WSH向湾花公司邮寄了律师函，要求湾花公司支付拖欠的208 080.66欧元货款并赔偿逾期付款造成的损失。
>
> 双方所有订单均没有正式的共同签署的书面合同，湾花公司认为双方之间没有合同关系。
>
> 关于WSH、湾花公司之间是否建立了货物买卖合同关系的问题，一审法院认为：2012年《最高人民法院关于审理买卖合同纠纷案件适用法律问题的解释》第一条第一款规定："当事人之间没有书面合同，一方以送货单、收货单、结算单、发票等主张存在买卖合同关系的，人民法院应当结合当事人之间的交易方式、交易习惯以及其他相关证据，对买卖合同是否成立做出认定。"
>
> 在我国国际货物买卖中，使用传真、电子邮件等作为订立合同的方式普遍存在，也是《民法典》（原《合同法》）认可的有效方式。本案例WSH、湾花公司之间虽未签订书面的买卖合同，但根据双方数次的交易方式，可以看出双方系以发送电子邮件、传真、商业发票的形式达成合意并确定买卖合同关系。在上述传真、电子邮件、商业发票中，详细载明了买卖双方的名称、货物数量及价款、交付时间及方式等构成合同的必要要素。因此，可以认定WSH与湾花公司以数据电文的形式订立了货物买卖合同，双方之间的买卖合同关系成立。

三、合同内容

《销售公约》没有规定销售合同的内容,但指出货物名称、价格、付款、货物质量和数量、交货地点和时间、赔偿责任范围、解决争端等是合同谈判中最重要的内容。

《民法典》第五百九十六条规定:买卖合同的内容一般包括标的物的名称、数量、质量、价款、履行期限、履行地点和方式、包装方式、检验标准和方法、结算方式、合同使用的文字及其效力等条款。

国际商会在《国际商会国际销售示范合同(制成品,2013年修订版)》(ICC第738E号出版物)中所列示范合同条款"专用条款"部分包括:货物(包装、货物质量描述、原产地、数量等),价格(币种、金额),交货条件(术语及随附地点、指定承运人或货运代理),交货时间,货物检验,付款条件,卖方提交单据,延迟交货的责任,适用法律(《销售公约》优先),争议解决(仲裁或诉讼)。

英文表述如下:

The ICC Model International Sale Contract(Manufactured Goods)2013 Revision(ICC Publication No. 738E)示范合同所列合同条款内容包括:

(1)Goods Sold(Packages,Item Description,Origin,Quantity)。

(2)Contract Price(Currency,Amount)。

(3)Delivery Terms(According to the Incoterms® Rules)。

(4)Time of Delivery。

(5)Inspection of the Goods。

(6)Payment Conditions。

(7)Documents Provided by Seller。

(8)Liability for Delay。

(9)Applicable Law。

(10)Resolution of Disputes(Arbitration or Litigation)。

为减少履约中的纠纷且保障各方利益,合同条款内容最终由买卖双方在不违反法律规定的条件下友好协商确定。

正式的书面销售合同,一般都需要由双方负责人签署。由于中外习惯的差异,中国企业一般由负责人签字,并加盖企业法人公章或英文章,而外国普遍没有加盖企业公章的习惯做法,一般只是负责人签字。

四、合同条款间的关系

合同的主要篇幅是对卖方的交货责任约定,包括货物质量、数量、包装、交货方式、交货时间、交货地点、商品检验等,卖方对这些条款的考虑,主要是结合自己的生产能力和货运能力,最终成为卖方确定价格的基础。

货物的质量要求高,包装要求复杂,交货期紧张,交货地点远等都会导致卖方的成本增加，因此卖方会提高报价。不同贸易术语对卖方有不同的责任要求，责任越大，卖方要求的价格越高，既是弥补增加的成本，也是对承担较大风险的补偿。

涉及买方责任的条款主要是付款方式、运输安排等。买方如何付款对成交价格有着较大的影响，一般而言预付款越多，卖方给予的价格折扣越多，赊销或货到后远期付款，卖方会要求较高的价格，以应对收款的风险和资金占用成本。

第二节　合同中买卖双方的基本义务

买卖双方各自的义务在合同各个条款中进行约定。《销售公约》和《民法典》对买卖双方的义务都做了详细的规定。

一、《销售公约》中的主要规定

（一）卖方的基本义务

卖方必须按照合同和本公约的规定，交付货物，移交一切与货物有关的单据并转移货物所有权。

第一，严格遵守合同关于运输安排、交货地点、交货时间、交货通知的约定，完成货物和单据的交付。

第二，卖方交付的货物必须与合同所规定的数量、质量和规格相符，并须按照合同所规定的方式装箱或包装。

第三，买方收到货物的数量、质量和规格、包装等如果与合同不符，且这种不符情形是由于卖方违反某项义务所致，则卖方对风险移转到买方时所存在的任何不符合同情形，负有责任。

第四，卖方所交付的货物，不得侵犯第三方工业产权或其他知识产权，但以卖方在订立合同时已知道或不可能不知道的权利或要求为限，且遵守货物出口国、转售国和消费国的法律要求。

（二）买方的基本义务

买方必须按照合同和本公约规定支付货物价款和收取货物。

第一，买方必须按时支付价款，而无须卖方提出任何要求或办理任何手续。按时付款是指按合同和本公约规定的日期或从合同和本公约可以确定的日期支付价款。

第二，买方负责运输时，需及时签订运输合同，按时在出口国接收卖方交付的货物。

第三，买方不负责运输时，需按时在进口国指定地点接收货物。

第四，买方必须在收到货物后，按情况实际可行的最短时间内检验货物或由他人检验货物，最迟可在运达目的地后进行。

二、《民法典》中的主要规定

（一）卖方的基本义务

卖方基本义务是卖方应当履行向买方交付标的物或者交付提取标的物的单证，并转移标的物所有权的义务。

第一，卖方应当按照约定的时间，在约定的地点交付符合约定的质量要求和包装方式的货物。

第二，因标的物不符合质量要求，致使不能实现合同目的的，买方可以拒绝接受标的物或者解除合同。买方因此而拒绝接受标的物或者解除合同的，标的物毁损、灭失的风险由卖方承担。

第三，卖方交付有关单证和资料义务。卖方应当按照约定或者交易习惯向买方交付提取标的物单证以外的有关单证和资料。

（二）买方的基本义务

第一，买方应当按照约定的数额和支付方式在约定的时间支付价款。

第二，因买方的原因致使标的物未按照约定的期限交付的，买方应当自违反约定时起承担标的物毁损、灭失的风险。

第三，买方应按时在约定地点接收货物。卖方按照约定将标的物置于交付地点，买方违反约定没有收取的，标的物毁损、灭失的风险自违反约定时起由买方承担。

第四，买方收到标的物时应当在约定的检验期限内检验。没有约定检验期限的，应当及时检验。

第三节　合同谈判过程

国际贸易合同谈判过程一般分为四个环节，传统上一般称为询盘、发盘、还盘和接受。《销售公约》和《民法典》对发盘和接受两个环节做出了严格的规定，发盘人和接受人必须遵守《销售公约》或《民法典》的规定，并履行相应义务。

询盘、发盘、还盘和接受并非《销售公约》和《民法典》共同使用的专用术语：其中《销售公约》中文版分别称之为邀请做出发价、发价、还价和接受，只有接受一词一致；《民法典》分别称之为要约邀请、要约、反要约和承诺，其中反要约系国内法律界根据《民法典》中要约提出的术语，非《民法典》用语。

为保持教材用语前后的统一，本节在引用上述公约和法律的原文时，将用"询盘、发盘、还盘和接受"等通俗说法替代原文对应术语的表述。

一、询盘

询盘（Inquiry），在《民法典》上称作"要约邀请"，在《销售公约》上称作"邀请做出发价"（An Invitation to Make）。《民法典》规定，询盘是希望他人向自己发出要约的表示。国际贸易中的网络平台广告和宣传、寄送的价目表等为询盘。

一般意义上而言，询盘就是卖方或买方为了使潜在交易方做出订立合同的发盘回应，而向对方发出愿意成交的意思表示。在买方市场背景下，卖方通过大量发布询盘信息为最终成交创造机会，通常卖方为了获取订单，主动通过展会、网络平台或开发信的方式推广产品，并对供货能力、产品质量等进行宣传，期望潜在买方提出具体成交条件而推动合同谈判；买方的询盘主要是向大量潜在卖方进行供货能力、产品质量以及价格等的咨询，卖方在收到买方的询盘后，积极回复买方相关询盘信息，从而推动合同谈判。

根据《销售公约》和《民法典》，询盘（要约邀请）对发起人不构成任何约束，询盘发起人对询盘信息不承担法律责任。但是如果询盘内容足够详细，而达到《销售公约》和《民法典》规定的发盘条件时，该询盘的性质就发生了变化，询盘发起人的身份就转变为发盘发起人，要对其内容承担责任，因此询盘发起人必须清楚询盘和发盘之间的详细区别，避免因工作失误而给企业造成损失。

二、发盘

发盘（Offer），在《民法典》上称作"要约"，在《销售公约》中被翻译为"发价"，在联合国国际贸易法委员会秘书处《关于〈联合国国际货物销售合同公约〉的说明》中将其翻译为"要约"。

（一）发盘的含义

《销售公约》规定，向一个或一个以上特定的人提出的订立合同的建议，如果十分确定并且表明发盘人在得到接受时承受约束的意旨，即构成发盘。"十分确定"是指一个建议中写明了货物并且明示或暗示地规定了数量和价格，或规定了确定数量和价格的方法。

《民法典》规定，发盘是希望与他人订立合同的意思表示，该意思表示应当符合下列条件：

（1）内容具体确定。

（2）表明经受盘人接受，发盘人即受该意思表示约束。

《销售公约》规定了发盘最基本的内容为标的物名称、数量和价格，《民法典》未规定发盘必须包括的内容，但规定了发盘涉及的内容必须"具体确定"。

综合《销售公约》和《民法典》的规定，一般意义上而言，发盘（要约）是指卖方或买方向确定的潜在交易方发送内容具体确定，且愿意在对方接受时受约束并建立合同关系的意思表示。发盘人（The Offeror），又称要约人或发价人，是制作并发出发盘的当事人；受盘人（The Offeree），又称受要约人或被发价人，是发盘发送的对象。

发盘和询盘的区别在于，发盘的目的是直接建立合同，而询盘的目的是希望对方通过回复开始进行合同的商谈，因此发盘的内容必须"具体确定"，而询盘内容一般只是笼统介绍企业信息和产品供应或需求的大概信息。根据《销售公约》和《民法典》，当询盘的内容"具体确定"并且表达了愿意受约束的意思，则该询盘就构成了发盘，法律性质就发生了变化，比如商业广告和宣传的内容符合发盘条件的，构成发盘。

（二）发盘的生效

发盘生效后，受盘人才可以做出回应，决定是接受、部分接受或拒绝接受。

《销售公约》规定，发盘于送达受盘人时生效。

《民法典》规定，以对话方式做出的意思表示，相对人知道其内容时生效。以非对话方式做出的意思表示，到达相对人时生效。以非对话方式做出的采用数据电文形式的意思表示，相对人指定特定系统接收数据电文的，该数据电文进入该特定系统时生效；未指定特定系统的，相对人知道或者应当知道该数据电文进入其系统时生效。当事人对采用数据电文形式的意思表示的生效时间另有约定的，按照其约定。

发盘生效后，受盘人可能不立刻做出回应，为避免受盘人长期不回应而导致发盘接受的市场环境发生变化，发盘人一般应对发盘规定有效期以保障自身权益。发盘的有效期可以规定一段时间，比如"The offer is valid for 15 days."，也可以规定截止日期，比如"The offer is valid before 25 March."。

（三）发盘的撤回和撤销

发盘人主动终止发盘效力的方式包括撤回和撤销，如果无法撤回，可以尝试撤销途径。

1. 发盘的撤回（Withdraw）

发盘的撤回是指在发盘生效之前由发盘人主动终止该发盘效力的行为。

《销售公约》规定，发盘未生效之前，可撤回。如果撤回通知（The Withdrawal）于发盘送达受盘人之前或同时送达受盘人，接受撤回。

《民法典》规定，发盘可以撤回。撤回发盘的通知应当在发盘到达受盘人之前或者与发盘同时到达受盘人。

在当前普遍采用电子邮件或即时通信工具沟通的背景下，发盘在发送的同时几乎就实现了到达，意味着发盘在发送时立刻生效，因此很难在发现错误后再发送撤回通知，这就要求进出口企业业务人员认真审核发盘内容，避免错误发生。

2. 发盘的撤销（Revoke）

发盘的撤销是指在发盘生效后且受盘人尚未发出接受通知之前，由发盘人主动终止该发盘效力的行为。

《销售公约》规定，在未订立合同之前，发盘得予撤销，如果撤销通知（the Revocation）于受盘人发出接受通知之前送达受盘人，接受撤销。但在下列情况下，发盘不得撤销。

（1）发盘写明接受发盘的期限或以其他方式表示发盘是不可撤销的。

（2）受盘人有理由信赖该项发盘是不可撤销的，而且受盘人已本着对该项发盘的信赖行事。

《民法典》规定，撤销发盘的意思表示以对话方式做出的，该意思表示的内容应当在受盘人做出接受之前为受盘人所知道；撤销发盘的意思表示以非对话方式做出的，应当在受盘人做出接受之前到达受盘人。发盘可以撤销，但是有下列情形之一的除外：
（1）发盘人以确定承诺期限或者其他形式明示发盘不可撤销。
（2）受盘人有理由认为发盘是不可撤销的，并已经为履行合同做了合理准备工作。

如前所述，通常发盘人应在发盘中注明有效期。根据上述公约和法律，如果发盘中注明了发盘有效期限，则不可以撤销，只能等候发盘过期或受盘人拒绝。如果受盘人在有效期内接受该发盘，则发盘人必须履行原发盘所承诺的内容。

3. 发盘的失效

《销售公约》规定，一项发盘，即使是不可撤销的，于拒绝通知（Rejection）送达发盘人时终止。

《民法典》规定，有下列情形之一的，发盘失效：
（1）发盘被拒绝。
（2）发盘被依法撤销。
（3）接受期限届满，受盘人未做出接受。
（4）受盘人对发盘的内容做出实质性变更。

有关合同标的、数量、质量、价款或者报酬、履行期限、履行地点和方式、违约责任和解决争议方法等的变更，是对发盘内容的实质性变更。受盘人对发盘的内容做出实质性变更的，为新发盘。

《销售公约》规定的"实质上变更发盘的条件"，包括有关货物价格、付款、货物质量和数量、交货地点和时间、一方当事人对另一方当事人的赔偿责任范围或解决争端等的添加或不同条件。与《民法典》对"实质性变更"的规定基本相同。

三、还盘

还盘（Counter-Offer），在《销售公约》中文版上被翻译为"还价"，《民法典》中没有明确对应的词语，中国法律界通常用"反要约"一词。还盘，指受盘人对一项发盘的内容做出实质性变更的行为。还盘就是对原发盘的拒绝，使发盘失去效力，发盘人不再受其发盘的拘束。

《销售公约》规定，对发盘表示接受但载有添加、限制或其他更改的答复，即为拒绝该项发盘，并构成还盘。

一般意义上而言，还盘就是还价，是受盘人对发盘内容做出修改答复，并提出新的成交条件的行为，构成新的发盘。一般合同的谈判会经过多个"发盘—还盘"的反复过程，也就是"讨价还价"的过程，双方在合同各个条款上不断地进行谈判，最终可能一方拒绝对方的还盘，而终止谈判，也可能一方接受对方的还盘，而达成合同。

四、接受

接受（Acceptance），在《民法典》上称作"承诺"，在《销售公约》中文版中翻译为"接受"。

（一）接受的含义

《销售公约》规定，受盘人声明或做出其他行为表示同意一项发盘，即是接受。缄默或不行动本身不等于接受。接受发盘于表示同意的通知送达发盘人时生效。如果根据该项发盘或依照当事人之间确立的习惯做法或惯例，受盘人可以做出某种行为，而无须向发盘人发出通知，则接受于该项行为做出时生效，但该项行为必须在上一款所规定的期间内做出。

《民法典》规定，接受是受盘人同意发盘的意思表示。接受应当以通知的方式做出；但是，根据交易习惯或者发盘表明可以通过行为做出接受的除外。接受应当在发盘确定的期限内到达发盘人。发盘没有确定接受期限的，接受应当依照下列规定到达：

（1）发盘以对话方式做出的，应当即时做出接受。

（2）发盘以非对话方式做出的，接受应当在合理期限内到达。

一般意义上而言，接受就是受盘人同意发盘内容而做出的愿意达成合同关系的行为。

根据《销售公约》，合同于按照本公约规定对发盘的接受生效时订立。

《民法典》规定，接受生效时合同成立，但如果当事人约定采用合同书形式订立合同的，则自当事人均签名、盖章或者按指印时合同成立。

国际贸易中通常在一方做出有效的接受表示后，双方约定某一方根据谈判结果起草书面合同，经双方确认后分别签字，正式书面合同的签署才意味着合同关系的正式成立。双方如约定无须签署书面合同，则在一方做出有效接受后，合同关系确立，从而各方应开始履约。

（二）逾期接受

逾期接受是指发盘人在规定的接受有效期之外收到的接受。

逾期接受分为两种情况：

（1）通常情形下无法送达发盘人的接受：无论受盘人在规定期限内发出接受通知，或是在规定期限后发出接受通知，只要按照通常情形无法及时送达发盘人的接受，都是新发盘。但发盘人如果及时向受盘人发出接受有效的通知，则合同关系成立。

（2）通常情形能够及时送达发盘人的接受：受盘人在规定期限内发出接受，按照通常情形能够及时到达发盘人，但是因其他原因致使接受通知到达时已超过规定期限，如发盘人不做回应，则该接受有效，合同关系成立。但发盘人如及时回复因超期而拒绝该接受，可终止合同关系。

由上可知，逾期接受的主动权仍然在发盘人，只要其及时做出是否承认该接受有效，则可决定双方的合同关系是否成立。

（三）接受的撤回

《销售公约》规定，接受得予撤回。如果撤回通知于接受原应生效表示之前或同时送达发盘人，可予撤回。《民法典》也有类似的规定。

与发盘不同，受盘人发出的接受一旦生效，意味着双方的合同关系成立，除非经对方同意，否则不能撤销。

第四节 合同样本

一、合同样本（一）

合同样本（一）如表 1-1 所示。

表 1-1 合同样本（一）

销售合同 SALES CONTRACT			
签约地点： Place of Issue：		合同号 Contract No.： 签约日期 Date of Issue：	
卖方： Sellers：			
地址： Address：			
电话 Tel：		传真 Fax：	
买方： Buyers：			
地址： Address：			
电话 Tel：		传真 Fax：	
兹经买卖双方协商同意，成交下列商品并订立以下条款： The undersigned Sellers and Buyers have agreed to close the following transactions according to the terms and conditions stipulated below：			
1.			
货号/唛头 Art No./Marks	商品名称/规格/包装 Commodity/Specifications/Packing	数量 Quantity	单价 Unit Price	总金额 Total Amount
数量及总值允许增减幅度： Amount and Quantity More or Less Allowed：			
数量合计 Total Quantity：			
金额合计 Total Amount：			
2. 品质： Quality：			

续表

3. 价格条款 Price Term：	
4. 装运及目的口岸 Loading Port Destination： 装运期限 Date of Shipment：	
5. 允许分批及转船装运 Transshipment and Partial Shipments Allowed	
6. 付款条件 Terms of Payment：买方不迟于　　年　　月　　日将100%的货款用电汇交抵卖方。100% of the sales proceeds must be paid by T/T and reach the Seller not later than _____ .	
7. 保险：由买方负责。Insurance：The insurance will be effected by the Buyers.	
8. 检验与索赔：货物到达目的口岸后，买方对货物的品质和数量有复验权，如发现货物品质和数量不符合合同规定，买方须于货物到达目的口岸之日起30天内凭经卖方同意的商品检验机构出具的检验证明书向卖方提出索赔。若在货物到达目的口岸之日起30天内买方没有提出书面异议，视为数量、质量合乎合同要求。 Inspection and Claims：The Buyers should have the right to re-inspect the goods within 30 days after the arrival of the goods at the port of destination. Should the quality and quantity be found not in conformity with the stipulation of the S/C, the Buyers shall, supported by the survey reports issued by the recognized public surveyor approved by the Sellers, have the right to lodge claim against the Sellers. However, should the buyers not present any written objection about the goods within 30 days, it is considered the quality and quantity are conformable with the stipulation of the S/C.	
9. 不可抗力：如因人力不可抗拒的原因造成本合同全部或部分不能履约，卖方概不负责，但卖方应将发生的情况及时通知买方。 Force Majeure：The Sellers shall not be liable for entire or partial non-execution of this Contract due to Force Majeure. However, the Sellers must advise the Buyers on time of such occurrence.	
10. 违约责任：Liability for breach of contracts： （1）买方逾期支付货款的，卖方有权要求买方支付全部货款并按照中国的银行同期贷款利率的4倍向卖方支付利息。 Overdue payment from the buyer：the seller is entitled to ask for full amount of payment, and to require interest 4 times of the loaning rate over the same period from the buyer. （2）任何一方违反本合同约定的，守约方有权要求违约方赔偿守约方因此而造成的全部损失（其中包括守约方向违约方追索而产生的律师代理费）。 Breaching contract from the buyer：the seller is entitled to ask for compensation from the buyer for all loses due to this incident (including attorney fee from pressing charges).	
11. 争议解决方式：任何因本合同而发生或与本合同有关的争议，应提交中国国际经济贸易仲裁委员会，按该会的仲裁规则进行仲裁。仲裁地点在中国××市，仲裁裁决是终局的，对双方均有约束力。 Disputes Settlement：All disputes arising out of performance or relating to the Contract, shall be submitted to the China International Economic and Trade Arbitration Commission for arbitration in accordance with its Rules of Procedure. The Arbitration shall be held in ×× city China. The arbitral award is final and binding upon both parties.	
12. 法律适用：本合同之签订地、或发生争议时货物所在地在中华人民共和国境内或被诉人为中国法人的，适用中华人民共和国法律，除此规定外，适用《联合国国际货物销售合同公约》。本合同使用的价格术语系根据国际商会《国际贸易术语解释通则2020》。 Law Application：It will be governed by the laws of the People's Republic of China under the circumstances that the Contract is signed, or the location of the goods while the diputes arising is in the People's Republic of China, or the defendant is a Chinese legal person, otherwise it is to be governed by the United Nations Convention on Contract for the International Sales of Goods. The Price Terms in the Contract are subject to the INCOTERMS 2020, the publication of the International Chamber of Commerce.	

续表

13. 本合同有中英文两种版本,在文字解释上如有争议,以中文解释为准。 This Contact is made out in the Chinese and English languages. Both versions are equally effective. The Chinese text shall be regarded as the authentic one in case of conflict in the interpretation.	
14. 本合同共2份,自双方或双方方面授权的代表签字(盖章)之日起生效。本合同的变更与修改亦有双方(或双方授权时的代表)签字(盖章)后生效。 This Contract is made in 2 copies, coming into effect after being signed and chopped by both parties or the authorized representatives of both parties. The alteration and amendment to this Contract shall be in the same manner.	
15. 其他(本条款内容不得与本合同其他条款相抵触)Other clauses(Other clauses must not be in conflict with the general terms and conditions.)	
卖方代表: Seller:	买方代表: Buyer:

二、合同样本(二)

合同样本(二)

三、合同样本(三)

合同样本(三)

四、合同样本(四)

形式发票(Proforma Invoice)(见表1-2)的作用:①出口业务中,出口商应进口商要求按照出口货物的名称、规格、数量、价格等信息出具的一种非正式发票,主要用于进口商向其本国金融或外汇管理机构申领许可证或核批外汇之用。②形式发票还可用作邀请买方发出确定的订单,发票上一般注明价格和销售条件,一旦买方接受此条件,就可以按形式发票内容签订确定合同。形式发票一般包含了合同主要条款的内容。

表1-2 形式发票

Proforma Invoice (形式发票)			
Date:		Order No.:	
The Sellers:			The Buyers:

续表

Tel:		Tel:	
Fax:		Fax:	

The sellers agree to sell and the buyers agree to buy the undermentioned goods on the terms and conditions stated below: (Quantity Allowance+/-10%)

Name of Commodity	Quantity	Unit Price	Amount
Total:		—	
Totally:			
Time of shipment:			
Port of loading:		Port of destination:	
Terms of payment:			

- Bill of lading from the owners or master or agents of the ship acceptable.
- Legalization charges, if any, are on buyer's account, non-legalized documents acceptable for negotiation.
- Should any objection of products be raised by the Buyers to the Sellers review opinions, the Buyers ought to offer SGS, CCIC or the inspection certificate issued by an inspection authority entrusted by both sides, which should be the final inspection opinion.
- The Sellers shall not be liable for failure or delay in delivery of the entire lot or a portion of the goods under this Sales Confirmation due to any Force Major incidents, such as natural disasters, changes on social policy or exchange rate of currency or human wars, etc.
- The Buyers is requested to sign and return one copy of this Sales Confirmation immediately after receipt of the same. Objection, if any, should be raised by the Buyers within five days after receipt of this Sales Confirmation in the absence of which it is understood that the Buyers has accepted the terms and conditions of the Sales Confirmation.
- Arbitration: Any dispute arising from or in connection with this Contract shall be submitted to China International Economic and Trade Arbitration Commission (CIETAC) for arbitration which shall be conducted in accordance with the CIETAC's arbitration rules in effect at the time of applying for arbitration. The arbitral award is final and binding upon both parties.
- Should any risks arise which are caused by logoes for package or documents offered by the buyers, the buyers shall take all the responsibilities and the costs incurred.
- On FOB term with shipment by break bulk vessel, if the vessel fails to be available at seller's port within required date to effect loading on time, the seller shall be entitled to claim for the dumurrage charge or any other costs incurred.
- Please open the L/C or arrange the payment to our company according to accounts below:

BENEFICIARY: _____
Banker:
A/C No.:
Add No.:
Swift No.:
Fax:

练习题

1. 简述国际贸易合同的内容。
2. 《销售公约》中规定的国际贸易合同中买卖双方的基本义务都有哪些？
3. 何谓发盘？《销售公约》对发盘构成条件是如何规定的？
4. 发盘的撤回与撤销有何区别？
5. 发盘可否撤销？有无例外规定？
6. 造成发盘失效的原因有哪些？
7. 何谓接受？
8. 什么是逾期接受？逾期接受有无法律效力？
9. 接受何时生效？能否撤回和撤销？
10. 订立书面合同的意义何在？书面合同主要有哪些形式？

思维导图

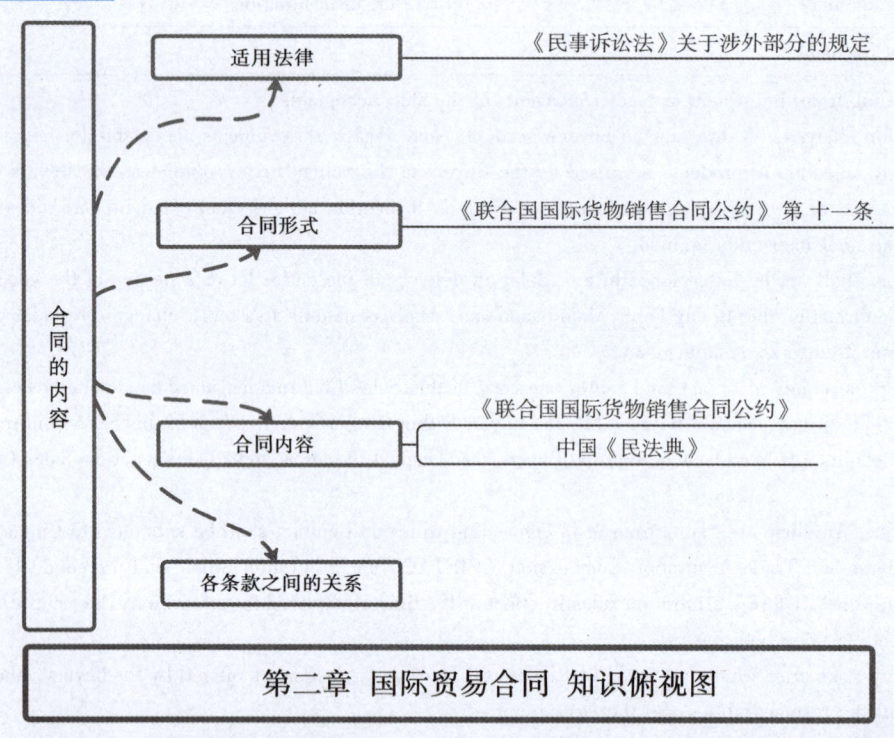

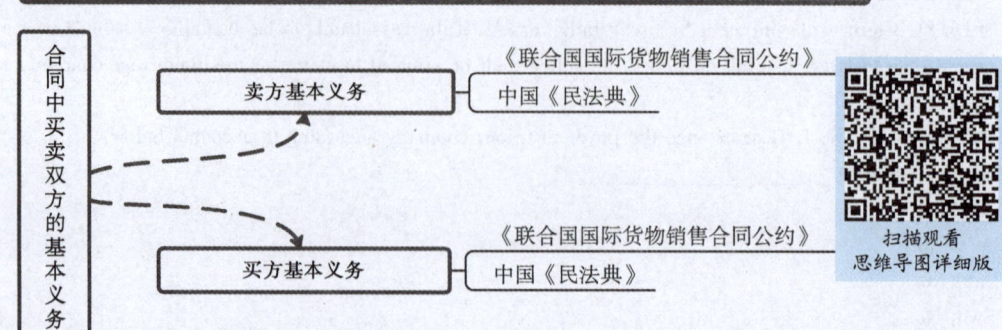

第二章 国际贸易合同 知识俯视图

合同的内容：
- 适用法律 —— 《民事诉讼法》关于涉外部分的规定
- 合同形式 —— 《联合国国际货物销售合同公约》第十一条
- 合同内容 —— 《联合国国际货物销售合同公约》、中国《民法典》
- 各条款之间的关系

合同中买卖双方的基本义务：
- 卖方基本义务 —— 《联合国国际货物销售合同公约》、中国《民法典》
- 买方基本义务 —— 《联合国国际货物销售合同公约》、中国《民法典》

扫描观看思维导图详细版

第二章　国际贸易术语概述

学习目标

1. 掌握贸易术语的定义及其重要性。
2. 了解贸易术语的国际惯例。
3. 掌握 Incoterms® 2020 中各个贸易术语的使用规则。
4. 掌握 Incoterms® 2020 中术语的基本分类。

思政目标

1. 国际贸易术语来自国际贸易惯例，对于国际贸易的正常开展具有重要意义。学生从事国际贸易活动，必须具有国际视野，掌握 Incoterms® 2020 是最基本的职业素养。

2. 中国专家参与 2020 通则的起草是中国经济综合实力提升的重要体现，鼓励学生认真学习国际规则，为提高中国在国际规则中的话语权而努力。

导入案例

2019 年 3 月 15 日，泰国 THAI 公司与泉州云龙公司签订一份订货单，约定：云龙公司向 THAI 公司购买重量为 330 吨的固体葡萄糖复合粉，单价每吨 558 美元，总金额 184 140 美元；货物起运港为泰国港口，目的港为中国厦门港，贸易术语为 CIF；付款方式为 T/T（电汇），预付款为总金额 30%，见提单后付剩余的 70%。2019 年 4 月 7 日，THAI 公司将订货单项下货物交付承运人甲乙货运公司，并取得承运人签发的提单号为 KCH15876 的提单。

2019 年 4 月 12 日，THAI 公司通过电子邮件以附件方式将包含 KCH15876 号提单在内的订货单相应清关文件扫描件发送给云龙公司工作人员。

2019 年 4 月 15 日，云龙公司对上述订货单项下的货物"固体葡萄糖复合粉"进行进口报关，根据交易前泰国 THAI 公司参考性建议填写商品编码为 1702300000。2019 年 4 月 24—27 日，云龙公司提货完成后，KCH15876 号提单项下 15 个集装箱已全部空箱返还承运人。THAI 公司向云龙公司提供的上述货物的化验证明中载明货物成分为：糖占 95.0%，一水葡萄糖占 5.0%。

2020 年 10 月 26 日，中华人民共和国 M 海关对泉州云龙公司做出一份《不予行政处罚决定书》，载明：2019 年 4 月 15 日，云龙公司委托厦门 AB 报关公司以一般贸易方式申报进口一批货物，经海关查验、鉴定，蔗糖含量为 91.7%，葡萄糖含量为 7.03%，实际商品编码为 170199××××，与申报不符。云龙公司对货物商品编码申报不实行为，影响国家税款征收和国家许可证件管理，云龙公司上述进口货物漏缴税款合计人民币 240 余万元；同日 M 海关向云龙公司发出一份责令办理海关手续通知书，责令云龙公司在 2020 年 11 月 25 日前缴纳税款。

思考：

1. 请问合同总金额 184 140 美元中是否包含从泰国至中国的运费？哪一家公司向承运人甲乙货运公司支付运费？
2. 为何泉州云龙公司办理进口报关？
3. 云龙公司进口报关商品编码填写错误被处罚，泰国 THAI 公司有何责任？
4. 规定贸易术语 CIF 有何意义？如果贸易术语调整为 FOB，上述问题答案有何变化？

第一节　贸易术语的重要性及含义

一、国际贸易中货物流动环节的复杂性与贸易术语的重要性

国际贸易中，出口方最终目的是收到货款，进口方最终目的是收到货物。只有货物顺利地从生产企业仓库运输到进口方仓库，双方的利益才能都得到满足，但是该流程周期长且涉及众多环节，双方必须针对每个环节的责任、风险和费用进行明确划分，才能高效地完成货物的运输和交付。责任是指合同的一方必须办理的事务，如负责装船、负责办理国际运输、负责报关等；风险是各种事件导致货物可能的灭失、损坏，或产生的任何额外费用，如运输途中货物可能会遇到火灾，也可能不会；费用是指在交易的各个相关环节发生的实际费用支出。

国际贸易货物完整流动环节如下。

1. 货物生产阶段

对于外贸企业而言，出口货物的生产由供货工厂负责，外贸企业监督工厂的生产进度和质量；对于自营出口企业而言，货物的生产由自己工厂负责，企业内部安排生产计划，保障产品质量。生产环节一般完全由出口方负责，与进口方无关，但在产品生产技术复杂或进口方对产品质量要求严格时，进口方会派出技术人员参与产品生产的指导和监督。

2. 工厂仓库存储阶段

货物生产完毕后在工厂仓库存储阶段存在一定风险，长期存储也会产生存储成本，该阶段一般还涉及商品质量和包装等方面的报检工作，通常由出口方承担。如果进口方承诺到仓库提货，会涉及的费用和风险包括：装车费用和装车时的损失；进口方未按时提货导致货物长期滞留仓库产生新成本和发生意外造成的损失。双方可协商解决相关费用和风险承担问题。

3. 境内运输至出口港口（机场、货运站等）阶段

该阶段涉及的责任、风险和费用包括：签署境内运输合同，承担境内运输风险、支付境内运输相关的费用。双方可协商解决相关费用和风险承担问题。

4. 港口（机场、货运站等）至装船（飞机、火车等）阶段

该阶段涉及的责任、风险和费用包括：与国际运输承运人或货代签约，签署国际运输和运输保险合同，仓储和港杂费（机场费用、车站费用），办理出口报关及支付出口费用，装船（飞机、火车等）费用，支付国际运费和保险费，无法按时装船（飞机、火车等），在港口期间的风险损失。

5. 国际运输

该阶段涉及的责任、风险和费用包括：安排国际运输并支付运费，运输途中发生的损失，运输工具及货物无法按时到达目的港（地）的风险。

6. 到达目的地

该阶段涉及的责任、风险和费用包括：进口报关报检及税费支付，卸货及卸货费用，仓储和港杂费（机场费用、车站费用），提货和支付国际运费，境内运输办理和运费，卸货后至目的地之间的风险损失。

在上述各个环节中双方必须明确具体事项办理的责任方、风险发生后的损失承担方，以及实际发生费用的支付方。

在导入案例中，如果合同未约定贸易术语，则交易双方必须针对上述各个环节的责任、风险和费用的分担问题进行专门的谈判，并在合同中用详尽的文字进行约定，这样会增加双方谈判的难度，提升合同条款的表述长度和难度，如表述不当会造成新的纠纷隐患。

导入案例中，合同约定 CIF 术语，意味着双方责任、费用和风险的划分明确，无须就上述各环节进行深入谈判。根据国际贸易惯例，CIF 术语中出口方办理国际运输和国际运输保险，支付国际运费和保险费，负责出口报关，进口方负责办理进口报关并支付进口关税和费用。在导入案例中，出口方 THAI 公司提供了商品编码的建议，并无引导伪报货物商品编码之故意或过失，其主观上并不存在过错。因办理进口报关为云龙公司的责任，以何种货物商品编码报关当属云龙公司自主决定事项，云龙公司对 THAI 公司提供的货物申报商品编码负有核实义务，其未尽核实义务而径直报关，理应自行承担相应法律责任。

二、国际贸易术语的含义

国际贸易术语（Trade Terms，Delivery Terms）是用来表明商品价格构成，说明进出口双方在货物交接过程中有关责任、风险和费用划分问题的专门用语，由 3 个英文字母组成。

贸易术语通过划分交易双方承担责任、风险和费用，构成了合同价格条款中不可或缺的部分，因此又被称为价格术语（Price Terms）。在合同中，贸易术语可以和价格置于一个条款中，也可以分别置于合同中的不同条款下。只有在贸易术语约束下的价格才有商业意义。同一批货物在相同出口条件下，出口企业承担的责任、风险和费用越多，则出口企业的报价越高；反之，进口企业承担的责任、风险和费用越多时，出口企业的报价越低。

常见的贸易术语一般来自具有影响力的非政府机构根据贸易实践进行整理并发布的出版物，也有一些贸易术语虽然没有被规范整理，但在特定行业或地区的企业间长期使用。进出口企业可以通过谈判选择一个术语，但需确保能正常履行相应责任，并主动支付相关费用。贸易术语的使用可以简化交易手续，降低谈判难度，加快谈判进度，节省磋商的时间和费用，使合同内容简洁化，清晰界定责任、风险和费用，有利于解决纠纷。

第二节　贸易术语的国际惯例

贸易术语的国际惯例主要有 3 个，分别是国际法协会发布的《1932 年华沙—牛津规则》、美国商会等机构发布的《美国对外贸易定义修订本》和国际商会发布的《国际贸易术语解释通则》。

一、《1932 年华沙—牛津规则》

《1932 年华沙—牛津规则》是国际法协会专门为解释 CIF 合同而制定的，现在国际贸易中已经不再使用。

二、《美国对外贸易定义修订本》

1941 年《美国对外贸易定义修订本》（以下简称《定义》）经美国商会、美国进口商协会和全国对外贸易协会所组成的联合委员会通过，由美国全国对外贸易协会予以公布，在第二次世界大战后曾具有较大影响力，尤其是在美洲地区。1990 年《定义》被再次修订，并被命名为《1990 年美国对外贸易定义修订本》，共包括 EXW、FOB、FAS、CFR、CIF、DEQ 等 6 个术语，其影响力如今非常小，国际贸易中极少使用该惯例。

三、《国际贸易术语解释通则》

《国际贸易术语解释通则》（以下简称《通则》），是国际商会（ICC，International Chamber of Commerce）为了统一各国对贸易术语的解释、减少不必要的贸易纠纷而制定的。"Incoterms®" 是 International Commercial Terms 的缩写，是国际商会的商标，在多个国家注册。

（一）《通则》的背景

《通则》（Incoterms®）是国际贸易中应用最为广泛的国际商事规则。第一版 Incoterms® 由国际商会于 1936 年正式发布，并先后于 1953 年、1967 年、1976 年、1980 年、1990 年、2000 年、2010 年和 2020 年进行了修订和补充，目前最新版本为 2020 年版，即《国际贸易术语解释通则 2020》（Incoterms® 2020），简称 2020 通则。中国专家简宝珠参加了 2020 通则的起草工作。

随着全球贸易规模的增长和复杂程度的提高，如果销售合同草拟不当，误解和代价昂贵的纠纷发生的可能性将随之增加。国际商会 Incoterms® 规则是适用于国内与国际贸易的术语，便利全球贸易行为，消减这种风险。在货物销售合同中援引 Incoterms® 2020，可以在诸如风险、费用以及运输和海关清关安排等方面清晰界定当事人相应的义务，从而减少潜在的法律纠纷发生的可能性。

各个版本的《国际贸易术语解释通则》一直是重要的国际贸易惯例，是世界各国法院和仲裁机构的重要裁判依据。

（二）Incoterms® 2020 简介

Incoterms® 2020 解释了一套最常用的由 3 个字母组成的 11 个贸易术语，如 CIF 和

DAP 等，反映了企业之间货物买卖合同的实务。

1. Incoterms® 2020 描述的内容

责任：卖方和买方之间各需履行哪些责任，如谁来组织货物的运输或者保险，谁来获取装运单据和进出口许可证。

风险：卖方于何地何时"交付"货物，换言之，风险在何地从卖方转移给买方。

费用：买卖双方各自承担哪些费用，如运输、包装或装卸费用，以及货物查验或与安全有关的费用。

2. Incoterms® 2020 术语的使用

根据 Incoterms® 2020，如果当事人希望 Incoterms® 2020 适用于他们的合同，确保实现这一希望的最安全做法就是在合同中每个贸易术语的后面加上符合 Incoterms® 规则的地方（含港口或地点）和 Incoterms® 规则及其版本：

［所选择的 Incoterms® 规则］［指定的地方］Incoterms® 2020。

比如，CIF Huanghua Port, Hebei, China Incoterms® 2020，或 DAP No. 123, ABC Street, Import-Land Incoterms® 2020。

Incoterms® 规则对每一个术语都规定了相应港口、地方或地点的约定方法，具体由交易双方协商确定，如果无法确定术语后面的指定港口、地方或地点，则该术语的使用没有任何实际意义。国际商会鼓励合同双方明确术语后面随附的地点或港口，并尽可能精确地指明在该地点或港口内的具体位置，比如 DAP No. 123, ABC Street, Import-Land，随附地址具体到了街道的门牌号，非常具体和明确。

合同中使用贸易术语却没有注明 Incoterms®，如果发生纠纷，法院或仲裁机构一般会根据贸易术语领域的国际贸易惯例而直接引用合同签订年份最新版本的 Incoterms®；如果合同仅注明 Incoterms® 却没注明年份，法院或仲裁机构亦会引用合同签订年份最新版本的 Incoterms®。比如在 2023 年使用术语时，如果合同中未注明 Incoterms®，一旦发生纠纷，法院或仲裁机构就会引用 2023 年生效的最新版的通则，即 Incoterms® 2020，因此从逻辑上来讲，当前合同中不注明 Incoterms® 规则对交易双方不会产生影响。

3. Incoterms® 2020 中各术语规定的义务及排序

Incoterms® 2020 将每个术语买卖双方各自的义务分为 10 类，并按照重要程度进行了编号，在每个编号下注明了各自的具体义务，其中 A 类表示卖方的义务，B 类表示买方的义务。

Incoterms® 2020 将"交货（提货）"和"风险转移"两部分内容从 Incoterms® 2010 中 A4（B4）和 A5（B5）的位置提前至更加显著的 A2（B2）和 A3（B3）位置，以体现新规则下交货（提货）责任和风险转移点的重要性。各术语内容构成如表 2-1 所示。

表 2-1　各术语内容构成

卖方顺序	内容		买方顺序
A1	一般义务（General Obligations）		B1
A2	交货（Delivery）	提货（Taking Delivery）	B2
A3	风险转移（Transfer of Risks）		B3
A4	运输（Carriage）		B4

续表

卖方顺序	内容		买方顺序
A5	保险（Insurance）		B5
A6	交货/运输单据（Delivery/Transport Document）		B6
A7	出口清关（Export Clearance）	进口清关（Import Clearance）	B7
A8	查验/包装/标记（Checking/Packaging/Marking）		B8
A9	费用划分（Allocation of Costs）		B9
A10	通知（Notices）		B10

（三）Incoterms® 2020 中的术语及其基本分类

Incoterms® 2020 中共包括 11 个贸易术语，分别是 EXW、FAS、FCA、FOB、CPT、CIP、CFR、CIF、DAP、DPU、DDP。海洋运输是国际贸易货物运输的最主要的运输方式，Incoterms® 2010 和 Incoterms® 2020 将 11 个术语按照运输方式分为两组，分别是"适用于任一或多种运输方式"的术语（Rules for Any Mode or Modes of Transport）和"适用于海运和内河水运"的术语（Rules for Sea and Inland Waterway Transport）。

1. "适用于任一或多种运输方式"的术语

"适用于任一或多种运输方式"的术语包括 EXW、FCA、CPT、CIP、DAP、DPU 和 DDP 共 7 个术语。

7 个适用于任一或多种运输方式（所谓"多式联运"，Multi-modal）的 Incoterms® 术语后面确定地点的意义为：

（1）卖方在该地点将货物移交给承运人或交由承运人处置。
（2）承运人在该地点将货物移交给买方或者在该地点交由买方处置。
（3）上述（1）和（2）。

2. "适用于海运和内河水运"的术语

"适用于海运和内河水运"的术语包括 FAS、FOB、CFR 和 CIF 共 4 个术语。严格意义上讲，根据 Incoterms® 2020，FAS、FOB、CFR 和 CIF 4 个术语只能用于海运或内河水运方式。

4 个适用于"海运"的 Incoterms® 术语用于卖方在海港或内河港口将货物装到船上（或在 FAS 术语下的船边交货），即卖方在此地点向买方交货。使用这些规则时，货物灭失或损坏的风险从该港口的船上或船边起由买方承担。

3. Incoterms® 2020 应用的意思自治原则

进出口方在约定使用 Incoterms® 2020 时，在运输方式方面意思自治原则表现为，可以将任何术语应用于任何运输方式，尤其是可以将海运方式的 4 个术语用于空运或铁路等方式，比如将 FOB 术语应用于铁路运输，这是国际贸易术语惯例非强制原则的体现，也是进出口方的自由权利。

进出口方对海运方式 4 个术语的乱用会带来一些问题，在遇到纠纷时，如果交易双方未能严格重新约定责任等事项，法院或仲裁机构一般会结合 Incoterms® 规则进行相应术语的替换来确定各自责任，比如将 FOB 术语应用于铁路运输时，法院或仲裁机构会用 FCA 术语来替换 FOB 术语进行裁决。

练习题

1. 名词解释。
（1）贸易术语。
（2）国际惯例。
（3）2020 通则。

2. 判断题。
（1）贸易术语就是国际惯例。
（2）贸易术语又称价格术语，是用简短的英文字母表示货物的价格构成及买卖双方在交接过程中所承担的风险、责任和义务。
（3）每一笔货物贸易合同都必须包含价格术语。
（4）Incoterms® 2020 作为现行最新版的价格术语惯例，其中包含了 11 个价格术语。
（5）根据 Incoterms® 2020 的规定，FCA、DDP 只适用于非海运和内河运输。
（6）Incoterms® 2020 的术语中，可以用于海运方式的贸易术语有 4 个。
（7）《1932 年华沙—牛津规则》《1990 年美国对外贸易定义修订本》和《国际贸易术语解释通则 2020》中均包含 CIF 和 CFR 术语。
（8）在和美洲的外商进行谈判时，如果用到了 FOB 术语，需要告知对方使用的是何种贸易术语惯例。

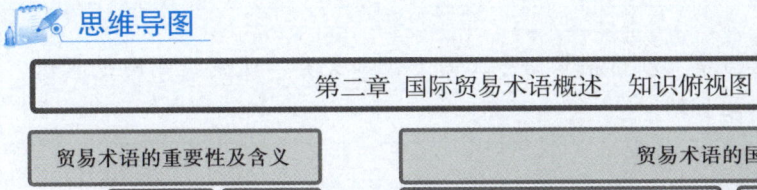

思维导图

第二章 国际贸易术语概述　知识俯视图

- 贸易术语的重要性及含义
  - 重要性
  - 含义
- 贸易术语的国际惯例
  - 《1932年华沙—牛津规则》
  - 《1990年美国对外贸易定义修订本》
  - 《国际贸易术语解释通则》
    - 简介
      - 目的
      - 描述内容：1.责任　2.风险　3.费用
      - 使用方法　例如：CIF（Shanghai）Port, China Incoterms®2020
      - 字母　A表示卖方　B表示买方
      - 义务及排序
        - 数字
          1. 一般义务
          2. 交货 提货
          3. 风险转移
          4. 运输
          5. 保险
          6. 交货/运输单据
          7. 清关
          8. 查验/包装/标记
          9. 费用划分
          10. 通知

第三章　FOB，CFR，CIF 术语

学习目标

1. 掌握 FOB、CFR 和 CIF 的价格构成、责任划分、交货地点、费用划分。
2. 掌握 FOB 船货衔接问题和货运代理问题。
3. 掌握 FOB、CFR 和 CIF 的变形。

思政目标

通过案例分析体会贸易当事人在价格术语方面的责任和义务，达到提高防范意识、化解风险以及增强法律意识的目的。

导入案例

案情：

荷兰 Neth 公司与河北云龙公司于 2018 年 1 月 27 日通过电子邮件签订合同：荷兰 Neth 公司向河北云龙公司购买 76 540 美元（FOB Tianjin Port，China）的丝网围栏商品，交货期限为 2018 年 2 月 10 日，付款条件为：以电汇方式预付合同总价款的 40%，余下 60% 货款交单付现。如果云龙公司不能在 2018 年 2 月 10 日交货，则应按日向 Neth 公司支付合同总价款的 3% 作为违约赔偿金。

2018 年 2 月 1 日，Neth 公司给云龙公司汇款 30 616 美元，但账号填写错误。2 月 10 日，Neth 公司向正确的云龙公司账户汇入 40% 货款，计 30 616 美元。

2018 年 2 月 9 日，Neth 公司的货代公司通知云龙公司确认 2 月 25 日或 26 日有舱位。同日，云龙公司要求 Neth 公司变更交货日期为 2018 年 3 月 5 日。此后，对于交货问题，双方未达成共识。

云龙公司随即将已生产的货物交付世源公司保管，保管期限从 2018 年 2 月 11 日起至 2018 年 3 月 5 日止。到期后，云龙公司并没有提取货物。

2018 年 3 月 11 日，Neth 公司希望云龙公司将 40% 预付款退还，要求解除合同。

2019 年 2 月 18 日，云龙公司将货物在国内进行了销售，价款 190 000 元。2019 年 2 月 19 日，云龙公司将货物从世源公司拉走，保管费用 98 780 元。

双方诉讼请求：

Neth 公司要求云龙公司退回预付货款 30 616 美元，并赔偿 Neth 公司违约金 76 540 美元。云龙公司称 Neth 公司未履行买方义务，请求解除买卖合同，由 Neth 公司赔偿经济损失并承担诉讼费用。

法院裁决：

第一，Neth 公司未履行合同约定的装运义务，存在违约行为。

合同约定的交货条件是 FOB，根据《国际贸易术语解释通则》的规定，FOB 术语规定的买方的义务包括给予卖方关于船名、装船地点和要求交货时间的充分的通知，但是 Neth 公司在约定的交货日期 2018 年 2 月 10 日之前，一直未能给予云龙公司关于船名、装船地点和要求交货时间的充分通知，才导致云龙公司无法交货，Neth 公司存在违约行为。

第二，Neth 公司未按时支付预付款，存在违约行为。

Neth 公司的预付款 30 616 美元于 2018 年 2 月 1 日汇出，但由于其将账号写错，2 月 10 日才正式进入云龙公司账户。虽然合同没有约定预付款的支付日期，但既然约定交货日期为 2 月 10 日，则预付款应当于 10 日之前支付。书写错误的责任应由 Neth 公司自己承担。在预付款支付问题上，Neth 公司有违约行为。

第三，Neth 公司应赔偿云龙公司相应损失。

思考：

1. 合同规定：如果云龙公司不能在 2018 年 2 月 10 日交货，则应按日向 Neth 公司支付合同总价款的 3% 作为违约赔偿金。为何最终云龙公司没在 2 月 10 日交货，责任在 Neth 公司？
2. 合同为何规定交货期限？
3. 你如何理解法院对《国际贸易术语解释通则》的引用？
4. 贸易术语在该合同中的重要性体现在哪里？

在 Incoterms® 2020 中，FOB、CFR 和 CIF 三个术语具有完全相同的风险转移点，即卖方在装运港内，将货物置于承运船舶上时，风险从卖方转移至买方。三个术语都仅适用于海运和内河水运运输（Sea and Inland Waterway Transport），在卖方责任方面还具有非常明确的累加性，联系紧密，且是历史最悠久、应用最为广泛的一组贸易术语。

第一节　FOB 术语

FOB，英文全称 Free on Board，中文"船上交货"，一般称作"装运港船上交货"，FOB 价格在中国俗称"离岸价"。

使用形式：FOB（指定装运港，Port of shipment）Incoterms® 2020；

使用举例：FOB Tangshan Port, Hebei, China Incoterms® 2020。

一、FOB 术语含义

FOB 术语含义主要包括以下六个方面。

（1）价格构成：包含将货物装上船及之前所有成本、费用以及利润。

(2) 交货责任：卖方按时在装运港将货物装上买方指定船舶。

(3) 责任划分：卖方需办理出口报关手续，负责按时将货物装上买方指定船舶，向买方提交相关贸易单证，并及时向买方发出装运通知（Shipping Advice）；买方办理国际货物运输，指定承运人或货运代理，安排订舱，通知卖方与承运人或货代联系，通知卖方装运和地点等信息。货物装船之后办理运输保险和进口报关等所有事宜均为买方责任。

(4) 风险划分：在装运港将货物装上船时，风险转移至买方。

(5) 费用划分：卖方负责装船费用，以及之前所有相关费用，负责出口报关费用，计入出口成本；买方承担国际运费、保险费以及货物装上船之后的所有费用。

(6) 运输方式：仅适用海运和内河水运运输方式（简称水上运输）。

FOB 术语图示如图 3-1 所示。

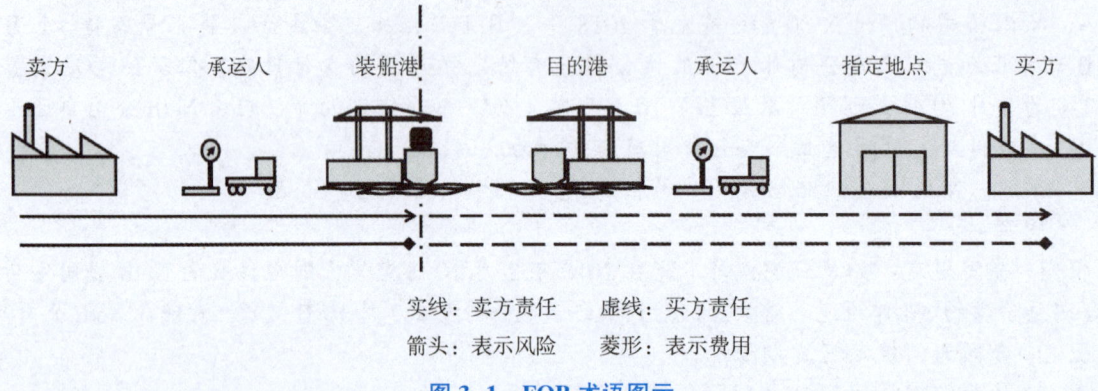

实线：卖方责任　　虚线：买方责任
箭头：表示风险　　菱形：表示费用

图 3-1　FOB 术语图示

二、FOB 术语的注意事项

（一）船货衔接

船货衔接是指出口货物能否按时在指定港口的指定船舶顺利完成装载作业的情况。在 FOB 术语中，货物生产及运输至装运港由卖方安排，船舶靠港等运输事宜由买方负责，货物能否按时处于备运状态，船舶能否按时处于装载状态，对买卖双方而言都非常重要，因此买卖双方必须积极协调船货衔接安排。

在 FOB 术语中，船货衔接顺利时，一般是卖方将货物运至指定装运港，很快（2 天之内）即可安排装船作业，即货不等船，船不等货，货物和船舶均没有冗余等待时间。

船货衔接不顺利时，可能是货等船，或者船等货。

1. 货等船情形

货等船情形是指按照双方约定的时间，卖方已将货物运至指定装运港码头，可随时进行装载作业，但买方指定船舶由于各种原因无法靠港或无法开始装船作业，而导致货物在码头超期存放的情形。

根据 Incoterms® 2020，在 FOB 术语中，如果买方指定的船舶未准时到达、未能安排装货或提前停止装货，致使卖方未能按时完成装货，则自双方约定装货日期起，买方承担货物的任何额外费用以及灭失或损坏的一切风险。买方的这种赔偿责任以该货物已清楚地确定为合同项下货物为前提条件。

2. 船等货情形

船等货情形是指买方指定船舶已经按时停靠指定港口，处于装载状态，但由于卖方货物无法按约定进行装载，而导致船舶无法按计划运载指定货物的情形。

在租船条件下，若卖方货物未准备完毕，会增加船舶靠港时间，增加大量的租船成本；在班轮运输时，若卖方货物无法装载，会导致船公司空载，买方仍需支付相应费用。船等货时，船方产生的成本均由买方承担，因此买方有权利基于合同向卖方索赔。

综上，在船货衔接不顺利时，会对买卖双方产生相应的额外费用和风险，因此双方必须随时进行联系，确保船货衔接顺利，降低风险和损失。

应用案例

案情：

本案所涉国际货物买卖合同的主要内容由双方所出具的采购订单及形式发票的内容予以确认。

2022年2月5日，美国HYJ公司向河北云龙公司发出US1234号采购订单，购买套管7 500件，单价202.20美元，总计1 516 500美元。2022年2月6日，双方签署形式发票，其中约定：套管7 500件，单价202.20美元，中国天津离岸价（FOB），发票总值1 516 500美元，收到预付定金后60日内交货，整批装运发货，总值的30%作为预付定金，剩余款项在装载前、经查验后通过即期电汇方式支付。

按照约定，美国HYJ公司分别于2022年2月12日、2022年5月23日、2022年7月7日、2022年7月18日向河北云龙公司汇款454 950美元（预付定金）、313 410美元、384 180美元、363 960美元，共计1 516 500美元。

按照约定，在2022年2月12日美国HYJ公司支付454 950美元预付定金后的60日内，应当完成订船、查验、付清货款、装船交货。

双方在2022年4月13日通过邮件确定由美国HYJ公司安排货运代理公司负责订船、提货。因美国HYJ公司没有订舱，河北云龙公司不知道船名、船次、时间等无法发货。美国HYJ公司未按约定订船属违约行为。

河北云龙公司因美国HYJ公司未订船，在2022年7月18日前将涉案货物打磨、刷漆另行出售。

法院裁决：

美国HYJ公司按照形式发票约定支付了全部货款，而河北云龙公司未经美国HYJ公司同意将采购订单下的货物另行出售的行为是导致合同无法继续履行的根本原因，河北云龙公司应将美国HYJ公司支付的全部货款返还。

关于双方所主张的损失问题：第一，美国HYJ公司存在未按约定订船等违约事实，因此美国HYJ公司无权向河北云龙公司主张货款利息损失；第二，因河北云龙公司未经双方同意，在陆续收到美国HYJ公司货款的情况下，仍将采购订单下的货物另行出售构成根本性违约，无权向对方索赔。

（二）国际货运代理

国际货运代理，即国际货运代理企业，是指接受委托，为委托人办理国际货物运输、办理或签发运输单证、履行运输合同及相关业务，收取运费以及服务报酬的企业，通常简称为货代。

根据Incoterms® 2020，FOB术语中卖方对买方没有订立运输合同的义务，买方自负费用订立货物运输合同。在实务操作中，一般买方会与出口国指定货运代理企业签约，约定订舱、装运和运费事宜，买方的法律地位是契约托运人。买方将指定货运代理企业推荐给卖方，卖方再与该指定货运代理企业就船货衔接等事宜进行沟通，卖方填写出口货物托运书等文件，委托该指定货运代理企业完成货物在港口的仓储、装箱及装船等作业，并支付相关订舱代理费、场站费、港杂费和提箱单费等费用，但不支付运费，卖方的法律地位是实际托运人。

货物完成装船后，承运人签发的提单（Bill of Lading）会交付货运代理企业。根据2012年《最高人民法院关于审理海上货运代理纠纷案件若干问题的规定》（以下简称《规定》）第八条第一款规定，"货运代理企业接受契约托运人的委托办理订舱事务，同时接受实际托运人的委托向承运人交付货物，实际托运人请求货运代理企业交付其取得的提单、海运单或者其他运输单证的，人民法院应予支持"。该条适用于货运代理企业既接受契约托运人的委托订舱，又接受实际托运人的委托向承运人交付货物的情形。如果实际托运人怠于向货运代理企业请求交付单证，货运代理企业应履行报告义务，及时询问实际托运人如何处理单证，取得实际托运人的书面确认。

很显然，根据上述《规定》，卖方作为实际托运人具有提单的优先获得权，因此卖方必须保留委托货运代理企业"向承运人交付货物"的证据，主要包括委托货代企业的证明和将货物交付货代企业的证明。

在FOB术语中，货运代理企业通常由买方指定，在一些情况下会发生货运代理企业与买方勾结，出现货代企业拒绝向卖方交付提单的情形，或卖方虽收到提单但买方无提单提货的情形，使得卖方的合法货物控制权受到侵害。卖方为避免上述情况，一般可以要求买方指定知名货代企业，或要求买方支付预付款。

（三）Incoterms® 2020 的建议

在班轮运输方式和一些租船情形中，运费已经包含了装船费用，意味着在装船之前货物就已经由承运人负责，买方已经为此付费，从而无须卖方再承担装船责任，因此Incoterms® 2020建议：FOB规则不适合货物在交到船上之前已经移交给承运人的情形，如在集装箱堆场被交给承运人。在此种情况下，双方应当考虑使用FCA规则，而非FOB规则。

尽管Incoterms® 2020有上述建议，但在海运方式的贸易实务中，FOB术语仍然被广泛应用，较少被FCA替代。

应用案例

出口方放弃实际托运人身份案例

1. 案情简介。本案例中贸易术语为FOB，出口方槐安公司通过自己的货代笛拜公司将货物交给进口方Homestar指定的货代金程公司。该案中，出口方槐安公司为实际托运人，但是其放弃了该身份，未向金程公司索要提单。进口方Homestar公司与金程公司签约，取得契约托运人的身份，并从金程公司获得正本提单。

进口方 Homestar 顺利提货，但拒绝支付剩余款项。出口方起诉金程公司索要余款，法院不予支持。

2. 详细案情。10月，中国出口方槐安公司与国外 Homestar 签订出口合同，槐安公司向 Homestar 出口冷柜，贸易术语 FOB Ningbo Port, China。Homestar 于12月11日委托金程公司订舱。出口方槐安公司自行委托笛拜公司办理内陆运输和货物出口报关，笛拜公司于12月20日根据金程公司要求，将货物运至港口交给海运承运人中海集运公司出运。

承运人中海集运公司于12月24日签发海运提单，提单记载的托运人为 Homestar。进口方指定的货代金程公司获得中海集运公司签发的提单后，未交付给出口方槐安公司，而是交付给国外进口方 Homestar。货物运抵目的港后，即被 Homestar 提货。出口方槐安公司已收到货款 34 510.2 美元，尚未收到剩余货款 156 789.8 美元，随即提起诉讼，向金程公司索赔剩余货款。

3. 案情裁决。经法院一审和二审裁判，金程公司应承担剩余货款一半进行赔偿，后经最高人民法院终审判决，进口方指定货代金程公司不承担货款赔偿责任。

本案例中，出口方槐安公司通过自己的合作货代笛拜公司进行从仓库到码头的运输和报关事宜，货物向进口方指定货代金程公司的交接并没有涉及法律意义上的委托文件，法律上无法认定金程公司与实际托运人槐安公司之间具有货运代理合同关系。根据法院调查，没有证据显示，槐安公司曾委托或通过笛拜公司转委托金程公司办理货运代理事务、向承运人交付货物，且其在货物交付后，也未及时向金程公司要求交付提单，使其丧失了作为"实际托运人"的合法权利。因此，进口方货代金程公司严格按照其与进口方 Homestar 之间的委托协议，安排运输及提单签发事宜，并将提单交付给进口方 Homestar 是符合二者之间委托协议的，因此最高人民法院认为此举并无不当。

4. 启示。出口方槐安公司为实际承运人，但并未认识到该身份，也未行使该身份的权利。槐安公司对货代金程公司的提单索取权利优先于契约承运人 Homestar，如果在通过笛拜公司交付货物后，及时委托笛拜公司向金程公司索要正本提单，并对提单提出相关要求，则法律会保障其提单的持有权，实现对货物的控制权。槐安公司由于管理失误而导致放弃了可以保障自己货权的最后一步操作，并且基于合同的约定，在出货后30天内已经将发票、装箱单等文件快递给进口方 Homestar，将自己不断置于风险之中。

此案中，Homestar 明确指示金程公司，要求自己作为提单 Shipper，该做法与常规做法相悖，而此时进口方尚欠剩余货款高达 156 789.8 美元，即使进口方与指定货代之间没有违法勾结行为，但二者的密切合作与出口方的损失之间有着紧密的联系。因此，在进口方指定货代的合同中，出口方必须与其指定货代确定明确的订舱委托关系，加强对货权和提单控制权利的管理。

本案例虽然不属于无单放货，但是其结果却比无单放货更加恶劣，因为出口方在交付货物后，随即丧失了货物的控制权，也无法通过起诉承运人或货代获得货款的赔偿。

[引自：高云龙，朱云钊，张晓宁. 运费到付情形下出口方不同托运人身份的风险探究 [J]. 对外经贸实务，2022（06）：43-46]

第二节　CFR 和 CIF 术语

CFR 和 CIF 两个术语有两个重要相同点：第一，与 FOB 术语具有相同的风险转移点；第二，卖方负责办理国际运输并支付国际运费。

一、CFR 术语

CFR，英文全称 Cost and Freight，中文"成本加运费"。非正式形式：CNF，C&F。
使用形式：CFR（指定目的港，Port of Destination）Incoterms® 2020；
使用举例：CFR Qinhuangdao Port, Hebei, China Incoterms® 2020。

（一）CFR 术语含义

CFR 术语含义主要包括以下六个方面。

（1）价格构成：包含货物在出口国的各项成本、国际运费和利润。
（2）交货责任：卖方按时在装运港将货物装上船，完成交货责任。
（3）责任划分：卖方需办理出口报关手续，办理船舶订舱，按时将货物装上船，向买方提交相关单证，并及时发出装运通知（Shipping Advice）；货物装船之后办理保险和进口报关等所有后续事宜均为买方责任。
（4）风险划分：在装运港将货物装上船时，风险转移至买方。
（5）费用划分：卖方负责装船费用，以及之前所有相关费用，负责出口报关费用，承担国际运费；买方承担国际运输保险费以及卸船后的所有费用。班轮运输时，目的港货物卸船费由卖方支付，非班轮时，需双方商定。
（6）运输方式：仅适用海运和内河水运运输方式。

CFR 术语图示如图 3-2 所示。

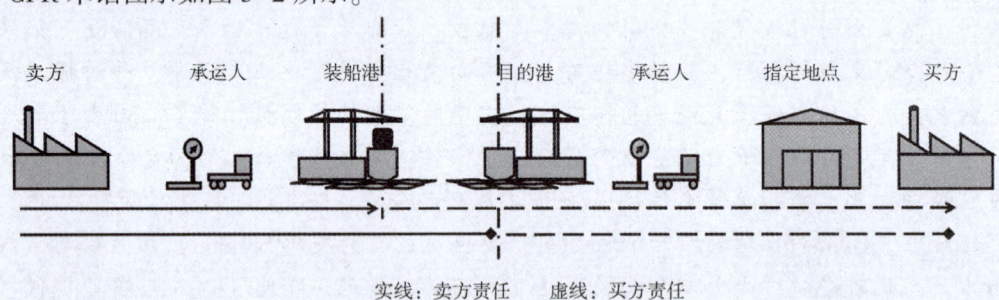

实线：卖方责任　　虚线：买方责任
箭头：表示风险　　菱形：表示费用

图 3-2　CFR 术语图示

（二）CFR 术语与 FOB 术语的区别

第一，二者间的最大区别。
与 FOB 术语相比，CFR 术语中卖方只多了一项责任，即负责签订运输合同，支付国际运费，因此报价会比 FOB 价格高，二者之差为国际运费。
第二，关于卖方的装运通知。
与 FOB 术语相比，CFR 术语中买方不再办理运输，但一般仍需要办理货物运输保险。

在 FOB 术语中，买方可以通过承运人和卖方两个渠道获得货物装船信息，而在 CFR 术语中，买方只有卖方一个渠道。因此，在 CFR 术语中，卖方在货物装船之日及时向买方发出装运通知可让买方及时掌握货物运输动态。

第三，关于买方办理投保。

根据保险公司制度，投保人应在货物起运前向保险公司投保。两个术语下均由买方办理保险，但是办理保险需要货物装运信息。采用 FOB 术语时，买方办理订舱手续签订运输合同后，可以直接获得装运日期、船名和航次号、提单号等相关信息用于办理投保；而在 CFR 术语下，相关装运信息需要由卖方订舱后提供给买方，因此采用 CFR 术语时，卖方有义务在装运前尽快将装运日期、船名和航次号、提单号等相关信息提供给买方，确保买方在货物装运前能够完成投保。如因卖方未及时提供装运信息导致买方未能在装运前完成投保，则装运后相关风险和损失由卖方承担。

二、CIF 术语

CIF，英文全称 Cost Insurance and Freight，中文"成本、保险费加运费"，**CIF 价格在中国俗称"到岸价"**。

使用形式：CIF（指定目的港，Port of Destination）Incoterms® 2020；

使用举例：CIF Qinhuangdao Port, Hebei, China Incoterms® 2020。

（一）CIF 术语含义

CIF 术语含义主要包括以下六个方面。

（1）**价格构成**：包含将货物装上船及之前所有成本、费用和利润，以及国际运费和国际运输保险费。

（2）**交货责任**：卖方按时在装运港将货物装上船，完成交货责任。

（3）**责任划分**：卖方需办理出口报关手续，办理国际运输和运输保险，按时将货物装上船，向买方提交相关单证，并及时发出装运通知（Shipping Advice）；货物装船之后所有后续事宜均为买方责任。

（4）**风险划分**：在装运港将货物装上船时，风险转移至买方。

（5）**费用划分**：卖方负责装船费用，以及之前所有相关费用，负责出口报关费用，承担国际运费和国际运输保险费；买方承担货物装上船之后的其他所有费用。班轮运输时，目的港货物卸船费由卖方支付，非班轮时，需双方商定。

（6）**运输方式**：仅适用海运和内河水运运输方式。

CIF 术语图示如图 3-3 所示。

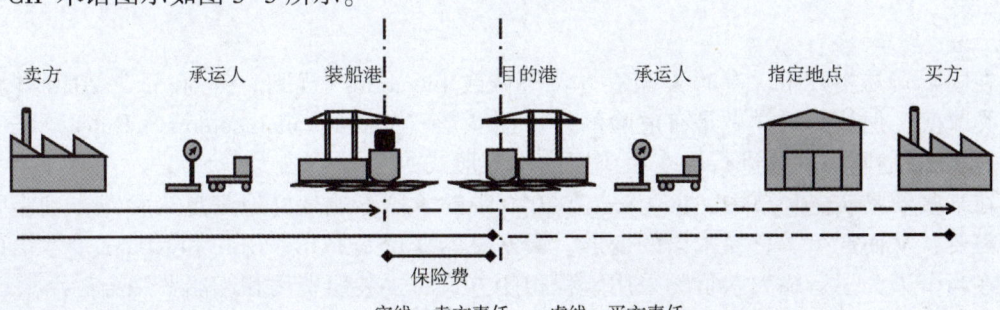

图 3-3 CIF 术语图示

（二）CIF 术语和 CFR 术语的联系及区别

第一，二者都是卖方办理国际运输，没有船货衔接的问题。

卖方指定承运人或货代，可以规避承运人或货代与买方勾结的风险。卖方既是契约托运人，也是实际托运人，可以通过控制提单而达到控制货物的目的，风险小于 FOB 术语，但卖方需要承担国际运费波动的风险。

第二，二者的卖方都只负责办理运输，不保证到货。

卖方办理货物运输，但是对货物运输途中不承担任何责任，在货物装上船时风险已经转移至买方。无论货物是否实际以良好的状态、约定的数量或是否确实到达目的地，都与卖方无关，因为卖方的责任已履行完毕。买方收到货物后，如发现货物质量、数量或包装等受损或与合同不符，只有证明是装船前卖方责任导致，才可以向卖方索赔；如果货物相关损坏系在运输期间发生，则买方不可以向卖方提出索赔，只能向承运人或保险公司索赔。

第三，二者都存在目的港货物卸船费的支付问题。

根据 Incoterms® 2020，买方必须支付"包括驳运费和码头费在内的卸货费用，除非根据运输合同该项费用由卖方承担"。卖方签署运输合同，如果该合同中约定运费包括目的港的卸货费，则买方无须再单独支付相关费用，比如采用班轮运输时；如果运输合同中卖方支付的运费不包含目的港卸货费，则应由买方支付该费用。因此在买卖双方签署合同时，如果卖方确定采用租船运输方式，双方必须就目的港卸货费用问题进行妥善安排，以此为基础，卖方再进行运输合同的谈判。

第四，CIF 术语中卖方需要办理国际运输保险，两个术语价格差为保险费。

根据 Incoterms® 2020，如果买方没有要求，卖方可以"投保符合《伦敦保险协会货物保险条款》（C）款或其他类似条款下的有限的险别，而不是《伦敦保险协会货物保险条款》（A）款下的较高险别。但是，双方仍然可以约定较高的险别"。《伦敦保险协会货物保险条款》（C）款，即 ICC（C），是《伦敦保险协会货物保险条款》中承保范围最小且保险费率最低的一项基本险，中国海运保险条款中的平安险也符合 CIF 术语保险的要求。

根据 Incoterms® 2020，卖方购买的运输保险范围应从装运港开始，至少到指定目的港为止，保险金额应不低于合同 CIF 术语价格的 110%。

第三节 贸易术语变形

在国际贸易实践中，有时买卖双方希望修改 Incoterms® 规则。Incoterms® 2020 并不禁止此类改变，但认为这样做是有危险的。术语变形（Variants of Incoterms® Rules）是买卖双方对 2020 通则中术语进行改变后应用的术语形式。

在某些贸易实务环节中，Incoterms® 2020 中的术语不能较好地满足买卖双方确定责任等的需要，从而产生了贸易术语的变形。最常见的变形是 FOB、CFR 和 CIF 三个术语的变形。在当事人为了运输大宗货物采用定程租船方式时，装船费用和卸船费用金额巨大，Incoterms® 规则对装卸费的规定不能满足实践需要，因此买卖双方在采用定程租船运输时需要就装卸费用的分担进行改变，从而产生了三个术语的变形，其中 FOB 术语的变形是针对装船费用的分担，CFR 和 CIF 术语的变形都是针对卸船费用的分担。

一、FOB 术语的变形

FOB 术语的变形是为了解决定程租船时装船费用由谁负担的问题而产生的。采用 FOB 术语时，买方租船后，可能愿意承担装船费用，从而在买卖合同中约定相关装船费用分担的条款，但与 Incoterms® 规则不同，因此产生了 FOB 术语的变形。按照以往的做法主要包括以下几种。

1. FOB Liner Terms（FOB 班轮条件）

这一变形是指装船费用按照班轮的做法处理，即由船方或买方承担。所以，采用这一变形，卖方不负担装船的有关费用。

2. FOB Under Tackle（FOB 吊钩下交货）

这一变形是指卖方负担费用将货物交到买方指定船只的吊钩所及之处，而吊装入舱以及其他各项费用，概由买方负担。

3. FOB Stowed（FOB 理舱费在内，FOBS）

这一变形是指卖方负责将货物装入船舱并承担包括理舱费在内的装船费用。在装载包装货、裸装货上船时，使装船货物按照舱图进行合理堆放，并根据需要进行垫隔、整理、固定等工作，称为理舱，因此而产生的费用称为理舱费。

4. FOB Trimmed（FOB 平舱费在内，FOBT）

这一变形是指卖方负责将货物装入船舱并承担包括平舱费在内的装船费用。在装载粮谷、矿砂、煤炭等大宗散装货入舱时，为了不损害船舱结构并保持航行时船身平稳，对货物进行合理的整理，如填平、补齐，称为平舱，因此而产生的费用称为平舱费。

5. FOB Stowed and Trimmed（FOB 理舱费和平舱费在内，FOB ST）

这一变形是指卖方承担装船后的理舱费和平舱费。

6. FOB ST L/S/D（FOB 理舱费和平舱费在内，且负责装船后的捆扎/加固/垫舱费用）

这一变形是指卖方承担装船后的理舱费和平舱费，以及捆扎/加固/垫舱费用。

二、CFR 和 CIF 术语的变形

CFR 和 CIF 术语的变形是为了解决定程租船运输时大宗货物在目的港的卸货费用负担问题而产生的。在 CFR 和 CIF 术语中，卖方租船后，可能愿意承担目的港卸船费用，由于 Incoterms® 规则缺乏细致规定，从而在买卖合同中约定目的港卸货费用分担的条款，因此产生了相关术语的变形。

CFR 和 CIF 术语的变形完全相同，以下仅以 CFR 术语变形为例。

1. CFR Liner Terms（CFR 班轮条件）

这一变形是指卸货费按班轮的做法处理，即买方不负担卸货费。

2. CFR Landed（CFR 卸至码头）

这一变形是指由卖方承担卸货费，包括可能涉及的驳船费在内。

3. CFR Ex Tackle（CFR 吊钩下交接）

这一变形是指卖方负责将货物从船舱吊起一直卸到吊钩所及之处（码头上或驳船上）

的费用，船舶不能靠岸时，驳船费用由买方负担。

4. CFR Ex Ship's Hold（CFR 舱底交接）

按此条件成交，船到目的港在船上办理交接后，由买方自行启舱，并负担货物由舱底卸至码头的费用。

三、其他注意事项

Incoterms® 2020 认为当事人需要在合同中非常清晰地明确术语变形意欲达到的效果，以避免产生新的纠纷。在上述三个术语的变形中，修改了 Incoterms® 2020 中术语的费用分摊，各当事人使用时应在合同中清楚地表明他们是否同时希望改变交货和风险转移点。

根据 Incoterms® 2020，CFR 和 CIF 术语中卖方均只负责按时装船，不负责保证货物到达目的港。如果合同对货物到达目的港时间进行了约定，则表明买卖双方同意修改 Incoterms® 2020，从而增加了卖方的责任和风险，这也构成术语的变形。

船上组术语词

腾云遁地非我能，水中遨游我称雄。
卖家备货运码头，报关报检手续清。
货置船上起身行，风险担当交换中。
纵使狂风巨浪起，卖家交货靠单证。
运输保险卸货费，通盘考虑需商定。
FOB 最经典，买家操盘抖机灵。
CFR 好中庸，运输保险有互动。
CIF 传承久，卖家运筹善经营。

练习题

1. 名词解释。

（1）船货衔接。

（2）国际货运代理。

2. 判断题（错误的需改正）。

（1）FOB 报价的合同中包含海运费。

（2）使用 FOB 术语签订合同之后，买方应在合同规定时间内向卖方提供准确的承运人信息或者出口国货代信息。

（3）CFR Inchen Port 是指在仁川港交货。

（4）CFR 术语报价的合同，需要出口方负担货物装上船之前的费用，还包括货物运输至目的地的运费。

（5）FOB、CFR 和 CIF 的风险转移点相同，都在装船港的船上。

（6）FOB 价格和 CIF 价格之间相差着国际海运费和国际运输保险费。

（7）FOB Under Tackle 和 CIF Ex Tackle 都是由承担运费的一方来分别承担装货费和卸货费。

（8）只有在定程租船运输的时候，卖方才会考虑承担装卸费的问题。

（9）FOB、CFR 和 CIF 的风险转移点在费用转移点之后。

第三章 FOB，CFR，CIF术语

3. 简答题。
（1）简述 FOB、CFR 和 CIF 的交货地点，风险转移点，进出口通关承担方。
（2）简述 FOB、CFR 和 CIF 的费用转移点及费用之间的换算。
（3）采用 CFR 术语时，装运通知有何重要意义？
（4）简述采用 FOB 术语时货代在交易中的角色。

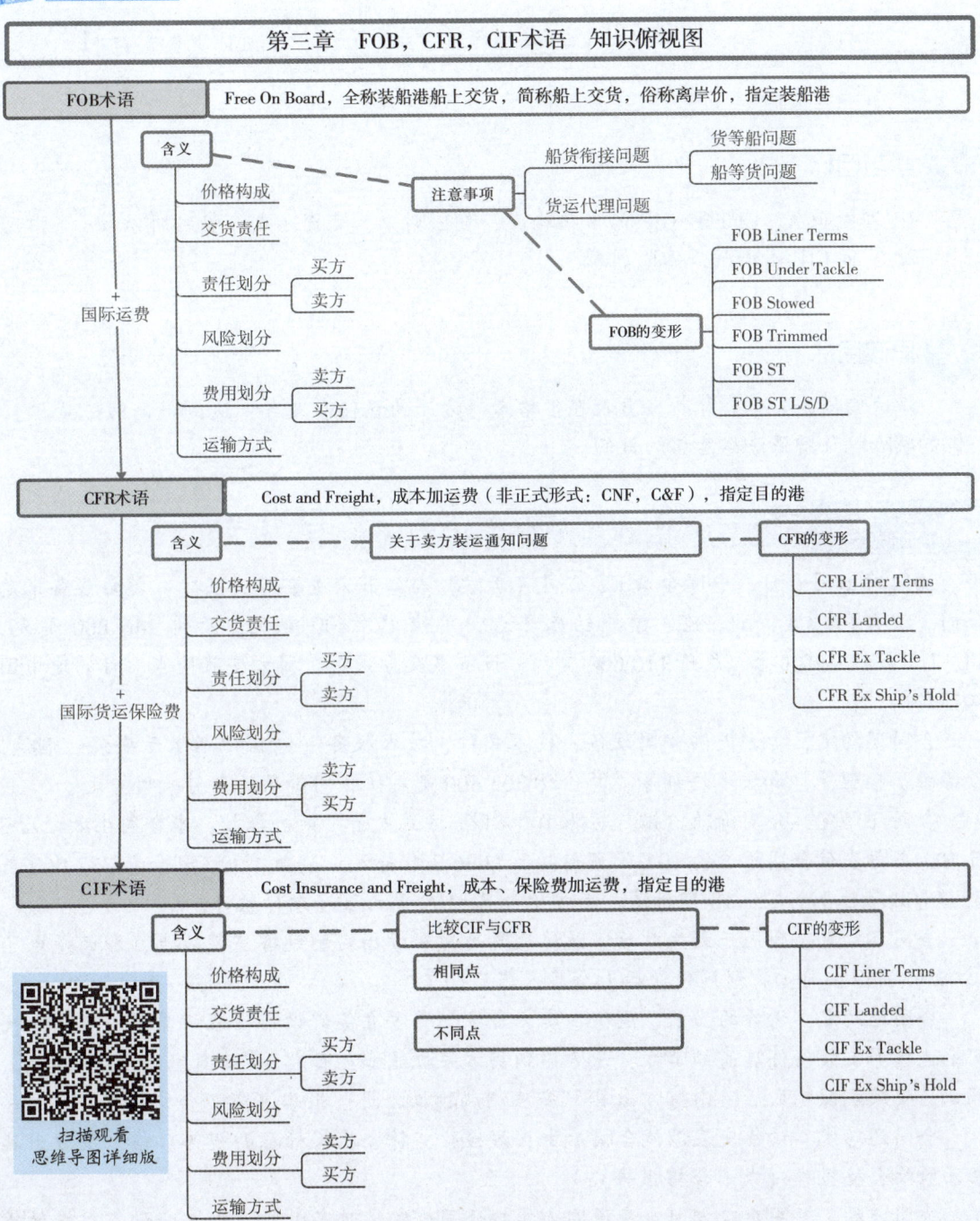

思维导图

第三章 FOB，CFR，CIF术语 知识俯视图

FOB术语：Free On Board，全称装船港船上交货，简称船上交货，俗称离岸价，指定装船港
- 含义
  - 价格构成
  - 交货责任
  - 责任划分：买方 / 卖方
  - 风险划分
  - 费用划分：卖方 / 买方
  - 运输方式
- 注意事项
  - 船货衔接问题：货等船问题 / 船等货问题
  - 货运代理问题
- FOB的变形
  - FOB Liner Terms
  - FOB Under Tackle
  - FOB Stowed
  - FOB Trimmed
  - FOB ST
  - FOB ST L/S/D

+ 国际运费

CFR术语：Cost and Freight，成本加运费（非正式形式：CNF，C&F），指定目的港
- 含义
  - 价格构成
  - 交货责任
  - 责任划分：买方 / 卖方
  - 风险划分
  - 费用划分：卖方 / 买方
  - 运输方式
- 关于卖方装运通知问题
- CFR的变形
  - CFR Liner Terms
  - CFR Landed
  - CFR Ex Tackle
  - CFR Ex Ship's Hold

+ 国际货运保险费

CIF术语：Cost Insurance and Freight，成本、保险费加运费，指定目的港
- 含义
  - 价格构成
  - 交货责任
  - 责任划分：买方 / 卖方
  - 风险划分
  - 费用划分：卖方 / 买方
  - 运输方式
- 比较CIF与CFR
  - 相同点
  - 不同点
- CIF的变形
  - CIF Liner Terms
  - CIF Landed
  - CIF Ex Tackle
  - CIF Ex Ship's Hold

扫描观看 思维导图详细版

第四章　FCA，CPT，CIP 术语

学习目标

1. 掌握 FCA、CPT 和 CIP 的价格构成、责任划分、交货地点、费用划分。
2. 掌握 CIP 术语所投保险问题。

思政目标

通过案例分析体会贸易当事人在价格术语方面的责任和义务，达到提高防范意识、化解风险以及增强法律意识的目的。

导入案例

2014 年 6 月 6 日，中国台湾 ET 公司（卖方）与江苏云龙公司（买方）签订设备采购合同。该合同约定，YL-820 数控钻床 2 台，单价 123 400 美元，总价 246 800 美元，YL-711 数控钻床 1 台，总价 116 600 美元，设备成交方式 CIP 买方安装地点，目的地中国江苏昆山。

合同还约定，卖方提供合同设备、技术文件、技术服务（包括但不限于安装、调试、设备维护修理等）和技术培训等，总价计 363 400 美元，合同价款的支付采用美元。

合同还约定，合同价款以银行转账 100%T/T 方式支付。第一期款：本合同生效之后 3 日内，买方支付合同总价的 10% 的预付款，即 36 340 美元。余款：90% 剩余款 327 060 美元，于出厂后 3 个月分 18 期付清，卖方出厂日+100 天为第一期付款日。

合同还约定，合同正式生效后，最终交货地为买方指定的设备安装地点，即云龙电子（江苏）有限公司，收到预付款后 1 个月内出厂。

合同还约定，设备的安装、调试由卖方负责。买方准备好设备安装所需水、电、气及网络连接等安装条件后通知卖方，卖方接到买方装机通知之日起 10 日内完成设备的安装、调试。安装调试完成后，由买方出具（安装调试验收合同）报告（或不合格证明）。

合同还约定，设备安装调试合格后由买方检验，符合验收标准的视为合格，买方出具书面验收合格报告（或不合格报告）；

合同还约定，买卖双方因自身原因未能按合同规定按时交付所有或部分设备、支付货

款，除非双方另有协议，违约方应向守约方支付违约金，每迟延1日违约金为合同总价之0.1%，不足一日按一日计算，最多不超过合同总价之5%。

思考：本案例中术语可否改为CIF？对于买方有何区别？

FCA、CPT和CIP术语是对FOB、CFR和CIF术语的扩展，适应了国际运输方式多样化的新需求，尤其是更加适应国际多式联运的需求，为国际贸易的发展提供了便利，也是应用较广的一组术语。在Incoterms® 2020中，FCA，CPT，CIP三个术语具有完全相同的风险转移点，即卖方在出口国（地区）指定地点将货物交付承运人时，风险从卖方转移至买方。三个术语都适用于任一或多种运输方式，在卖方责任方面还具有非常明确的累加性，联系紧密。

第一节 FCA术语

FCA，英文全称Free Carrier，中文"货交承运人"。

使用形式：FCA（指定出口国交货地点，Place of Delivery）Incoterms® 2020。

使用举例：FCA Shijiazhuang City, Hebei, China Incoterms® 2020。

一、FCA术语含义

FCA术语含义主要包括以下六个方面。

（1）价格构成：包含货物交付买方指定的承运人之前的所有费用、成本和利润。

（2）交货责任：卖方按时在指定地点向买方指定的承运人交付货物。

（3）责任划分：卖方需按时将货物交付买方指定的承运人处置。如在卖方所在地，卖方需负责将货物装上买方提供的运输工具；如在外地，则需在运输工具上做好卸货准备，由买方负责卸货。卖方需及时向买方发出已交货通知，办理货物出口报关等手续，向买方交付相关贸易单证。买方需指定承运人在规定日期和指定地点接收货物，并负责办理货物的国际运输、国际运输保险和进口报关等所有事宜，承担相关费用。

（4）风险划分：卖方在指定地点将货物交付买方指定的承运人时，即货交承运人时风险转移至买方。

（5）费用划分：卖方负责在指定地点将货物交付买方指定的承运人以及之前所有相关费用，负责出口报关费用；买方承担卖方交货后的所有费用，包括国际运费、国际运输保险费及进口报关税费等所有费用。交货时装车卸车费用：在卖方所在地交货时，卖方承担装车费用和风险，在外地时，买方负责卸货费用和风险。

（6）适用所有运输方式。

FCA术语图示如图4-1所示。

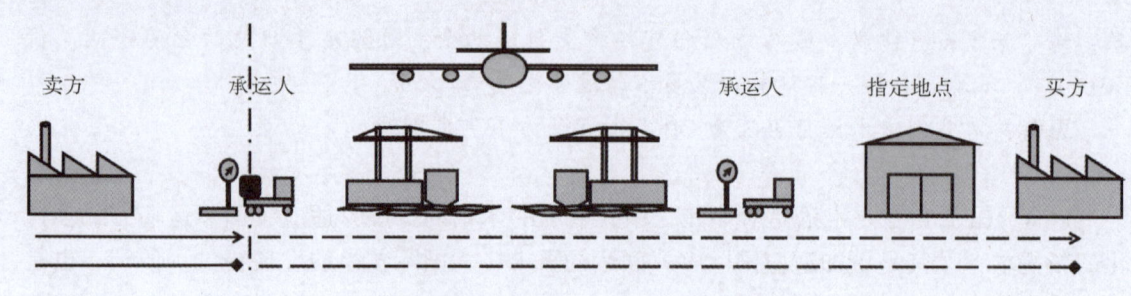

实线：卖方责任　　虚线：买方责任
箭头：表示风险　　菱形：表示费用

图 4-1　FCA 术语图示

二、FCA 术语的注意事项

（一）交货日期与装运日期的区别

FCA 术语中，交货日期（Date of Delivery）和装运日期（Date of Shipment, Date of Loading on Board）一般不一致。卖方的交货日期是在指定地点将货物交给承运人的日期。装运日期是货物装载至国际运输工具的日期。

卖方在所在地交货时，负责将货物装至承运人的运输工具上，大部分情况下该运输工具并不是承载国际运输的运输工具，因此两个日期通常不一致。

卖方在所在地之外的出口国任何地点交货时，由承运人负责从卖方运输工具上卸载，如果当日完成装载至国际运输工具的作业，则两个日期一致，否则两个日期不一致。

由于买方指定承运人负责货物国际运输，卖方无法控制装运日期，因此采用 FCA 术语时，合同中不应对装运日期做出要求，或要求卖方提交指定装运日期的运输单据。

卖方将货物交付指定承运人时，卖方的法律身份是实际托运人，承运人应向卖方签发运输单据，该运输单据是卖方向买方证明已经交货的凭证。在采用海运方式时，针对承运人在接收货物时签发已装船提单的问题，Incoterms® 2020 给出了新的建议。

（二）Incoterms® 2020 的建议

Incoterms® 2020 指出，如果货物是在内陆城市由买方的公路运输车接载，那么由承运人出具在该内陆城市装运的已装船批注提单（On Board Bill of Lading）相当不常见，因为内陆城市不是港口，船舶无法抵达该地装运货物。但是，卖方用"FCA 指定内陆城市"销售货物时，有时根据银行托收或信用证的要求，卖方需要提交含有已装船批注的提单。

为满足卖方用 FCA 术语销售时对已装船批注提单的可能需求，Incoterms® 2020 中对 FCA 首次提供了建议：如果双方在合同中约定卖方需提交已装船批注提单，则买方必须指示承运人在接收货物时出具已装船批注提单给卖方。

这样的安排对于承运人而言是一个挑战，因为承运人需要在实际装船之前签发已装船提单，有违常规操作惯例，所以买方必须在签署贸易合同前征得承运人的同意。

>>> 第四章　FCA，CPT，CIP术语

第二节　CPT 和 CIP 术语

CPT 和 CIP 两个术语有两个重要相同点：第一，与 FCA 术语具有相同的风险转移点，都是货交承运人时；第二，卖方负责办理国际运输并支付国际运费。

一、CPT 术语

CPT，英文全称 Carriage Paid To，中文"运费付至"。
使用形式：CPT（指定目的地，Place of Destination）Incoterms® 2020。
使用举例：CPT Shijiazhuang City, Hebei, China Incoterms® 2020。

（一）CPT 术语含义

CPT 术语含义主要包括以下六个方面。
（1）价格构成：包含货物在出口国的各项成本、国际运费和利润。
（2）交货责任：卖方按时向承运人交付货物。
（3）责任划分：卖方需指定承运人，办理国际运输，在规定时间内将货物交付承运人，需及时向买方发出已交货通知，办理货物出口报关等手续，向买方交付相关贸易单证；买方负责货物的国际运输保险和进口报关等事宜。
（4）风险划分：卖方将货物交付承运人时，即货交承运人时，风险转移至买方。
（5）费用划分：卖方负责出口国内的所有相关费用，负责出口报关费用，支付国际运费；买方承担国际运输保险费及进口报关等费用。
（6）适用所有运输方式。
CPT 术语图示如图 4-2 所示。

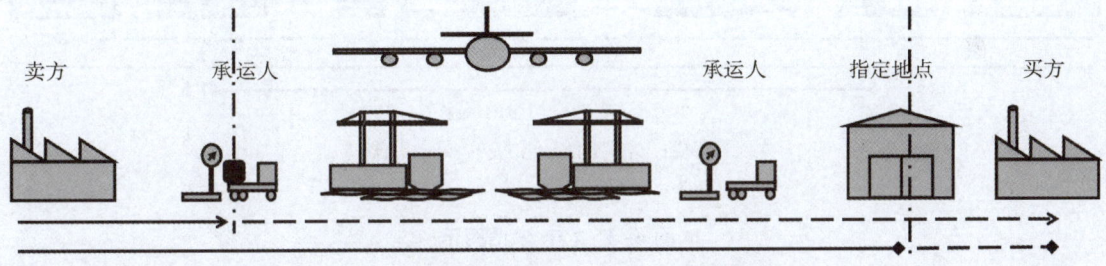

实线：卖方责任　　虚线：买方责任
箭头：表示风险　　菱形：表示费用

图 4-2　CPT 术语图示

（二）CPT 术语和 FCA 术语的区别

第一，二者间的最大区别。
与 FCA 术语相比，CPT 术语中卖方只多了一项责任，即负责签订国际运输合同，因此报价会比 FCA 价格高，二者之差为运费。
第二，关于卖方的交货通知和装运通知。
在 FCA 术语下，卖方只需发送一次交货通知即可，但在 CPT 术语下，卖方还需在货

物完成装运后及时向买方发出装运通知,提醒买方及时办理保险。交货通知和装运通知的意义类似于 CFR 术语。

二、CIP 术语

CIP,英文全称 Carriage and Insurance Paid To,中文"运费和保险费付至"。
使用形式:CIP(指定目的地,Place of Destination) Incoterms® 2020。
使用举例:CIP Shijiazhuang City, Hebei, China Incoterms® 2020。

(一) CIP 术语含义

CIP 术语含义主要包括以下六个方面。
(1) 价格构成:包含货物在出口国的各项成本、国际运费、国际运输保险费和利润。
(2) 交货责任:卖方按时向承运人交付货物。
(3) 责任划分:卖方需指定承运人,办理国际运输和国际运输保险,在规定时间内将货物交付承运人,需及时向买方发出已交货通知,办理货物出口报关等手续,向买方交付相关贸易单证;买方负责货物进口报关等事宜。
(4) 风险划分:卖方将货物交付承运人时,即货交承运人时,风险转移至买方。
(5) 费用划分:卖方负责出口国内的所有相关费用,负责出口报关费用,支付国际运费和保险费,计入出口成本;买方承担进口报关等费用。
(6) 适用所有运输方式。
CIP 术语图示如图 4-3 所示。

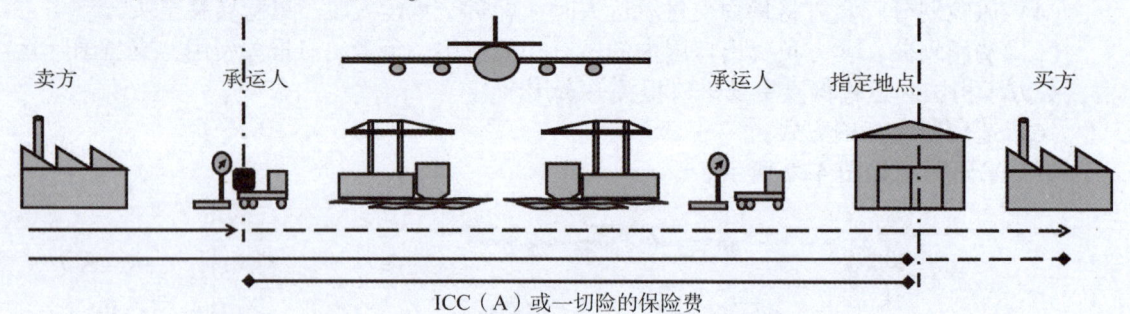

图 4-3 CIP 术语图示

(二) CIP 术语和 CPT 术语的联系及区别

二者的关系在很多方面与 CFR 和 CIF 术语间的关系相同。
第一,二者都是卖方办理国际运输,没有交货衔接的难题,卖方都不保证到货。
第二,CIP 术语中卖方需要办理国际运输保险,两个术语价格差为保险费。
根据 Incoterms® 2020,如果买方没有要求,卖方需要"投保符合《伦敦保险协会货物保险条款》(A)款或其他类似条款下的范围广泛的险别,而不是《伦敦保险协会货物保险条款》(C)款下的范围较为有限的险别。但是,双方仍然可以自行约定更低的险别"。《伦敦保险协会货物保险条款》(A)款是该条款中承保范围最大且保险费率最高的一项基本险,中国海运保险条款中的一切险也符合 CIP 保险的要求。该要求与 CIF 投保险别要求不同。

>>> 第四章　FCA，CPT，CIP术语

根据 Incoterms® 2020，卖方购买的运输保险范围应从交货点开始，至少到指定目的地为止，保险金额应不低于合同 CIP 术语价格的 110%。FCA、CPT、CIP 术语简单对比如表 4-1 所示。

表 4-1　FCA、CPT、CIP 术语简单对比

三个术语相同之处	三个术语不同之处
1. 适用所有运输方式 2. 卖方办理出口报关，买方办理进口报关 3. 风险转移点相同，均为卖方将货物交付承运人时 4. 卖方均需向买方及时发出交付通知，以及相关单证	1. FCA 术语价格最低，卖方责任为按时交付承运人 2. CPT 术语包含了国际运费，卖方主要需办理国际运输，装运通知更加重要，以免买方漏保 3. CIP 卖方需办理国际运输和投保，价格最高

承运人组术语词

全运术语有三宝，FCA 运输加投保；
出口国内货交接，风险转移时刻早。
运输保险任选择，责任差异谨慎挑。
出口报关卖家忙，买家赎单把关报。

应用案例

10 月 10 日，中国云龙公司作为"卖方"、乌兹别克斯坦 GT 公司作为"买方"，双方签订第 2014003 号合同。约定 GT 公司向云龙公司购买设备（用于 PET 产品加工的破碎清洗线，塑料制品注塑设备及制粒挤压线），总价款为 530 000 美元。价格基础：CIP 塔什干（2020 年国际贸易术语解释通则）。价格为固定价格，包括包装费、保险费和运输费用。

付款条件：合同总金额的 15%（79 500 美元），由买方以汇款预付；合同总金额的 85%（450 500 美元），通过开立不可撤销、跟单、可分割的、以卖方为受益人的信用证支付。信用证将在合同生效后 3 个月内开立。信用证有效期自开立之日起为 5 个月。

合同总金额的 80%（424 000 美元）将在卖方向银行提供下列文件后，凭信用证支付：偿付所发运设备的 100% 货款的商业发票正本 1 份、副本 2 份；以 GT 公司为收货人办理的铁路运单正本 3 份；装箱单正本 3 份；货物产地证正本 1 份；供货货款 110% 的保险单正本 1 份；证明所供应货物符合本合同条件相关装运前检验 SGS 证书正本 1 份、副本 2 份。

合同总金额的 5%（26 500 美元），将在提供买卖双方制定的关于设备顺利安装、买方人员就操作设备培训，包括按照本合同条件设备保修试验的完成最终验收记录（正本 1 份、副本 2 份）后支付。在买方国内所有银行费用由买方承担，在买方国外所有银行费用由卖方承担。

自签署合同及支付 15% 预付款之日起 90 天内进行装运。自开立信用证之日起 120 个日历日内，应按照 CIP 塔什干，乌兹别克斯坦共和国（2020 年国际贸易术语解释通则）条件，将货物供应至目的地。

目的地车站：×××，塔什干市，乌兹别克斯坦共和国。车站代码：723507。

如因本合同发生的一切异议和纠纷，应通过双方协商加以解决。如无法通过谈判解

决纠纷，应将争端交原告所在地国仲裁法庭审理，该法庭的决定被视为争端、争议的解决方法，该决议对双方有约束力。

问题：

1. 合同规定：自签署合同及支付15%预付款之日起90天内进行装运。请结合2020通则分析卖方该如何完成该项要求。

2. 合同规定：自开立信用证之日起120个日历日内，应按照CIP塔什干乌兹别克斯坦共和国（《国际贸易术语解释通则2020》）条件，将货物供应至目的地。请结合2020通则分析合同中该项规定的合理性。

练习题

1. 名词解释。

(1) FCA。

(2) CIP。

(3) CPT。

(4) 承运人。

2. 判断题。

(1) 根据Incoterms® 2020 CPT术语成交的情况下，在运输途中出现货物因保险事故而造成了损失，该损失由卖方承担货损产生的风险。

(2) FCA、CPT和CIP术语，也可以用于海上运输的货物。

(3) 根据Incoterms® 2020 CIP和CIF均需要进口方承担办理货物运费和运输保险的投保。

(4) FOB和FCA相比，前者只适用于海上运输，后者适用于包括海运在内的一切运输方式。

(5) FCA、CPT和CIP都是在出口国货交承运人时风险转移。

(6) CIP和CIF的相同点是都含有运费和保险费，所投保的险别范围也是相同的。

(7) 同一货物用FCA报价和用CIP报价的差异是，CIP报价需要进口方向出口方多支付货物的运费和运输保险费。

(8) 价格术语只适用于国际贸易，不适用于国内或者区内贸易。

3. 简答题。

(1) 总结FCA、CPT和CIP之间的异同点。

(2) 比较FOB、CFR、CIF及FCA、CPT、CIP两组术语之间的异同点。

第四章　FCA，CPT，CIP术语

思维导图

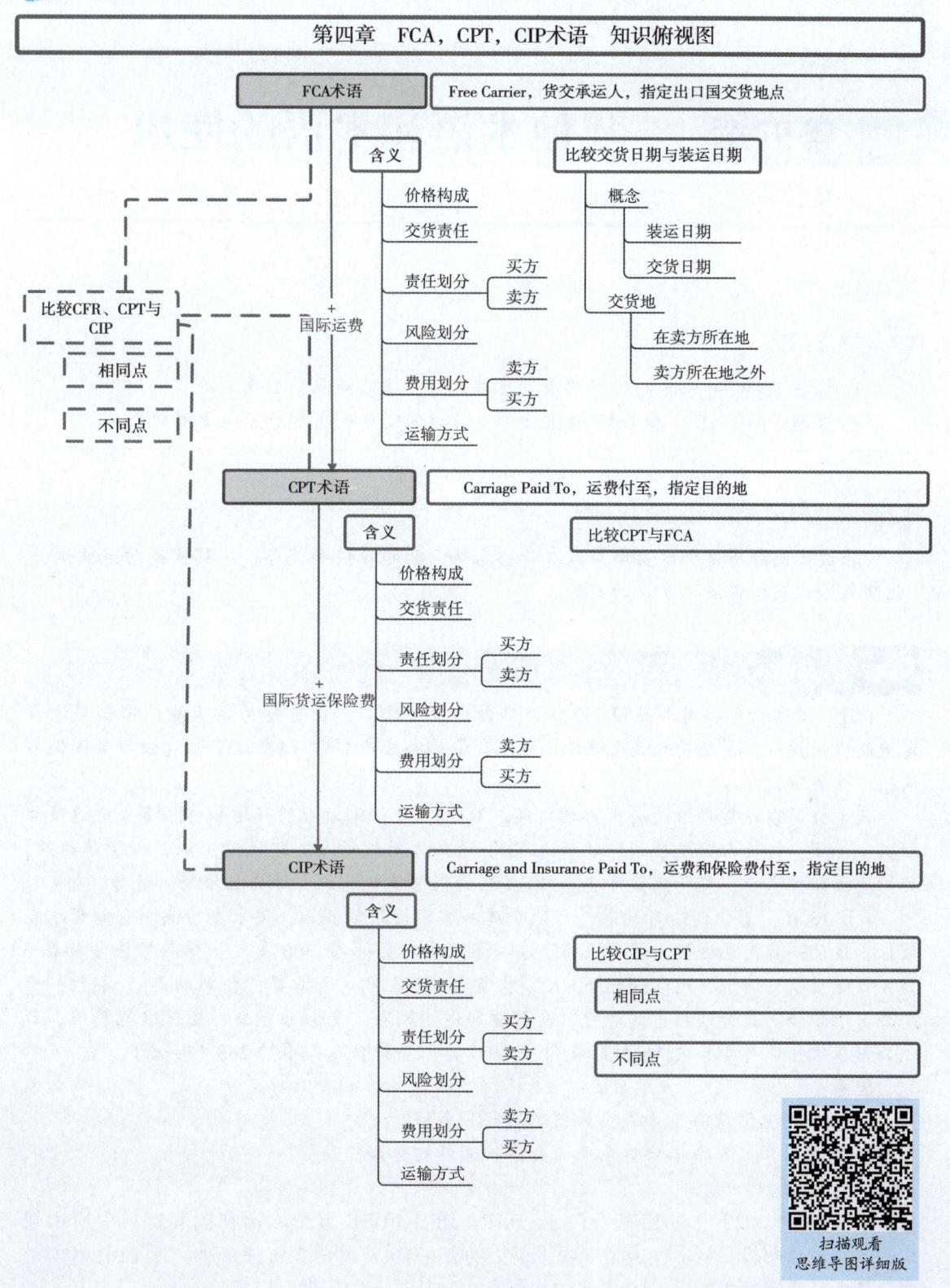

第四章　FCA，CPT，CIP术语　知识俯视图

- **FCA术语**　Free Carrier，货交承运人，指定出口国交货地点
  - 含义
    - 价格构成
    - 交货责任
    - 责任划分：买方／卖方
    - 风险划分
    - 费用划分：卖方／买方
    - 运输方式
  - 比较交货日期与装运日期
    - 概念
      - 装运日期
      - 交货日期
    - 交货地
      - 在卖方所在地
      - 卖方所在地之外

- 比较CFR、CPT与CIP
  - 相同点
  - 不同点

- ＋国际运费

- **CPT术语**　Carriage Paid To，运费付至，指定目的地
  - 含义
    - 价格构成
    - 交货责任
    - 责任划分：买方／卖方
    - 风险划分
    - 费用划分：卖方／买方
    - 运输方式
  - 比较CPT与FCA

- ＋国际货运保险费

- **CIP术语**　Carriage and Insurance Paid To，运费和保险费付至，指定目的地
  - 含义
    - 价格构成
    - 交货责任
    - 责任划分：买方／卖方
    - 风险划分
    - 费用划分：卖方／买方
    - 运输方式
  - 比较CIP与CPT
    - 相同点
    - 不同点

扫描观看
思维导图详细版

第五章　其他术语和术语的使用

学习目标

1. 掌握 EXW 和 FAS 的价格构成、责任划分、交货地点、费用划分。
2. 掌握 DAP、DPU 和 DDP 的价格构成、责任划分、交货地点、费用划分。

思政目标

通过案例分析体会贸易当事人在价格术语方面的责任和义务，达到提高防范意识、化解风险以及增强法律意识的目的。

导入案例

1 月，浙江云龙公司与美国 TE 公司签订出口合同，出口货物为聚氨酯泡沫塑料灌注发泡的专用设备，货物价值为 253 040 美元，价格条款为 DAP 福斯托里亚（注：美国俄亥俄州内陆城市）。

云龙公司委托货代维运公司办理订舱。3 月 22 日，承运人的代理制作了多式联运提单副本，记载：托运人云龙公司，收货人 TE，通知方同收货人，起运港上海，卸货港纽约，目的地福斯托里亚，货物装载于 1 个 40 英尺的框架集装箱内，堆场至堆场，运费预付。

4 月 13 日，货物到达目的港，当地仓库扣留了框架集装箱，要求支付高额仓储费才能放行，致使一直无法送货。收货人 TE 为取得货物共支付 43 360 美元，付款后该货物在 6 月 8 日送至收货地址，延误超过 50 天。收货人 TE 认为，根据贸易合同的 DAP 条款，云龙公司承担合同履行过程中的运费、仓储费和运输风险，要求云龙公司支付这笔费用。云龙公司在次年 4 月 4 日向 TE 转账支付 43 360 美元（折合人民币约 283 140 元）。

思考：

1. 货物运输涉及海运方式，为何不用 CIF 术语？
2. 如果采用 CIF 术语出口企业还会承担额外的仓储费吗？

Incoterms® 2020 中的 EXW、FAS、DAP、DPU、DDP 五个术语在国际贸易中应用较少，各自特点明显。从卖方的角度看术语，卖方在 EXW 术语中责任最小，在 DDP 术语中责任最大，海运方式时在 FAS 术语中责任最小，从买方的角度看则相反。

第五章 其他术语和术语的使用

第一节 EXW，FAS 术语

EXW 和 FAS 两个术语各自都有独特的风险划分点。

一、EXW 术语

EXW，英文全称 Ex Works，中文"工厂交货"。在 Incoterms® 2020 十一个术语中，EXW 下卖方的责任最小，买方的责任最大。

使用形式：EXW（出口国指定交货地点，Place of Delivery）Incoterms® 2020。

使用举例：EXW Shijiazhuang City, Hebei, China Incoterms® 2020。

（一）EXW 术语含义

EXW 术语含义主要包括以下六个方面。

（1）价格构成：包含在指定地点（如卖方工厂或仓库）交付买方之前的所有成本、费用以及利润。

（2）交货责任：按时在指定地点将货物交由买方处置。

（3）风险划分：在指定地点地面将货物交由买方处置时，风险转移至买方。

（4）责任划分：卖方需按时在指定地点将货物交由买方处置，向买方交付相关贸易单证；买方需按时到指定地点接收货物，负责装车以及办理国际货物运输、国际运输保险事宜，办理出口和进口许可证等相关政府规定手续，办理出口和进口报关手续。

（5）费用划分：买方支付自指定地点接收货物后的所有费用，含装车费、运费、保险费、进出口报关费用等。

（6）适用所有运输方式。

EXW 术语图示如图 5-1 所示。

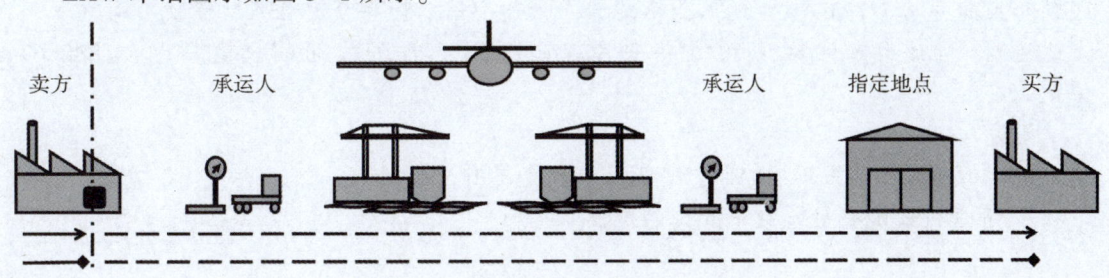

实线：卖方责任　虚线：买方责任
箭头：表示风险　菱形：表示费用

图 5-1　EXW 术语图示

（二）EXW 术语和 FCA 术语的联系与区别

第一，二者都可以在卖方仓库交货，但卖方责任和风险不同。

在 EXW 术语中，指定卖方仓库交货时，货物只需置于交货仓库中，无须装载，由买方处置时，卖方交货责任便已完成；而在 FCA 术语中，卖方需负责将仓库中的货物装载至运输工具上，且需同时承担装载作业中的风险。

在 EXW 术语中，买方在仓库接收货物后，如果委托卖方进行装载操作，卖方通常会要求买方承担装载操作中的风险。Incoterms® 2020 建议买方与卖方在装载操作前协商确定装载操作中风险分担的原则，如果买方希望规避在卖方场所装载货物的风险，应该在合同中采用 FCA 术语。

在 EXW 术语中，买方在仓库接收货物后，则立刻承担付款责任。在买方委托卖方将货物装载至运输工具上时，如果发生货物损坏，不影响买方根据双方的买卖合同向卖方付款的义务。

第二，买方在出口国办理出口许可证件和出口报关存在困难时，应采用 FCA 术语。

Incoterms® 2020 建议，EXW 可能更适合国内贸易。在出口报关中，卖方的参与内容限于协助获取诸如买方要求的用于办理货物出口的单据或信息。如买方希望出口货物而又预计办理出口清关会有困难时，建议买方最好选择 FCA 术语。在中国采用 EXW 术语的进出口贸易，多发生在保税区内企业与境内区外企业之间。

海关特殊监管区域

> **应用案例**
>
> 2016 年 3 月 13 日，韩国 AS 公司和山东云龙公司以传真形式签订了销售合同。该合同约定：云龙公司向 AS 公司购买 3 200 吨（±5%）韩国产纯苯，单价 1 088 美元，价格条件为 EXW 烟台保税仓库；货物装船日期为 2016 年 3 月 15 日前；付款方式为提单出具日后 60 天远期信用证，争议解决适用中国法律；若买方未能开立信用证，则应当向卖方支付合同总金额 15% 的违约金，同时卖方有权解除合同，要求买方承担合同的法律费用。
>
> 2016 年 5 月 2 日，AS 公司催告云龙公司开立信用证，但云龙公司一直未予开证。
>
> 2016 年 8 月 15 日，AS 公司与山东景茂公司签订合同，以每吨 880 美元的价格将已经到港且储存的 3 123.45 吨纯苯出卖给山东景茂公司。同年 9 月 2 日，景茂公司提取了上述纯苯。上述纯苯到港至 2016 年 9 月 2 日期间 AS 公司支付的仓储费为 84 888.67 美元。
>
> 问题：
> 1. 韩国 AS 公司采用 EXW 中国保税仓库交货有何目的？
> 2. 请分析云龙公司一直不开证的原因。

工厂组术语词

前店后厂营业中，远方客商店里请。
唇枪舌战为合同，E 组术语定盘星。
工厂生产备货忙，买家镇定有锦囊。
货物及时入库房，买方取货备出航。
卖家自在责任轻，但闻买家最繁忙。

二、FAS 术语

FAS，英文全称 Free Alongside Ship，中文"船边交货"，一般称作"装运港船边交货"。

使用形式：FAS（指定装运港，Port of Shipment）Incoterms® 2020。

使用举例：FAS Tangshan Port, Hebei, China Incoterms® 2020。

（一）FAS 术语含义

FAS 术语含义主要包括以下六个方面：

（1）价格构成：包含将货物交到船边及之前所有成本、费用以及利润。

（2）交货责任：卖方按时在装运港将货物交到买方指定的船边。

（3）责任划分：卖方需办理出口报关手续，负责按时将货物交到买方指定的船边，向买方提交相关贸易单证，并及时向买方发出装运通知（Shipping Advice）；买方需办理国际货物运输，指定承运人或货运代理，安排订舱和装船，通知卖方与承运人或货代联系，通知卖方装运时间和地点等信息，办理国际运输保险和进口报关等事宜。

（4）风险划分：在装运港将货物交到买方指定的船边，风险转移至买方。

（5）费用划分：卖方负责将货物交到船边以及之前所有相关费用，负责出口报关费用；买方承担自货物交到船边时起的所有费用，包括装船费用、国际运费、国际运输保险费以及进口报关费用等。

（6）运输方式：仅适用海运和内河水运运输方式（简称水上运输）。

FAS 术语图示如图 5-2 所示。

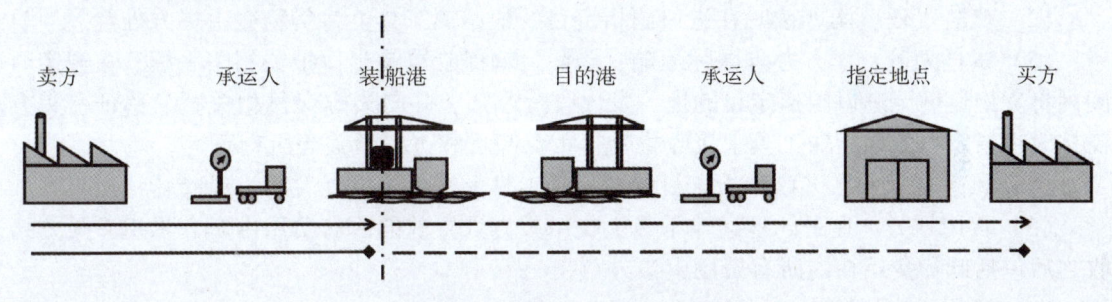

实线：卖方责任　　虚线：买方责任
箭头：表示风险　　菱形：表示费用

图 5-2　FAS 术语图示

（二）FAS 术语的特点

（1）FAS 术语的风险转移点比 FOB 术语早，卖方责任较小。

（2）FAS 术语与 FOB 术语一样存在船货衔接问题。

（3）FAS 术语适用范围较窄，一般适用特定类型货物。

①FAS 通常用于超限货物。超限货物指超长或超宽或超高的特殊规格的货物（如船只、拖拉机、重型机械），通常无法装入集装箱，置于船边由买方船舶设备装载。

②在购买液体时也很常见，船舶必须部署软管以转移货物（如液体化学品）。

③可以用 FAS 术语替代由买方负责装船费的 FOB 术语变形。

第二节　DAP，DPU，DDP 术语

Incoterms® 2020 中，D 组术语与其他术语有着较大的不同。D 组术语中卖方需保证货物按时到达目的地，卖方承担责任和风险的时间跨度增加。D 组术语对卖方的经营管理能力提出了更高的要求，因此国际贸易实践中，D 组术语应用较少。在中国的贸易实践中，D 组术语较多用于从国内综合保税区、保税物流园区等海关监管场所内进口货物，这对卖方而言几乎没有难度。

一、DAP 和 DPU 术语

两个术语关系非常紧密，其差别只有一点：卖方是否承担目的地的卸货责任。

（一）DAP 术语

DAP，英文全称 Delivered at Place，中文"目的地交货"。

使用形式：DAP（指定目的地，Place of Destination）Incoterms® 2020。

使用举例：DAP Shijiazhuang City, Hebei, China Incoterms® 2020。

DAP 术语含义主要包括以下六个方面。

（1）价格构成：包含货物运输至进口国指定目的地卸货前除进口报关税费外的所有费用和利润。

（2）交货责任：卖方按时在进口国指定目的地运输工具上将货物交由买方处置。

（3）责任划分：卖方办理国际运输、国际运输保险以及出口报关相关手续，在规定时间内将货物运输至进口国指定目的地，发出收货通知，并向买方交付相关贸易单证；买方需按时在指定目的地运输工具上接收货物，负责卸货和进口报关等所有事宜。

（4）风险划分：在进口国指定目的地运输工具上交由买方处置时，风险转移至买方。

（5）费用划分：在目的地运输工具上交由买方处置前的所有费用由卖方承担，买方接收之后包括卸货费用在内所有费用由买方负担。

（6）适用所有运输方式。

DAP 术语图示如图 5-3 所示。

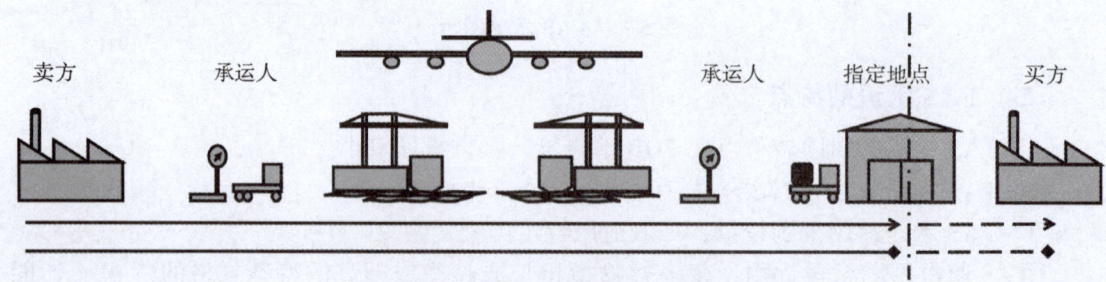

实线：卖方责任　　虚线：买方责任
箭头：表示风险　　菱形：表示费用

图 5-3　DAP 术语图示

(二) DPU 术语

DPU，英文全称 Delivered at Place Unloaded，中文"目的地卸货后交货"。

使用形式：DPU（指定目的地，Place of Destination）Incoterms® 2020。

使用举例：DPU Shijiazhuang City, Hebei, China Incoterms® 2020。

DPU 术语与 DPA 术语的差异：DPU 术语中卖方增加了在目的地的卸货责任，并承担卸货费用，卸货后将货物交由买方处置时风险转移。其他方面，二者完全相同。

DPU 术语含义主要包括以下六个方面。

(1) 价格构成：包含货物运输至进口国指定目的地卸货后除进口报关税费外的所有费用和利润。

(2) 交货责任：卖方按时在进口国指定目的地从运输工具上卸货后交由买方处置。

(3) 责任划分：卖方办理国际运输、国际运输保险以及出口报关相关手续，在规定时间内将货物运输至进口国指定目的地，并从运输工具上卸货，发出收货通知，并向买方交付相关贸易单证；买方需按时在指定目的地接收货物，负责进口报关等所有事宜。

(4) 风险划分：在进口国指定目的地从运输工具卸货后交由买方处置时，风险转移至买方。

(5) 费用划分：在目的地从运输工具卸货后交由买方处置前的所有费用由卖方承担，买方接收之后所有费用由买方负担。

(6) 适用所有运输方式。

DPU 术语图示如图 5-4 所示。

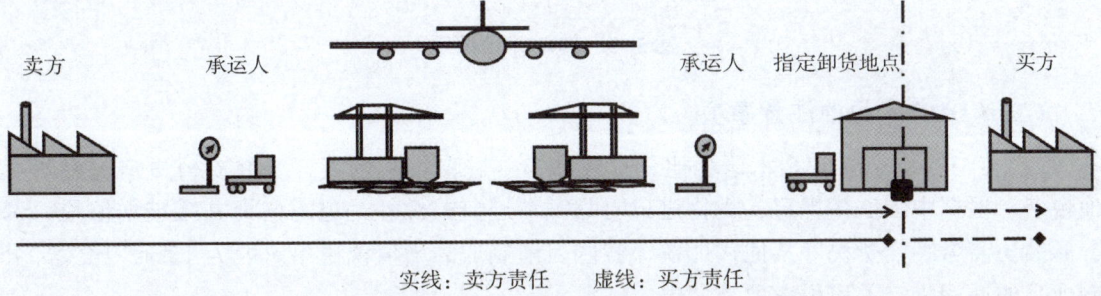

实线：卖方责任　虚线：买方责任
箭头：表示风险　菱形：表示费用

图 5-4　DPU 术语图示

二、DDP 术语

DDP，英文全称 Delivered Duty Paid，中文"完税后交货"。在 Incoterms® 2020 十一个术语中，DDP 术语中卖方的责任最大，买方的责任最小，与 EXW 术语正相反。

使用形式：DDP（指定目的地，Place of Destination）Incoterms® 2020。

使用举例：DDP Shijiazhuang City, Hebei, China Incoterms® 2020。

(一) DDP 术语的含义

DDP 术语含义主要包括以下六个方面。

(1) 价格构成：包含货物运输至进口国指定目的地卸货前包括进口报关税费在内的所

有费用和利润。

（2）交货责任：卖方办结进口报关手续后，按时在进口国指定目的地运输工具上交由买方处置。

（3）责任划分：卖方办理国际运输、国际运输保险以及出口、进口报关相关手续，在规定时间内将货物运输至进口国指定目的地，发出收货通知，并向买方交付相关贸易单证；买方需按时在指定目的地运输工具上接收货物、负责卸货等事宜。

（4）风险划分：在进口国指定目的地运输工具上交由买方处置时，风险转移至买方。

（5）费用划分：在目的地运输工具上交由买方处置前的所有费用由卖方承担，进口关税以及相关税费由卖方承担；买方承担接收货物之后包括卸货费用在内的所有费用。

（6）适用所有运输方式。

DDP 术语图示如图 5-5 所示。

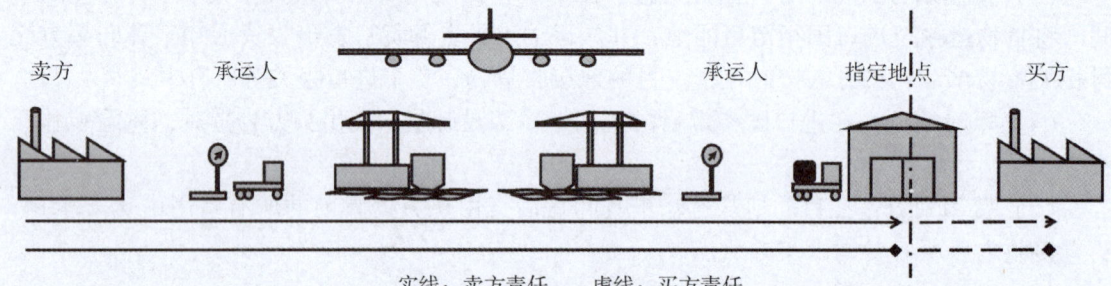

实线：卖方责任　　虚线：买方责任
箭头：表示风险　　菱形：表示费用
所有进出口通关任务卖方均已负担

图 5-5　DDP 术语图示

（二）DDP 术语的注意事项

（1）DDP 术语与 DAP 术语相比，卖方承担了进口报关的责任，并支付进口关税等其他税费。根据中国法律规定，货物进口时除缴纳进口关税外，还需向海关缴纳增值税，部分商品还需缴纳消费税等其他代征税。我国目前制成品增值税税率一般为 13%，比大部分制成品的适用进口关税税率要高。

（2）DDP 术语中卖方责任和承担风险最大，企业应谨慎考虑该术语的使用，尤其是签约前要明确进口国报关手续和进口许可证件办理的难度，以及进口税款的总额，如在进口报关、进口证件申请或进口税款缴纳方面有困难，应采用 DAP 术语。

到达组术语词

D 组三杰居高峰，卖家知难勇攀登。
生产运输分内事，风险担当在途中。
货物抵达千金诺，买家验货盼行情。
DAP 时不卸货，DPU 下落地等。
进口报关 DDP，卖家辛劳求好评。

>>> 第五章　其他术语和术语的使用

> **应用案例**
>
> 　　2017 年 8 月，出口企业河北云龙公司签订对美国出口合同，货物品名为挤出机备件，术语为 DDP 美国收货人工厂。
>
> 　　9 月，云龙公司委托货代丁宁公司办理自天津至美国洛杉矶的国际货物运输，以及美国目的地进口报关和送货服务，件数为 28 件，重量为 25 000 千克，体积为 38 立方米，两个 40HQ 集装箱。货物的两个 40HQ 集装箱，用箱时间为 2017 年 11 月 9—24 日。其中，2017 年 11 月 9—12 日共 4 天为免费期。
>
> 　　货物于 2017 年 11 月 16 日到达美国收货人工厂。因收货人工厂卸货机器设备发生故障，无法实现当天送货后，当天卸空集装箱并返还堆场。司机将两个集装箱及两个卡车底盘留在工厂，另约时间再去提箱。
>
> 　　11 月 19 日，收货人确认卡车司机可以去提箱。货代丁宁公司的美国代理告知收货人，卡车公司司机短缺，且收货工厂至堆场属于长途运输，无法立即预约到司机。至 11 月 21 日，丁宁公司的美国代理再次安排卡车公司去工厂提箱，因假期、堆场、天气原因，11 月 24 日两个集装箱最终返还堆场。
>
> 　　2017 年 11 月 17—24 日，产生集装箱超期使用天数为 8 天，云龙公司向货代丁宁公司支付超期使用费 3 025 美元。
>
> 　　问题：
> 　　1. 请问为何出口企业要承担集装箱超期使用费？
> 　　2. 采用 DDP 术语对出口企业有何风险？

第三节　Incoterms® 2020 中术语的分类

根据各个术语的不同特征，为了便于掌握术语，可以进行不同分类。

一、按术语的首字母分类

传统上，2010 年之前各版本的 Incoterms® 规则均将所有术语分为四组，即 E 组、F 组、C 组和 D 组。按此方法，Incoterms® 2020 中十一个术语分组如下：

E 组术语 1 个：EXW。
F 组术语 3 个：FAS、FCA、FOB。
C 组术语 4 个：CPT、CIP、CFR、CIF。
D 组术语 3 个：DAP、DPU、DDP。
各组特征如下。

1. 责任与价格

从 E 组依次到 D 组，出口方的责任不断增加，需要支付的费用增多，并且需要承担更多的风险，因此在货物和运输条件相同时，出口方的报价会逐步提高；同理，进口方在 E 组术语中的责任最大，其采购成本最低。

2. 货物运输办理

采用 E 组术语和 F 组术语时，货物的国际运输均由进口方负责办理，即进口方选择承运人或货运代理，商谈运费和装运时间等事宜，并支付国际运费，且均存在货物交接（船货衔接）问题。

采用 C 组术语和 D 组术语时，货物的国际运输均由出口方负责办理，签订国际运输合同，并支付国际运费。在 C 组术语条件下，出口方必须保证货物按时装运，不保证货物何时到达目的地（港），而在 D 组术语条件下，出口方必须保证货物按时到达进口国指定目的地。

3. 出口方交货点（Delivery Points）

交货点是指出口方完成向进口方交货责任的地点，在出口方将货物运至交货点并将货物交付给承运人或进口方时，出口方完成合同项下货物的交付责任，对此后货物的损失或灭失不再承担任何责任。交货点可以是在出口国，也可以是在进口国。

E 组术语和 D 组术语中的交货点都是买方收货地点。其中，EXW 术语中的交货点是约定的在出口国的买方收货地点，不论买方打算将货物运往什么目的地。D 组术语中，交货地点与卖方或其承运人将货物运往的目的地是同一个地点，使用 D 组术语合同通常被称为"到达"合同。

F 组术语和 C 组术语中的交货点均在出口国，因此使用这些术语的合同通常被称为"装运"合同。卖方交货责任在下列情形完成，不论货物是否最终到达目的地。

（1）在 FOB、CFR 和 CIF 术语中，当货物在装货港被装到船上之后。

（2）在 CPT 和 CIP 术语中，当货物交承运人后。

（3）在 FCA 术语中，当货物装上买方提供的运输工具，或交由买方指定的承运人处置时。

（4）在 FAS 术语中，当货物被置于装货港船边时。

二、按术语后面随附地点分类

Incoterms® 2020 建议相关随附地点应精准确定，术语可以分为以下四类。

（1）指定出口国装运港（Port of Shipment）：FAS、FOB。

（2）指定出口国交货地点（Place of Delivery）：EXW、FCA。

（3）指定进口国目的港（Port of Destination）：CFR、CIF。

（4）指定进口国目的地（Place of Destination）：CPT、CIP、DAP、DPU、DDP。

CFR 和 CIF 术语涉及交货港与目的港两个港口，CPT 和 CIP 术语涉及交货地和目的地两个地点。交货港（地）和目的港（地）对这四个术语具有不同的意义：其中随附地点目的港（地）为运输合同的终点，交货港（地）为卖方的交货地点和风险转移地点。

其他七个术语的随附地点均为卖方的交货地点和风险转移地点。

三、按风险转移点分类

在风险转移点之前，卖方承担货物灭失或损坏的风险；在风险转移点之后，买方承担货物灭失或损坏的风险。按风险转移点可以分为以下四类。

（1）在指定地点，货物交由买方处置时：EXW、DAP、DPU、DDP。

其中，EXW 术语中，是在出口国指定地点将货物交给买方处置时风险转移，而 D 组术语中，是在进口国指定地点将货物交由买方处置时风险转移。

（2）在出口国指定地点将货物交给承运人：FCA、CPT、CIP。

（3）在装运港将货物装上船：FOB、CFR、CIF。

（4）在装运港将货物交到船边：FAS。

在 Incoterms® 2020 十一个术语中，只有三个 D 组术语的风险转移点是在进口国，其他八个术语的风险转移点均在出口国。货物风险从卖方向买方的转移，需要买方的积极合作才可以实现，比如在 D 组术语中，卖方将货物置于指定地点后，若买方拒绝接收货物，则会延迟风险的转移。

根据 Incoterms®规则，如果买方未能按时在规定地点接收货物，则货物的风险仍然可以转移至买方，这种转移以该货物已清楚地确定为合同项下货物为前提条件，即货物被特定化，比如货物包装上印刷了买方指定的标识。

在国际贸易实践中，存在大量买方拒绝派船、拒绝收货的案例，根据合同、通则、相关公约和法律，买方应承担延迟收货的风险并赔偿卖方的损失，但很多情况下，卖方为降低后续损失，只能对货物处置完毕后才能对买方进行索赔。

四、按报关责任分类

进出口方必须为国际贸易货物办理进出口报关（含法定报检）手续，为了完成报关手续，还需办理出口国和进口国相关进出口许可证件，在 Incoterms® 2020 十一个术语中，基本上都是出口方办理出口报关和出口许可证件等手续，进口方办理进口报关和进口许可证件等手续，只有两种情况下存在例外。

在 EXW 术语中，出口报关和出口许可证件等手续由进口方办理，因此进口方在签约前必须确认有办理出口报关的能力或能委托合格的出口报关代理。

在 DDP 术语中，进口报关和进口许可证件等手续由出口方办理，且进口关税和增值税等其他税费亦由出口方支付，因此出口方在签约前必须确认有办理进口报关的能力或能委托合格的进口报关代理，并将进口税费等纳入出口成本核算。

五、按交货形式分类

交货形式是指证明出口方完成交货责任的形式，可分为以下两种类型。

1. 实际交货形式，包括四个术语：E 组术语，D 组术语

实际交货形式是指出口方在规定时间和地点将货物交付进口方或其代理人处置时才算完成交货责任的操作方式。进口方或其代理人会在接收实际货物时进行基本的清点或验收，有利于保障进口方的利益。

2. 象征性交货形式，包括七个术语：F 组术语，C 组术语

象征性交货形式是指出口方在完成货物的装运或交付承运人之后，通过将包括运输单据在内的所有贸易单证提交给进口方来证明完成交货责任的操作方式。象征性交货形式下，出口方通过交单代替交货，进口方通过核查运输单据等贸易单证来确认出口方的交货责任，如果单证齐全完备，则出口方完成交货责任，但出口方不保证货物能正常到达目的地。出口方可以通过控制单据达到控制货物的目的，此方式对出口方有利。如果出口方提交伪造单据，进口方的利益会受到伤害。

六、总结

Incoterms® 2020 十一个术语中买卖各方承担的相同责任：

（1）货物交接与货物特定化：都存在买卖双方之间的货物交接问题，在海运方式下，一般称为船货衔接问题，双方必须沟通好。任何一方无法按时到位，都可能给对方带来额外费用和风险。

（2）交货通知：卖方在将货物交付买方或承运人，或者完成装运后，都应及时向买方发送交付通知，在海运方式下，一般称为装船通知（Shipping Advice，Shipment Notification，Shipment Notice）。

（3）交单：卖方应根据合同及时向买方提交相关商业单据（Commercial Documents），一般主要包括运输单据（比如 Bill of Lading，Airway Bill）、商业发票（Commercial Invoice）、装箱单（Packing List）、原产地证书（Certificate of Origin）、品质检验证书（Quality Certificate），其他应提交单据由双方约定。

（4）单货相符：卖方交付货物的质量、数量以及包装等必须符合合同要求，否则属于违约。因不可抗力因素导致不符，卖方可根据情况申请免责。

（5）报关：卖方办理出口报关，EXW 除外；买方办理进口报关，DDP 除外。

（6）买方按时收货并付款。

练习题

1. 名词解释。

（1）EXW。

（2）FAS。

（3）DAP。

（4）象征性交货。

（5）实际交货。

2. 判断题。

（1）在 Incoterms® 2020 中，EXW 是出口商责任最小的术语，DDP 则是进口方责任最大的术语。

（2）FOB 和 FAS 都需要进口方指定船只和装运港，且装船费用都需要其负责。

（3）FAS 术语在 Incoterms® 2020 中指的是任意运输工具的"甲板边交货"。

（4）在买方派运输工具到卖方仓库提货的情况下，使用 EXW 术语和 FCA 术语最大的区别是，EXW 术语不需要卖方办理出口报关。

（5）卖方将货物运输到买方指定地点的情况下，使用 DAP 和 DPU 术语时，前者中卖方卸货后完成交货义务。

（6）在同一笔合同交易中，使用 DAP 术语和 DDP 术语的区别是前者需要买方办理进口通关手续及承担相应的费用，后者则不需要。

（7）CIP Daxing Airport 和 DAP Daxing Airport 相比，后者和前者一样，只要卖方把表示物权的单据交给买方，就算完成交货。

（8）在使用 D 组术语的时候，卖方交货地点不在卖方所在国家或者地区，因此卖方

第五章 其他术语和术语的使用

为了降低其承担的运输风险，可以购买运输保险。

（9）有两个合同均使用航空运输，分别使用 DAP Daxing Airport 和 DDP Daxing Airport，前者需要买方自己办理进口通关，后者则不需要。二者共同点是只要载货飞机停在了目的地机场停机坪那一刻，卖方就完成了交货义务。

（10）使用 DAP 术语成交时，由于货物交货地点在进口国，虽然卖方没有义务为买方办理货物运输保险，但是卖方可以为自己的利益去购买货物运输保险。

（11）DAP 术语，如果卖方加上卸货责任，就变成了 DPU 术语；如果加上进口清关责任就变成了 DDP 术语。

3. 简答题。

（1）总结 C、D、E 和 F 组术语的共同特点。

（2）总结 Incoterms® 2020 中出口国交货的术语和进口国交货的术语。

（3）Incoterms® 2020 中指定地点分别在出口国和进口国的术语有哪些？

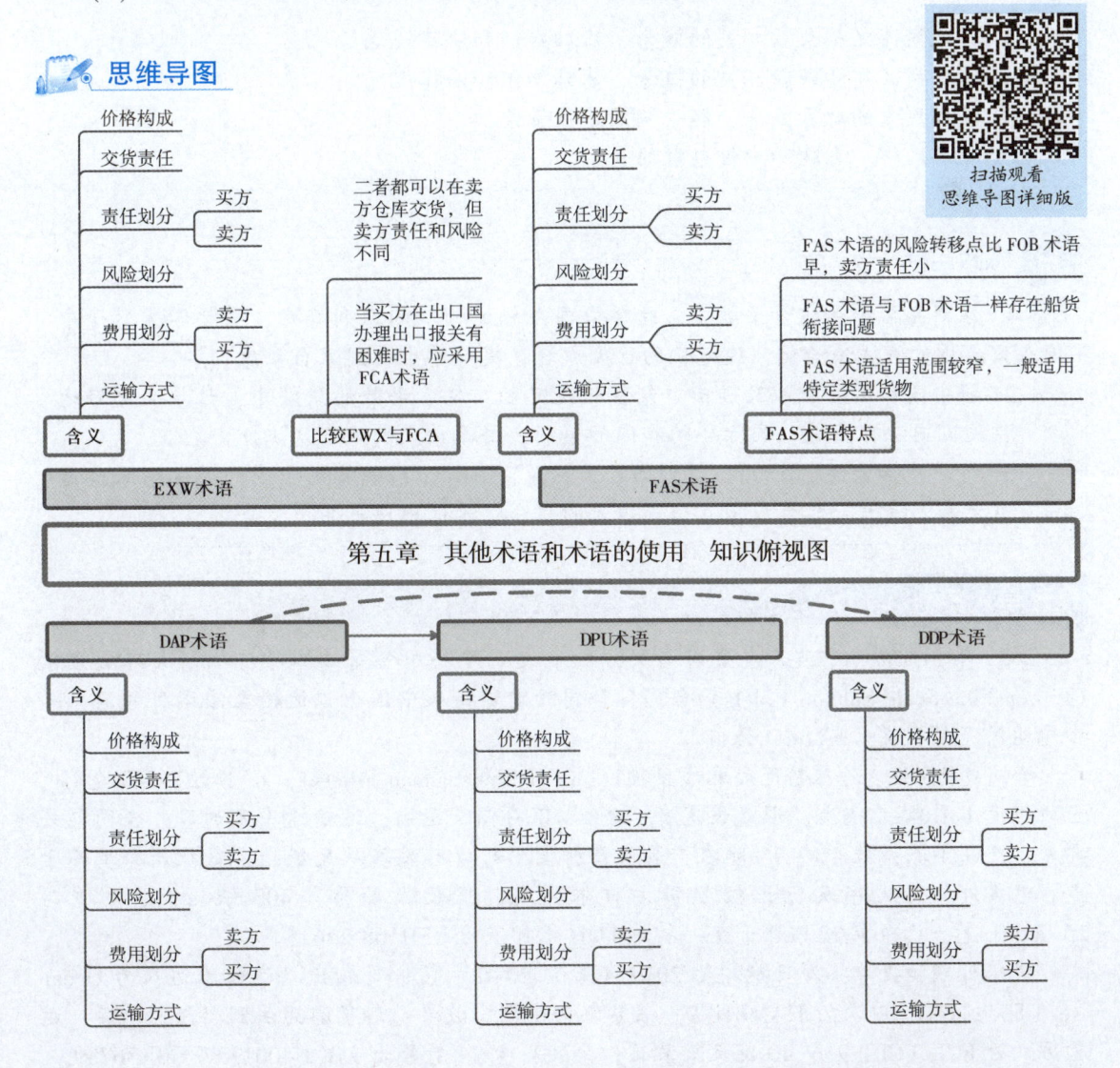

思维导图

扫描观看思维导图详细版

第五章 其他术语和术语的使用 知识俯视图

第六章　商品名称、质量、数量和包装

学习目标

1. 掌握商品名称条款相关的概念、基础知识和法律规范。
2. 掌握商品质量条款相关的概念、基础知识和法律规范。
3. 掌握重量的计算方法、能准确表达数量条款。
4. 理解定牌、无牌和中性包装的含义。

思政目标

1. 在商品名称和质量条款中，结合中国在相关领域的系列规定，引导学生感受中国在商品质量领域法治化、规范化的巨大成绩，提升学生的国家自豪感。
2. 将中国和国际上涉及进出口包装的规定融入包装条款的讲解中，让学生更好地理解相关国内法律法规、国际公约和国际惯例，培养学生的规则意识。
3. 将"中国制造"产品出口到国外虽然是商业行为，但其对中国的国际形象塑造具有重大的影响力。学生应树立为国争光的信念，确保出口产品质量合格。

导入案例

2019年3月初，宁波云龙公司与买方加拿大CST公司签署出口冷冻细鳞大麻哈鱼段(Frozen Fine Scale Salmon Fillets)合同，合同约定货物从中国出口运输至法国目的港，并由承运人交付收货人SYSCO公司。

合同货物描述：冷冻粉色大麻哈鱼段(Frozen Pink Salmon Fillets)，尺寸120~140克/件，鱼段厚度1厘米±1毫米；温度设定在-18℃以下存储及运输，运输途中不通风。合同包装要求：产品单冻，挂4%~7%冰衣，装入塑料袋内封口后装入双瓦纸箱，每纸箱净重5千克；包装外相关文字及标识按照买方样本印刷。货物数量为4 400纸箱；总毛重为25 660千克；总净重22 000千克；货物FOB总货值为USD168 246.5。

装船日期和提单签发日期均为2019年6月20日。该批货物出口运输承运人为Ocean Net LTD.；船名/航次为HAM610W；装货港为中国宁波港；卸货港为法国勒阿佛尔港；运输方式为FCL/FCL，1个40英尺集装箱，集装箱号/铅封号为ABCU4001357/CBA36789。

>>> 第六章 商品名称、质量、数量和包装

思考：

1. 出口商品国内通常称为冷冻细鳞大麻哈鱼段（Frozen Fine Scale Salmon Fillets），为何合同中约定商品名称为冷冻粉色大麻哈鱼段（Frozen Pink Salmon Fillets）？合同中英文名称中可否省略"Frozen"或其他单词？请解释理由。
2. 合同中约定鱼段的尺寸和厚度与货物的合同总货值有关系吗？
3. 合同中为何要约定包装材料以及装箱方式？

国际贸易中的买卖双方必须针对交易标的物进行严格约定，才能确保双方能够实现最大的经济利益。合同中针对交易标的物的约定一般包括 Name of Commodity（商品名称）、Quality（质量）、Quantity（数量）和 Packing（包装）等四个方面，通常置于合同的 Description of Commodity（商品描述）项目中。合同中通过文字和图片等多种形式从四个方面对商品进行严格约定，使得卖方能够完成合同商品的生产，进行成本的真实核算，并实现合理报价，也使得买方能够检验收到的货物是否符合购买意愿，最终推动双方顺利履约。

卖方必须严格按照合同对商品名称、质量、数量和包装的约定完成货物交付，否则将承担相应的赔偿责任。《联合国国际货物销售合同公约》规定，卖方交付的货物必须与合同所规定的数量、质量和规格相符，并须按照合同所规定的方式装箱或包装。除特殊情况外，如果货物不符合合同，不论价款是否已付，买方都可以减低价格，减价按实际交付的货物在交货时的价值与符合合同的货物在当时的价值两者之间的比例计算。

第一节 商品名称

商品名称（Name of Commodity，品名）是买卖双方确定交易标的物的第一要素，在一定程度上体现了商品的自然属性、用途以及主要的性能特征。买卖双方通过对商品名称的确定，可以最大限度明确卖方的供货能力和买方的购买意愿。双方在第一次接洽时就需对商品名称加以明确，以便于顺利开展谈判。目前中国对外贸易合同的谈判和文本基本以英语为承载语言，因此商品英文名称的确定对买卖双方尤其重要。在外贸实践中，中国进出口企业必须将商品常见的中英文名称进行准确的匹配，以利于提高与国外客商谈判的效率。另外，由于商品名称是进出境环节必须向各自海关申报的项目，因此商品名称与所申报的海关编码不能矛盾或抵触。

国际贸易合同必须对商品名称进行明确表述，可以采取 Name of Commodity（商品名称）单独列示的形式，也可以采用列入 Description of Commodity（商品描述）项目第一行的形式，其他所有外贸单证中显示的商品名称不得与合同所列商品名称相抵触。

一、确定商品名称的方法

通常确定商品名称的方法有以下三种。

第一，参考行业内通行做法进行命名，操作简单，也不易引起误解。大部分行业的商品都有着业内通用的名称，比如 Iron Ore（铁矿石），Flake Graphite（天然鳞片石墨），

Water Pumps（过滤泵），Women's Jacket（女式夹克），Plastic Spray Water Bottle（塑料喷雾瓶），Binocular Fluorescent Microscope（生物显微镜），Soybean GMO（转基因大豆）。对于行业内具有通用名称的商品，买卖双方可以直接进入相关商品质量、数量及包装等方面的谈判。

第二，结合商品的物理特性或化学属性进行命名，比如，Frozen Mixed Vegetables with Bok Choy（速冻蔬菜搭配白菜），Frozen Pink Salmon Fillets（冷冻粉色大麻哈鱼段），Bottle Opener Magnetic Stickers（磁贴开瓶器）。

第三，结合商品的组成成分或用途等属性进行命名，比如，Feohard PCBA with USB（PCBA 电路板），Metal Folding Mirror Round Flowers（金属饰品），Precision Horizontal Metal Automatic Turning CNC Lathe Machine（精密数控卧式车床）。

买卖各方均须在商品进出境时向海关进行商品申报，商品名称必须与所申报的商品归类编码（税号，HS Code）一致，如果商品名称与税号不符，则进出口当事人会面临海关的审查、查验、扣货等要求，轻则耽误货物在流通各个环节的安排，重则导致海关处罚。因此进出口企业应关注海关相应申报的有关规定，确保不违反中国海关进出口申报规定，也尽可能协助境外客户遵守其海关规则，共同拟定恰当的商品名称。

由于消费品直接面对消费市场，销售外包装通常印刷有商品名称，因此消费品的名称较为稳定，也较易确定。对于一些工业品，尤其是较为复杂的、新型的工业中间投入品，涉及较多的成分和功能，用途特殊，会导致命名较为复杂，需要买卖双方进行充分的交流与谈判。

二、国际贸易商品分类标准

目前，国际上对国际贸易商品进行分类的规则主要有三种，分别是世界海关组织的《商品名称及编码协调制度》（以下简称《协调制度》，Harmonized System，HS），联合国的《国际贸易标准分类》（SITC）和《按大类经济类别分类》（BEC）。三种分类标准之间有对应关系，世界各国（地区）的三种分类标准的详细贸易数据可在联合国 UNcomtrade 数据库查询下载（网址：https://comtradeplus.un.org）。

（一）《协调制度》（HS）

《协调制度》目前被 200 多个国家（地区）用作其关税和收集国际贸易统计数据的基础。国际贸易中超过 98% 的商品按照 HS 分类。《协调制度》有助于协调海关和贸易程序，以及与此类程序相关的非文件贸易数据交换，从而降低与国际贸易相关的成本。它还被政府、国际组织和私营部门广泛用于许多其他目的，例如国内税收、贸易政策、受管制货物的监控、原产地规则、运费关税、运输统计、价格监控、配额控制、国家汇编账目，以及经济研究和分析。因此，《协调制度》是一种通用的经济语言和商品编码，也是国际贸易不可或缺的工具。

2022 年版《协调制度》有 21 类 97 章，共有 6 位数编码（子目）5 609 个。货物按其加工程度，依原材料、未加工产品、半成品和成品的顺序排列。例如，活动物在第 1 章，动物生皮和皮革在第 41 章，而皮鞋在第 64 章。章内和品目内也同样按此排序。我国从 1992 年开始采用《协调制度》编制对外贸易统计，并根据我国对外贸易商品结构的实际情况，《中华人民共和国海关统计商品目录》（以下简称《商品目录》）在《协调制度》

原 6 位编码的基础上增加了第 7 位至第 10 位编码，以便于计税、统计及贸易管理；同时，我国进出口商品统计目录扩充为 22 类 99 章。

商品的 10 位编码分为 4 个组成部分，以全自动饺子机的海关编码 8438100090 为例，简要解释如下。

（1） 84 表示该商品属于《商品目录》中的第 84 章，标题为"核反应堆、锅炉、机器、机械器具及其零件"；

（2） 38 表示该商品属于 84 章中的 38 品目，标题为"本章其他税目未列名的食品、饮料工业用的生产或加工机器，但提取、加工动物油脂或植物固定油脂的机器除外"，归入 84.38 品目。

（3） 1000 表示该商品属于品目 8438 下面的子目 1000，标题为"糕点加工机器及生产通心粉、面条或类似产品的机器"，归入 8438.1000 子目。

（4） 子目 1000 下面又分为 10 和 90 两个次级子目，其中 90 子目的标题为"通心粉，面条的生产加工机器，包括类似产品的加工机"，归入 8438.1000.90 子目。

（5） 综合上述归类步骤，全自动饺子机的海关编码为 8438100090。

需要注意的是，《协调制度》只规范到了编码的第 6 位，所以第 7 位及以后的编码均由各个国家（地区）自主设定，因此在国际贸易中中国的海关编码（HS Code）与客户国家（地区）的海关编码可能不同。在国际贸易实践中，相关商品包装或单证中显示的 HS Code 一般都为进口国的编码，主要是买方为了进口通关等工作的便利而提出的要求，卖方接受即可。

例子 6-1

1. 税号 6103330000 适用于"合纤制针织或钩编男式上衣"，比如男式休闲西服（成分：94%锦纶，6%氨纶；品牌：NUOH），男式休闲西服（成分：64%锦纶，36%粘胶纤维；品牌：BANGG），男士针织外套（成分：55%锦纶，45%棉；装饰部件：90%羊毛，10%氨纶；镶边：100%锦纶；品牌：KUNL）。

2. 税号 8703234110 适用于"仅装有 1.5 升<排量≤2 升的点燃往复式活塞内燃发动机小轿车"，比如云龙汽车（汽油型，非成套散件，YUNL 牌，排量 1 800 毫升，型号 MRG9206C01），云龙 UX200 1987CC 仓背轿车（汽油型，非成套散件，5 座，云龙牌，排量 1 999 毫升，型号 NXN10L-AWDXC3）。

3. 税号 8415821000 适用于"制冷量≤4 千大卡/时的其他空调器，仅装有制冷装置，而无冷热循环装置的"，比如移动空调机（含制冷装置，无冷热换向阀，型号 3 024 千卡，品牌 CARR），电气柜空调（装有制冷装置，无冷热换向阀，型号 3 850 千卡，品牌 LEXA）。

（二） SITC 分类

《国际贸易标准分类》（Standard International Trade Classification，SITC），由联合国统计局主持制定，联合国统计委员会审议通过，联合国秘书处出版颁布，旨在统一各国对外贸易商品的分类统计和分析对比。SITC 采用经济分类标准，按照原材料、未加工产品、半成品、成品顺序分类，并反映商品的产业来源部门和加工阶段。SITC 第 4 版采用 5 位数编码结构，把全部国际贸易商品按经济类别划分为 10 大类：食品及活动物，饮料及烟类，非食用原料（燃料除外）、矿物燃料、润滑油及有关原料，动植物油、脂及蜡，化学品及有关产品，按原料分类的制成品，机械及运输设备，杂项制品，未分类的商品及交易品。大类下依次分为 65 章、260 组。

（三）BEC 分类

《按大类经济类别分类》（Classification by Broad Economic Categories，BEC），是国际贸易商品统计的一种商品分类体系，由联合国统计局制定，联合国统计委员会审议通过，联合国秘书处出版颁布。BEC 分类是按照商品大类经济类别综合汇总国际贸易数据制定的，是按照国际贸易商品的主要最终用途，把《国际贸易标准分类》（SITC）的基本项目编号重新组合排列编制而成的。通过 BEC 分类，可以把按《国际贸易标准分类》（SITC）编制的贸易数据转换为《国民经济核算体系》（SNA）框架下按最终用途划分的 3 个基本货物门类：资本品、中间产品和消费品，便于将贸易统计和国民经济核算及工业统计等其他基本经济统计结合起来用于国别经济分析。第三次修订本把全部国际贸易商品分为 7 大类：食品和饮料、未列名的工业供应品、燃料和润滑油、资本货品（运输设备除外）及其零件和附件、运输设备及其零件和附件、未列名的消费品、未列名的货品。7 大类分为 18 个基本类。18 个基本类按最终用途汇总为资本品、中间产品和消费品 3 大门类。

例子 6-2

2017 年 8 月 3 日，河北学府公司与重庆云龙公司签订合作协议采购电动车整车套件，约定：电动车按样车质量标准验收，学府公司提供品牌商标和授权手续，车辆价格为含税价；电动车各部件分别包装，车架、龙头、电线、前后减震器、控制器等为一箱，前后轮、电机、内外胎为一箱，灯具、坐垫以及其余塑料件为一箱；重庆云龙公司提供车辆使用说明书和保修卡，并积极配合学府公司解决在销售电动车过程中遇到的技术问题，必要时提供人员技术支持，支持费用由学府公司承担。9 月 22 日，学府公司另与尼泊尔 NEP 公司签署合同，将前述货物以 86 箱电动车配件 "Electrics Cooter Parts" 的名义销售与 NEP 公司，货价共计 29 000 美元，DDP 术语，交付地尼泊尔 Lalitpur，由学府公司承担全部费用负责门到门运输（CY-DOOR）。

在入境尼泊尔向海关以 "Electrics Cooter Parts"（电动车配件）名义报关，后尼泊尔海关查验认为货物品名申报不当，应为 "Electrics Cooter Skd"（电动车整车套件与整车进口政策相同）。由于进口方尼泊尔 NEP 公司无电动车整车进口资质，导致该批货物无法通关，该批货物被退运回中国。

该案例中河北学府公司事先知悉尼泊尔 NEP 公司无电动车整车 "Electrics Cooter" 进口资质，于是两方将合同中商品名称篡改为 "Electrics Cooter Parts"（电动车配件），并以此为基础出具了相同商品名称的单据文件。在商品进口通关时，谎报商品名称被进口国海关发现，且由于买方无进口资格，学府公司无法顺利完成进口报关程序，无法完成合同的交货责任，因此整个过程中的损失只能由河北学府公司承担责任。

如果术语不采用 DDP 术语，采用任何其他术语，货物损失将由尼泊尔 NEP 公司承担。本案例的警示是：①商品名称要真实，且应如实向海关申报；②买方要具有进口商品的资格；③卖方选择贸易术语时要注意相应的责任与风险。

>>> 第六章　商品名称、质量、数量和包装

第二节　商品质量

一、质量条款的意义

商品质量（Quality of Commodity）是指商品内在素质和外观形态的综合表现，它是构成货物说明的重要组成部分，一般包括材料、性能、稳定性、效用、外观形态、耗能指标、工艺要求、等级等。商品名称只是买卖双方对交易标的物约定的第一要素，买方为确保买到合意的商品，同时卖方为了能够生产出买方需求的商品，合同必须确定商品质量条款，对商品设定具体的要求。

在实践中，合同中的质量条款涵盖了在商品名称之外所有描述商品的内容，对成交商品的物理特征、化学性质、工艺、性能、产地、品牌或型号等内在与外在属性进行明确且详细的描述，为卖方提供生产和成本核算的依据，也作为买方收货检验的依据。比如，合同约定成交商品名称为 HD Smart LED TV（高清智能 LED 电视），在众多的同类型电视中，双方必须对该商品进行更加具体的约定，比如 55" 4K Ultra HD Smart LED TV，确定颜色包括 Black 和 Grey，还要约定商品型号（比如 55U9501）和品牌，以确定该商品的具体功能和设置。不同功能、尺寸、颜色或品牌的电视，其用途和目标市场大相径庭，卖方的生产成本也会相差迥异，因此合同必须对电视的具体质量要求进行详细的约定。

根据《民法典》，因标的物不符合质量要求，致使不能实现合同目的的，买受人可以拒绝接受标的物或者解除合同；买受人拒绝接受标的物或者解除合同的，标的物毁损、灭失的风险由出卖人承担。

因此，质量条款对交易成功至关重要，卖方只有交付与合同质量条款规定相符的商品才能完成合同的交货责任，买方的潜在经济利益才能得到保障。如果卖方交付的商品质量低于合同条款的要求，买方会遭受经济利益损失，卖方需重新发货或承担违约责任，并予以赔偿。

二、质量条款确定的依据

相对于商品名称的确定，质量条款的确定更加复杂与专业，是对商品属性更为全面的描述，是确定商品成交价格的最重要决定因素。确定质量条款的依据主要来自以下三个方面。

第一，成交商品质量必须符合进、出口国（地区）相关技术规范的强制性要求。

根据《中华人民共和国进出口商品检验法》（2021 年修正）规定，必须实施的进出口商品检验，是指确定列入目录的进出口商品是否符合国家技术规范的强制性要求的合格评定活动。列入必须实施检验的进出口商品目录的进出口商品（通常称为法检商品），按照国家技术规范的强制性要求进行检验。

对于法检商品，如果出口商品质量符合出口合同质量条款，但低于中国国家相关技术规范要求，出口商品将无法完成出口报关，出口企业的交货义务也将无法顺利完成。比如中国海关总署自 2020 年 4 月 10 日起，对医用口罩、医用防护服、红外测温仪、呼吸机等

11项医疗物资实施出口商品检验，中国出口企业出口的相关商品必须符合中国国家相关技术规范的要求才可出口。对于中国进口商品，无论是否为法检商品，进口企业都必须关注中国国内对进口商品的强制性技术规范要求，合理制定进口质量条款。

截至2023年9月初，中国涉及所有行业的国家标准43 000多项，国家工业和信息化部负责制定管理的所有行业标准50 000多项。对于中国进出口企业而言，需要认真遵守国内的相关标准，同理，国外客户也需要满足其国内的相关技术规范等强制性要求。因此，中国进出口企业必须与国外客户就相关交易商品的中国与国外相关强制性规范进行交流，以便于确定符合国内外法规的合同质量条款，确保合同的正常履行。

除上述国家标准与行业标准对产品质量的规范外，当前许多国家（地区）为加强电子产品类、电器类、车辆机械类、工具类、儿童用品类、食品药品类等相关产品安全性能的管理而对进口商品采取了强制认证制度。中国自2009年实行强制性产品认证管理制度，目前生效的《强制性产品认证目录描述与界定表（2020年修订）》包括17大类103种产品，该强制认证制度既针对国内产品，也针对进口产品，目录中商品在进入中国市场前必须进行强制认证，获得"CCC"认证标识。进口商品可以由国内进口企业作为认证委托人办理进口商品的"CCC"认证。

其他国际上的主要认证有：欧盟的CE认证、ROHS认证、REACH认证、GS认证，美国的FCC认证、CPSIA认证、DOE认证、DOT认证、UL认证、FDA认证，加拿大的CSA认证，英国的BSI认证，日本的PSE认证，澳大利亚的C/A-TICK认证、SAA认证，以及食品领域普遍接受的HACCP体系认证，药品领域的GMP认证，电工产品领域的CB认证，电磁兼容领域的EMC认证。上述认证针对的行业领域各有不同，有的针对生产企业，有的针对进口产品，既有强制认证也有自愿性认证。一般而言，中国企业在向上述市场出口相关产品时，获得相关自愿性认证后更易获得市场认可，能够提高企业的国际市场竞争力。

第二，成交商品质量必须符合买方目标市场需求，或符合自用标准。

买方购买进口商品的主要目的有两个：一个是用于市场的销售，一个是买方自用。

在买方进口商品用于市场销售情况下，销售市场的需求特征对买方确定质量条款有着重要的影响力，因此买方必须在签订进口合同前对目标市场、目标企业进行调查，以确定市场的偏好，通过进口受市场欢迎的商品而增加获利的机会。

在买方进口自用的情况下，质量标准确定较为简单，只需结合买方生产需求状况（对于工业中间投入品和设备等）和消费需求特征（对于消费品等）进行整理，即可完成质量条款的设定。

第三，卖方必须基于自身生产能力确定成交商品质量。

卖方对出口商品质量的考虑必须以自身的生产供应能力为基础。卖方自有生产部门或关联供货企业的生产能力、水平决定了出口商品的最高质量水平，也影响着卖方的出口盈利水平。卖方应基于生产环节的特点和出口商品的规模，来决定可接受的出口商品质量条款。如果买方确定的质量要求高于生产能力，出口企业应进行协商调整，否则将面临无法交付合规货物的风险；如果买方确定的质量要求低于企业的正常生产能力，出口企业应妥善处理，否则会降低企业的正常盈利水平，也不利于树立企业的市场形象。

对于某些商品，出口产品的生产企业还需要在进口国进行出口资质申请备案。包括中国在内的很多国家（地区）为了加强相关进口商品质量的管理，均对境外生产企业的资格做了相关规定，只有在进口国进行正常注册备案的境外生产企业，才可以向进口国出口相关商品。2022年1月1日同时生效的《中华人民共和国进口食品境外生产企业注册管理规定》和《出口食品生产企业申请境外注册管理办法》做了相关规定。比如，向中国市场出口食品的境外生产企业必须在中国海关总署注册，且获得中国海关总署审核批准注册后，才可以向中国出口相关产品，在2022年1月1日起境外生产的输华食品，应当在食品的内、外包装上标注在华注册编号或者所在国家（地区）主管当局批准的注册编号。目前，中国出口食品的生产企业向日本、美国等许多国家出口前，必须先在进口国进行注册备案，取得资格后方可出口。

例子 6-3

2020年9月，河北云龙公司与日本JPN公司签订内衣出口合同，商品涉及多种款式的内衣，包括三角裤、涤纶背心、涤纶吊带背心、文胸、五分裤等。合同约定：成品的质量要求和技术标准等以日本公司的大货工艺单要求为准，没有明确指示的按照确认样品的技术指示标准。

2021年6月和7月，日本JPN公司分两批次将认为有质量问题的货物退运给河北云龙公司，涉及的产品型号有ABS2281、ABS2290、ABS2390、ABS2391、ABS2491、ABS2492。经河北云龙公司委托国内检验公司检验，确认部分货物的尺寸与日本公司的大货工艺单中要求的尺寸不一致，部分产品面料按照日本工业标准色牢度不合格。

河北云龙公司在退还货款的同时，还向日方赔偿了日方为处理88 482件退货所产生的检测费、检品费、物流费、日方员工出差费、报送费等费用361 666.88元人民币。如该批退回88 482件货物不存在质量问题，河北云龙公司可获得正常出口收入936 968.68元。

三、商品质量的规定方法

与国内商品成交相同，国际贸易商品质量的规定方式包括两种：其一是凭实物或样品确定商品质量；其二是凭文字、图片等说明方式确定商品质量。

（一）凭实物或样品确定商品质量

凭实物或样品确定商品质量的好处是，买卖双方在交易开始初期就可以对合同项下的商品进行观察和评论，有助于买方事前评估商品的市场反应或使用反馈。

1. 凭实物确定商品质量的方式

该方式是卖方将其仓储货物直接向买方展示，买方通过对现场货物进行评价来确定商品的质量水平，并以此为基础确定成交意向，对买家而言此为"所见即所得"。在国际贸易实践中，由于市场瞬息万变，且买家对采购货物的要求千差万别，出口商一般以销定产，较少有大量滞销库存，或库存货物很难满足潜在买方的独特性需求，并且需要买家当面查验货物，交易成本较高，因此凭实物确定商品质量方式较少被使用，主要用于小批量库存商品、转卖商品以及价值高昂的消费类商品的交易。

对于大宗货物，如矿石、粮食等，卖家即使有大量库存，但由于单次交易量较大，买家无法在交易前对整批货物进行质量评估，往往采用样品或说明方式约定商品质量。

2. 凭样品（Sample）确定商品质量的方式（可称为"凭样品买卖"）

凭样品确定商品质量的方式是指买方接受卖方提供的样品作为成交商品的质量标准，

或者卖方接受买方提供的样品作为成交商品的质量标准。

样品可以来自卖方，也可以来自买方，分别称作卖方样品和买方样品。卖方样品是常规条件下卖方生产的货物中代表平均质量水平的少量实物，或根据买方要求卖方仿制出的且能够进行规模生产的代表平均质量水平的少量实物；买方样品是买方向卖方提供的代表期望采购商品平均质量水平的少量实物。卖方常年出口多种商品，一般都会备有主打产品的样品向潜在买方进行展示，作为成交前的参考，一般应标明"For Reference Only"（仅供参考）字样。通常买家也会向多个卖家索取相关产品的少量样品，进行对比。对于便于国际快递的商品，卖家一般提供样品，但双方一般会就国际快递费和样品费用分担进行商定。

一般情形下，买方或卖方第一次收到对方的样品后，并不会直接接受该样品作为质量标准，往往会基于各自的需求提出相应的修改意见，最终卖方会基于买方样品，进行仿制完成最终样品的生产，作为"复样"提供给买方，得到买方的确认后，双方分别对多份样品进行封存，作为将来交货和验货的凭据。

《民法典》规定，凭样品买卖的当事人应当封存样品，并可以对样品质量予以说明，出卖人交付的标的物应当与样品及其说明的质量相同。"凭样品买卖"强化了样品在买卖合同中的地位，卖方售出的货物必须与双方封存的样品质量完全相同。《联合国国际货物销售合同公约》规定，如果货物的质量与卖方向买方提供的货物样品或样式不相同，则表示与合同不符，因此卖方必须严格依据样品进行生产。为避免引起争议，对于大额合同，双方可对样品进行公证，并委托权威公证机构或检验机构对样品进行封存，以备将来双方发生质量争议时提取原始样品，充分保障双方的合法权益。样品虽然可以作为质量的约定标准，但在国际贸易实践中，合同中仍普遍对样品的技术细节指标做出相关说明，比如颜色、尺寸、成分、材质、性能等。

"凭样品买卖"较容易陷入知识产权纠纷，买卖各方均须谨慎对待对方提供的样品。《联合国国际货物销售合同公约》规定，卖方所交付的货物，必须是第三方不能根据工业产权或其他知识产权主张任何权利或要求的货物。任何一方收到对方的样品后，尤其是在签订合同前，必须要求对方对样品的知识产权情况做出相关说明。国际贸易实践中，如果买方提供的样品侵犯知识产权，则卖方据此生产的产品为侵权产品，严重时卖方生产行为涉嫌犯罪；同样，若卖方样品侵权，其产品如在出口国（地区）海关或进口国（地区）境内被查获后，买方合法权益会受损，亦可能涉嫌违法，应提高警惕。《中华人民共和国知识产权海关保护条例（2018年修订）》赋予中国海关打击进出口货物侵犯知识产权的违法行为，也为知识产权权利人的合法权益提供了保障。

例子 6-4

新加坡 XML 公司（甲方）与河北云龙公司（乙方）于 2019 年 4 月 12 日签订产品订购合同，当天甲方提供 5 件床单样品，其主要内容为：

产品：3D 效果的床单枕套三件套（一条床单 228 厘米×239 厘米，两个枕套 47 厘米×68 厘米），床单需要包边，枕套需要留有 1.3 厘米宽的边缘，款式如寄样。

颜色以及款式：与样品相同，总量 81 100 套。

包装与标识：产品包装方面与样品相同，里面需要有彩色印花的卡纸以及 OPP 袋独立包装套件，外面再用加防潮袋的编织袋打包，120 套/包。

>>> 第六章 商品名称、质量、数量和包装

产品质量要求：①确保三件套的3D印花效果，不要模糊不清晰，另外成品上不要有油或者其他污点，要整洁，床单包边的车线要直，不要歪歪扭扭，包边部分也要拉直，要平整，不要交错不平整。枕套1.3厘米宽的边缘的车线也要直，整齐。成品中明显的线头需要剪掉，对于小线头给予理解。②产品的成品平方克重在88~91克（含）。

产品价格：FOB天津港USD1.81/套，总金额为美元USD146 791整。其中含1%的买方佣金。

付款方式：TT，20%订金（USD28 640元整），余款80%在验货且质量合格后，买方先付款后发货。

（二）凭文字、图片等说明方式确定商品质量

凭说明方式确定商品质量一直是国际贸易合同中最主要的商品质量条款确定方式。即便采用样品成交时，也需要以说明的方式加以辅助解释。说明方式通过文字、图片等形式能够对商品质量的内涵做出更加清晰的列示，有助于减少买卖双方的分歧，提高合作的满意度。根据《民法典》规定，出卖人提供有关标的物质量说明的，交付的标的物应当符合该说明的质量要求。

凭文字、图片等方式对质量标准的说明有以下几种方法，其中第一种方法最为常见，其他说明方法通常需要与第一种方法配合使用。

1. 规定商品规格（Specification of Commodity）指标

商品规格是指反映商品质量且易于用数值进行衡量或用文字进行描述的主要指标，如化学成分、纯度、性能、工艺、结构、容量、长度、直径、颜色等。

例子6-5

Name of Commodity：Chinese Gum Rosin of Massoniana
Specification：Softening Point（by Ring and Ball Method）765DEG C Min.
　　　　　　　Dirt and Foreign Matter：0.03% Max.
　　　　　　　Unsaponifiable Matter：5%.
　　　　　　　Acid Value（mgKOH/G）：167 Min.

例子6-6

Name of Commodity：Flake Graphite C1345
Specification：F.C.：93% Min.
Moisture：0.5% Max.
Size：94% Passing 100 Mesh.

例子6-7

需配合图片

① Name of Commodity：Moresh II Sofa 4PCs Set
Specification：OTS1392 Moresh Coffee Table-1PCs
　　　　　　　Overall Size：W99×D45×H38CM
　　　　　　　Table Top：Tempered Glass, T6MM

② Name of Commodity：OS202950C2 Moresh Sofa-3 Seat-1PCs
Specification：Overall Size：W134×D74×H66CM
Cushion：Spun Poly, T19CM, Waterproof
Frame：Alum Tube
Power Coating Finish
Seat and Back：PE Flat Rattan

例子 6-8

2019 年 9 月 30 日，买方青岛云龙公司与卖方巴西 FAU 公司签订编号为 B20262.M02 的销售合同，约定：货物品名为阿根廷或乌拉圭大豆（由卖方选择），包装方式为散装。

品质指标为：蛋白含量（34%为基准，最少33%）、油含量（18.5%为基准，最少18%）、水分（最多14%）、杂质（1%为基准，最多2%）、破碎粒（最多25%）、损伤粒（8%为基准，最多8.5%）、热损伤粒（最多5%）。

由于绝大部分国际贸易商品的核心特征都可以用数字进行衡量，因此在国际贸易合同中普遍采用规定商品规格指标的方式来确定商品质量，但在必要时可以配合图片或其他说明。采用样品成交时，一般合同中也会列出样品的相关规格指标，便于双方对成交商品检验。

2. 规定质量标准版本或等级（Standard，Class）

国际贸易商品在进入目标市场时，其产品质量必须要达到进口市场最低的产品质量标准。买卖双方可根据需要，选择最终市场标准，或选择其他更高要求的国际标准。国际上相关国家标准、机构标准、行业标准和企业标准对国际贸易商品多项规格指标都做出了详细的规定。随着技术等的不断发展，相关商品的标准也在不断升级调整，因此合同中在引用相关标准时，必须注明相关版本或生效年份。在买卖双方确定质量标准版本后，卖方生产货物的质量水平必须符合该标准的要求。如果该标准将商品的质量水平划分出不同等级，买卖双方还应约定商品的质量等级。

例子 6-9

标准与规格结合使用

标准与规格结合使用示例参见表 6-1。

表 6-1 标准与规格结合使用示例

LCH Series Technical ParaMetre（AC air-end）								
Model	Power		FAD（m³/min）			Noise	N.W.	Dimension
—	kW	hp	0.7MPa	0.8MPa	1.0MPa	dB（A）	kgs	mm
LCH11	11	15	0.36~1.8	0.37~1.7	0.38~1.5	63±2	200	1 150×900×1 310
LCH37	37	50	1.2~6.2	1.3~6.0	1.4~5.5	65±2	580	1 275×1 000×1 410
According to Standard ISO1217 Appendix C GB3 835								

>>> 第六章 商品名称、质量、数量和包装

例子 6-10

标准和型号结合使用：企业标准

Name of Goods：15 Units of Yungong Wheel Loaders Model CLG898（工程机械）

Quality：The safety and the quality of the goods should be in accordance with the requirements of standard Q/YG 30028A3-2018.

例子 6-11

等级与型号结合使用

Name：Polyester Sheet（涂塑篷布）

Specifications：Model E-231, C-10, D-20 and E-10；5×3.2M each

Quantity：Grade A

例子 6-12

桐油中国林业行业标准 LY/T 2865-2017

桐油的指标要求如表 6-2 所示。

表 6-2 桐油的指标要求（中国林业行业标准 LY/T 2865-2017）

外观	黄色透明液体		
色泽，(加德纳色度) ≤	8	10	12
气味	具有桐油固有的正常气味，无异味		
透明度（20℃，24h）	透明	透明	允许微浊
水分及挥发物,% ≤	0.10	0.15	0.20
不溶性杂质（%）≤	0.10	0.15	0.20
相对密度（20/20℃）	0.935 0~0.939 5		
酸值（KOH）/（mg/g）≤	3	5	7
碘值（I）/（g/100g）	163~175		
折光指数（20℃）	1.518 5~1.522 5		
皂化值（KOH）/（mg/g）	190~199		
黏度（mPa·s，20℃）	200~350		
总桐酸（%）	80	80	70

3. 凭说明书和图片约定质量（Product Specification）

国际贸易商品中有很多商品具有较为复杂的成分、结构、工艺、性能，对其物理和功能等属性的描述需要大量的文字、图表和图片，此时，卖方结合自己生产能力和买方的要求对商品的质量指标编写详细的说明书，作为产品质量约定标准。图片通常主要作为其他质量规定方式的辅助形式。

4. 凭商品的型号或货号约定质量（Model No., Article No.）

对于非定制类商品，一般出口企业会为其同一种商品的不同类型进行编号，一般可称

之为型号或货号（如，① 60V Rechargeable Lithium Ion Battery，Model：PNR32900，NPFW50，LB60A01，LB60A02。② Micro-SD Memory Card Connectors，Series：MEM2046，MEM2081，MEM3017，MEM4095S。③ Part Number：USB4105，USB Type C Receptacle Range；Part Number：USB3075，Micro USB Receptacle，5 Pin，Type B），每一型号或货号的商品都配有单独的说明书或规格说明。买方在确定商品名称后，只需在卖方提供的商品清单中选择需要的型号或货号，因此提高了谈判效率。如买方有特别要求，卖方可在现有型号或货号的基础上进行相应的调整，比如调整颜色，刷印特定标识，调整局部结构，增添相关功能等，然后重新拟定型号或货号并完善说明书。

5. 对商标（品牌，Trademark，Brand）、产地（Origin）的规定

（1）对商标的规定。

买方和卖方通常都会有相关商品的商标权利。商标是国内和国际市场上商品的重要识别标识，商标的使用体现了企业在市场中的经营和营销策略。在国际贸易谈判中，买卖双方会就相关商标进行约定。买方根据自身需要或市场需求特征，授权卖方在其出口商品上使用买方指定商标的交易方式，称为贴牌生产（OEM）。买方也可以直接采购标有卖方商标的商品。不同商标对商品市场销售的影响力存在较大差异。买方通过自有商标可以控制进口市场，提高盈利水平，形成壁垒，有效抑制卖方进入。同时，强势的卖方也可以出口自有品牌商品，提高出口盈利水平，减少对中间商的依赖。在任何一方提供商标时，对方都应索取该商标权利人的授权文件，谨慎鉴别相关商标使用条款，综合考虑中国与境外市场知识产权法律法规的异同，努力避免侵犯商标合法权利人的合法权益。

《中华人民共和国海关进出口货物报关单填制规范》（2019 年修订）规定企业进出口报关时必须申报商品"品牌类型"，共五个选项，分别是"无品牌""境内自主品牌""境内收购品牌""境外品牌（贴牌生产）""境外品牌（其他）"。其中，"境内自主品牌"是指由境内企业自主开发、拥有自主知识产权的品牌；"境内收购品牌"是指境内企业收购的原境外品牌；"境外品牌（贴牌生产）"是指境内企业代工贴牌生产中使用的境外品牌；"境外品牌（其他）"是指除代工贴牌生产以外使用的境外品牌。上述品牌类型中，除"境外品牌（贴牌生产）"仅用于出口外，其他类型均可用于进口和出口。

（2）对产地的规定。

产地的规定包括国家和国内地区两个层面。买方要求卖方提供特定国家或相关地区的产品，这意味着该特定产地的商品在进口市场具有较好的知名度和美誉度，在性能和终端客户体验上有较好表现。通过在合同中约定商品的产地，确保卖方提供的商品来自约定的产地，从而保证买方在终端市场顺利销售进口商品。比如中国内地企业通过中国香港特区的中间商购买大米，内地买家就应约定大米的生产国，再约定大米的相关质量指标，因为泰国大米的市场价格与东南亚其他国家大米价格之间存在着较大的差距。

中国与欧盟于 2020 年签署《中国与欧盟地理标志保护与合作协定》，确保第一阶段来自中国和欧盟的各 100 个地理标志的农产品在对方市场上得到保护，比如中国 Fuzhou Jasmine Tea（福州茉莉花茶）、Fangxian Black Fungus（房县黑木耳）、Xinglong Coffee（兴隆咖啡）、Ban Dao Jing Liquor（扳倒井酒）、Tianzhu White Yak（天祝白牦牛），以及欧盟各

国的 Rheinhessen（德国莱茵黑森葡萄酒）、Priego de Córdoba（西班牙布列高科尔多瓦油脂和脂肪）、Asiago（意大利艾斯阿格奶酪）、Scottish Farmed Salmon（苏格兰养殖三文鱼）、Pêra Rocha do Oeste（fruit）（葡萄牙西罗沙梨）等。

产地因素在农产品及其加工产品交易中，以及资源类产品交易中非常重要，在一些制造业产品中也存在约定生产国别的情况，比如家电、电子类产品，中国制造的声誉很好，进口商会要求中国出口商注明生产国别。

例子 6-13

巴西 BXX 公司与河北云龙生物技术公司的商品说明

商品名称：核糖核酸（RNA）

数量：500 千克±10%；原产地：巴西

单价：42.35 美元/千克；总价 21 175 美元±10%，CIP 天津。

产品规格标准如表 6-3 所示。

表 6-3　产品规格标准

RNA 含量：Min 85%	可溶性酸：Max 8%	含水量：Max 9%	浑浊度：Max 40%
铅含量：Max 7.0 毫克/千克	砷含量：Max 1.1 毫克/千克		pH 值：4.8~6.5

运输：2019 年 6 月，装运空港巴西瓜鲁柳斯，目的地卸货空港中国天津，允许转运，不允许分批发货。

（三）良好平均品质（Fair Average Quality，FAQ）

对于某些品质变化较大而难以规定统一标准的农副产品，如谷物、咖啡等，在西方、非洲等一些国家有采用"良好平均品质"（FAQ）这一术语来表示其品质的习惯做法。所谓"良好平均品质"，是指一定时期内某地出口货物的平均品质水平，一般是指中等货。FAQ 一般不涉及细节指标，所代表的质量水平与农产品的收获季节和地区密切相关，季节不同、地区不同就会存在差异。FAQ 方法对商品质量的约定过于笼统，不适于大规模农产品的国际贸易，在采用时，为避免争议，仍需约定详细的农产品规格指标。

例子 6-14

Arabica Bean（阿拉比卡咖啡豆）：A 国产，M 国一级品，Fair Average Quality，2022 年产，Even Roast（均匀烘焙），Clean Cup（溶液无异味）。

上述对咖啡豆的约定中 FAQ 意义不明确，仅依靠 FAQ 的约定，双方将根据当年和当地的行情进行判断，具有较强的主观性，谈判强势的一方会有较大的影响力。上述示例中加入一级品的约定，明确具体质量标准遵守 M 国相关标准中对一级品咖啡豆的规定，从而提高了咖啡豆质量的明确性。

例子 6-15

咖啡豆规格清单如表 6-4 所示。

表 6-4　咖啡豆规格清单

SPECIFICATION SHEET	
Product：	Green Coffee Bean
Country of Origin：	Peru
Product Description：	Organic Green Coffee Bean with Fair-Trade Certification
Composition：	100% Coffee Bean
Packaging：	Jute Bag of 50 kg
Physical Characteristics：	—
Humidity：	Max. 10.6%
Cup Performance：	79%
Fermentation：	15hours
Altitude：	1 450 m. a. s. l.
Rate：	More than 86 Points
Size：	14（Screen Number）

（四）品质机动幅度条款

品质机动幅度（Quality Latitude）是指为了避免品质条款的规定过于严格造成卖方交货困难而在合同中规定对特定质量指标在一定幅度内可以机动。品质机动幅度条款主要用于初级产品及某些工业制成品的品质指标。其具体规定方法有规定范围、规定极限、规定上下差异三种。

（1）规定范围：对某项商品的主要质量指标规定允许有一定机动的范围，例如，色织全棉布宽度 59/60。

（2）规定极限：对某些商品的质量规格，规定上下极限，例如，大西洋三文鱼，每条 6.5 千克以上。

（3）规定上下差异：在规定某一具体质量指标的同时，规定必要的上下变化幅度，例如鸭绒被，含绒量 70%，允许上下 1%。

（五）品质公差

由于行业内生产工艺精度问题，会使得某些商品在质量方面存在一些难以克服的偏差，通常称为品质公差（质量公差，Quality Tolerance）。品质公差是指工业制成品的质量指标在国际上公认的合理误差范围之内的情形。一般来说，品质公差为国际同行业公认，因此无须在合同中明确规定，只要交货质量在公差范围内，也不能算作违约。企业应当参考国内外相关业内普遍遵守的质量标准，查找相应公差的精度范围，确保交付合规的商品。但是如果国际同行业对特定指标没有公认的误差，或者双方对品质公差存在不同理解，则应在合同中具体约定买卖双方共同认可的误差。

卖方交货质量在机动幅度或品质公差范围内，一般按照合同单价计价，但也可以在合同中约定品质增减价条款。

四、质量条款的主要内容

质量条款通常和商品名称共同列入合同、单证等文件中的 Description of Commodity（商品描述）栏目中，采用规格等方式将商品质量相关指标进行明确列示，对于技术指标较为复杂的商品，可在该栏目中列示相关引用标准、说明文件的名称和编号。如采用凭样品成交，该栏目中应列出样品的编号和封样日期等信息。

Description of Commodity 栏目举例：
（1）Samples of Curtains and Interior Blinds, Made of 100% of Cotton。
（2）Parts of Pumps for Liquids, Fitted with a Measuring Device Made of 100% Steel。
（3）Prescription Sunglass Frames, Made of 100% Acrylic。
（4）Women's T-Shirts, Made of 50% Cotton and 50% Polyester。

应用案例

案情介绍：

2015年4月6日，美国YSA公司委托中国河北云龙公司（甲方）与广西丁格公司（乙方）、晓丁公司（丙方）签订三方合同，约定由丁格公司、晓丁公司向其提供柿饼，向美国市场销售，收货人为美国YSA公司。合同约定供货44.44吨计8 888箱，价款为92 346.32美元。

主要条款为：①提单电放，付款提货。②柿饼应无涩、无霉、无虫，质量由乙方负责，与丙方无关。③包装：纸箱包装。④丙方负责报检、报关事宜，费用由乙方、丙方双方承担。⑤由于天气原因，可顺延装运时间。⑥第一个柜在2015年4月底发货，第二个柜等通知发货。⑦所有定金和货款均由美国YSA公司以美元直接向晓丁公司（丙方）给付。实际执行时分两次发货，每次装一个集装箱计22.22吨4 444箱。第二次22.22吨柿饼共计4 444箱由晓丁公司（丙方）出口报检报关后，于2015年7月4日在深圳港装船，目的港为美国洛杉矶港，收货人为美国YSA公司。

柿饼于同年6月18日到达美国后，经美国食品药品管理局（FDA）洛杉矶地方办公室检查，发现柿饼中含有多菌灵和啶虫脒，遂书面通知美国YSA公司禁止分销，并要求其将柿饼重新装船出口或予以销毁。美国YSA公司按照要求将柿饼重新装船出口返运至深圳盐田港。为此美国YSA公司支付总费用共计64 818.53美元，折合人民币392 150元。

在对外贸易实践中，中国进出口企业应提高产品质量责任意识和法律意识，既要熟悉国内外产品质量标准，也应熟悉国内外相关法律法规。

第三节　商品数量

一、约定进出口商品数量的意义

商品数量（Quantity）表现为以特定物理计量单位衡量的交易商品的数值，比如

5 000MT（公吨），100 000Pairs（双），100Drums（桶），900Boxes（箱），80CBMS（立方米）等。商品数量一般由买方根据购买目的确定，但也受到卖方供货能力、运输行情等因素的影响。商品数量的多少对商品价格高低也有着重要的影响，一般而言，卖方会对较大数量的订单予以相应的折扣，达到鼓励买家购买更多商品的目的，也能够促进双方的互利合作。

根据《联合国国际货物销售合同公约》的规定，构成发盘的条件是必须包含商品名称、数量和价格，即一个当事人发出签署合同的意愿时，其内容必须要包括数量或者确定数量的方法。因此数量在国际贸易谈判中具有重要地位。

双方约定商品数量后，卖方必须承担按时交付全部商品的责任，原则上来讲，数量不能增减。《联合国国际货物销售合同公约》规定：如果卖方交付的货物数量大于合同规定的数量，买方可以收取也可以拒绝收取多交部分的货物，如果买方收取多交部分货物的全部或一部分，须按合同价格付款；如果卖方只交付一部分货物，买方可以要求卖方立即或合理延期履行义务，买方仍然享有要求损害赔偿的任何权利。根据《民法典》规定，出卖人多交标的物的，买受人可以接收或者拒绝接收多交的部分。买受人接收多交部分的，按照约定的价格支付价款；买受人拒绝接收多交部分的，应当及时通知出卖人。

根据《联合国国际货物销售合同公约》和《民法典》，买方应在收货后规定期限内或合理期限内，对收货数量进行检查，如有与合同规定不符，应及时向卖方发出通知，可要求补发货物或者要求退款及赔偿。

二、计量单位

计量单位是确定商品数量和商品单价的基础。由于各种商品在物理属性、运输条件、包装要求等方面的不同，以及各国市场之间度量衡制度的差异，计量单位也多种多样。进出口企业可以参考中国国家标准《国际贸易计量单位代码》（GB/T 17295—2008）选择恰当的计量单位，也可以根据境外客户的要求选择相应的计量单位。

（一）与重量（Weight）相关的计量单位

重量是商品运输时必须考虑的商品属性，成交后相关国际贸易单证等文件中一般都会显示商品的实际重量信息，因此在国际贸易中重量是买卖双方均需考虑的因素。以重量来作为计量单位的商品主要有矿物类、农产品、非加工产品、金属类、化学品类等。

常见与重量相关的计量单位如表6-5所示。

表6-5 常见与重量相关的计量单位

英文缩写	英文	中文	英文缩写	英文	中文
MT 或 M/T	Metric Ton	公吨	KG	Kilogram	千克
TON（UK）	Long Ton	长吨	G	Gram	克
TON（US）	Short Ton	短吨	OZ	Ounce	盎司
LB	Pound	磅			

常见重量单位间换算：

1 长吨（Long Ton）= 1.016 公吨（MT）　　　1 千克（KG）= 2.205 磅（LB）

1 磅（lb）= 0.454 千克（KG）　　　1 盎司（OZ）= 28.350 克（G）

1 短吨（Short Ton）= 0.907 公吨（MT）= 2 000 磅（LB）

1 公吨（MT）= 1 000 千克（KG）= 1.102 短吨（Short Ton）= 0.984 长吨（Long Ton）

例子 6-16

2018 年 7 月 14 日，云龙公司就购买 1 203.66 吨苯酚与 KJY（香港）有限公司签订了 YL18K-23P03 号买卖合同，合同约定价格条件为成本加运费（CFR）中国宁波，苯酚色度最高不超过 10 哈森（HAZEN）。2018 年 7 月 15 日，云龙公司申请开立了以 KJY（香港）有限公司为受益人的不可撤销的远期跟单信用证，货物单价为每公吨 1 920 美元，信用证金额为 2 311 027.2 美元。

例子 6-17

中国香港 HLS 公司与绍兴公司在 2019 年 8 月 22 日签订的 AS201907-1 号合同约定的货物品名为 Modal/TR 氨纶针织布，面料成分为 67%涤、28%人棉、5%氨纶，总重量为 25 000 千克，FOB 单价为 3.3 美元，金额为 82 500 美元，交货时间为合同签署后 21 天，卖方延迟交货每天违约金为全部货款的 0.3%。

（二）与个数（Number）有关的计量单位

以个数作为计量单位是最常见的计算数量的方法，主要涉及一些标准化的制造业产品，比如服装、独立包装食品、机械电子类产品、玩具类、家具制品、建材类等。独立的包装形式通常作为计数依据，并作为计价的基础。

常见与个数有关的计量单位有：Carton（CTN，纸箱）、Piece（PC，件、条、个）、Pair（双）、Set（套、台）、Dozen（DZ，打）、Roll（卷）、Ream（令）、Bag（袋、包）、Bale（包）等。

例子 6-18

中国香港 CMT 公司与青岛云龙公司于 2018 年 4 月 1 日签订了 5100-41-68MR 轮胎买卖合同，约定：CMT 公司向云龙公司购买 428 条 5100 型轮胎，单价为 25 600 美元/条，CIF 南非德班。

（三）与长度（Length）有关的计量单位

在商品具有明显的长度属性时，通常采用 Metre（m，米）、Foot（ft，英尺）、Inch（in，英寸）、Yard（yd，码）等长度单位来计量数量。采用长度计量时，必须对商品的规格型号加以严格约定，以保证每单位长度的商品质量相同，并与合同规定相符。常用于布匹、纱线等纺织类，部分种类人造革，已曝光电影胶片等商品。由于该类商品物理密度固定，通常也采用重量来确定成交数量。

例子 6-19

商品名称：CASING 9-5/8″47PPF, P110, TP-CQ 10-11.8M（无缝石油管）

数量：8 844 Metres

（四）与面积有关的计量单位

在商品具有明显的平面延展属性时，通常采用 Square Metre（SQM, sq. m, 平方米）、

Square Foot（SQF，sq. ft，平方英尺）等面积单位来计量数量。采用面积来计量，必须对商品的规格、型号加以严格约定，以保证每单位面积的商品质量相同，并与合同规定相同。常用于各种地毯，多种平面玻璃类（含OLED屏幕用玻璃等），具有感光性质的胶片类（医用、拍照用等）等商品。由于该类商品物理密度固定，通常也采用重量来确定成交数量。

例子6-20

2017年11月，卖方广东云龙公司与买方巴西ZRV公司以电子邮件的方式确认合同，编号为23B55。

国际贸易术语FOB，装货港中国广州，卸货港巴西纳维根特斯。

付款条件：15%预付，85%即期付款交单。

货物：公司编码为40.04.001.00 002-D的不干胶纸，数量2万平方米，总价8 800美元；公司编码为40.04.001.00 003-D的不干胶纸，数量18 000平方米，总价7 920美元；公司编码为40.04.001.10 004-D的不干胶纸，数量3 000平方米，总价1 320美元；公司编码为40.04.001.10 001-D的不干胶纸，数量3 000平方米，总价1 320美元；公司编码为40.04.001.10 002-D的不干胶纸，数量3 000平方米，总价1 320美元；单价均为0.44美元/平方米；总价共计20 680美元。

包装件数为660箱。

（五）与体积有关的计量单位

在商品具有明显的稳定密度特征时，通常以体积来计量数量。木材、天然气和化学气体等固体和气体类商品通常采用Cubic Metre（CBM，cu. m，立方米）、Cubic Foot（CBF，cu. ft，立方英尺）等计量单位，酒、液体有机物以及矿物油类等液体类和流体类商品通常采用Litre（L，升）、mL（毫升）、Gallon（加仑）等计量单位。

三、重量（Weight）

重量是最重要的计量数量的方法，也是运输过程中无法忽略的重要因素，并且国际贸易商品种类繁多，商品在包装形式、价值、物理特性等多方面也存在差异，国际贸易合同中必须区分商品重量的不同种类。

（一）毛重（Gross Weight，G. W.）和净重（Net Weight，N. W.）

毛重是指商品及其包装材料的重量之和。毛重是运输配载必须考虑的因素，为保障货物运输的安全和高效，卖方必须如实向运输承运人声明货物的真实毛重。毛重极少作为成交商品数量的计量依据。

净重是指商品的毛重减去外包装材料后的重量，即货物本身的实际重量。净重是最常见的数量计量方法之一，尤其是散装货物一般以净重作为计量单位。

在商品价值低，导致包装材料和商品价值接近，并且包装材料占比较小时，双方可以约定以整批商品的毛重代替净重来约定成交商品的数量，称为"以毛作净"，即以货物的毛重作为净重计算。它主要用于一些低价值、低质量的农副产品或其加工品的交易。

（二）公量（公定质量，Conditioned Weight）

公量，是指商品在衡重和化验水分含量后，折算到公定回潮率或者规定含水率时的净重。以公量结算的商品主要有棉花、羊毛、生丝和化纤等,这些商品容易吸潮、价格高,按正常情形下测得的净重与环境湿度密切相关,只有以公量的方式确定重量,才能保障买方的合法权益。

(1) 公量=商品干净重×(1+公定回潮率)。

(2) 公量=商品净重×$\dfrac{1+公定回潮率}{1+实际回潮率}$。

中国国家标准《纺织材料公定回潮率》(GB/T 9994—2018)规定了棉、毛、麻、丝、纤维等纺织材料的公定回潮率和公定质量(公量)的计算方法,其中棉类公定回潮率均为8.5%,羊毛类在14%~18.25%,麻类包括12%和14%两个,丝为11%,化学纤维中最大的为17.5%。

以棉花为例,在潮湿存储环境中,会因水分增加导致净重增加,该批棉花运输至干燥存储环境中,其水分挥发后,会导致净重减少。两种环境下,对同一批棉花净重的测量结果存在差异。因此采用公量才可以切实排除环境湿度的影响。取该批棉花10千克样品,烘干后,得8.9千克,意味着该批棉花的含水量为12.4%,远高于国家标准中确定的公定回潮率8.5%,可知该批货物含水量过大。因此根据公式可以计算,该批样品的公量值为8.9千克×(1+8.5%)= 9.656 5千克。

以公量计算数量的商品,卖方需要在出口前向双方约定的检验机构申请出具产品的公量检验证书,作为卖方履约的证明文件。

(三) 干量 (Dry Ton)

干量,是指商品的干态重量,商品实际计得的湿态重量扣去按照实测含水率计得的水分后得到的即商品的干态重量。以干量计算数量的商品主要为贵重的矿产品。

例子 6-21

国贸公司作为买方于2019年8月签订合同,购买巴西铁精矿粉,16万湿吨(±10%),CFR中国营口港,价格为105美元/干吨,按品位65%计算,对价格按品位进行比例上浮或下调;铁含量在65%以下每降低1%,在干吨基价上减少0.892 3美元。2019年10月26日,入境地检验检疫局出具重量检验证书,记载到港铁矿粉为146 061湿吨,干吨重量为136 917.58公吨。2019年10月30日,检验检疫局出具品质检验证书,以GB/T 67305—1986标准检测铁品位为65.11%。

(四) 理论重量 (Theoretical Weight)

理论重量是指从商品的规格中推算出的重量。单件重量乘以总件数得出总重量,主要用于某些有固定和统一规格的货物,其形状规则,密度均匀,每一件的重量大致相同,如钢板、钢筋、马口铁等钢材类商品。

在合同中理论重量的规定主要是与实际重量进行对比,根据相关标准,二者之间的误差在合理区间时,意味着货物的内在质量基本符合规定。

除上述所列明的相关计量单位外,还有多种计量单位,中国海关规范的部分中文计量单位如表6-6所示。

表 6-6　部分中文计量单位（中国海关）

台	块	筒	磅	立方尺	罗
座	卷	千克	担	平方码	匹
辆	副	克	英担	平方英尺	册
艘	片	盆	短担	平方尺	本
架	组	万个	两	英制马力	发
套	份	具	盎司	公制马力	枚
个	幅	扇	克拉	令	捆
只	双	千伏安	市尺	箱	袋
头	对	千瓦	码	批	粒
张	棵	千瓦时	英寸	罐	盒
件	株	千升	寸	桶	合
支	井	英尺	升	扎	瓶
枝	米	吨	毫升	包	千米
根	盘	长吨	英加仑	篓	部
条	平方米	短吨	美加仑	打	亿株
把	立方米	斤	立方英尺	筐	

四、"溢短装"条款（More or Less Clause，Tolerance）

所谓"溢短装"条款，是指在大宗散装货物的交易中，因商品特性、货源变化、船舱容量、装载技术和包装等因素的影响，要求准确地按约定数量交货存在实际困难，为了避免因实际交货不足或者超过合同规定而引起的法律责任，方便合同履行，在合同中约定实际交货数量允许有一定范围机动幅度的合同条款。"溢短装"条款一般适用于非包装件的散装货物，如大豆、玉米、矿石、化肥等，以公吨或立方米等计量单位计算数量，或以长度为数量计量单位的商品，不适用于包装货物和件数货物，比如机械电子类、纺织服装、化学制品等，比如采购 10 000 台电视机，不会有"溢短装"条款，因为从技术上非常容易实现 10 000 台的计数。

例子 6-22

2018 年 5 月 25 日，福建云龙和中国香港 CHF 公司在福建签订买卖鱼粉合同。合同规定：由 CHF 公司向福建云龙提供 3 100 吨秘鲁或智利鱼粉，单价为 CFR FO 厦门或上海港每吨 888.6 美元，总金额为 2 754 660 美元，允许溢短装 5%；经抗氧剂基喹处理，含量生产时不低于 400PM，装运时不低于 150PM；卖方所供鱼粉在装运港不得含有任何活昆虫、沙门氏菌和志贺氏菌并符合上述指示；装运期限为 2018 年 6 月至 7 月，到岸口岸为厦门港。2018 年 7 月 13 日，CHF 公司将 3 150 吨智利鱼粉由智利港口装船运往中国。

五、约定数量条款的注意事项

数量条款是卖方最重要的履约条件之一,是合同的重要条款,其内容主要包括计量单位和数量值,必要时还要规定检验数量的方法。数量条款必须明确,即使采用"溢短装"条款,其波动幅度也必须明确,不可以采用"About"或者"Approximately"等大约的措辞。对于采用公量、干量、理论重量等计量重量的特殊商品,其计算交易重量的标准应加以明确,避免争议。

合同约定的数量是卖方总的交货义务,在实践中,卖方可以根据自身供货能力和买方的需要,确定单个合同下的商品分多次发货,称为分批转运(Partial Shipment),即一个合同项下的货物先后分若干期或若干次装运。在国际贸易中,因数量较大,或受货源、运输条件、市场销售或资金的条件所限,有必要分期分批装运,因此数量条款下确定的总数量并不一定是卖方一次交货的数量,是可以协商解决的。在分批装运时,卖方的交货责任仍然是在合同约定的时间完成所有规定数量的交付。

例子 6-23

2019 年 11 月 11 日,山东云龙公司与巴西 CBP 公司签订了巴西铁矿石 CFR 现货买卖合同:购买货物品名为烧结矿(Sinter Feed Ore Guaiba),数量为 10 万湿吨(10%溢短装),装货港品质预期含水率 8%,货物价格为每干吨 170 美元,CFR 术语,装货港巴西港口,卸货港烟台港或者青岛,装运期不晚于 2019 年 11 月 5 日。同时,云龙公司为该批货物购买了货物运输险,保险金额为 16 296 348 美元。

该批进口货物实际于 2019 年 10 月 27 日在巴西伊塔瓜伊港装船。提单显示:托运人为 CWR 公司,收货人为"To Order",承运船舶名称为"XUE FUY"轮,卸货港为中国主要港口,货物品名烧结矿,共计 95 618 湿吨。提单由船长签发。提单背面有 CWR 公司背书签章以及云龙公司的签章。

2019 年 12 月 8 日,货物运抵青岛。根据出入境检验检疫局出具的重量检验证书、水尺计重记录单以及品质证书记载,货物报检重量为 95 618 吨,实际重量 91 293 湿吨,货物短少重量 4 325 吨,货物含水率为 9.35%,检验日期为 2019 年 12 月 13 日。根据青岛海关最终数据显示,2020 年 3 月 9 日,货物最终结算数据更改为毛重 91 293 湿吨,净重 82 757.105 干吨(该净重计算依据是卸货港青岛出入境检验检疫局货物品质证书记载的货物含水率 9.35%),货物价值为 14 068 707.85 美元。

例子 6-24

2019 年 9 月 16 日,比利时 THS 公司向河北云龙公司发送了编号为 YLT6589001 的采购合同。

合同主要内容包括:①THS 公司向河北云龙公司购买甲基丙烯酸甲酯散装(MMA)606 吨,单价为 2 456 美元/吨,总价 1 488 336 美元;②质量:按照中国石油天然气集团有限公司的规格,并按照客户要求,Topanol A 阻聚剂最大 10ppm,添加 MEHQ(阻聚剂);③包装:29 个散装集装罐,数量 23 吨±5%;④交货:250 吨~360 吨在 2019 年 9 月 30 日之前从上海直发安特卫普,剩余货物 2019 年 9 月 15 日之前从上海直发安特卫普;⑤适用国际贸易术语:CIF Antwerp, Belgium, Incoterms® 2019。

第四节　商品包装

一、商品包装的意义

国际贸易商品包括无包装商品和包装商品。

无包装商品无须在商品外面添加任何包装材料，商品被置于运输工具上直接运输，通常包括：散装货，如矿物、大宗粮食等粉状和颗粒状的商品；裸装货，主要是形体较大的商品，比如汽车、大型机械、钢材等；原油、液化气体和其他液体化工品，一般采用专用船舶进行运输，部分采用可循环使用的特定运输装置。无包装商品应易于配合相应物流设施实现运输、搬运等，且商品不易受到损坏，否则应配置包装。

包装商品是指在单个商品外部附着有包装的商品。设置包装的目的包括保护商品，便利运输，迎合市场需求，满足法规要求等。消费品和大部分的工业用品都需要包装，比如服装、玩具、灯具、沙发、油漆、化工原料、机械零部件等。一些特殊的产品，比如大米、化肥，既可以采用无包装散装出口、进口后再包装的形式，也可以采用包装出口的形式。

在国际贸易实践中，买卖双方需就商品的包装形式、包装材料、包装规格等包装条款进行谈判，以确保包装符合产品性质、运输条件、国家规定和市场需求。

包装属于商品生产环节的一部分，其成本构成商品的生产成本。买方对包装的较高要求，会增加卖方的总成本，卖方会相应提高报价。部分情形下，买方可提供包装材料或包装容器。包装的确定不仅需要考虑包装成本，还要考虑装卸和运输费用、货损成本以及包装废弃物处理成本等。结合其他商品条款内容可知，商品质量、数量和包装都是影响商品成交价格的重要因素。

根据《联合国国际货物销售合同公约》的规定，卖方交付的货物：①必须按照合同所规定的方式装箱或包装；②在合同无约定时，货物需按照同类货物通用的方式装箱或包装；③如果没有此种通用方式，则按照足以保全和保护货物的方式装箱或包装。如包装均不符合上述规定，则为与合同不符，可判定卖方违约。

《民法典》规定，出卖人应当按照约定的包装方式交付标的物。对包装方式没有约定或者约定不明确，依法仍不能确定的，应当按照通用的方式包装；没有通用方式的，应当采取足以保护标的物且有利于节约资源、保护生态环境的包装方式。

货物的包装还应符合国际货物运输的要求。《民法典》规定，托运人（注：出口货物托运人通常是卖方）应当按照约定的方式包装货物。托运人托运易燃、易爆、有毒、有腐蚀性、有放射性等危险物品的，应当按照国家有关危险物品运输的规定对危险物品妥善包装，做出危险物品标志和标签，并将有关危险物品的名称、性质和防范措施的书面材料提交承运人。

《中华人民共和国海商法》（以下简称《海商法》）规定，妥善包装是托运人的责任，在运输途中和保险期间，如果由于货物包装不良、不当或者标志欠缺、不清而导致的货物损失，承运人和保险人均不承担责任。托运人托运货物，应当妥善包装，并向承运人保证，货物装船时所提供的货物的品名、标志、包数或者件数、重量或者体积的正确性；由于包装不良或者上述资料不正确，对承运人造成损失的，托运人应当负赔偿责任。托运人

>>> 第六章　商品名称、质量、数量和包装

托运危险货物，应当依照有关海上危险货物运输的规定，妥善包装，做出危险货物标志和标签，并将其正式名称和性质以及应当采取的预防危害措施书面通知承运人。

包装对商品的"保全和保护"仅仅是其最基本的功能，从功能上商品包装可分为运输包装和销售包装。《联合国国际货物销售合同公约》和《民法典》所规范的包装包括运输包装和销售包装，而《海商法》仅对运输包装进行规范。

二、运输包装（Transport Packaging）

运输包装是以满足运输、仓储要求为主要目的的包装。运输包装是交付商品的可独立搬运、装卸的包装，不隶属于其他货物包装，内部可以盛放若干数量的商品。卖方选择和确定运输包装的包装方式和包装材料必须尊重买方的要求、遵守运输和仓储部门对包装的限制事项，并需要认真考虑内装货物的特性和流通环境危害因素的种类及其强度。

（一）运输包装的基本要求和类型

运输包装的材料必须结实耐用，各方面符合商品属性，能够有效保护商品，且不污染环境。

根据现行中国国家标准《运输包装指南》（GB/T 36911—2018）的规定，运输包装方案的确定，需考虑的因素包括内装物的特性、买方的要求、限制事项、危害因素、内装物的防护，以及包装方式。

内装物的特性涉及内装物的形态、尺寸、质量和质心（重心）、易损性、危险性，以及内装物的种类和用途。

运输包装需要考虑买方对包装的要求，包括便于识别、便于销售、方便检查和拆开，以及拆开后便于再包装、再利用或废弃处理等。运输包装还需考虑包装在整个物流过程中包括装卸、运输和储存等各个环节的便利性、安全性和经济性。

运输包装还需要考虑出口地和目的地的相关规定，包括职业健康、安全和环保等方面的要求，以及不同运输方式、仓储和海关等部门规定的包装限制事项。运输包装的尺寸和质量要求也需符合中国及进口国的强制规定，涉及木材材料时，还需遵守相关熏蒸等强制性规定：根据国际植物保护公约秘书处编制的《国际贸易中木质包装材料的管理（ISPM15）》（2009版）和中国《出境货物木质包装检疫处理管理办法》，木质包装出入境必须熏蒸，合格后加施规定标识，进口方如有要求，出口方可以申请海关出具熏蒸证书。

不同商品的运输包装还需要考虑特定的危害因素，比如堆码压力，运输途中振动，装卸和搬运中的冲击，高温高湿以及低温、高温差的影响，海上盐雾的腐蚀，高气压和气压差的变化，受潮的影响，霉菌繁殖，化学腐蚀，沙尘、偷盗或电磁辐射等。

包装方式包括箱类、桶罐类、袋类、底盘类、托盘类等五大类，包装材料主要有纸质类、木质类、塑料类、金属类、复合材料类等五种类型。我国现行规范包装类型的国家和行业标准共规范了37种包装方式，如表6-7所示。

表6-7　中国现行国家和行业标准规范的37种包装方式

包装容器类	英文	托盘类	英文
包装容器—钢桶	Steel Drum	纸基平托盘	Paper Flat Pallet
包装容器—竹胶合板箱	Cases with Plybamboo	一次性托盘	One Trip Pallet

续表

包装容器类	英文	托盘类	英文
包装容器—纸桶	Fibre Drum	塑料箱式托盘	Plastic Box Pallet
包装容器—方桶	Square Pail	塑料平托盘	Plastic Flat Pallet
包装容器—复合式中型散装容器	Composite Intermediate Bulk Container	组合型塑木平托盘	Combination Plastic Lumber Flat Pallet
包装容器—钢塑复合桶	Steel and Plastic Composite Drum	铁路货运钢制平托盘	Steel Flat Pallet for Railway Goods Traffic
包装容器—重型瓦楞纸箱	Heavy Duty Corrugated Box	模压平托盘—植物纤维类	Moulded Flat Pallet from Plants Fiber
包装容器—钢提桶	Steel Pail	组合式塑料托盘	Assembled Plastic Pallet
普通木箱	Common Wooden Case	箱式、立柱式托盘	Box Pallet and Post Pallet
框架木箱	Wooden Framed Case	联运通用平托盘—木质平托盘	General-Purpose Flat Pallets for Through Transit of Goods-Wooden Flat Pallet
滑木箱	Skid Wooden Box	防潮包装	Moisture-Proof Packaging
拼装式胶合板箱	Assembled Plywood Case	防水包装	Waterproof Packaging
钢丝捆扎箱	Wire Bound Box	防锈包装	Rustproof Packaging
运输包装用单瓦楞纸箱和双瓦楞纸箱	Single and Double Corrugated Box for Transport Packages	防霉包装	Mould Proof Packaging
塑料物流周转箱	Plastic Logistics Container	木质底盘	Wooden Skid
蜂窝纸板箱	Honeycomb Fiberboard Box	塑料编织袋	Plastic Woven Sack
冷链运输包装用低温瓦楞纸箱	Corrugated Box for Packaging in Transportation under Low Temperature	集装袋	Flexible Freight Container
聚乙烯吹塑容器	Polyethylene Blown Container	聚烯烃注塑包装桶	Polyolefine Injecting Packing Bucket

危险货物包装的好坏，对危险货物的储存、运输安全起着至关重要的作用。根据中国海关总署的规定，出口危险化学品的包装，应按照海运、空运、公路运输及铁路运输出口危险货物包装检验管理规定、标准实施性能检验和使用鉴定，只有海关出具《出境货物运输包装性能检验结果单》和《出境危险货物运输包装使用鉴定结果单》后，危险货物才能报关离境，进境危险货物包装也必须满足国内、国际有关强制性规定。

例子 6-25

2019 年 10 月 10 日，卖方江苏云龙公司与买方中国香港 FSA 公司通过电子邮件往来的形式签订合同：成品名称纯棉纱（漂白），型号规格半精梳 21S/1；单价（美元/千克）3.39；订货数量 130 000 千克，金额（美元）440 700；收货地点及收货人为买方指定的江苏省苏州物流园仓库；分批发货，2019 年 11 月 30 日前交完；编织袋包装，15 只/袋；汽车运输,运输费由卖方负责;付款方式为即期信用证。合同还约定了质量要求及违约责任等。

(二)运输包装的标志

为了装卸、运输、仓储、检验和交接工作的顺利进行,防止发生错发、错运和损坏货物与伤害人身的事故,以保证货物安全、迅速、准确地运交收货人,就需要在运输包装上书写、压印、刷制各种有关的标志,以资识别和提醒人们操作时注意。运输包装上的标志,按其用途可分为运输标志(Shipping Marks)、指示性标志(Indicative Marks)和警告性标志(Warning Marks)三种。

1. 运输标志

运输标志是由买卖双方约定的标注在货物运输包装外部显著位置上的相关简洁信息,又称唛头。裸装货(如钢铁制品)无外包装,应用金属标牌做运输标志,并用金属丝安全地系在货物上;散装货物无须运输标志。

通常由买方制定运输标志内容,在卖方确认后将运输标志标注在运输包装外部的显著位置。运输标志的作用是标识货物,使其在运输中迅捷、顺畅和安全地运达最终目的地,避免出现延误或混乱,并有助于买方对照单证核查货物。运输标志应刷印清楚,不易脱落、掉色。

中国国家标准《国际贸易用标准化运输标志》(GB/T 18131—2010)建议运输标志由收货人名称简称、参考号、目的地、包装件号四个元素构成,按上下顺序在运输包装上排列,每个元素占一行,每行不超过17个字符。四个元素中的任何一个都可以根据需要予以省略。参考号一般为合同编号(S/C No.)或发票编号(Invoice No.);包装件号采用标明包装物连续编号及已知的总件数,比如PKGS:1/300,表示共有包装件300个,300个货物包装件号分别标注为"PKGS:1/300""PKGS:2/300""PKGS:3/300"……"PKGS:300/300",方便装卸和买方清点货物,在合同以及其他单证上则显示为"PKGS:1/300",表示货物共300个包装件。

标准运输标志举例如表6-8所示:ABC可以为产品名称或收货人简称,123456可以是双方合同或发票编号,Sydney可以是目的地或原产地,1/300为包装件数。

表6-8 标准运输标志举例

无序号	有序号	有框	带说明
ABC 123456 Sydney 1/300	1) ABC 2) 123456 3) Sydney 4) 1/300	1) ABC 2) 123456 3) Sydney 4) 1/300	Buyer:ABC Invoice No.:123456 Desitnation:Sydney CTNS:1/300

中国国家标准《国际贸易用标准化运输标志》(GB/T 18131—2010)还建议如有需要时可增加其他相关信息,并称其为信息标志,包括产品名称、毛重、原产国或进口许可证号、净重和尺寸等。信息标志在标注时应与运输标志分开,且信息标志不显示在单证中。

该标准系非强制性标准,其依据是联合国欧经会贸易程序简化与电子业务委员会(UN/CEFACT)第15号建议《简化的运输标志》(第4版),该文件也是规范性的,不具有强制性。所以在实践中,买卖双方可以基于实际需要设定运输标志,可以是上面建议的运输标志和信息标志的各种组合,也可以增加双方同意的任何信息。

运输标志的内容一般会与商品名称同时出现在大部分的外贸单证等文件中,通常在

Marks 或 Marks and Numbers 等专设栏目中进行填写,其内容应简单精练,每行不宜复杂冗长,不宜设置符号和图形,一般在四行左右为宜。

如果双方无约定运输标志,卖方将根据通常做法,在外包装标注相关基础信息,比如商品名称、原产国、毛重等,此时,合同和单证中通常显示"NO MARK"或"N/M"字样,表示无运输标志。

2. 指示性标志

指示性标志是指为保护货物在物流环节的安全,由卖方在运输包装上标注的对装卸、运输等物流环节具有指示性操作的标志,通常采用图示的形式。

国际标准《包装、配送包装、包裹的处理和储存用图形符号》(ISO 780—2015)对17种指示性标志进行了规范。中国国家标准《包装储运图示标志》(GB/T 191—2008)是基于 ISO 780 的 1997 版本制定的,两个标准在图片方面基本没有差异。

表 6-9 所列图片为中国国家标准《包装储运图示标志》(GB/T 191—2008)中的 17 种指示性标志,出口货物运输包装一般采用英文说明。

表 6-9　《包装储运图示标志》(GB/T 191—2008)中的 17 种指示性标志

FRAGILE, HANDLE WITH CARE	USE NO HAND HOOKS	THIS WAY UP	PROTECT FROM RADIOACTIVE SOURCES
易碎物品	禁用手钩	向上	怕辐射
KEEP AWAY FROM SUNLIGHT	KEEP AWAY FROM RAIN	CENTRE OF GRAVITY	DO NOT ROLL
怕晒	怕雨	重心	禁止翻滚
DO NOT USE HAND TRUCK HERE	USE NO FORKS	CLAMP AS INDICATED	DO NOT CLAMP AS INDICATED
此面禁用手推车	禁用叉车	由此夹起	此处不能卡夹

续表

STACKING LIMIT BY MASS	STACKING LIMIT BY NUMBER	DO NOT STACK	SLING HERE
堆码质量极限	堆码层数极限	禁止堆码	由此吊起
TEMPERATURE LIMIT			
温度极限			

注：图片来自中国国家标准《包装储运图示标志》（GB/T 191—2008）。出口货物可省略中文标志名称和外框线，可添加英文标志名称。

指示性标志颜色一般为黑色，应确保清晰，一般应避免采用红色、橙色或黄色，以避免同危险货物标志相混淆。卖方应根据商品的特性确定所需的标志，并标注在显著位置上，不同的标志有着不同的标注位置。

3. 警告性标志

警告性标志是在危险货物的运输包装和销售包装的显著位置标注的显示其危险属性和危险性分类的标志。

危险货物（Dangerous Goods）是指《国际海运危险货物规则》（IMO IMDG）中列明的，具有易燃、易爆、毒害、腐蚀、放射、污染等特性，在船舶载运过程中可能造成人身伤害、财产损失或者环境污染而需要采取特别防护措施的货物。

中国强制性国家标准《危险货物品名表》（GB 12268—2012）以联合国《关于危险货物运输的建议书 规章范本》（第16修订版）为基础，列出了具有商业重要性的所有危险物质和物品，将危险货物分为9类，分别是爆炸品、气体、易燃液体、易燃固体、氧化性物质和有机过氧化物、毒性物质和感染性物质、放射性物质、腐蚀性物质、杂项危险物质和物品。危险货物在流通环节和使用过程中容易产生危害，为避免不当操作而引发危险事故，在危险货物包装上标注警告性标志是非常必要的。

中国强制性国家标准《危险货物包装标志》（GB 190—2009）对警告性标志的形式做了规定，其制定的依据是联合国《关于危险货物运输的建议书 规章范本》（第15修订版），目前后者已更新至第21修订版。

中国《危险货物包装标志》（GB 190—2009）强制性要求每个危险货物的包装件上都

必须标示警告性标志。如果是无包装物品，标志应标示在物品上、其托架上或其装卸、储存或发射装置上。

警告性标志分为标记和标签：标记4个，标签26个，其图形分别标示了9类危险货物的主要特性。

危险货物标记如表6-10所示。

表6-10 危险货物标记

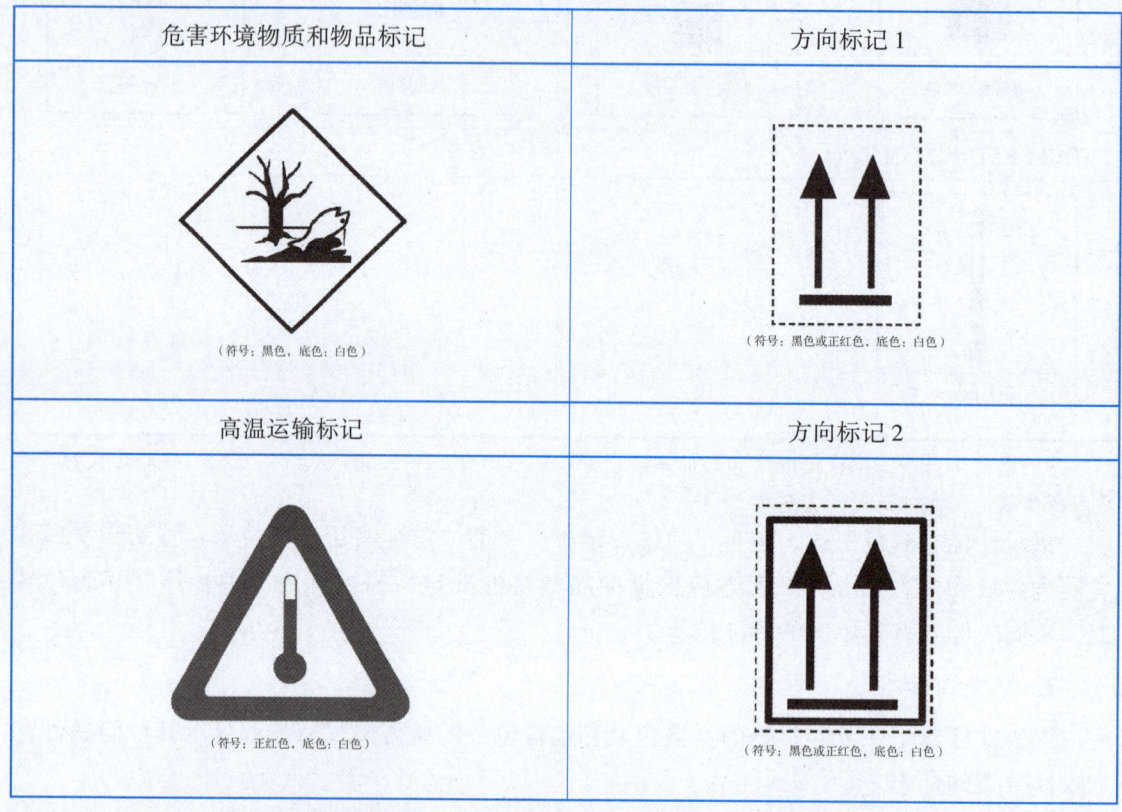

危害环境物质和物品标记	方向标记1
（符号：黑色，底色：白色）	（符号：黑色或正红色，底色：白色）
高温运输标记	方向标记2
（符号：正红色，底色：白色）	（符号：黑色或正红色，底色：白色）

注：图片引自中国强制性国家标准《危险货物包装标志》（GB 190—2009）。

表6-11为危险货物标签举例。

表6-11 危险货物标签举例

爆炸性物质或物品 Explosive Substances or Articles	易燃气体 Flammable Gases	易燃液体 Flammable Liquids
（符号：黑色，底色：橙红色）	（符号：白色，底色：正红色）	（符号：白色，底色：正红色）

续表

易于自燃的物质 Substances Liable to Spontaneous Combustion	有机过氧化物 Organic Peroxides	毒性物质 Toxic Substances
(符号：黑色，底色：上白下红)	(符号：白色，底色：红色和柠檬黄色)	(符号：黑色，底色：白色)
二级放射性物质 Radioactive Material	腐蚀性物质 Corrosive Substances	杂项危险物质和物品 Miscellaneous Dangerous Substances and Articles
(符号：黑色，底色：上黄下白，附两条红竖条)	(符号：黑色，底色：上白下黑)	(符号：黑色，底色：白色)

注：图片引自中国强制性国家标准《危险货物包装标志》（GB 190—2009）。

中国《危险货物包装标志》（GB 190—2009）规定所有警告性标志应满足以下条件。

（1）应明显可见而且易读。
（2）应能够经受风吹日晒雨淋而不显著减弱其效果。
（3）应标示在包装件外表面的反衬底色上。
（4）不得与可能大大降低其效果的其他包装件标记放在一起。

三、销售包装

销售包装又称内包装，它是直接接触商品并随商品进入终端销售市场的包装。这类包装除必须具有保护商品的功能外，还必须满足市场的需求和进口国对销售包装的要求。部分商品只有一层包装，运输包装兼具销售包装的功能。

*一般而言，销售包装的规格、形式和材料等都为买方设计，卖方根据买方的要求定制销售包装，并完成产品的包装环节。*工业品和消费品对销售包装的要求有较大差异，比如工业用奶粉，一般采用50千克到1 000千克的大袋包装，被称为大包粉，而面向消费市场的奶粉则要采用1千克的金属桶包装，并有精美图案。买方应结合自身的需要和终端市场的需求对销售包装进行设计。危险货物的销售包装必须标注相关警告性标志。

销售包装在材料、包装方式和外在的标识等各方面也要符合进出口国法规。中国进口企业必须熟悉中国在进口产品销售包装方面的相关法规，确保卖方提供的销售包装符合中国市场销售要求，避免货物无法进口通关的风险。

《中华人民共和国产品质量法》（2018年修正）规定，在中国市场销售的产品包装上的标识必须真实，并符合下列要求：

（1）有中文标明的产品名称、生产厂厂名和厂址。

（2）根据产品的特点和使用要求，需要标明产品规格、等级、所含主要成分的名称和含量的，用中文相应予以标明；需要事先让消费者知晓的，应当在外包装上标明，或者预先向消费者提供有关资料。

（3）限期使用的产品，应当在显著位置清晰地标明生产日期和安全使用期或者失效日期。

（4）使用不当，容易造成产品本身损坏或者可能危及人身、财产安全的产品，应当有警示标志或者中文警示说明。

根据《中华人民共和国进出口食品安全管理办法》（海关总署第249号令），自2022年1月1日起，进口保健食品、特殊膳食用食品的中文标签必须印制在最小销售包装上，不得加贴；通过加贴中文标签的产品将被判定为不合格，不得进口。

中国强制性国家标准《限制商品过度包装要求　食品和化妆品》（GB 23350—2021）规定了商品销售包装空隙率、包装层数和包装成本要求，以及相应的计算、检测和判定方法，具体内容包括：

（1）规范了31类食品、16类化妆品的包装要求。

（2）极大地简化了商品过度包装的判定方法，消费者只需要查看商品本身的重量或体积，并测量最外层包装的体积，通过计算就可以初步判定商品是否存在过度包装问题。

（3）严格限定了包装层数要求，食品中的粮食及其加工品不应超过三层包装，其他食品和化妆品不应超过四层包装。

四、中性包装（Neutral Packing）

中性包装是指商品包装和商品本身不注明生产国别、地名和厂商名称，也不标明商标或牌号的包装。由于中性包装的成本低，基于成本考虑，买方均可以要求中性包装。

以转售为目的的国际贸易中间商一般多要求出口方提供中性包装，除可降低成本外，还可以达到以下目的。

第一，可有效隔离出口方与最终客户间的联系，避免订单流失。

第二，中间商在收到货后，可根据最终客户的要求增加印刷新的包装标识或标签，便利商品的转售。

第三，将购买的中性包装商品在第三国（地区）再包装，换取新的原产国（地区）身份，以此骗取最终进口国的优惠关税待遇。

目前大部分国家和组织（比如美国、沙特阿拉伯、科威特、埃及、尼日利亚、叙利亚、约旦、孟加拉国、阿根廷、智利和欧盟）都要求进口商品包装上"以不可移除的方式"注明原产国（地区），且近年来执法愈发严格，以便于打击篡改原产国（地区）信息骗取优惠进口关税的非法行为，也有利于确认进口商品的关税待遇。中国企业在贸易实践中，进、出口的中性包装一般都注明原产国（地区），可采用多种表述方式，比如"Made in China""Country of Origin：Indonesia""Country of Manufacture：Brazil, Assembled in China"。

五、包装条款的基本内容

国际贸易合同中的包装条款，一般包括包装方式、包装材料、包装规格、包装标志和包装费用等内容，相关条款的设计必须平衡买方、运输仓储、法律法规等各方面的要求，还需综合考虑卖方的生产能力以及包装成本。中国进出口货物运输包装和销售包装上的相关图形、文字及符号都不得违反中国法律法规，尤其是涉及地图和港澳台地区时，企业必须认真审核相关表述和描述的严谨性，港澳台地区后面必须注明 China，比如"Hongkong，China""Taiwan Province，China"。

例子 6-26

2020 年山东云龙贸易有限公司签署出口合同。

货物名称：XFU600/8-423/14 竖式熔铜铜杆连铸连轧机组生产线壹套。

包装标准及装箱要求：设备包装为简易包装（其中电控柜、主电机等必须装入木箱后再装集装箱），其余裸装（裸装部分必须有防雨防潮材料保护）。包装必须符合国际运输包装要求，经得起长途海运和陆运。在外包装上注明起吊位置、防潮、易碎等装运标识以便按期装运。每件货物的外包装上应标明品名、数量、毛净重、尺寸、唛头。

例子 6-27　　　　例子 6-28　　　　例子 6-29

练习题

1. 名词解释。
(1) 商品规格。
(2) 对等样品。
(3) 良好平均品质。
(4) 品质机动幅度。

2. 简答题。
(1) 简述各种计量单位的主要适用范围。
(2) 简述毛重、净重及以毛作净的主要区别。
(3) 进出口产品质量条款如何影响国家的利益和信誉？
(4) 在哪些情况下，进出口包装上的图案和标识危害我国国家利益？

3. 思考题。
(1) 2022 年卡塔尔世界杯比赛从中国义乌采购了大量的纪念品，请查找相关资料，以球衣纪念品为例，请用英文制定相关的品名、质量、数量和包装条款。
(2) 河北省是中国的钢铁制造大省，每年河北省钢铁企业从澳大利亚和巴西等国进口大量的铁矿石和焦炭，请用英文制定相关的品名、质量、数量和包装条款。

思维导图

第六章 商品名称、质量、数量和包装 知识俯视图

商品名称
- 确定方法
- 国际贸易商品分类标准
  - 世界海关组织《商品名称及编码协调制度》
  - 联合国

商品质量
- 质量条款的意义
- 质量条款确定的依据
- 商品质量规定方法
  - 凭实物或样品确定商品质量
  - 凭文字、图片等说明方式确定商品质量
  - "良好平均品质" FAQ

商品数量

1. 约定进出口商品数量的意义
   - 商品数量
   - 影响因素
   - 意义
   - 《联合国国际货物销售合同公约》规定

2. 计量单位
   - 概念
   - 与重量相关的计量单位
   - 与个数有关的计量单位
   - 与长度有关的计量单位
   - 与面积、体积有关的计量单位

3. 与重量相关的名词
   - 毛重/净重
   - 公量
   - 干量
   - 理论重量

4. 约定数量的注意事项
   - 如果货物需要分批发运 准确无误

商品包装

1. 商品包装的意义
   - 分类
     - 包装商品 无包装商品
   - 意义

2. 商品包装——运输包装
   - 目的
   - 运输包装方案
     - 包装方式
     - 包装材料
     - 危险货物包装
   - 运输包装的标志
     - 目的
     - 分类
       - 运输标志/唛头
       - 指示性标志
       - 警告性标志

3. 商品包装——销售包装
   - 概念 要求

4. 商品包装——中性包装
   - 概念 作用

扫描观看思维导图详细版

第七章　国际货物运输

> **学习目标**
>
> 1. 掌握各种运输方式的特点。
> 2. 掌握班轮运输的特点及计费方法。
> 3. 能够根据实际情况选择合适的运输方式。
> 4. 理解装运条款的规定。
> 5. 掌握海运提单的分类和特点，能够根据资料填制提单。
> 6. 能够在合同中制定装运条款。

> **思政目标**
>
> 1. 使学生了解各种运输方式在我国的发展状况，尤其是在"一带一路"倡议的推动下，中国大力发展中欧班列和西部陆海新通道建设提高了中国贸易的便利化和中国的经济影响力，增强学生的民族自豪感和使命感。
> 2. 熟悉复杂的运输条款，培养学生的敬业精神和诚信意识。

导入案例

2017 年 9 月，浙江云龙公司由中国宁波港出口一批不锈钢无缝产品至斯里兰卡科伦坡港，货物总毛重 128 公吨。云龙公司通过货代向航运公司 NWC 订舱，货物于同年 9 月 10 日装载于 6 个集装箱内装船出运，NWC 公司签发记名提单，收货人为出口合同买方。2017 年 9 月 21 日，云龙公司通过货代向 NWC 公司发邮件称，发现货物运错目的地要求改港或者退运。NWC 公司于同日回复，因货物距抵达目的港不足 2 天，无法安排改港，如需退运则需与目的港确认后回复。次日，云龙公司的货代询问货物退运是否可以原船带回，NWC 公司于当日回复"原船退回不具有操作性，货物在目的港卸货后，需要由现在的收货人在目的港清关后，再向当地海关申请退运。海关批准后，才可以安排退运事宜"。2017 年 9 月 22 日，云龙公司又提出"这个货要安排退运，就是因为清关清不了，所以才退回宁波的，是否有其他办法"。此后，NWC 公司再未回复邮件。

货物于 2017 年 9 月 24 日左右到达目的港。2018 年 8 月 1 日，云龙公司向 NWC 公司发邮件表示已按 NWC 公司要求申请退运。NWC 公司随后告知云龙公司货物因长期滞留港口无人提货,已被海关拍卖。

(本案例根据最高人民法院指导案例 108 号改写)

思考:
1. 浙江云龙公司为何采用海运方式运输该批货物?
2. 浙江云龙公司为何会弄错目的地?该公司管理上存在哪些问题?
3. 进口方拒绝提货的原因可能有哪些?
4. 浙江云龙公司在货到目的港 10 个多月后才申请退运,公司管理上存在哪些问题?

无论国际贸易还是国内贸易,货物运输都是非常重要的一个环节,且意义重大。首先,只有顺利完成货物的运输,买方才能在目的地自由地支配货物,实现签订合同的商业目标;其次,运输环节的费用占买方进口总成本的比例较高,买方必须妥善规划运输事宜;再次,进出口国(地区)海关通过监控货物进出境的运输状况,来确认贸易合同是否真正履行,如果只有货款的对外支付或收入,而在合理期限内没有货物的实际进出境运输,则政府一般会对货物贸易合同的真实性进行调查。

国际贸易中的运输环节可分为国内运输环节和国际运输环节,而国际运输环节对货物的顺利交付具有更为重要的意义。在国际贸易术语中,由卖方承担国际运输责任的术语有 7 个,分别是 4 个 C 组术语和 3 个 D 组术语,其余 4 个术语下的国际运输责任均由买方负责。合同中运输方式的确定受多种因素影响,既与货物的物理、化学属性、价值有关,也与买方的商业目的有关。无论如何,装运条款对买卖双方非常重要,在合同中买卖双方必须针对运输方式、运输时间、运输地点以及运输相关费用等进行约定。

第一节 海洋运输方式

国际货物运输方式有多种,Incoterms® 2020 中提到了公路、铁路、航空、海运、内河水运以及多式联运等几种常见运输方式,其中海运方式是最常见的运输方式。

一、海运方式(Maritime Transport,Sea Transport)概述

海洋运输方式即海运方式,是国际贸易中最常见的运输方式。根据联合国贸发会议(UNCTAD)发布的 Review of Maritime Transport 2022,海运方式承运了按重量计 80% 以上的全球贸易货物,在很多发展中国家该比例更高,比如国际海运方式承担了中国约 95% 的外贸货物运输量。2021 年全球采用海运方式的贸易规模达到 110 亿吨,其中 60% 的货物运往发展中国家,55% 的货物在发展中国家装运。2020 年全球爆发疫情以来,由于海运费暴涨以及大量港口拥挤无法装卸货物,导致全球许多国家通货膨胀、日用品短缺、生产供应链中断,由此可见国际海洋运输对全球经济的重要作用。

(一)海运货物类型和船型

国际贸易货物的物理和化学属性存在较大差别,现有海运船舶有多种船型以适应不同类型货物的运输需求。2021 年,全球油轮运输原油、精炼石油产品、天然气和化学品等货

物 29.52 亿吨，散装船运输铁矿石、粮食、煤炭、铝土矿/氧化铝和磷酸盐等大宗货物（Main Bulk）32.72 亿吨，集装箱运输货物 17.5 亿吨，达到 1.65 亿标准箱（TEU，Twenty-foot Equivalent Unit），约占海运总规模的 16%。

截至 2022 年年初，全球远洋商船总吨位在 100 公吨及以上的船舶达 102 899 艘，相当于 219 910.7 万载重吨（DWT），包括散货船（Bulk Carriers）、油轮（Oil Tankers）、集装箱船（Container Ships）、液化石油气船（Liquefied Natural Gas Tankers，LNG）、杂货船（General Cargo Ships）、化学品船（Chemical Tankers）等主要船型，其中集装箱船载重吨占载货商船总载重吨比例为 13.34%，杂货船载重吨占比 3.58%。

自 2011 年以来，全球商船一直在老化，目前的平均船龄为 21.9 年，其中散货船仍然是最年轻的船舶，平均船龄为 11.1 年，其次是集装箱船，平均船龄为 13.7 年，油轮为 19.7 年。在国际贸易中，尤其是国际信用证结算方式下，有些国家的进口方会对承运船舶的船龄提出要求，不得超过一定年份，并要求出口方提供由船东签发的船龄证明（Certificate-age of Vessel），比如孟加拉、印度等南亚国家的信用证条款基本上都有类似要求。

（二）海运方式的优点

相对于其他运输方式，海洋运输具有运力大、通过能力强、运费低、适应货物的能力强等优点。

第一，运力大，体现于一艘船舶运载量大。 2022 年年初，载重吨超 1 000 吨的全球商船数量将近 53 000 艘。2023 年 4 月，中国船舶集团为地中海航运公司（MSC）建造的"地中海伊琳娜"（MSC IRINA）轮船长 399.99 米，型宽 61.3 米，最大载重量 22.49 万吨，最大装载量为 24 346 标箱。而中欧班列 2022 年平均每列通行班列运载 100 个标箱，2022 年霍尔果斯铁路口岸平均每列通行班列运载货物 1 349 吨。很显然，海运方式运载能力远超其他运输方式。

第二，通过能力强，体现于全球海上航道四通八达，不受轨道和道路的限制，即使在一些小型港口，可以通过转船至小型船舶停靠港口。

第三，运费低，正常情况下海运费价格大大低于其他运输方式。 海运费主要来自港口费用和单次运输的可变成本，由于船舶运载货物量大，因此分摊至单位货物的运费较低，具有极强的价格优势。自 2020 年新冠疫情发生后，受多方因素影响，全球海运费价格出现暴涨 5~10 倍的现象，同时其他运输方式也有大幅上升。直至 2022 年年底，国际海运费又大体回归疫情前水平。

第四，适应货物的能力强，体现于很多货物无法采用其他运输方式，而只能通过海运方式实现运输。 一些体积大、不规则、数量巨大、液体等货物通常只能通过海运方式运输，比如大宗商品一次交货量在上万吨且无包装时，只能通过散装船运输；比如一些大型机械设备需要拆解成许多不规则、超高、超重的部件进行运输，远途运输时只能采用海运。

（三）海运方式的缺点

海运方式的缺点主要体现在运输时间长、运输风险大两方面。

第一，运输时间长。 由于海运方式距离长，且船舶航行速度慢，干散货船和油轮的航速较慢，一般为 13 节至 17 节，约时速 28 千米；集装箱船的航速较快，最快的集装箱船航速可达 24.5 节，约时速 45 千米，远低于火车和汽车的正常速度。以中远海运集运

（COSCO Shipping Lines）集装箱某欧洲航线为例，从中国天津港到德国汉堡港（Hamburg Port）为41天，而从天津到德国汉堡的中欧班列一般在21天左右。

第二，运输风险大。海上自然灾害频发，并且对于远洋运输，跨越不同地区时温度和湿度变化较大，在长期的运输途中，货物因各种因素受损的概率增加。

（四）班轮运输和租船运输

按照运营方式，海洋运输主要分为班轮运输和租船运输两种方式，除此之外，一些大型企业会购买船舶自己运营。据报道，比亚迪公司2022年订购了最多8艘7 700 CEU液化天然气双燃料汽车运输船，以应对新能源汽车大规模出口对海运运力的需求。

国际贸易中绝大部分卖方或买方并不拥有自己的运输工具，只能选择班轮运输或租船运输。当货物运输规模较小时，一般会选择班轮运输方式，而当货物运输量较大需要一艘船舶专门运输时，卖方或买方会考虑租船运输方式。

1. 班轮运输（Liner Transport）的概念

根据《中华人民共和国国际海运条例实施细则》（2019年修订），国际班轮运输业务，是指以自有或者经营的船舶等方式，在固定的港口之间提供的定期国际海上货物或旅客运输。国际班轮运输业务必须就国际班轮运输航线、国际班轮运输船舶和班期的设立或变更，以及相关运价向主管部门备案。

综合上述法规规定和班轮运输在国际货物贸易中的应用，国际班轮运输是指经政府批准的由指定船舶按照固定船期在固定国际航线上运营，停靠固定港口，并按照备案运价收取运费的海上货物运输方式。

2. 租船运输（Shipping by Chartering）的概念

租船运输又称不定期船运输，没有预定的船期表、航线、港口，船舶按租船人（承租人，Charterer）和船东（出租人，Ship-Owner）双方签订的租船合同规定的条款完成运输服务。根据租船合同，船东将船舶出租给租船人使用，完成特定的货运任务，并按商定运价收取运费。租船人一般为船公司和国际贸易交易方。船公司租船后将船舶用于班轮运营或再租赁；国际贸易交易方租船的目的是完成特定合同下货物的运输，采用租船运输的货物主要是低价值的大宗货物，如煤炭、矿砂、粮食、化肥、水泥、木材、石油等，运量大，一般都是整船装运，运价比较低，并且运价随市场行情的变化而波动。

租船方式主要有航次租船、定期租船和光船租船三种。国际贸易中，租船人可以是出口方，也可以是进口方。进口方作为运输成本最终的承担者，一般会综合考虑后，决定是自己租船或由出口方租船，并通过相应的贸易术语来约定租船责任。

二、有船承运人、无船承运人和货运代理

在国际贸易中，买方或卖方可以直接向有船承运人或无船承运人订舱，也可以委托国际货代订舱。

（一）有船承运人（Carrier）

国际船舶运输经营者，俗称有船承运人或实际承运人。

在国际货物运输中，有船承运人是指使用自有或者经营的船舶、舱位，提供国际海上货物运输服务以及为完成这些服务而围绕其船舶、所载货物开展相关活动的承运人，其核心是该承运人是利用自有的船舶或经营的船舶开展运输承运业务。

（二）无船承运人（Non-Vessel Operating Common Carrier，NVOCC）

无船承运人，即无船承运业务经营者，是指没有自有或经营船舶的但以承运人身份承揽国际海上运输业务的经营者。具体而言，无船承运人是指不拥有运输工具，但以承运人的身份发布自己的运价，接受托运人的委托，签发自己的提单或其他运输单证，收取运费，并通过与有船承运人签订运输合同，承担承运人责任，完成国际海上货物运输经营活动的经营者。

无船承运人无船承运业务，是指无船承运业务经营者以承运人身份接受托运人的货载，签发自己的提单或者其他运输单证，向托运人收取运费，通过国际船舶运输经营者完成国际海上货物运输，承担承运人责任的国际海上运输经营活动。根据中国法规规定，国际货运代理企业和国际物流经营企业可以向交通运输部申请无船承运人资格，从而扩大业务经营范围①。

无船承运人将承揽的货物向有船承运人办理托运，但以自己的名义向托运人签发海运单据，其开展的承运业务主要包括：
（1）以承运人身份与托运人订立国际货物运输合同。
（2）以承运人身份接收货物、交付货物。
（3）向托运人签发提单或者其他运输单证。
（4）向托运人收取运费及其他服务报酬。
（5）向实际承运人为所承运的货物订舱和办理托运。
（6）向实际承运人支付运费或者其他运输费用。
（7）集装箱拆箱、集拼箱业务。

（三）国际货代（International Freight Forwarder）

国际货代，即国际货物运输代理企业，是指接受进出口货物收货人、发货人的委托，以委托人的名义或者以自己的名义，为委托人办理国际货物运输及相关业务并收取服务报酬的企业。

国际货物运输代理企业可以接受委托，代为办理下列部分或者全部业务：
（1）订舱、仓储。
（2）货物的监装、监卸，集装箱拼装拆箱。
（3）国际多式联运。
（4）国际快递，私人信函除外。
（5）报关、报检、报验、保险。
（6）缮制有关单证，交付运费，结算、交付杂费。
（7）其他国际货物运输代理业务。

在 FCA、FOB 和 FAS 术语下，一般进口方首先与出口国货代签署运输协议，确定订舱、装运、费用等细节，约定"Freight Collect"（运费到付，即运费由进口方在目的港收货时支付）。然后进口方再将相关订舱信息通知出口方，并让出口方与指定货代联系商定具体货物交运事宜。此种操作下，进口方具有契约托运人的地位，出口方将货物交付货代办理货物出口装运事宜，具有实际托运人的地位，享有优先的提单交付权，因此在货代作为代理签发提

---

① 中国无船承运人名单可以在交通运输部政务服务平台"水路运输建设综合管理信息系统"（网址：https://wtis.mot.gov.cn）中的"无船承运人备案信息"栏目查询。

单后,或者货代取得承运人签发的提单后,应优先将提单交付给出口方。

当进口方指定出口国货代时,出口方应确认该指定货代的信誉,避免进口方与货代串通骗货。

三、班轮运输

(一) 班轮运输的特点

(1) 班轮运输具有"四固定"的特点,即在运输途中走固定的航线、停靠固定的港口、按照固定的船期表起运和到港、按相对固定的运价收费。

以某班轮公司 2023 年 2 月初从天津新港起运,目的港为德国汉堡港的班轮为例,相关运输信息计划如表 7-1 所示(见二维码)。

(2) 特定航次的班轮装期固定,有利于卖方组织装运,且班轮到港时间固定,有利于买方组织收货。

(3) 在非运输旺季时,班轮航线中船舶停靠的港口对托运货物的数量没有限制;在运输旺季时,航线各港口可能存在舱位供不应求的情形。

(4) 承运人和托运人的权利、义务、责任和豁免,以承运人签发的提单条款为依据。

表 7-1 某班轮中国至欧洲航线信息

(5) 运价包括货物的装卸费用,货物的装卸、配载由承运人负责。

(二) 班轮运费 (Freight Charges)

班轮运费,是国际贸易中海运费的主要形式,是班轮运输中承运人根据运输合同为了完成货物运输,而向托运人收取的海运费用,包括承运人的运输成本和预期利润。海运承运人都制定有运价表(The Rate Tariff),列出相关航线的班轮运价。班轮运价(Freight Rates)是计算班轮运费的单价或费率,影响班轮运价的主要因素包括运输成本、货物的特性、运输量和运输距离、航线和港口的条件,以及航运市场的供需和竞争状况等。

1. 班轮运费的构成

班轮运费分为两类,一类是以货物的计费吨为单位(俗称散货价),另一类是以每个集装箱为计费单位(俗称集装箱包箱价),这两类均由基本运费和附加运费两部分组成。

基本运费(The Base Freight)是承运人根据常规运输条件对承运货物收取的运费,构成运费的主要组成部分。附加运费(Surcharge and Fees)是在收取基本运费的基础上,根据运输过程中的特殊情况和特殊需求,而额外收取的运费。基本运费和附加运费均为市场定价,由市场供需关系决定。在航运市场不景气时,托运人可以要求承运人降价,而在航运市场运力紧张时,托运人即使接受高运价,由于船舶爆舱,也可能被甩柜。

基本运费与货物的物理或化学属性相关,一般班轮公司将承运货物进行分级,对不同级别的货物制定不同的运价。国际海运承运人向上海航运交易所进行班轮运价备案时,根据要求将货物分为一般货、化工品、危险品、半危险品、空箱等五类,承运人针对不同类型货物分别制定基本运价。东方海外(OOCL)的普通费率表中将货物分为无控温要求的危险品(Hazardous, Non - temperature Controlled)、超限危险品(Hazardous, Out of Gauge)、控温危险品(Hazardous, Temperature Controlled)、一般货(Non Hazardous, Non-temperature Controlled;或 General Cargo)、控温非危品(Non Hazardous, Temperature Controlled)、超限货(Out of Gauge)等六种类型,分别制定基本运价。冷藏货和危险品具有较高的存储和装卸要求，相对而言一般货在运输中各种要求较低，因而费率也较低。

2. 散杂货物基本运费

散杂货物主要是指不采用集装箱运输的货物，主要包括散装货物、大件裸装货物、件杂货以及液体货物等。

固体散装货物（Bulk Goods），是指由基本均匀的微粒、颗粒或者较大的块状固体物质组成的货物。散装货无须包装可直接装入船舱，通常无法确定货物的具体个数，比如无法数算 10 000 公吨大豆具体包含多少粒大豆。大件裸装货物是形状不规则或超长超宽等可放置于船舱中的体积较大的货物，通常能够清点货物的具体个数。有的裸装货物虽然可以采用集装箱进行装载，但货方基于各种考虑也可以将货物直接置于船舱作为散杂货物运输。

班轮运输中散杂货物基本运费为货物的计费吨（Revenue Ton，RT）与运费费率的乘积。计费吨是班轮运输中散杂货物应缴运费的货物数量，一般与货物的毛重或体积等有关，包括重量吨和尺码吨等形式。运费费率是由承运人或货代根据不同航线而制定的每计费吨应收运费的金额。

计费吨的确定包括以下几种情形。

（1）按货物毛重（Gross Weight）计算，在运价表中以"W"表示，1公吨（MT）为1个计费吨，可称为重量吨（Weight Ton），由货物总毛重与费率相乘可得总运费金额，比如 18 500 千克的货物，其计费吨为 18.5 重量吨。

（2）按货物尺码或体积（Measurement）计算，在运价表中以"M"表示，1立方米（CBM）为1个计费吨，可称为尺码吨或容积吨（Volume Ton），由货物总体积与费率相乘可得总运费金额，比如 24.7CBM 的货物，其计费吨为 24.7 尺码吨，与运费率相乘可得基本运费金额。货物尺码吨数值可以按每件货物长宽高每边的最长尺寸相乘计算而得，也可用整体占用总空间的体积计算而得，而非物理学意义上的体积数值。

（3）按货物重量或体积，选择其中收取运费较高者计算运费，在运价表中以"W/M"表示，这种计费方法最为常见，对承运人最为方便。通过简单比较重量吨和尺码吨的大小即可确定计费吨的数值，比如货物的重量吨为 18.5MT，尺码吨为 24.7CBM，24.7 大于 18.5，因此计费吨为 24.7，用 24.7 乘以运费费率，可得应缴纳的基本运费。

海运中一般将重量吨与尺码吨的比值（即积载系数）大于 1 的货物称为重货，相当于货物及其包装整体密度大于水，而将该比值小于 1 的货物称为轻货，其整体密度小于水。相同毛重的货物，重货占用的空间小，而轻货占用的空间大。

目前，班轮运输中散杂货物的基本运费一般与货物的价值及个数无关。

3. 集装箱货物基本运费（Basic Ocean Freight）

集装箱（Container），又称货柜，是指经专门设计，便于以一种或多种运输方式运输货物，而无须中途换装，且具有耐久性和足够的强度适于重复使用的一种供货物运输的设备。

（1）集装箱包箱价（Freight All Kind，FAK）。

采用集装箱运输的货物也可以采用上述非集装箱方式进行运费核算，但目前班轮公司普遍采用集装箱整箱包箱价格进行收费。整箱包箱基本费率一般适用于除冷藏货（Reefer）和危险品（Dangerous Cargo）等特殊商品之外的所有货物（All General Cargoes），因此影响包箱基本费率的主要因素就是航线和港口。

不同班轮公司的基本运价互有差异，优势各不相同。某物流网站显示，2023年9月初由某班轮公司承运的上海港（Shanghai，China）直达纽约港（New York，USA）20英尺集装箱干箱（GP）基本运费为3 350美元，航程28天；同期另一家班轮公司基本运费为3 500美元，航程34天；第三家班轮公司为3 600美元，航程26天。

班轮公司基本运费虽然相对固定，但一般报价均设置有效期，比如15天。

德国赫伯罗特（Hapag-Lloyd）是全球最大的海运班轮公司之一，拥有251艘现代船舶，每年运输1 180万TEU。该公司FAK费率适用于所有商品，但有一些例外，比如：

①IMDG货物类别1、7和5。

②列入OECD的Amber清单的废物（根据《巴塞尔公约》被定性为危险废物）。

③高价值货物（每个集装箱的货物价值超过500 000美元）。

④军用、警察或其他政府货物。

⑤在特殊设备上移动的超限货物。

⑥托运人拥有的集装箱，包括储罐。

非一般货的基本运费会在一般货的基础上有所上浮。

托运人需根据合同订货数量，并结合货物包装规格以及集装箱的不同规格来安排货物的装载计划。常见的集装箱标准箱（干箱）按照长度分为20英尺箱（20′）和40英尺箱（40′）两种，两种集装箱的宽度和高度相同，宽度均为8英尺，合2.438米，高度均为8英尺6英寸，合2.591米。

对于托运人而言，应关注的是集装箱的内部尺寸和装载重量。

中远海运20英尺集装箱标准箱（标箱，普柜，Standard Container）的内部尺寸长宽高分别为5.898米×2.352米×2.392米，内部容积为33.2平方米，最大净载重分21 740千克和28 295千克两种；40英尺集装箱标准箱内部长宽高分别为12.031米×2.352米×2.392米，内部容积为67.7立方米，最大净载重分26 630千克和28 860千克两种。

马士基公司（MAERSK）、MSC公司和东方海外公司的标箱尺寸和载重与中远海运基本一致，个别公司的标箱可能最大载重较低，托运人应向货代获取集装箱的详细信息。

通常情况下，各船公司标箱的最大载重量（含箱皮）为30 480千克，加重箱的最大载重量（含箱皮）为32 500千克，不分大小柜。20英尺标准箱的箱皮重范围多在2 200~2 800千克，40英尺柜的箱皮重范围多在3 500~4 200千克，因此20英尺标准箱的最大净载重范围多在27.68~28.28吨，40英尺标准箱则多在26.28~26.98吨。

通过对比20英尺和40英尺两种标准箱可以发现，40英尺的内部容积是20英尺的两倍，但是最大载重和20英尺的相差不多，因此可以判断，40英尺的集装箱适合装载轻货，20英尺的集装箱适合装载重货。

（2）集装箱装载与单位运费成本。

托运人为降低每单位货物的运费成本，在FAK费率确定后必须尽可能在安全且方便装卸的前提下，在每一个集装箱内装载最多的货物，使货物重量或体积其中一个达到装载上限，一般达到集装箱承载量的75%即可称为满载。因此，买卖双方必须将集装箱的装载数量、货物包装材料及规格等方面纳入合同谈判中。

比如，买方计划订购某货物2 000件，而按照集装箱装载最佳方案，每个20英尺的集装箱可以装载600件，这样2 000件货物需要3个满载的集装箱，剩余200件只占用一个集装箱承载能力的 1/3，货物分摊的运费就高了。此时，买方可以考虑增加 400 件货物的订购或者减少 200 件的采购，以降低单位运费成本。当然买方决定订购数量的主要考虑因素仍然是进口货物的市场需求或生产状况。

集装箱的实际装载量不仅取决于货物包装的尺寸，而且取决于许多其他因素，如包装材料、装箱人员的能力和经验等。除了货物的体积外，装箱计划还应将重量考虑在内，在许多国家，公路和铁路运输允许的单车最大重量要小于集装箱的最大载重量。

（3）拼箱货运价。

对于集装箱拼箱货物，目前其运价一般均为托运人向货代询价，由货代根据货物的总毛重、总体积确定计费吨并结合航线以及装船要求等进行报价。

4. 海运附加费（Surcharge）

海运附加费是班轮公司经营中为弥补由燃油、货物、天气、港口等多种原因造成的额外开支或经济损失，在基本运费之外收取的费用，一般分为按确定金额和按基本运费的比率两种方式收取，也有班轮公司采用"All-In"运价，即不区分基本运费和附加费，可称为全包价。

根据目前在上海航交所备案的情况来看，国际班轮公司收取的海运附加费约有 40 项，也有文献报道国际班轮企业在中国大陆收取的各类附加费超过 70 多种。

常见的、收费频率较高的有燃油附加费（BAF）、紧急燃油附加费（EBS）、币值调整附加费（CAF、YAS 等）、旺季附加费（PSS）、运河附加费（苏伊士运河附加费 SCS、巴拿马运河附加费 PTF/PCS）、综合费率上涨附加费（GRI）、集装箱不平衡附加费（CIC）、港口拥挤附加费（PCS）、安保附加费（ISPS）等。常见附加费一般与货物类别无关。

班轮公司通过"基本固定的基本运费+随时调整的附加运费"相结合的模式，可以有效地规避运输成本波动的风险，但是附加运费的波动具有较大的不可预测性，从而使得这种运费波动的风险传递到贸易中负责运输的一方。贸易企业在国际贸易中承担货物运输责任时，应尽可能对运费走势做出预判，并与货代公司或承运人约定运费，避免因运费大幅增长而造成损失。

在 2020 年 6—7 月，受疫情影响，全球运费暴涨，所有航线几乎都比年初增长 4 倍以上，如果采用 CIF 术语，出口企业则必须支付暴涨的运费，而且要承担因运力下降船舶爆舱而甩货的责任。

班轮公司在收取相关附加运费之外，一般还会收取始发港和目的港的码头操作费（THC）、目的港提货费（DDC），还有其他与口岸操作和单证等有关的费用，例如文件费、换单费、订舱费、铅封费等，这些费用不属于海运费，不体现在运费报价中。通常情况下，装运港的相关费用由出口方承担，目的港的费用由进口方承担。码头操作费是指在码头产生的装卸集装箱的费用。

附加费一般采取固定金额的方式，较少情况下按基本运费的比率收取，其中部分附加费以起运地货币收取，部分以目的地货币收取，部分采用美元收取。例如，某班轮公司从中国上海港（Shanghai Port, China）至荷兰鹿特丹港（Rotterdam Port, Netherlands），20 英尺普通集装箱（20GP、20DC）运费项目：

（1）FAK 包箱费率为 USD4 600。

（2）起运地 THC 费用为 CNY610。

（3）目的地 THC 费用为 EUR210。
（4）燃油附加费（BAF）为 USD416。
（5）码头安保费（ISPS）为 EUR11。
（6）承运人安全费（CSS）为 EUR4。
（7）旺季附加费（PSS）为 USD800。

本例中，人民币费用由出口方承担，计 610 元人民币；欧元费用由进口方承担，计 225 欧元；美元费用由负责办理运输的一方承担，计 5 816 美元。

常见海运附加费用如表 7-2 所示。

表 7-2 常见海运附加费用

附加费类型	英文缩写	附加费含义	说明
燃油附加费	BAF、FAD、FAF	国际燃油油价上涨造成班轮公司运输成本提高时，为转嫁额外负担而向托运人（或货主）所加收的附加费用	不同班轮公司费用名称可能有所差别，但费用本质上相同，均由班轮公司基于相关理由自己制定
紧急燃油附加费	EBS、EFL	国际原油价格快速攀升，班轮公司觉得超过了自己的承受能力，由于行情不旺又不方便及时上涨基本海运费的情况下，为了弥补快速上涨的成本，而临时加收的一个附加费	
旺季附加费	PSS	在货运繁忙时期班轮公司加收的附近费用	
综合费率上涨附加费	GRI	因为港口、船舶、燃油、货物或者其他方面的种种原因，使得班轮公司的运输成本明显增加，班轮公司为补偿这些增加的开支，而加收的附加费用	不同班轮公司费用名称可能有所差别，但费用本质上相同，均由班轮公司基于相关理由自己制定
币值调整附加费	CAF、YAS 等	当运费计价货币贬值时，班轮公司为规避汇率风险，而加收的附加费用	费率采用美元以外的币种计价和/或收费，费用或其他金额采用收费币种以外的其他币种（即当地货币）计价，则托运人同意，账单金额可能会因货币波动而发生变化

续表

附加费类型	英文缩写	附加费含义	说明
运河附加费	苏伊士运河附加费SCS，巴拿马运河附加费PTF/PCS	航线途经苏伊士运河和巴拿马运河时，班轮公司向托运人（或货主）所加收的附加费用	中国至欧洲航线，至美东航线一般均通过两个运河
集装箱不平衡附加费	CIC	班轮公司将中国大量满载集装箱运出后，需从境外调运集装箱回中国，由于缺乏进口货物，班轮公司通常会将大量空箱运回中国，班轮公司为转嫁空箱运回中国的部分成本，而向中国托运人收取的附加费	比如中国港口至东南亚航线，班轮公司一般会收取CIC费用
港口拥挤附加费	PCS	由于港口到达船舶较多而拥挤，造成船舶长时间停泊，等待卸货时间延长，班轮公司为转嫁停泊等成本而向货主收取的附加费	
安保附加费	ISPS	船舶和码头符合《国际船舶和港口设施保安规则》（ISPS）的要求，而向托运人收取的附加费	

　　海运附加费具有一定的合理性，但是也存在着班轮公司利用其承运人的强势地位而收取高额附加费的情况，给贸易方造成较大的成本压力，尤其是在货运高峰时期或繁忙航线，托运人一般只能接受高额的附加费，但需提前纳入贸易成本核算。

　　2015年，中国交通运输部发布《关于开展清理和规范海运附加费收费专项督查的通知》（交水函〔2015〕685号），要求：班轮公司不得长期、固化、只升不降地收取临时性的海运附加费，如战争附加费、紧急燃油附加费等，应根据相关情况或条件的变化及时调整或取消相应附加费；班轮公司不得哄抬价格，在成本没有发生明显变化前提下，推动附加费价格过快、过高上涨，如铅封费等项目；鼓励班轮公司合理调整海运费价格结构，将有关海运附加费纳入海运运费，采用All-In方式收取。

　　中国交通运输部、商务部等七部门2020年联合发布《关于当前更好服务稳外贸工作的通知》（交水明电〔2020〕139号），要求"引导班轮公司合理调整海运收费价格结构，降低海运附加费占总运费比重""规范班轮公司海运附加费收费行为，依法加强对国际班轮公司运价备案检查""对于违反诚实信用原则巧设名目，就无实质服务内容的事项收取费用，以及在成本没有发生明显增长的情况下、推动附加费价格过快过高上涨的行为，会同市场监管部门依法实施查处"。

　　部分海运附加费代码及英文全称如表7-3所示（见二维码）。

5. 其他可能的费用

托运人在订舱后，由于各种原因会对已订舱信息进行取消或更改，因而会产生相关费用，如表7-4所示（见二维码）。

采用海运班轮方式涉及的各项港口费用，请参考知识库：天津港口岸进出口环节收费目录（2022版市场调节价项目）（见二维码）。

表7-3 部分海运附加费代码及英文全称

表7-4 订舱取消和更改费用

天津港口岸进出口环节收费目录（2022版市场调节价项目）

四、租船运输

《海商法》（1993年）对航次租船、定期租船和光船租船三种租船方式做了相关规定。

（一）租船方式

1. 航次租船（Voyage Charter）

航次租船又称为定程租船，简称程租，是以航程为基础的租船方式。在这种租船方式下，船东必须按租船合同规定的航程完成货物运输服务，并负责船舶的经营管理以及船舶在航行中的一切开支费用，租船人按约定支付运费。航次租船合同中规定装卸期限或装卸率，并计算滞期和速遣费。

航次租船又可以分为单程租船、往返租船、连续航次租船、航次期租船、包运合同租船几种。

（1）单程租船（Single Voyage Charter）也称为单航次租船，即所租船舶只装运一个航次，航程终了时租船合同即告终止。运费按租船市场行情由双方议定，其计算方法一般是按运费率乘以装货或卸货数量或按照整船包干运费计算。

（2）往返租船（Round Trip Charter）也称为来回航次租船，即租船合同规定在完成一个航次任务后接着再装运一个回程货载，有时按来回货物不同分别计算运费。

（3）连续航次租船（Consecutive Trip Charter）即在同样的航线上连续装运几个航次。往往货运量较大一个航次运不完的时候，可以采用这样的租船方式，这种情况下，平均航次船舶租金要比单航次租金低。

（4）航次期租船（Trip Charter on Time Basis）也称为期租航次租船，船舶的租赁采用航次租船方式，但租金以航次所需的时间（天）为计算标准。这种租船方式不计滞期、速遣费用，船东不负责货物运输的经营管理。

（5）包运合同租船（Contract of Affreightment）是指船东在约定的期限内，派若干条船，按照同样的租船条件将一大批货物由一个港口运到另一个港口，航程次数不做具体规定，合同针对待运的货物。这种租船方式可以减轻租船压力，对船东来说，营运上比较灵活，可以用自有船舶来承运，也可以再租用其他的船舶来完成规定的货运任务；可以用一条船多次往返运输，也可以用几条船同时运输。包运合同运输的货物通常是大宗低价值散货。

2. 定期租船（Time Charter）

定期租船简称期租，是指以租赁期限为基础的租船方式。在租期内租船人按约定支付租金以取得船舶的使用权，同时负责船舶的调度和经营管理。期租租金一般规定以船舶的每载重吨每月若干金额计算。租期可长可短，短时几个月，长则可以达到5年以上，甚至直到船舶报废为止。期租的对象是整船，不规定船舶的航线和挂靠港口，只规定航行区域范围，因此租船人可以根据货运需要选择航线、挂靠港口，便于船舶的使用和营运。

期租对船舶装运的货物也不做具体规定，可以选装任何适运的货物；租船人有船舶调度权并负责船舶的营运、支付船用燃料、各项港口费用、捐税、货物装卸等费用，不规定滞期、速遣条款。

3. 光船租船（Bare Boat Charter）

光船租船也是一种期租船，不同的是船东不提供船员，只把一条空船交给租方使用，由租方自行配备船员，负责船舶的经营管理和航行各项事宜。国际贸易中买卖双方通常不具备经营管理船舶的经验和能力，较少采用光船租船方式，而航运公司通常采用金融租赁的方式向船东进行光船租赁。

（二）租船运输合同内容

根据《海商法》的规定，航次租船、定期租船和光船租船三种租船方式的合同分别被称为航次租船合同、定期租船合同和光船租赁合同。

1. 航次租船合同

航次租船合同应当书面订立，电报、电传和传真具有书面效力。

航次租船合同，是指船东向租船人提供船舶或者船舶的部分舱位，装运约定的货物，从一港运至另一港，由租船人支付约定运费的合同。

航次租船合同的内容，主要包括船东和租船人的名称、船名、船籍、载货重量、容积、货名、装货港和目的港、受载期限、装卸期限、运费、滞期费、速遣费以及其他有关事项。

根据《海商法》的规定，船东和租船人之间主要的权利与义务如下：

（1）对按照航次租船合同运输的货物签发的提单，提单持有人不是租船人的，承运人与该提单持有人之间的权利、义务关系适用提单的约定。但是，提单中载明适用航次租船合同条款的，适用该航次租船合同的条款。

（2）船东应当提供约定的船舶；经租船人同意，可以更换船舶。但是，提供的船舶或者更换的船舶不符合合同约定的，租船人有权拒绝或者解除合同。因船东过失未提供约定的船舶致使租船人遭受损失的，船东应当负赔偿责任。

（3）船东在约定的受载期限内未能提供船舶的，租船人有权解除合同。但是，船东将船舶延误情况和船舶预期抵达装货港的日期通知租船人的，租船人应当自收到通知时起48小时内，将是否解除合同的决定通知船东。因船东过失延误提供船舶致使租船人遭受损失的，船东应当负赔偿责任。

（4）航次租船合同的装货、卸货期限及其计算办法，超过装货、卸货期限后的滞期费和提前完成装货、卸货的速遣费，由双方约定。

（5）租船人应当提供约定的货物；经船东同意，可以更换货物。但是，更换的货物对船东不利的，船东有权拒绝或者解除合同。因未提供约定的货物致使船东遭受损失的，租船人应当负赔偿责任。

（6）船东应当在合同约定的卸货港卸货。

金康合同（GENCON），即《统一杂货租船合同》（Uniform General Charter），由波罗的海国际航运公会（BIMCO）制定，是目前全球使用范围最广的适用航次租船方式的合同范本，全球大部分干散货和杂货的国际海上运输合同均基于金康合同签订。金康合同中的众多定义和规定，被包括《海商法》在内的各国法律采用，成为事实上的国际规则和行业惯例。

2022年5月18日，BIMCO法律文件委员会会议审议通过了《统一杂货租船合同2022版》（GENCON 2022，金康2022），完成了该合同自1922年首次发布后100年来的第3次修订，前两个修订版本分别为金康1976和金康1994。

2. 定期租船合同

定期租船合同，是指船舶船东向租船人提供约定的由船东配备船员的船舶，由租船人在约定的期间内按照约定的用途使用，并支付租金的合同。

定期租船合同的内容，主要包括船东和租船人的名称，船名，船籍，船级，吨位，容积，船速，燃料消耗，航区，用途，租船期间，交船和还船的时间、地点以及条件，租金及其支付，其他有关事项。

根据《海商法》的规定，船东和租船人之间主要的权利与义务如下。

（1）船东应当按照合同约定的时间交付船舶，且交付的船舶应当适于约定的用途。因船东过失延误提供船舶致使租船人遭受损失的，船东应当负赔偿责任。

（2）船舶在租期内不符合约定的适航状态或者其他状态，船东应当采取可能采取的合理措施，使之尽快恢复。

（3）租船人应当保证船舶在约定航区内的安全港口或者地点之间从事约定的海上运输。否则，船东有权解除合同，并有权要求赔偿因此遭受的损失。

（4）租船人应当保证船舶用于运输约定的合法的货物。租船人将船舶用于运输活动物或者危险货物的，应当事先征得船东的同意。

（5）租船人应当按照合同约定支付租金。租船人未按照合同约定支付租金的，船东有权解除合同，并有权要求赔偿因此遭受的损失。

（6）租船人向船东交还船舶时，该船舶应当具有与船东交船时相同的良好状态，但是船舶本身的自然磨损除外。船舶未能保持与交船时相同的良好状态的，租船人应当负责修复或者给予赔偿。

（7）经合理计算，完成最后航次的日期约为合同约定的还船日期，但可能超过合同约定的还船日期的，租船人有权超期用船以完成该航次。超期期间，租船人应当按照合同约定的租金率支付租金；市场的租金率高于合同约定的租金率的，租船人应当按照市场租金率支付租金。

3. 光船租赁合同

光船租赁合同，是指船舶船东向租船人提供不配备船员的船舶，在约定的期间内由租船人占有、使用和营运，并向船东支付租金的合同。

光船租赁合同的内容，主要包括船东和租船人的名称，船名，船籍，船级，吨位，容积，航区，用途，租船期间，交船和还船的时间、地点以及条件，船舶检验，船舶的保养维修，租金及其支付，船舶保险，合同解除的时间和条件，其他有关事项。

根据《海商法》的规定，船东和租船人之间主要的权利与义务如下。

（1）船东应当在合同约定的港口或者地点，按照合同约定的时间，向租船人交付船舶以及船舶证书。交船时，船东应当做到谨慎处理，使船舶适航。交付的船舶应当适于合同约定的用途。否则，租船人有权解除合同，并有权要求赔偿因此遭受的损失。

（2）在光船租赁期间，租船人负责船舶的保养与维修，并应当按照合同约定的船舶价值，以船东同意的保险方式为船舶进行保险，并负担保险费用。

（3）在光船租赁期间，未经船东书面同意，租船人不得转让合同的权利和义务或者以光船租赁的方式将船舶进行转租。

（4）租船人应当按照合同约定支付租金。船舶发生灭失或者失踪的，租金应当自船舶灭失或者得知其最后消息之日起停止支付，预付租金应当按照比例退还。

（5）租船人应当保证船舶在约定航区内的安全港口或者地点之间从事约定的海上运输。否则，船东有权解除合同，并有权要求赔偿因此遭受的损失。

（6）租船人应当保证船舶用于运输约定的合法的货物。租船人将船舶用于运输活动物或者危险货物的，应当事先征得船东的同意。

（7）订有租购条款的光船租赁合同，租船人按照合同约定向船东付清租购费时，船舶所有权即归于租船人。

三种租船合同内容对比如表 7-5 所示。

表 7-5 三种租船合同内容对比

租船合同	相同内容		不同内容
航次租船合同	船东和租船人的名称、船名、船籍、容积		载货重量、货名、装货港和目的港、受载期限、装卸期限、运费、滞期费、速遣费以及其他有关事项
定期租船合同		船级、吨位、航区、用途、租船期间、交船和还船的时间、地点以及条件、租金及其支付	船速、燃料消耗、其他有关事项
光船租赁合同			船舶检验、船舶的保养维修、船舶保险、合同解除的时间和条件、其他有关事项

（三）航次租船装卸费用规定

航次租船运费一般采用规定运费率（Rate）或包干运费（Lumpsum）的方式。由于航次租船所运输货物数量巨大，对装卸设备及技术要求较高，会产生较高的装船费用和卸船费用，因此租船人和船东之间会就运费是否包含装船和卸船费用进行协商。

航次租船合同对运费和装卸费的不同组合有以下几种情形。

（1）船东管装管卸（FLT, Full Liner Terms；Liner Terms, Gross Terms, Berth Terms）。

（2）船东只管装船，不管卸船（FO, Free out）。

（3）船东只管卸船，不管装船（FI, Free in）。

（4）船东不管装卸（FIOST, Free in and out, Stowed and Trimmed）：船东不负责装卸费、货港费、堆舱理货费、绑扎垫舱物料、平舱费及船舶和货物速遣代理费。

上述四种情形中，船东负责装或卸时将收取费用并纳入运费核算；船东不负责时，将由租船人自己负责或委托港口方进行装或卸，并向相关方支付相关费用。租船人应根据租船合同对装卸费的约定情况来确定国际贸易合同中贸易术语的选用，具体可参考 FOB、CFR 和 CIF 三个术语变形的内容。

金康合同 2022（GENCON 2022）第四条规定了货物装卸作业（Loading and Discharging）的责任分配。第四条第 a 款坚持了 FIOST 原则，规定租船人对货物作业的费用和风险负责，确保货物积载在装载航程中或货物转运中不损害船舶的适航性。考虑到实务中租船人无法控制实际货物作业，船长能够在作业安全中发挥更重要的作用，因此，第四条第 a 款增加了货物装卸作业应"在船长监督下"（Under the Supervision of the Master）这一表述，但该表述并未增加船长的义务，而是给予了船长进行干预的权利。GENCON 2022 下货物装卸作业的全部风险应由租船人承担，从而保证了租约双方权利义务的清晰界定。第四条第 b 款规定了租船人应承担装货、卸货、停靠地的安全风险。

第二节　其他运输方式

一、集装箱运输方式（Container Transport）

集装箱既是一种运输容器，也是一种运输设备，一般由耐蚀钢（低合金高强度钢）、不锈钢或铝制成，普遍应用于海运、陆运、空运以及多式联运中。受不同运输方式的影响，集装箱有不同规格，承载货物数量亦有不同。目前，不同规格的集装箱一般可以在海运、铁路和公路等运输方式下通用，尤其是 20 英尺和 40 英尺的标准集装箱，这极大地促进了多式联运的发展。

由于集装箱的标准化，提高了货物和集装箱的装卸效率，降低了货损和货差，方便转船操作，极大地便利了货物运输，降低了货物运输成本。集装箱运输目前是各种工业制成品的重要运输方式，因此普遍被各类企业尤其是中小贸易企业所采纳。

2021 年全球海运集装箱运输货物价值占海运总货值的 27.7%，而集装箱货运周转量（吨英里，Ton-Miles）占海运总值 16% 左右，很显然海运集装箱运载的货物单位价值要高于其他海运方式。

（一）集装箱类型

根据国家标准《集装箱术语》（GB/T 1992—2006），集装箱共分为 3 大类，15 种细分型号，如表7-6所示。

表7-6 集装箱类型

普通货物集装箱	（1）通用集装箱		
	（2）专用集装箱	封闭式透气/通风集装箱	
		敞顶式集装箱	
		平台式集装箱	
		台架式集装箱	上部结构不完整的固端结构
			上部结构不完整的折端结构
特种货物集装箱	（1）保温集装箱		
	（2）罐式集装箱		
	（3）干散货集装箱		
	（4）按货种命名的集装箱		
航空集装箱	（1）空运集装箱		
	（2）空陆水联运集装箱		

通用集装箱（General Purpose Container，GP）通常被称为标准箱、普柜、普通箱或干货箱（Dry Cargo Container，DC），是最常用的集装箱，其结构也最简单，在箱体内部没有任何特殊功能或装置。标箱运费是班轮公司的基础费率，其他型号集装箱运费在标箱运费基础上进行调整。通用集装箱适于运送常见的大部分贸易商品，比如工业制成品、纺织服装、包装农产品、零售业产品、高科技产品、包装矿业产品、食品饮料、小规模木材及制品、家电、塑料橡胶、包装类化工品、小型装备制造产品等。

国际运输中常用的集装箱除标准箱外，还有高箱（High Cube，HQ）、开顶箱（Open Top）、冷藏箱（Reefer Container）、框架箱（Flatracks）、挂衣箱（Garmentainers）等多种类型，长度一般分为20英尺、40英尺、45英尺三种，普箱高度为8英尺6英寸（8′6″），高箱的高度为9英尺6英寸（9′6″）。无论是普箱还是高箱，宽度都是8英尺。

20英尺和40英尺的标准箱是最常用的集装箱。

20英尺标准箱是指外部长度为20英尺，宽度为8英尺，高度为8英尺6英寸的通用集装箱。40英尺标准箱是指外部长度为40英尺，宽度为8英尺，高度为8英尺6英寸的通用集装箱。集装箱码头的规模一般用年度集装箱吞吐数量来衡量，集装箱船舶的装载能力用最大装载集装箱的数量来衡量，由于集装箱型号各不相同，国际上普遍采用换算成20英尺标准箱的方法进行核算，以TEU（Twenty-foot Equivalent Unit）为国际标准箱单位，可称为"20英尺标准箱"，表示处理的或承载的"换算为20英尺标准箱"的数量。比如：上海港2022年集装箱吞吐量突破4 730万TEU（标准箱）大关，连续第十三年蝉联全球第一；中远海运集团投资建造2艘700TEU级长江干线电动集装箱船；江南造船交付法国航运巨头首艘双燃料15 000TEU集装箱船。有的情况下，也使用FEU（Forty-foot Equivalent Unit，40英尺标准箱）作为相关衡量单位，1个FEU等于2个TEU。

20英尺的长度折算为6.096米，但是20英尺标准箱实际外部长度为6.058米，这主要是为了在装载时，两个20英尺标准箱头尾相连放置时，中间加上固定装置，可以使得两个 20 英尺标准箱的总长度为 40 英尺，正好与 40 英尺标准箱一致，以提高装载率。

铁路集装箱相关类型以及尺寸数据如表 7-7 所示（见二维码）。

（二）集装箱整箱和拼箱

整箱（Full Container Load，FCL），又称整箱货，指只装载一个托运人货物的集装箱。拼箱（Less than Container Load，LCL），又称拼箱货，指装载有多个托运人货物的集装箱。

表 7-7 铁路集装箱相关类型以及尺寸数据

装有货物的集装箱一般称为重箱，没有装货的集装箱叫空箱。二者相对：非重即空，非空即重。整箱货和拼箱货均为重箱。

当托运人出运货物数量较大时，可以选择调箱到工厂装箱后再运至集装箱堆场（Container Yard，CY）准备装运，也可以送货至集装箱堆场装箱后准备装运。集装箱堆场是装卸、交接、堆存、保管集装箱的场地，是集装箱通关前的统一集合地，承运人从堆场接收整箱货，在目的地堆场交付整箱货。

当托运人出运货物数量不足以装满一个集装箱，可以选择拼箱，即与其他托运人共用一个集装箱装载货物。拼箱时，托运人需将货物运至集装箱货运站（Container Freight Station，CFS），由货代负责对货物进行装箱，集装箱满载后再由货代负责安排装运。集装箱货运站是在集装箱运输中，办理不足整箱的拼箱货的交接、装箱和拆箱等业务工作的业务场所。

1. 货运单据上对整箱货的注释

（1）多个集装箱整箱。6×20′FCL，表示 6 个 20 英尺集装箱整箱货，为同一个托运人；13×40′FCL，表示 13 个 40 英尺集装箱整箱货，为同一个托运人。乘号前的数字表示集装箱的数量。

（2）FCL-FCL，表示整箱发货，整箱收货，即一个托运人以整箱的方式托运货物，由一个收货人以整箱的方式收货，较为常见。

（3）FCL-LCL，表示整箱发货，拼箱收货，即一个托运人以整箱的方式托运货物，由多个收货人以拼箱方式收货。

（4）CY-CY，即场到场运输，表示货物从集装箱堆场接货，到目的地的集装箱堆场收货，表示整箱发货，整箱收货，与 FCL-FLC 含义相同，较为常见。

（5）CY-CFS，表示货物从集装箱堆场发货，到目的地的集装箱货运站拆箱后，由多个收货人收货，与 FCL-LCL 含义相同。

（6）CY-DOOR，表示货物从集装箱堆场发货，运到收货人指定仓库或工厂，即整箱发货，送货上门，一般为多式联运方式。

2. 货运单据上对拼箱货的注释

（1）LCL-LCL，表示拼箱发货，拼箱收货，即托运人以拼箱的方式托运货物，由收货人以拼箱的方式收货。

（2）CFS-CFS，表示货物从集装箱货运站发货，到目的地的集装箱货运站拆箱后，由收货人收货，与 LCL-LCL 含义相同。

（3）CFS-DOOR，表示货物从集装箱货运站发货，运到收货人指定仓库或工厂，即拼箱发货，送货上门，一般为多式联运方式。

(三) 集装箱装载注意事项

（1）装载时要使箱底的负荷均衡。

不要使负荷偏在一端或一侧，特别是要严格禁止货物重心偏在一端的情况。要避免造成集中负荷，如装载机械设备、石材、卷钢等重货时，货物底部应加木头或底座、卷钢衬垫专用草垫或其他类似的废轮胎、橡胶垫等符合收、发货地法规要求的衬垫材料，尽量使负荷分散。

（2）不同种类货物在混装时要注意以下事项：

①应做到重货装于轻货下面，固体货物不应装于液体货物下面。

②包装强度较弱的货物要置于较强的货物之上。

③不同形状、不同包装的货物尽可能不放在一起。

④会从包装中渗漏出灰尘、液体、潮气、异味等的货物尽量不要与其他货物装在一起，如不得不混装时，就要用帆布、塑料薄膜或其他衬垫材料完全隔开，地板也要用衬垫材料铺好，避免对地板造成无法清洗的损坏。

⑤带有尖角或其他突出物的货物，要把尖角或突出物保护起来，防止其损坏其他货物和箱体。

（3）冷藏货比普通杂货更容易滑动，也容易损坏。要对货物进行固定，固定货物时最好使用网具等衬垫材料，这样不会影响冷气的循环和流通。

（4）海运危险货物的装箱操作和运输应符合《国际海运危险货物规则》和《海运危险货物集装箱装箱安全技术要求》等相关规定。

（5）海运危险货物包装注意事项如下：

①海运危险货物的包装应经国家认可的专业检测检验机构检验合格，持有相应的合格证明，并按规定显示检验合格的包装标记代号。

②国内海运危险货物包装标志应符合《危险货物包装标志》（GB 190—2009）的有关规定。

③国际海运危险货物包装标志应符合《国际海运危险货物运输规则》的有关规定。

二、航空运输方式（Air Transport）

2021年全球采用海运方式的贸易规模达到110亿吨，而全球航空货运总量约6 310万吨，二者运输规模相差巨大。航空运输虽然在运输规模方面具有劣势，但在其他方面仍具有很强的竞争优势，尤其是在时效方面，全球航空货运最长交付时间一般为7天（机场到机场），最短可以在2天左右实现货物交付。

(一) 航空运输概述

航空货物运输方式，即空运，是通过客运飞机腹舱和全货运飞机进行货物运输的方式，其具有快捷高效、服务质量高、货损率低等优势，其劣势主要体现在运费较高、运载量受限、易受天气影响等方面。

采用航空运输的主要是高价值、高时效性或小批量的货物以及快递物品，一般采用航空货运方式的货物在商业上都具有较高的附加值，比如手机、电脑、高档新鲜水果、高档服装、肉类、海鲜、鲜花、包装奶粉、面

中国再次连任国际民用航空组织一类理事国

膜、酸奶等消费品，电子产品、精密仪器、设备的核心部件、售后用零件等工业品，以及活动物等。比如某年，拉美 A 公司向中国某化工公司购买 6 公吨含量为 25% 的甲氨基阿维菌素水分散粒剂和 3 公吨含量 10% 甲氨基阿维菌素以及 40% 氯芬奴隆水分散粒剂，两批货物总价款 33 万美元，该批货物共计 9 公吨，可以通过海运拼箱货方式运输，但由于该批货物单位价值较高，所以双方约定采用空运方式。

空运除运输传统贸易货物外，还是跨境电商和国际快递等货物的最主要运输方式。跨境电商货物量小且追求时效性，除利用海外保税仓情形外，其他情形下中国跨境电商企业一般都采用航空运输方式。国际快递业主要依靠航空运输，占比超过 90%，国际快递运输一般根据目的国（地区）的规定，限制快递物品的单件重量和尺寸，以及单笔快递的总价值，比如单件快递物品有不超过 20 千克、30 千克、50 千克、70 千克等多种规定，单笔快递物品总价值不超过 50 000 美元。

2019 年，中国民航业完成货邮运输量 753.2 万吨，同比增长 2.0%，约占全球航空货运量的 12.30%（2019 年全球航空货运量为 6 120 万吨），按吨公里计算的航空货邮周转量占全球比重超过 30%。目前我国航空货运规模位居全球第二，仅次于美国，且货邮运输量增速高于美国。

我国国际航线高度依赖外方航空公司。整体来看，目前国外航司在我国空运市场国际航线中有非常高的占有率。从国内机场货运结构来看，我国大部分机场的国际货邮运输来自外方航空公司，如浦东机场作为我国内地最大的国际航空货运枢纽，七成以上国际货邮吞吐量由外航贡献，卢森堡货运航空一家公司占据着郑州机场 40% 的国际货邮吞吐量；而反观韩国仁川机场、美国孟菲斯机场等国际知名航空货运枢纽，主要由本国基地航司控制，2019 年韩国本土企业大韩航空和韩亚航空占仁川机场 67% 的货运份额。

美国、韩国、德国、俄罗斯等我国主要贸易对象以外航运力占优，外航占有率普遍超过 70%。在外国货运航司中，则主要以联邦快递、UPS、大韩航空、韩亚航空、卢森堡航空等国际外航为主，大部分国际市场份额被这些境外航空公司占据。国货航、南航和中货航与境外航空公司在航线网络、服务配套方面与外航仍存在很大差距，市场占有率不高。

（二）航空运输对货物价值和重量、尺寸的要求

1. 对货物价值的要求

航空公司一般均有相关货物价值规定，互有差异，此处仅以顺丰航空和天津航空相关规定为例。

（1）每批货物的价值限制金额。

顺丰航空要求每批货物的声明价值一般不得超过人民币 200 万元（或其等值货币）；天津航空每批货物的价值限制金额是 10 万美元（或其等值货币）。

（2）每航班承运货物价值总额。

顺丰航空规定每一航班所承运的货物价值总额，不得超过人民币 2 000 万元（或其等值货币）；天津航空规定每一航班所承运的货物价值总额，不得超过 200 万美元（或其等值货币）。

两公司均规定，如一批货物的价值超过此限额，就不得在同一航班上运输，但可由航空公司决定分批由两个或两个以上航班运输。

2. 对货物重量和尺寸的要求

（1）货物重量以毛重计算，单位是千克。

（2）非宽体飞机载运的货物，每件货物重量一般不超过80千克，包装尺寸一般不超过40厘米×60厘米×100厘米。宽体飞机载运的货物，每件货物重量一般不超过250千克，包装尺寸一般不超过100厘米×100厘米×140厘米。超过以上重量和尺寸的货物，承运人可依据航线机型及始发站、中转站和目的站机场的装卸设备条件，确定可收运货物的最大重量和尺寸。

（3）每件货物包装的长、宽、高之和不得小于40厘米，宽体飞机为不小于60厘米，小于规定尺寸的货物，托运人应加大包装。

（4）如果每千克货物的体积超过6 000立方厘米，为轻泡货，其重量以每6 000立方厘米折合1千克计算，即以按该货物的最长、最宽、最高部分测量后计算的体积（立方厘米）值除以6 000所得值为货物的体积计费重量，即：

$$体积计费重量 = 长（厘米）\times 宽（厘米）\times 高（厘米）/ 6\,000\,厘米$$

体积计费重量的另一换算公式：

$$体积计费重量 = 长（米）\times 宽（米）\times 高（米）\times 167\,千克/米$$

概况而言，空运货物的计费重量是根据货物毛重（千克）与货物体积计费重量的对比，取二者中重者为实际计费重量。

（5）实际执行承运货物尺寸的最大最小限制，需要根据航空公司和飞机机型单独确认。

（三）航空运输的办理方式

1. 包机方式

包机方式是指由包机单位提出申请，经承运人同意并签订包机合同，包用航空公司的飞机，在固定或非固定的航线上，按约定的起飞时间、航程进行载运货物的航空货运运营方式。

包机方式类似于租船方式，当贸易货物为不规则尺寸货物、高时效性货物以及危险货物，且数量较大时，可以采用包机方式。通常情况下，绝大部分贸易企业没有能力，或没有必要包机运输货物。

2. 定期航班方式

定期航班方式类似于班轮方式，在法规上通常称作班期飞行。班期飞行是指按照规定的航路、航线、班期时刻表和指定机型的航空运输运营方式，是各航空公司经营的主要形式。

航班方式承运货物可以分为直接运输和集中托运两种模式。

直接运输模式是托运人直接向航班承运人办理货物运输事宜的模式，由承运人收取运费，直接向托运人签发运输单据。货运量较小的托运人一般难以获得承运人优惠运价。

集中托运模式是托运人向航班的货运代理企业办理货物运输事宜的模式。货运代理将代理的同一航班的所有货物向航班承运人办理托运，承运人向货代签发托运人为货代企业的运输单据，货代再以自己名义向实际托运人签发运输单据。

货代作为承运人的大客户一般可以获得较大的运费优惠，从中能够赚取运费差价，而且货运量较小的托运人也能够从货代处获得一定运费优惠，因此集中托运模式是国际贸易中托运人最常采用的航空运输模式。

（四）航空运输的运价

航空货物运价包括普通货物运价、等级货物运价、指定商品运价和集装货物运价四种。

1. 普通货物运价（General Cargo Rate，GCR）

普通货物运价是航空运输运价的基础，是指在始发地与目的地之间运输货物时，根据货物的重量或者体积计收的基准运价。航空运输中虽然有航空专用集装箱，但是大部分货物为托盘或独立包装装运，因此航空普通货物运价以货物的重量或者体积进行计收。

普通货物运价一般以下列方式列出，空运费一般为人民币报价，具体如表 7-8 所示。

表 7-8　航空运输普通货物运价表（单位：人民币）

航线	起运地	目的地	M	N	Q（单位：千克）				
					45	100	300	500	1 000
欧洲线	CKG	FCO	1 200	212	41	36	35	32	31

上表所列运价为 2023 年某航空公司从中国重庆机场至意大利罗马机场的基本运价，相关代码含义如下。

（1）M 为 Minimum Charge，最低运费，也叫起码运费，是航空公司对该航线收取的最低运费，本例中最低运费为 1 200 元人民币。

（2）N 为 Normal Rate，代表 45 千克以下普通货物运价。本例中，如果货物重量为 5 千克，低于 45 千克，计算运价为 212×5 等于 1 060 元人民币，但是低于最低运价 1 200 元，因此 5 千克的普通货物基本运价为 1 200 元人民币。如果货物重量为 10 千克，其运价为 2 120 元人民币。

（3）Q 为 Quantity Rate，代表 45 千克及以上普通货物运价，并且分为 45、100、300、500 和 1 000 千克共计 5 个档次，其中 100 表示 100 千克及以上的运价，本例中为 36 元/千克，300 表示 300 千克及以上的运价，本例中为 35 元/千克，500 和 1 000 的含义类似。

上述运价计算中货物的重量值不是货物的实际毛重，而是货物实际毛重与按体积折算的重量二者相比较后的较大值。

特殊货物运价比普通货物运价高。

2. 等级货物运价

等级货物运价（Commodity Classification，Class Rate，CCR），是指适用于某一区域内或者两个区域之间运输某些特定货物时，在普通货物运价基础上附加或者附减一定百分比的运价。

等级货物主要包括：

（1）报纸、期刊、书籍、盲人读物、盲人有声书（Newspapers, Magazines, Books, Catalogues, Braille-Type Equipment and Talking Books for the Blind），适用 R 运价（Reduction），即附减运费：一般按普通货物运价的 50% 计收。

（2）作为货物交运的个人行李（Baggage Shipped as Cargo），适用 R 运价（Reduction），即附减运费：除机械、珠宝、相机及销售样品等规定行李之外，一般按普通货物运价50%计收。

（3）活动物（Live Animals），适用S运价（Surcharge），即附加运费：一般在普通货物运价基础上加收50%运费，但不同种类货物差别较大。

（4）其他一些规定商品，比如贵重货物、珍贵植物和植物制品、骨灰、灵柩等，适用S运价（Surcharge），即附加运费：一般在普通货物运价基础上加收50%运费。

3. 指定商品运价和集装货物运价

指定商品运价（Specific Commodity Rate，SCR），又称特种货物运价，是指适用于自指定始发地至指定目的地之间运输某些具有特定品名编号货物的运价。国际航空运输协会（IATA）对指定商品进行了规定并做了分类，指定商品适用C运价，一般在普通货物运价基础上附减。

集装货物运价（Unit Load Device Rate，ULD），是指适用于自始发地至目的地使用集装设备运输货物的运价，一般低于普通货物运价。

集装设备是包括空运托盘（Pallet）和托盘网的组合，或者空运集装箱。从集装设备的设计、测试、生产、操作到维修和维护，都要严格遵守民航局的要求。

三、铁路运输方式（Rail Transport）

中国铁路运输由中国国家铁路集团有限公司负责运营，铁路具有运量大、运价低、全天候、安全、环保、路网站点分布广等特点。

（一）国铁集团铁路运输服务

目前国铁集团提供整车、集装箱、国际联运、零散快运、危险货物运输、铁路冷链物流、商品汽车等业务服务。

1. 整车运输

整车运输是铁路的主要运输方式。

单批货物的重量、体积或形状需要以一列以上货车运输的按照整车托运。主要用于煤炭、石油、矿石、钢铁、焦炭、粮食、化肥、化工、水泥等大宗品类物资运输。单批重量在40吨以上或体积在80立方米以上的部分塑料制品、金属制品、工业机械、日用电器、果蔬、饮食品、纺织品、纸制品、文教用品、医药品、瓷砖、板材等批量货物，也按整车组织运输。

2. 集装箱运输

集装箱运输具有标准化程度高、装卸作业快、货物安全性好、交接方便等技术优势，是铁水联运、国际联运、内陆铁公联运等多式联运的主要方式，也是中国铁路的重点业务发展方向。

3. 国际铁路货物联运

国际铁路货物联运（以下简称"国际联运"）是指在跨国及两个以上国家铁路的货物运送中，由参加国家铁路共同使用一份运输票据，并以连带责任办理的全程铁路运送方式。办理国际联运的相关规定详见《国际铁路货物联运协定》及其办事细则。与我国铁路办理国际联运较多的国家包括：蒙古、越南、朝鲜、俄罗斯、哈萨克斯坦、乌兹别克斯坦、吉尔吉斯斯坦、塔吉克斯坦、土库曼斯坦、白俄罗斯、乌克兰、立陶宛、波兰、德国、法国、比利时、西班牙、意大利、捷克、斯洛伐克、拉脱维亚、爱沙尼亚、摩尔多瓦、罗马尼亚、保加利亚、格鲁吉亚、亚美尼亚、匈牙利、塞尔维亚、阿塞拜疆、阿尔巴尼亚、阿富汗、伊朗、土耳其等。

4. 零散快运

对于一批重量不足40吨且体积不足80立方米的货物，可按零散货物快运办理，但以下情况除外。

（1）散堆装货物。
（2）危险货物、超限超重和超长货物。
（3）活动物及需冷藏、保温运输的易腐货物。
（4）易于污染其他货物的污秽货物。
（5）军运、国际联运、需在米轨与准轨换装运输的货物。
（6）在专用线（专用铁路）装卸车的货物。
（7）国家法律法规明令禁止运输的货物。
（8）其他不宜作为零散货物运输的货物。
（9）零散货物按货物实际重量（体积）进行受理和承运。

5. 危险货物运输

在铁路运输中，凡具有爆炸、易燃、毒害、感染、腐蚀、放射性等危险特性，在铁路运输过程中，容易造成人身伤亡、财产损毁或者环境污染而需要特别防护的物质和物品，均属危险货物。

6. 铁路冷链物流

铁路冷链物流主要运输肉、蛋、乳制品、速冻食品、冻水产品、鲜蔬菜、鲜水果、花卉植物等货物，按其热状态分为冻结货物、冷却货物和未冷却货物。铁路冷链物流装备主要包括机械冷藏车、隔热车、冷藏箱运输专用车、冷藏集装箱、隔热箱等，可为客户提供多样化的冷链物流服务。

7. 铁路商品汽车物流

铁路商品汽车物流主要运输轿车、SUV、商务车、轻卡等不同类型乘用车和商用车。铁路商品汽车物流装备主要为JSQ5、JSQ6型商品汽车运输专用车和通用集装箱，为客户提供商品汽车国内运输、国际联运、过境运输和多式联运等多样化的商品汽车物流服务。

（二）中欧班列

1. 简介

中欧班列（CHINA RAILWAY Express，CR Express）是由国铁集团组织，按照固定车次、线路、班期和全程运行时刻开行，运行于中国与欧洲以及"一带一路"沿线国家间的集装箱等铁路国际联运列车，是深化我国与沿线国家经贸合作的重要载体和推进"一带一路"建设的重要抓手。

简单而言，"中欧班列"指符合"五定"标准（定点、定线、定车次、定时、定价）的中欧间集装箱货运直达班列。

中欧班列自2011年3月19日开始运行，首列中欧班列由重庆开往德国杜伊斯堡，当时称作"渝新欧"国际铁路。2016年6月8日，中国铁路正式启用"中欧班列"品牌，按照"六统一"（统一品牌标志、统一运输组织、统一全程价格、统一服务标准、统一经营团队、统一协调平台）的机制运行，集合各地力量，增强市场竞争力。

2. 中欧班列西中东三条通道

（1）西通道。

一是由新疆阿拉山口（霍尔果斯）口岸出境，经哈萨克斯坦与俄罗斯西伯利亚铁路相连，途经白俄罗斯、波兰、德国等，通达欧洲其他各国；二是由霍尔果斯、阿拉山口口岸出境，经哈萨克斯坦、土库曼斯坦、伊朗、土耳其等国，通达欧洲各国；或经哈萨克斯坦跨里海，进入阿塞拜疆、格鲁吉亚、保加利亚等国，通达欧洲各国；三是由吐尔尕特（伊尔克什坦），与规划中的中吉乌铁路等连接，通向吉尔吉斯斯坦、乌兹别克斯坦、土库曼斯坦、伊朗、土耳其等国，通达欧洲各国。

（2）中通道。

由内蒙古二连浩特口岸出境，途经蒙古国与俄罗斯西伯利亚铁路相连，通达欧洲各国。

（3）东通道。

由内蒙古满洲里、黑龙江绥芬河口岸出境，接入俄罗斯西伯利亚铁路，通达欧洲各国。

3. 运行情况

中欧班列运行线分为中欧班列直达线和中欧班列中转线。中欧班列直达线是指内陆主要货源地节点、沿海重要港口节点与国外城市之间开行的点对点班列线；中欧班列中转线是指经主要铁路枢纽节点集结本地区及其他城市零散货源开行的班列线。

在目前运营的所有中欧班列线路中，西安、成都、重庆、郑州、武汉、苏州、义乌等地开行的线路在规模、货源组织以及运营稳定性等方面的表现较为突出。

2022年全国共开行了1.6万列中欧班列，发送了160万标准箱，同比增长分别为9%与10%。在口岸方面，霍尔果斯口岸累计通行中欧班列7 000余列，日均通行19列。阿拉山口港是中哈铁路在新疆的另一个港口，目前已通过6 000多列列车，平均每天超过17列。

截至2023年6月底，中欧班列历年累计开行超过7.3万列，运送货物690万标准箱，重箱率达99%，货值超4 000亿美元，通达欧洲25个国家216个城市，逐步"连点成线""织线成网"，运输服务网络覆盖了欧洲全境。中国运往欧洲的货物品类从最初的手机、电脑等IT产品，迄今已经拓展到包括汽车整车、机械设备、家具建材、服装鞋帽、电子产品等53大门类、5万多种商品，涵盖了沿线国家和地区人民生产生活所需的方方面面。欧洲运往中国的货物品类从早期的木材、汽车及零配件等逐步拓展到机电产品、食品、医疗器械、机械设备、酒类等，实现了多样化发展。

国铁集团与沿线国家铁路、海关货代企业协同运作，推动中欧班列产品服务多元化，打造了定制化国际精品班列，开行国际运邮（跨境电商商品）班列，创新多式联运班列，探索开行药品、肉类等冷链班列、商品汽车班列等，满足了沿线国家多元化、个性化、精细化的市场需求。

（三）西部陆海新通道班列

2022年西部陆海新通道发送货物75.6万标准箱，同比增长18.5%。

中老铁路开通一周年，累计运送旅客850万人次，累计运送货物1 120万吨，累计运营跨境货运班列3 000列，累计运送货物价值130多亿元人民币。

西部陆海新通道位于我国西部地区腹地，北接"丝绸之路"经济带，南连"21世纪海上丝绸之路"，协同衔接长江经济带。该通道利用铁路、公路、水运、航空等多种运输方式，助力中国西部枢纽城市（重庆、贵阳和南宁等）实现与新加坡和东盟国家的互联互通。2019年，国家发改委发布《西部陆海新通道总体规划》，明确了该通道的建设目标和发展路径，规划期为2019—2025年，展望到2035年。

四、国际多式联运方式（International Multimodal Transport）

20世纪60年代，海洋运输的集装箱化和其他货物成组运输方法等新型运输技术的发明与应用，为国际货物多式联运的诞生与发展提供了坚实的技术支持，传统的"港到港"运输方式很快延伸为"门到门"的国际货物多式联运，因此国际集装箱多式联运是国际多式联运的最主要形式。

（一）国际多式联运定义

根据《联合国国际货物多式联运公约》的定义，国际多式联运是指按照多式联运合同，以至少两种不同的运输方式，由多式联运经营人将货物从一国境内接管货物的地点运到另一国境内指定交付货物的地点。虽然该公约至今仍未生效，但是其定义有助于帮助理解国际多式联运的基本含义。

中国国家标准《物流术语》（GB/T 18354—2021）以《联合国国际货物多式联运公约》的定义为基础，做了简单调整：国际多式联运是指按照多式联运合同，以至少两种不同的运输方式，由多式联运经营人将货物从一国境内的接管地点运至另一国境内指定交付地点的货物运输方式。

在国际贸易中，包括海运方式的国际多式联运情形最多，但目前公铁联运、空陆联运等方式也不断发展，满足了国际货物贸易发展的需要，尤其是各种运输方式与公路货运的联系，推动了各种送货上门的运输业务，为进口方提供了较大的便利。

（二）国际多式联运的特征

国际多式联运方式的特征表现为"一份合同、一份单证、一个负责人、一次性收费"。

一份合同：托运人只需与多式联运经营人签署一份涵盖全程运输的多式联运合同，无须就各分段运输签署多个运输合同。

一份单证：多式联运经营人收到托运人交付的货物时，应当签发涵盖全程运输的多式联运单据。涉及海运方式时，按照托运人的要求，多式联运单据可以是可转让单据，也可以是不可转让单据。

一个负责人：根据《民法典》，在国际多式联运合同下，多式联运经营人负责履行或者组织履行多式联运合同，对全程运输享有承运人的权利，承担承运人的义务，对全程运输负责。因此，多式联运经营人对多式联运货物的责任期间，自接收货物时起至交付货物时止。货物的毁损、灭失发生于多式联运的某一运输区段的，多式联运经营人的赔偿责任和责任限额，适用调整该区段运输方式的有关法律规定。托运人可以向毁损、灭失发生区段的实际承运人索赔，但直接向多式联运经营人索赔在程序上更方便，成本上更便宜，所以多式联运经营人的责任重大，容易成为索赔对象。

一次性收费：多式联运经营人制定全程单一运费率，并向托运人一次性收取运费。

应用案例

2015年3月，马来西亚某出口公司委托中远海运运输一批液晶显示面板。中远海运于2015年3月9日签发了4套不可转让已装船清洁联运海运单。海运单记载托运人为马来西亚某出口公司，收货人和通知人为RSH公司，起运港马来西亚巴生港，卸货港希腊比雷埃夫斯，交货地斯洛伐克尼特拉，港到门整箱交接，运费预付。4套海运单下货物共计34个40英尺集装箱。

货物运抵希腊卸船后，经由铁路运往最终交货地。34个集装箱装载于34节火车车厢，希腊列车承运人签发了34份铁路运单。运输过程中，当地时间2015年3月28日上午8时30分许，列车行至塞萨洛尼基—伊多梅尼路段28公里处发生脱轨事故。34节车厢中29节车厢脱轨，脱轨的29节车厢上的集装箱有25个跌落，4个仍在脱轨的车厢上，但在此后的善后作业中又有一个跌落。

货物运输保险人SWF公司根据保险合同向货物的被保险人赔偿后，鉴于多式联运经营人应尽到谨慎、妥善照料其所掌管的货物的义务，并对全程运输负责，随即行使代位求偿权向中远海运提出索赔诉讼。

经法院调查，列车脱轨并非遭受雨水的直接冲击所致，而是雨水浸蚀土壤后产生的地质作用引起地层塌陷的结果。根据以上分析，法院判定降雨因素不构成承运人免责事由，但地质变化引起地层塌陷符合"承运人无法避免且无法阻止发生"的免责构成要件，可以成为中远海运不承担货损赔偿责任的有效抗辩。

一审法院判决多式联运经营人中远海运不承担赔偿责任。

五、国际快递（International Express Shipping）

根据中国交通运输部颁布的《快递市场管理办法》（2013年），快递是指在承诺的时限内快速完成的寄递活动。寄递，是指将信件、包裹、印刷品等物品按照封装上的名称和地址递送给特定个人或者单位的活动，包括收寄、分拣、运输、投递等环节。

出口方一般会将贸易文件以及样品、补发货物、替换货物、零部件等小批量货物通过国际快递寄给进口方，而进口方一般会将贸易文件以及样品、损坏货物等小批量货物通过国际快递寄给出口方。国际快递方式的优势就在于其时效性强，快递企业针对不同的时效性制定了不同的产品，收取不同的价格。一般而言，快递时限越短，收费越高。据统计，全球国际快递业务量的90%以上采用航空运输，接壤邻国（地区）之间会更多采用卡车或铁路运输实现快递。

国际快递业务由快递公司开展，目前在中国开展国际快递业务的企业主要有中国邮政、顺丰控股、申通快递、联合包裹（UPS）、敦豪（DHL）、联邦快递（FedEx），除申通快递外，其余均进入了《财富》世界500强。2023年，中国邮政排名第86位，其2022年营收为1 102.7亿美元；联合包裹排名第101位，2021年营收为1 003.4亿美元；敦豪排名第 103 位，2021 年营收为 993.2 亿美元；联邦快递排名第 114 位，2021 年营收为 935.1 亿美元；顺丰控股排名第 377 位，2021 年营收为 397.7 亿美元。

联合包裹、敦豪、联邦快递和顺丰控股是全球快递业四强，占据了全球国际快递的大部分市场，其中联合包裹和联邦快递均为美国企业，敦豪为德国企业。

国际快递企业一般都提供"Door-to-Door"（门到门）服务，快递企业承担按时送达的责任，也承担运输中报关、配载、运输、装卸以及保险等责任，为发货人和收货人提供了最大的便利。收货人急需的高价值货物，托运人可以委托快递企业办理"Door-to-Door"业务。出口企业采用DDP术语时，也可以委托国际快递企业完成货物的国际运输及交付。

（一）中国邮政

中国邮政旗下的中国邮政速递物流股份有限公司是中国经营历史最悠久、网络覆盖范围最广的快递物流综合服务提供商。

中国邮政速递物流主要经营国内速递、国际速递、合同物流等业务，国内、国际速递服务涵盖卓越、标准和经济不同时限水平和代收货款等增值服务，合同物流涵盖仓储、运输等供应链全过程。拥有享誉全球的"EMS"特快专递品牌和国内知名的"CNPL"物流品牌。

国际（地区）特快专递（国际EMS）是中国邮政与各国（地区）邮政合作开办的中国大陆与其他国家和地区寄递特快专递（EMS）邮件的快速类直发寄递服务，通达全球102个国家（地区），可为用户快速传递各类文件资料和物品，同时提供多种形式的邮件跟踪查询服务，收费简单，无燃油附加费、偏远附加费、个人地址投递费。该业务与各国（地区）邮政、海关、航空等部门紧密合作，打通绿色便利邮寄通道。此外，中国邮政还提供保价、代客包装、代客报关等一系列综合延伸服务。

（二）顺丰控股

顺丰控股2022年营业收入达2 675亿元，是中国第一大、全球第四大快递物流综合服务商，拥有中国最大、全球前列的货运航空公司，且为中国航空货运最大货主。

国际快递主要面向国内及海外制造企业、贸易企业、跨境电商以及消费者，提供国际快递、海外本土快递、跨境电商包裹及海外仓服务，把握跨境电商高速发展机遇，助力中国品牌"卖全球"。截至2021年年底，国际快递业务覆盖海外84个国家及地区，国际电商包裹业务共覆盖海外225个国家及地区，在全球多个国家具有自营清关口岸，整合自营和代理资源，服务辐射美洲、东南亚、欧洲等主要地区。

顺丰继续加密国际航线，2022年累计运营138条全货机国际快递航线，开通了中国至印度、埃及、肯尼亚流向，尼泊尔、孟加拉、巴基斯坦至其他海外国家流向，并增强欧美流向的航线布局，加密杭州至纽约、武汉至法兰克福航线班次，新增武汉至列日航线，实现覆盖亚太、桥连欧美，持续完善全球快递网络布局；并且在美国、欧洲、东南亚等多个国家布局海外仓储，助力公司完善跨境电商仓配一体服务，以及国际供应链及海外本土化运营能力。

目前顺丰国际提供包括国际标快、国际特惠、国际小包、国际重货、保税仓储、海外仓储、转运等不同类型及时效标准的进出口服务，并可根据客户需求量身定制包括市场准入、运输、清关、派送在内的一体化的进出口解决方案。

(三) 申通快递

申通快递品牌初创于 1993 年，公司致力于民族品牌的建设和发展，不断完善终端网络、中转运输网络和信息网络三网一体的立体运行体系，立足传统快递业务，全面进入电子商务领域，以专业的服务和严格的质量管理推动中国快递行业的发展。随着中国快递市场的发展，申通快递在提供传统快递服务的同时，不断积极开拓新兴业务，为客户提供仓储、配送、系统、客服等 B2C 一站式物流服务，提供代收货款、贵重物品通道、冷链运输等服务，在国内建立了庞大的信息采集、市场开发、物流配送、快件收派等业务机构。

与此同时，申通快递还积极投入建设全球海外仓服务体系，为全球跨境电商提供头程运输、清关、仓储管理、库存管控、订单处理、物流配送和信息反馈等一条龙供应链服务。目前，申通国际业务已经拓展至美国、俄罗斯、澳大利亚、加拿大、韩国、日本、新西兰、印度尼西亚、尼泊尔、英国、荷兰、马来西亚、泰国、孟加拉等国家。

申通快递国际业务包括欧洲 30 国专线（平均时效 8~12 个工作日）、申通北欧专线（最快 6 个工作日可达）、申通中美专线（平均 6~7 个工作日）、申通日本专线（上海发出 2~3 个工作日送达）。

第三节 装运条款

Incoterms® 2020 中规定了每个术语下买卖双方的装运责任，相关内容包括运输方式、交货地（Place of Delivery）、目的地（Place of Destination）、交货时间和装运时间、运输单据（Transport Document）、卸货费用（Costs of Unloading at Destination）。合同中的装运条款必须与合同引用的贸易术语相匹配，一般涉及运输方式、交货时间和装运时间、交货地和目的地、分批装运和转运、装运通知等。

一、运输方式（Mode of Transport）

很多合同并不单独设置运输方式条款，通常将运输方式以 "by Sea" "by Air" 等方式融合在贸易术语栏目中，有时在合同中的起运地或目的地能体现运输方式，比如 Shanghai Pudong International Airport 表示运输方式为空运，Ningbo Port 表示为海运。

运输方式选择的原则一般基于业内通常做法，特殊情形下对于小批量货物可以考虑空运。

二、交货时间（Time of Delivery）和装运时间（Time of Shipment）

根据 Incoterms® 2020，交货时间是指根据贸易术语所确定的卖方应当完成交货责任的期限。卖方必须在规定的期限内完成交货。卖方实际完成交货的时间为交货日期（Date of Delivery）。交货时间既是对卖方按时交货的要求，也是对买方按时接收货物的要求，双方均须在约定的交货期限内履行各自的交货和接收货物的责任。实际交货日期一般不体现在运输单据或相应文件上。

装运时间是指全部货物应当装上国际运输首程运输工具的期限。实际完成装运的时间为装运日期（Date of Shipment，On Board Date）。运输单据一般都注明实际装运日期，运输单据没有单独注明装运日期时，其签发日期（Date of Issue）被视为装运日期。

国际商会《跟单信用证统一惯例》（UCP600）对如何确定装运日期做了明确的规定：运输单据的出具日期被视为发运、接受监管或装载以及装运日期。然而，如果运输单据以盖章或批注方式标明发运、接受监管或装载日期，则此日期将被视为装运日期。

（一）合同中四种规定方式

合同中交货时间和装运时间条款的规定一般分为以下四种情况。

（1）规定一段时间（Period），比如"From October 15 to November 9, 2023"，或者"In December, 2023"，或者"the First Quarter of 2024"，或者"Fourth Week of March 2024"。

（2）规定截止日期，比如"Before February 1, 2024"。

（3）规定相对日期，比如"Within 60 Days after Contract Date"，或者"45 Days from Signature of the Sales Contract"，或者"No Later than 30 Days after L/C Date"，或者"90 Days after Receipt of the Agreed Advance Payment"。

（4）规定具体日期，比如"May 4, 2024"。

（二）贸易术语与二者的关系

交货时间和装运时间二者的关系由合同中采用的贸易术语决定。

（1）采用 EXW 术语时，合同一般规定交货时间，此时交货时间早于装运时间，卖方无法控制装运时间。

（2）采用 FAS、FOB、CFR 和 CIF 等海运术语时，合同一般规定装运时间，此时装运时间和交货时间一致，可不做区分。海运提单上批注的已装船日期（On Board Date）是实际的装运日期。

（3）采用 FCA、CPT 和 CIP 术语时，合同一般同时规定交货时间和装运时间，此时交货时间通常早于装运时间。交货时间用于确定风险转移，装运时间用于审核卖方提交运输单据是否与合同或信用证的要求相符。

（4）采用 D 组术语时，合同一般只规定交货时间，无须规定装运时间。此时，装运时间早于交货时间。当合同约定买方需在装运之前完成付款或做出付款保证时，合同应该规定装运时间。

（三）支付条款与二者关系

有的合同中支付条款会与交货时间或装运时间相联系。

（1）如果双方已就预付款达成一致，如无特定说明，则预付款必须在约定的装运日期最少 30 天前付至卖方银行账户。

If the parties have agreed on payment in advance, without further indication, it will be assumed that the advance payment must be received by the Seller's bank in immediately available funds at least 30 days before the agreed date of shipment.

（2）如果双方已同意以跟单信用证付款，则除非另有约定，否则买方必须安排由信誉良好的银行开具以卖方为受益人的跟单信用证，并在约定的装运日期最少 30 天前或在约定装运期内最早日期前至少提前 30 天通知卖方。

If the parties have agreed on payment by documentary credit, then, unless otherwise agreed, the Buyer must arrange for a documentary credit in favour of the Seller to be issued by a reputable bank, and to be notified at least 30 days before the agreed date of shipment or at least 30 days before the earliest date within the agreed shipment period.

（3）如果双方同意用信用证付款，买方应促使开户行在合同规定的最迟装运日期前30天内开具以卖方为受益人的不可撤销信用证。信用证的有效期截止日应为最迟装运日期后的第 21 天。

In the event that the parties hereto agree to make payment by letter of credit, the Buyer shall cause the opening bank to issue an irrevocable letter of credit in favor of the Seller within 30 days prior to the latest shipment date provided by the Contract. And the expiry date of the letter of credit shall be the 21st day after the shipment date.

（四）延迟交货、装运责任

根据《联合国国际货物销售合同公约》，卖方如果未按时交货或装运，买方如果未按时接收货物（Taking Delivery），都属于违约。有的合同会对相关延迟违约责任做出规定。

（1）由于卖方原因造成不能按期装运的，则卖方应从合同规定的最晚装运日的第 11 天起，按照实际延迟的天数，每月付给买方货值金额 0.5% 的迟装费。

If the goods fails to be shipped as scheduled due to the Seller's reasons, the Seller shall pay the Buyer a delayed delivery fee equivalent to 0.5% of the value of the commodity for the delay incurred in the contracted latest shipment date from the eleventh day after the month the goods was due to be shipped.

（2）由于买方原因造成不能按期装运的，则买方应从合同规定的最晚装运日的第 11 天起，按照实际延迟的天数，每月付给卖方货值金额 1.5% 的迟装费。

If the goods fails to be shipped as scheduled due to the Buyer's reasons, the Buyer shall compensate the Seller carrying charges equivalent to 1.5% of the value of the commodity for the delay incurred in the contracted latest shipment date from the eleventh day after the month the goods was due to be shipped.

（3）由于买卖双方中任何一方的原因造成超过合同规定的最晚装运日 50 天仍不能装运的，另一方有权解除合同，但违约方仍应承担违约责任。

If the goods fails to be shipped within 50 days after the contracted latest shipment date as provided by the Contract due to the reasons attributable to either Party, the other Party is entitled to terminate the Contract and the breaching Party shall be liable for such termination of Contract.

（4）当卖方延迟交付货物时，买方有权要求履约和违约赔偿金，金额为每延迟一周赔偿货物价格的 0.5% 或商定的其他百分比。

When there is delay in delivery of any goods, the Buyer is entitled to claim performance and liquidated damages equal to 0.5% or such other percentage as may be agreed of the price of those goods for each commenced week of delay.

三、交货地、目的地等地点

装运条款中涉及的地点包括交货地（Place of Delivery）、目的地（Place of

Destination），涉及海运方式时，还包括装运港（Port of Loading）和目的港（Port of Destination）。

（一）Incoterms® 2020 有关规定

根据 Incoterms® 2020，交货地指卖方在出口国履行交货责任的地点，目的地是指货物运往的进口国指定地点；装运港是指货物在出口国装运的港口，目的港是指货物运往的进口国指定港口。

非海运方式下，卖方在指定交货地将货物交付承运人办理托运，承运人根据要求将货物运往目的地；在海运方式下，卖方将货物在装运港将货物交付承运人，承运人根据要求将货物运往目的港。买方在目的地或目的港收货。

合同采用 EXW、FCA 术语时，必须规定交货地；采用 FAS、FOB 术语时，必须规定装运港；采用 CFR、CIF 术语时，必须规定目的港；采用 CPT、CIP 以及 D 组术语时，必须规定目的地。

（二）海运提单上的地点

需要注意的是，在海运提单中有四个涉及地点的栏目，分别是 Place of Receipt（收货地，Place of Taking in Charge）、Port of Loading（装运港）、Port of Discharge（卸货港）和 Place of Delivery（交货地）。

提单中四个地点的含义分别是：

（1）Place of Receipt（收货地）是指承运人在出口国接收货物的地方，与 Incoterms® 2020 定义的收货地相同，多式联运时填写，单纯海运方式下可不填，或与 Port of Loading 相同。

（2）Port of Loading（装运港）与 Incoterms® 2020 定义的装港相同。

（3）Port of Discharge（卸货港）与 Incoterms® 2020 定义的目的港相同。

（4）Place of Delivery（交货地）与 Incoterms® 2020 定义的目的地相同，与装运条款中的 Place of Delivery（交货地）虽然表述相同，但含义迥异，多式联运时填写，单纯海运方式下可不填，或与 Port of Discharge（卸货港）相同。

世界主要海运港口

海运提单地点的解释说明如表 7-9 所示。

表 7-9 海运提单地点的解释说明

提单地点用语	Place of Receipt	Port of Loading	Port of Discharge	Place of Delivery
承运人视角	承运人在出口国接收货物的地点，多式联运时填写	装运港	卸货港或目的港	多式联运时，承运人最终交货的地点
出口方视角	货交承运人地点，2020 通则用语为 Place of Delivery	装运港	目的港 Port of Destination	合同约定的目的地

一般而言，在海运方式下，收货地和装运港相同，卸货地和交货地相同；在国际多式联运方式下，四个地点各不相同，比如收货地在 Baoding City, Hebei China（河北保定

市），装运港在 Xingang Port, Tianjin China（天津新港），卸货港在 Port of Los Angeles, USA（美国洛杉矶港），交货地在 Chicago City, USA（美国芝加哥市）。

提单中的上述地点栏目填写的地点和港口应该符合合同装运条款的规定。

（三）相关地点规定的方式

（1）规定具体地点，是最常见的规定方式，比如 Port of Destination：Qingdao Port, China；DAP Singapore Port, Pier 10, Singapore；FCA 1133 South Cavalier Drive, Alamo USA。这种方式对地点约定明确，卖方能够提前做出准确的成本核算并进行相关安排。

（2）规定多个选择地点，比如 Port of Destination：Qingdao Port, or Weihai Port, China。涉及多个选择地点时，卖方报价时应考虑不同交货地点或目的地的成本差异，也可以在合同中约定选择某一地点时价格上浮比率。

（3）笼统规定相关地点，比如 China port；Any Port in India；Any Port in Europe；Any Airport in U. A. E.。

相关地点的变化会直接影响卖方的交货成本和运输成本以及相关备运安排，因此，在合同中采用选择地点或笼统地点情况时，合同还应规定买方最迟确定具体地点的时间，比如 "The buyer should confirm the place of destination to the seller no later than 50 days after the contract date."。

（四）注意事项

合同约定相关地点时贸易双方还应注意四方面问题。

第一，合同中应注明指定地点或港口所属国别，以避免国际上的重名问题；第二，各方应考虑指定地点或港口的费用问题、运输方便与否问题；第三，各方还应考虑在指定交货期或装运期内是否方便在指定地点或港口履约；第四，有的国家港口区分不同码头，如客户合同或装船指示中有港口的码头标注，应与船公司订舱时确认，对于存在多个码头的港口，如果客户未说明码头信息，建议提醒客户确认。

四、分批装运（Partial Shipments）和转运（Transhipment）

国际商会《跟单信用证统一惯例》（UCP600）中文版将 Partial Shipments 翻译为部分发运，国内外贸实践中通常称作分批装运或分批发运。UCP600 中文版将 Transhipment 翻译为转运，国内外贸实践中通常将海运中的 Transhipment 称作转船。UCP600 中有关分批装运和转运的规定请查阅本书第十章第三节中的讲解。

（一）分批装运

1. 分批装运定义

分批装运是指卖方作为托运人将合同下的货物分多个批次委托承运人运输至目的地的交货方式。分批装运可以是按周期均匀装运发货，比如 100MT Per Month（每个月 100 公吨），也可以是按规定无规律装运，比如 2 000CTNS in March, 3 200CTNS in April, 2 800CTNS in May（3月发货2 000纸箱，4月发3 000纸箱，5月发2 800纸箱）。

买方根据经营需要来决定是否允许分批装运，在合同中约定：Partial Shipments Allowed，或者 Partial Shipments Not Allowed。一般允许分批装运的贸易合同金额和数量较大，履约期较长，买方在经营上不需要一次性收货，或者卖方无法一次性交货，双方综合考虑融资情况、市场需求、生产状况以及运输行情等可以就分批装运做出详细的约定。

2. 公约和法律规定

《联合国国际货物销售合同公约》和《民法典》中没有用分批装运一词，但是都提到了"分批交货"。

《联合国国际货物销售合同公约》第七十一条第一款：对于分批交付货物的合同（A Contract for Delivery of Goods by Instalments），如果一方当事人不履行对任何一批货物的义务，便对该批货物构成根本违反合同，则另一方当事人可以宣告合同对该批货物无效。

《民法典》第六百三十三条：出卖人分批交付标的物的，出卖人对其中一批标的物不交付或者交付不符合约定，致使该批标的物不能实现合同目的的，买受人可以就该批标的物解除。出卖人不交付其中一批标的物或者交付不符合约定，致使之后其他各批标的物的交付不能实现合同目的的，买受人可以就该批以及之后其他各批标的物解除。买受人如果就其中一批标的物解除，该批标的物与其他各批标的物相互依存的，可以就已经交付和未交付的各批标的物解除。

分批装运表述的只是运输方面的安排，《联合国国际货物销售合同公约》和《民法典》将分批装运下的每一次安排都定义为卖方的一次交货或交付，构成了分批交货或交付。根据《联合国国际货物销售合同公约》和《民法典》，如果合同约定了分批装运，规定了每次装运的时间、数量或商品种类等，卖方有一次违约，则意味着对整个合同的违约，买方有权就该批次货物和后续货物解除合同。

当然，如果合同允许分批装运，但没有规定有关细节，则卖方可以自己安排各批次的运输。如果不允许分批装运，则卖方必须用同一运输工具在同一航次完成全部货物的运输，且货物需在同一运输工具上同时到达目的地，即整批货物可以在该航次运输工具停靠的不同站点或港口分别装运后同时到达目的地。

（二）转运

转运是指在非多式联运方式下，货物运输至途中某地点卸载后，再通过另一个或多个同种运输工具继续运往目的地的运输安排方式，比如转船、转机和转车。在货物的起运地和目的地之间没有直达运输方式时，托运人可以委托承运人安排转运实现货物的全程运输。UCP600对转运的规定请阅读本书第十章第三节内容。

一般而言，货物在运输途中变更运输工具，容易导致货物受损或丢失，甚至被抛弃或被错发至其他目的地，使收货人的商业利益受损。随着集装箱的发展和普及，世界上绝大部分集装箱码头装卸效率和管理水平均实现了极大提高，目前较少造成货损货差，因此采用集装箱运输时，合同一般都允许转运（Transhipment Allowed），即使合同禁止转运，卖方仍可以安排集装箱货物转运。

合同货物为散装货、杂货等非集装箱化运载货物时，买方为避免转运时货物质量、数量、包装等受影响，可以要求禁止转运（Transhipment Not Allowed）。合同中如未规定是否禁止转运，则表示合同允许转运。

在国际多式联运方式下，货物运输方式的变化必然导致承载运输工具的变化，这在本质上也是转运，如果合同禁止货物变更运输工具，则多式联运无法实现，因此多式联运方式下，合同默认允许转运，无须设置专门条款进行约定。

在买方要求禁止转运时，卖方必须通过货代或承运人详细了解相关运输线路的直航情况，包括直航线路的运费高低、繁忙程度、订舱难度等。如果安排直航运输较难或费用较高，卖方可以要求允许转运或采用 FCA、FOB 等买方办理运输的贸易术语，以便于降低履约的难度。

五、装运通知（Shipping Advice）

根据 Incoterms® 2020 中各术语 A10 部分的规定，卖方必须在履行完毕交货责任或装运责任后给予买方充分通知，不同术语的通知被称为交货通知或装运通知。

最常见的是 FOB、CFR 和 CIF 术语下的装船通知，卖方将货物交付承运人并完成货物装运后，卖方应及时向买方发出装运通知，以便于买方掌握货物相关物流信息，方便办理保险或收货等工作。在实际国际贸易操作中，往往在货物从工厂发货后，卖方（或其货运代理）便已掌握 Shipping Advice 的全部信息，应第一时间将投保信息告知买方及时投保，以规避国际运输风险。比如，中国至日、韩近洋港口，航程 2 天左右就可到达目的港，如果开船后再投保，存在业务风险，且客户体验不好。

合同装运通知条款规定举例：

在 CFR/CIF 术语下，卖方应在收到船公司的装运通知后 48 小时内，通知买方船名、装船日期、装船口岸、目的港、合同号、提单号、总金额、毛重、净重。

Under CFR/CIF terms：the Seller shall notify the Buyer of the ship name, shipment date, shipment port, destination port, contract number, number of the bill of lading, total price, gross weight and net weight within 48 hours after the shipment notification from the shipping line.

如卖方未按上述规定通知买方，以致买方未能及时购买保险，由此而产生的损失由卖方负担。

If the Seller fails to notify the Buyer by telegraph, fax or E-mail as provided in above Article and thus the Buyer is unable to purchase the insurance in time, all the losses arising therefrom shall be borne by the Seller.

六、海运时的滞期费

采用海运方式时，除运费、装卸费等事先可确定的费用外，还会有一些不确定的额外费用，进出口双方均需了解这些费用，以防费用产生后，能够采取合理措施降低后续成本。《海商法》第八十六条规定，在卸货港无人提取货物或者收货人迟延、拒绝提取货物的，船长可以将货物卸在仓库或者其他适当场所，由此产生的费用和风险由收货人承担。如果发生目的港弃货，遇到收货人失联、破产等不履行提货义务的情况时，船公司往往会转向发货人及其货代索赔相关损失。因此，在签订国际贸易合同前，对国外买家（或信用证开证行）的资信调查和投保出口信用险显得额外重要。

滞期费是上述费用的一个主要构成，班轮公司都对滞期费做了规定，同时滞期费也是租船合同中的重要约定事项。

（一）班轮方式下的滞期费

滞期费（Demurrage），又称滞港费，分为进口滞期费和出口滞期费。

1. 进口滞期费（IB DEM，Inbound Demurrage，Import Demurrage）

进口滞期费是指货物或承载货物的集装箱在卸载至承运人中转港仓库，或目的港仓库停留的时间超过允许的免费时间而由承运人收取的费用。简单而言，进口滞期费就是进口滞港费，是由承运人向货主收取的仓库超期使用的罚金，其目的是督促收货人尽快提货，加快仓库货物流转，提高港口仓库使用效率。

进口滞期费的计费时间按照日历日期（Calendar Day）计算，从货物或集装箱重箱卸载之日的0：00开始，至货物或集装箱重箱离开该仓储场所当日为止，不同国家进口滞期费免费时间不同，中国一般货物或干箱免费期为7天（即免用箱期），其他国家的货物5天、4天不等。滞期费与仓储费不同，货主在支付滞期费的同时，还需支付重箱仓储费（Storage Charge）等其他规定费用。

进口滞期费产生的原因主要包括：第一，进口方拒绝提货，导致货物到港后超期存储，产生高额的滞期费和仓储费用；第二，进口方办理进口报关或许可证件不顺利，导致无法及时提货，导致超期存储。

2. 出口滞期费（OB DEM，Outbound Demurrage，Export Demurrage）

出口滞期费一般只针对集装箱货物，是指承运人安排集装箱离开堆场赴指定工厂或仓库装货，至集装箱装船完毕之间的时间，超过允许的免费时间而发生的费用。

出口滞期费的计费时间按照日历日期计算，从集装箱空箱离场之日的0：00开始，至集装箱重箱装船之日为止。中国干箱OB DEM的免费期是7天，英国为12天。

出口滞期费产生的原因主要包括：第一，出口方备货慢或装货效率低，导致集装箱调箱至工厂后，无法按期完成装箱，导致推迟装运；第二，出口货运繁忙，导致班轮爆舱发生甩货，导致推迟装船。

3. 滞箱费（Detention）

滞箱费是指托运人超出免费用箱时间而向承运人支付的集装箱额外使用费。由于货物超期占用集装箱导致承运人的集装箱资源受限，因此承运人对托运人收取滞箱费。

滞箱费分为进口滞箱费和出口滞箱费。进口滞箱费（IB DET，Import Detention）是指集装箱重箱到港后，自卸船当日0：00起至收货人归还空箱到指定堆场当日计算的滞箱费。出口滞箱费（OB DET，Export Detention）即出口滞期费。

4. 进口DND和出口DND

对于集装箱货物，滞港费和滞箱费性质基本相同，因而一些班轮公司将滞期费和滞箱费合并制定费率，DND即Demurrage and Detention，指滞期费和滞箱费，一般合称滞期费。

当班轮公司报价采用进口DND（IB DND）和出口DND（OB DND）形式时，其计费时间基本与DEM或DET相同，具体免费期和费率由班轮公司针对不同港口单独制定。

进口DND发生在目的港卸船后，该费用不计入进口完税价格。如果在中转港发生进口DND，则该费用应计入最终进口完税价格，会增加进口商品的进口关税和其他税额。

滞期费、滞箱费以及DND的免费天和计费天都按日历天计算，费率都不含在码头或内陆堆场的重箱堆存费及冷箱等费用。

（二）航次租船方式下的滞期费

1. 滞期费

根据《海商法》，滞期费是航次租船合同的一项主要内容，金康合同1994版和2022版均专门设置了滞期费栏目。航次租船方式下的滞期费与班轮条件下滞期费有所不同，前者的产生与船舶周转相关，而后者与仓库或集装箱的周转相关。

航次租船方式下的滞期费是指租船人未在租船合同规定的装卸期限内（Laytime）完成货物装船或卸船时，船东根据超期天数和租船合同规定的滞期费率向租船人收取的费用。滞期费具有一定的惩罚性质。

金康合同 1994 版设置栏目为 Demurrage Rate and Manner Payable（Loading and Discharging），即滞期费和支付方式（装船和卸船）；金康合同 2022 版设置栏目为 Demurrage (State Rate and Whether Per Day or Pro Rata)，即滞期费（注明按日或按比例计算）。

金康合同 2022 版对滞期费做了具体的规定。租船人应按照合同所列费率支付滞期费，且除非另有规定，滞期费应连续计费且不应间断。唯一例外情形是，当船舶无法及时满足租船人运输需求而导致时间损失时，如果其原因并非由租船人或其雇员、代理人或分包商的作为或疏忽造成，则滞期费计费可以中断。滞期费应按日支付，并在收到船东发票后支付。

2. 速遣费（Despatch）

速遣费是一个与滞期费相关的租船合同项目。根据《海商法》，速遣费也是航次租船合同的一项主要内容。

速遣费并不是费用的概念，相当于租船人节约的租金，是指航次租船合同下，租船人在提前完成合同约定的航次运输后，因节约了装卸时间而由船东向租船人按约定标准给予的资金奖励。

金康合同 1994 版中没有提及速遣费，但金康合同 2022 版明确了速遣费和滞期费之间的关系：船东应按所节省装卸时间对应的滞期费的一半向租船人支付速遣费。

航次租船合同设置滞期费和速遣费的目的是提高货物的装卸效率，对低效装卸予以惩罚，对高效装卸给予奖励，通过加快船舶的周转，提高船东的租船总收入。

第四节　运输单据

托运人将货物交付给承运人（含货代）后都会收到承运人或其代理签发的相应单据。根据 Incoterms® 2020，贸易合同采用 EXW 术语时，出口方虽然将货物交付给进口方指定的承运人，但是承运人并不向出口方签发相关单据，而是由进口方向出口方签发收货证明。当贸易合同采用其他贸易术语时，无论是进出口方哪一方办理运输，出口方都可以作为实际托运人向承运人或其代理索取运输单据。

运输单据（Transport Document）是承运人向托运人签发单据中最重要的一种，也是国际贸易中出口方向进口方提交的一种重要单据，其主要属性包括以下几个方面。

第一，是证明承运人收到托运人货物的收据。
第二，是托运人与承运人之间运输合同的证明文件。
第三，是承运人承诺如约运输货物的证明文件。
第四，是托运人或收货人向承运人索赔的依据。
第五，是办理进口报关手续的文件。
第六，部分运输单据（各种提单）是物权凭证，是提货凭证，可以进行转让提前回笼货款，从而具有融资功能。

不同运输方式的运输单据采用不同形式和名称，一般主要包括提单、海运单、铁路运单、空运单、多式联运单据、公路运单、快递收据等。

一、提单

提单（Bill of Lading，B/L），包括海运提单（Ocean Bill of Lading）、多式联运提单（Bill of Lading for Multimodal Transport）和联运提单（Combined Transport Bill of Lading，Through Bill of Lading），是国际贸易中最常见的运输单据。全程运输包括海运方式时，承运人或其代理人才能签发提单。

（一）提单定义与物权凭证属性

根据《海商法》，提单是指用以证明海上货物运输合同和货物已经由承运人接收或者装船，以及承运人保证据以交付货物的单证。提单区别于其他运输单据最重要的一个用途就是可以提货，该用途依赖其物权凭证的法律属性。

1. 提单定义

简单而言，提单是承运人在完成货物装运后，向托运人签发的承诺完成包括海运行程在内的全程运输，且保证凭之提货的运输单据。根据《海商法》，货物由承运人接收或者装船后，应托运人的要求，承运人应当签发提单。提单可以由承运人授权的人签发，由载货船舶的船长（Master）签发的，视为代表承运人签发。

2. 备运提单和已装船提单

承运人在接收货物后签发的提单一般称为备运提单。所谓备运提单，是指承运人在收到货物等待装运期间所签发的提单，备运提单中记载的货物尚未装船。进口方即使拿到备运提单，也无法确认货物何时装船及何时货物到港，更无法提货，因此该提单对进口方没有任何意义，国际贸易中进口方均不接受备运提单，一般只作为相关证明材料使用。当备运提单上批注 Shipped on Board 或 Laden on Board，且同时注明装船时间后转变为已装船提单。

承运人在货物装运完毕后签发的提单是已装船提单（On Board B/L）。已装船提单是承运人注明 Shipped on Board（已装运上船）或 On Board Date（已装船日期）字样证明的货物已装船提单。已装船提单是国际贸易中普遍使用的提单，也是证明出口方已履行装船责任的重要凭证，进口方可以凭之确认货物到港时间并办理提货。

根据国际商会《关于审核跟单信用证项下单据的国际标准银行实务》（ISBP745）中描述："Shipped in Apparent Good Order"（已装运且表面状况良好）、"Laden on Board"（已载于船）、"Clean on Board"（清洁已装船）或其他包含"Shipped"（已装运）或"on Board"（已装船）之类字样的用语与"Shipped on Board"（已装运上船）具有同样效力。

3. 物权凭证（Document of Title）属性

提单具备货物收据、运输合同的证明等一般运输单据的常规属性，还具有一个最为重要的独特属性，即提单是运输单据中唯一的物权凭证。物权凭证是指具有法律效力的证明当事人拥有，且有权控制财产或货物的凭证。目前国内文献和法院裁判文书中所指物权凭证一般只包括仓单和提单，其法律依据主要来自原

《物权法》和目前生效的《民法典》。在两部法律规定的"权利质权的范围"中，只有"仓单和提单"与货物有关，其他均为金融票据或其他非实物财产权利。根据《民法典》第十八章"质权"，仓单或提单的合法持有人作为债务人，可以将仓单或提单作为动产出质给债权人占有，当债务人不履行到期债务或者发生当事人约定的实现质权的情形，债权人有权以该仓单或提单优先受偿债务。

因其物权凭证的属性，提单是唯一可以提货的运输单据，一些类型的提单可以经持有人背书后转让，从而能够实现货物所有权的转让。由于提单具有物权凭证的属性，持有提单则意味着拥有提单下货物的合法控制权和所有权，通常情况下进口方只有得到正本提单才可以提货，因此出口方可以在进口方付清货款后再交付提单，从而保证自己的商业利益。进口方也可以在货物到港之前，将提单转卖给第三方，提前实现商业利益，第三方可以在货物到港后凭提单提货。

（二）提单内容

班轮运输中使用的提单内容和租船方式中使用的提单内容有一定的区别，相对而言，班轮运输提单内容较多。班轮运输提单没有统一格式，但是世界上各班轮公司提单内容基本相同，格式上也只有细微区别。波罗的海国际航运公会（BIMCO）一直发布航次租船提单样本，供业界参考使用，目前最新版本是金康提单2022版（CONGENBILL 2022, BILL OF LADING To be used with charter parties）。

本书不涉及租船提单内容，本小节只讲解班轮运输提单的内容。

1. 提单正面内容

提单正面右上角部分一般注明承运人名称和标识、提单名称、提单编号（B/L No.），以及部分基本文字说明，其他内容均以不同栏目的方式设置，由承运人依据托运人的委托要求填写相关信息。

《海商法》第七十三条对提单正面的内容做了规定，共列出了十一项主要栏目，分别是：

（1）货物的品名、标志、包数或者件数、重量或者体积，以及运输危险货物时对危险性质的说明。
（2）承运人的名称和主营业所。
（3）船舶名称。
（4）托运人的名称。
（5）收货人的名称。
（6）装货港和在装货港接收货物的日期。
（7）卸货港。
（8）多式联运提单增列接收货物地点和交付货物地点。
（9）提单的签发日期、地点和份数。
（10）运费的支付。
（11）承运人或者其代表的签字。

提单正面一般印有以下文字：

SHIPPED on board in apparent good order and condition（unless otherwise indicated）the goods or packages specified herein and to be discharged at the mentioned port of discharge or as near thereto as the vessel may safely get and be always afloat.

The weight, measure, marks and numbers, quality, contents and value being particulars furnished by the shipper, are not checked by the Carrier on loading.

The Shipper, Consignee and the Holder of this Bill of Lading hereby expressly accept and agree to all printed, written or stamped provisions, exceptions and conditions of this Bill of Lading, including those on the back hereof.

IN WITNESS where of the number of original Bills of Lading stated below have been signed, one of which being accomplished, the other (s) to be void.

其中文意思如下：

上列外表状况良好的货物或包装（除另有说明者）已装在上述指名船只，并应在上列卸货港或该船能安全到达并保持浮泊的附近地点卸货。

重量、尺码、标志、号数、品质、内容和价值是托运人所提供的，承运人在装船时并未核对。

托运人、收货人和本提单持有人兹明白表示接受并同意本提单和它背面所载一切印刷、书写或打印的规定、免责事项条件。

为证明以上各项，承运人或其代理人已签署各份内容和日期一样的正本提单，其中一份如果已完成提货手续，其余各份均告失效。

2. 提单背面内容

提单背面一般列示承运人制定的提单条款（Terms and Conditions；Terms for Carriage），印有提单条款的提单一般称为 Long Form B/L（全式提单），背面没有印制提单条款保持空白的提单是 Short Form B/L（简式提单），贸易实践中进口方一般不接受简式提单。

提单条款是由班轮公司单方制定的规范托运人和承运人之间运输权利责任的文件，是托运人和承运人之间海洋运输合同的组成部分，但托运人无法针对提单条款提出任何修改要求。世界各班轮公司的提单条款一般均遵守相关国际公约。目前有关海上货物运输的国际公约主要有《海牙规则》《海牙—维斯比规则》《汉堡规则》《鹿特丹规则》。

《海牙规则》全称是《统一提单若干法律规则国际公约》，1924年8月25日在比利时首都布鲁塞尔签订，1931年6月2日起生效；《海牙—维斯比规则》是对《海牙规则》的修订，于1968年2月通过，1977年6月生效；《汉堡规则》全称是《联合国海上货物运输公约》，于1978年3月在德国汉堡通过，1992年11月1日生效；《鹿特丹规则》全称是《联合国全程或者部分海上国际货物运输合同公约》，2008年12月11日获联合国大会通过，于2009年9月23日在荷兰鹿特丹港举行签字仪式，截至2023年1月，仅有5国批准加入。

我国未加入上述任何一个公约，但在制定相应的国内法时参照和借鉴了《海牙规则》《海牙—维斯比规则》《汉堡规则》三个公约的部分内容。

提单背面条款样例请参考中国行业标准《国际货运代理海运提单》SB/T 10799—2012 所列的海运提单背面条款（中文版）（见二维码）。

（三）提单正面栏目填写规范

提单正面各栏目的内容主要由托运人提供，由承运人或其代理人填写。

海运提单背面条款（中文版）

托运人根据合同、信用证等填写托运委托书并盖章后,提交给承运人或货代办理订舱,承运人或货代根据托运委托书内容安排船期等运输事宜,待货物完成装运后,再根据委托书内容缮制提单,并经托运人审核无误后,承运人或其代理人签发正本提单。

提单是国际贸易中出口方向进口方提交的最重要的单据之一,在采用信用证支付方式时,出口方必须认真审核信用证的各项要求,并结合 UCP600 的规定,认真填写托运委托书,并仔细检查承运人的提单草稿,确保做到单证相符,从而保证顺利收汇。

提单正面主要栏目设置及填写规范如下。

1. Shipper(托运人,Consignor)

托运人栏目一般填写出口方的名称、地址和电话等。即使采用 FAS、FCA 或 FOB 等术语由进口方签署运输合同时,出口方也应该坚持自己作为提单的 Shipper,以保证在收到货款前对提单的控制,从而控制货物。

根据《海商法》,托运人包括两种情形,分别是:

(1) 契约托运人:是指本人或者委托他人以本人名义或者委托他人为本人与承运人订立海上货物运输合同的人。

(2) 实际托运人:是指本人或者委托他人以本人名义或者委托他人为本人将货物交给与海上货物运输合同有关的承运人的人。

简单而言,与承运人签署了运输合同,则成为契约托运人;以本人名义将货物交给承运人,则成为实际承运人。采用 FOB 术语时通常做法是,进口方指定承运人并与之签署海运合同,成为契约承运人,而出口方根据进口方要求与承运人联系,将货物交付给承运人,成为实际托运人。此时,根据《最高人民法院关于审理无正本提单交付货物案件适用法律若干问题的规定》(2009 年),即使提单的 Shipper 栏目没有记载出口方,而出口方作为实际托运人仍然可以向承运人要求正本提单,并据此控制货物。该规定确定了实际托运人具有提单的优先持有权,即承运人签发提单后应优先交付给实际承运人。但通常为了避免纠纷,出口方一般应要求提单 Shipper 栏目填写其名称,除非出口方已收到全部货款。

2. Consignee(收货人,抬头栏)

收货人栏又被称作提单抬头栏(Title)。根据该栏目填写内容的不同,提单可划分为三种类型,其中记名提单不可转让(Non-Negotiable),指示提单和不记名提单均可转让(Negotiable)。

(1) 记名提单(Straight B/L)。

记名提单是指 Consignee 栏填写了具体收货人的名称、地址和电话等信息的提单。由于记名提单的收货人已经确定,因此记名提单不能转让。一些航运公司在提单 Consignee 栏注明 This B/L is not Negotiable Unless Marked "To Order" or "To Order of …",或类似表述,表示提单抬头如果无"To Order"或"To Order of …."字样,则提单为不可转让提单,即应为记名提单。

针对记名提单提货凭证的法律属性,世界各国的规定不完全一致。根据中国法规规定,记名提单也是提货凭证,且承运人在没有托运人授权时,只能凭正本记名提单向指定收货人交付货物。在经提单托运人同意后,承运人方可在无正本提单时向收货人交货。

采用记名提单有如下两个风险。

第一,无单放货风险。

在一些国家，法律允许记名提单的收货人凭到货通知提货，即"无单放货"，此时出口方无法通过控制提单达到控制货物的目的。虽然近年来无单放货现象较少发生，但为了降低中国企业出口风险，当合同要求采用记名提单时，出口方应要求客户预付全部或大部分货款。

第二，收货人拒绝提货风险。

货物到达目的港后，如果记名收货人拒绝提货，则托运人无法凭海运提单提取货物，也无法委托第三方凭正本提单提取货物，也无法要求承运人退运货物，此时一般只能任由货物超期存放，最终货物被进口地海关拍卖。在载运船舶到达目的港之前且船方尚未向进口国海关传送舱单（Manifest）时，托运人可以随时请求承运人修改收货人信息，因此，在货物运输途中，托运人一旦意识到进口方存在违约风险，应及时通知承运人修改收货人信息。

（2）指示提单（Order B/L）。

指示提单是指 Consignee（收货人）栏目填写了"To Order"或"To Order of"等文字的提单。指示提单是最常用的提单类型。

"To Order"一般翻译为"凭指定"，当 Consignee 栏只填写"To Order"时，与"To Order of Shipper"含义完全相同，表示收货人"凭托运人指定"。托运人将"To Order"提单交付给其他持票人时，需要在提单上进行背书，一般为空白背书。有关背书的详细讲解请参考本书第十章第一节的有关内容。

"To Order of"后面一般跟随指定机构，比如 To Order of Ylong Co. Ltd.，表示收货人凭 Ylong 公司指定。托运人将该单据交付给其他持票人时，无须背书，Ylong 公司收到单据后，如果欲转让提单，需先行背书后才可转让，一般为空白背书。实际业务中，后面多跟随进口方关联银行，比如信用证的开证行。

指示提单在世界各国都具有物权凭证的属性，是唯一的提货凭证，在提货前提单合法持有人对提单背书后可以转让提单的所有权。"To Order"抬头的指示提单的第一背书人是 Shipper，"To Order of ABC"抬头的指示提单的第一背书人是 ABC 公司。指示提单完成必要的背书程序后，就可以在市场上进行多次背书转让，充分发挥提单的物权凭证和融资工具的属性，进口方在获得提单后也可以将其背书后转让，提前获得货物的商业利益。

贸易实践中，指示提单的背书方式多规定为 Blank Endorsement 或 Endorsed in Blank，即空白背书，背书人背书时只在提单背面签章并注明日期。国内一般把经空白背书后的指示提单称为"空白抬头、空白背书提单"。

（3）不记名提单。

不记名提单是指 Consignee 栏填写了"To Order of Bearer"的提单。承运人在目的港向提单持有人（Bearer）交付货物。不记名提单无须背书即可转让，持有风险较大，一旦丢失会导致货物损失，因而在贸易实践中极少采用。

一些航运公司在提单 Consignee 栏注明 Negotiable Only if Consigned "To Order" "To Order of" a Named Person or "To Order of Bearer"，或类似表述，表示提单抬头栏只有在注明"To Order"或"To Order of"确定当事人，或"To Order of Bearer"时，提单才是可转让的，即只有指示提单和不记名提单是可转让的。

3. Notify Party（通知人栏）

当货物到达目的港时承运人按照通知人栏所留联系方式通知当事人及时提货。

在记名提单中，通知人栏一般填写"SAME AS CONSIGNEE"。

在指示提单中，通知人栏一般填写进口方或实际收货人的名称、地址和联系方式。有的提单中通知人栏除了列出进口方的信息外，还会增加进口方关联银行的信息。

4. Pre-carriage by（前程运输）

在联运方式（Combined Transport）时，该栏目由承运人填写前程运输情况；普通海运提单该栏目空白不填。

5. Place of Receipt（收货地）

在多式联运和联运方式时，填写承运人接收货物的地点；海运方式时，该栏目与装运港栏目相同。

6. Vessel/Voy No.（船名和航次）

该栏目由承运人填写承运货物的班轮船舶名称和航次编号，比如 XIN QING DAO/410W。

7. Port of Loading（装运港）

该栏目填写出口国的装运港，应与合同或信用证等规定相符。海运途中如有转船时，此栏目填写最开始的装运港，不填写中转港口。

8. Port of Discharge（卸货港）

该栏目填写海运阶段最后的港口，应与合同或信用证等规定相符。海运方式时，该栏目所填为规定的目的港。

9. Place of Delivery（交货地，目的地）

该栏目填写全程运输的最终目的地，应与合同或信用证等规定相符。海运方式时，该栏目所填为规定的目的港，与卸货港栏目相同。

10. Marks and Numbers（运输标志和编号）

该栏目填写各独立包装统一印刷的运输标志（唛头）以及编号，如果没有唛头可注明 N/M。

11. Container No./Seal No.（集装箱编号和铅封号）

此栏由承运人录入所有集装箱的编码和每个集装箱的铅封号。

集装箱的编码由字母和数字组成，共11位，前3位是箱主代码，为3个英文字母，第四位为字母 U，后面为7位数字，比如 CCLU7495140，BEAU5580399。

铅封是在装运港完成装箱或海关查验完毕后，由承运人或海关施加的集装箱简易封闭装置，上面的编号就是 Seal No.。铅封起到"锁"的功能，在目的港拆箱前需首先破坏铅封。

12. Number and Kind of Packages; Description of Goods（包装种类和数量；货物描述）

本栏目是提单的重要栏目，托运人根据合同或信用证的要求填写《托运委托书》，由承运人抄录至本栏目。根据 UCP600 的规定，提单上的货物描述可以使用与信用证规定不矛盾的货物统称。

提单货物描述栏目一般不显示货物的规格型号，只列示出商品的笼统名称即可，比如 Men's Shirts, Lingerie, Girls' Vests, Boys' Jackets; Automobile Brakes, Windshield Glass for Auto – Mobiles; Computers, Televisions, CD Players, Tape Recorders, Phones; Dolls,

Remote-Control Cars 等。

13. Gross Weight（毛重）

货物的毛重，单位为 KGS（千克），应与其他单据保持一致。

14. Measurement（体积）

货物的总体积，单位为 CBM（立方米），应与其他单据保持一致。

15. Total No. of Containers or Packages（in Words）（集装箱或包装的大写总数量）

此栏目为英文大写，内容应与上述栏目 11 和 12 一致。

16. Freight Prepaid/Collect（运费预付或到付）

贸易术语为 FAS、FOB 时，运费由进口方支付，提单应注明"FREIGHT COLLECT"，即运费到付；贸易术语为 CFR、CIF 时，运费由出口方支付，提单应注明"FREIGHT PREPAID"，即运费预付。

17. Number of Original B(s)/L（正本提单数量）

此栏目一般注明 THREE（3），表示共签发 3 份正本提单。正本提单都注明"ORIGINAL"，并声明"NOT NEGOTIABLE UNLESS CONSIGNED TO ORDER"。每份正本提单都可以提货，一份提货后，其余作废。

提单通常是 3 正 3 副。托运人可以根据合同或信用证的要求向承运人申请多份副本提单（Copy）。

18. Place and Date of Issue（提单签发地点和日期）

签发地点为装运港，签发日期一般与装运日期相同，也有在装运日期后 2～3 天。如果提单未注明装运日期，则本栏目的签发日期就视同装运日期。

19. Stamp and Signature（提单签发单位盖章和负责人签字）

提单签发有两种情况。

（1）承运人签发。

实际承运人、船长和无船承运人签发的提单是 Master B/L，即承运人提单，或称为船东提单。由于各国政府对承运人管理较为严格，Master B/L 在国际贸易中的接受度较高。

本栏目一般注明签发人的身份为"AS CARRIER"。

（2）货代签发。

由货运代理企业以承运人代理的身份签发的提单是 Freight Forwarder's B/L，或 House B/L，即货代提单。在国际贸易实践中，货代提单应用广泛，但造假案例频发，因此有的进口方拒绝接受货代提单。

本栏目一般注明签发人的身份为"AS AGENT FOR THE CARRIER"。

20. 常见批注项目

（1）承运人批注。

在提单 Description of Goods 栏目下方的空白地方，承运人一般会根据习惯做法，打印上以下信息：

"SAID TO CONTAIN"（STC）：一般置于货物信息之前，表示承运人对货物信息不知情，表达了"据说集装箱内装载以下货物"的意思，具有免责含义。

"SHIPPER'S LOAD, COUNT, STOW AND SEAL"：一般置于空白处，表示所有货物由托运人装箱、计数、整理并封箱，表达了承运人对提单所载货物完全不知情的意思，具有免责含义。

"SHIPPED ON BOARD AND DATE"：一般在空白处打印或盖章，注明具体日期，表明货已装船。该批注非常重要。

（2）托运人要求的批注。

托运人一般会根据合同或信用证的要求在提单上增加相关文字说明，比如注明"FREIGHT COLLECT"，信用证编号（L/C No.），合同号（S/C No.），原产地（Made in China），货物的海关编码（HS Code）等。

托运人必须认真审核合同和信用证的要求，以保证提单的各个栏目内容全部符合相关要求。

（四）提单种类

根据《海商法》对提单的定义，提单抬头栏目的差异，背面提单条款的有无，以及提单签发人的不同，前面已经对备运提单和已装船提单、记名提单和指示提单等、全式提单和简式提单、船东提单和货代提单做了讲解，下面将对其他提单类型进行讲解。

1. 清洁提单（Clean B/L）

（1）清洁提单的概念。

清洁提单，是指承运人确认货物在装船时外表状况良好（In Apparent Good Order and Condition），未批注任何货损、包装不良或有其他有碍结汇信息的提单，即无批注水湿、油渍、污损、破损、锈蚀、渗漏、变形等不良外观信息的提单。清洁提单为已装船提单。

国际贸易中，进口方一般只接受 Clean on Board B/L，即清洁已装船提单。如果提单上有关于外观不良的批注，则进口方会以提单不清洁（Unclean）为由拒绝收货和付款。不清洁提单只是注明了外观的不良信息，内在货物质量是否受损，受损程度和数量难以确定，进口方拒绝接受不清洁提单是为了避免遭受不可控的损失。

进口方凭清洁提单提货后发现货物外包装受损严重，如果能够证实在装船时外包装已经受损，则可以向承运人索赔，因为承运人违规签发清洁提单。承运人为推卸签发清洁提单的责任，多年来大部分提单上都注明了"SHIPPER'S LOAD, COUNT, STOW AND SEAL"或类似表述，承运人以此声明其对货物装船时外观状况不知情不负责，因此带有此类表述的提单即使为清洁提单，其所载货物在装船时的实际状况仍然难以确定。

（2）信用证结算方式下对清洁提单的操作。

通常船公司的提单，如果不加任何不良批注，就表明该提单是清洁已装船提单，船公司通常不会注明"CLEAN"字样。一般信用证中都会要求"FULL SET OF MARINE CLEAN ON BOARD B/L"（全套的清洁已装船提单），大多数开证银行不要求提单上显示"CLEAN"字样，但有的开证银行认为提单中必须有 CLEAN 字样，否则即为不符点。

如信用证要求"B/L MARKED CLEAN ON BOARD"，则提单上必须出现"CLEAN ON BOARD"字样，此处"MARKED"是"标记、注明"的意思。

2. 联运提单（Combined Transport B/L，Through B/L）

联合运输（Combined Transport）是指托运人一次委托，由两家以上运输企业或用两种以上运输方式共同将某一批物品运送到目的地的运输方式。

联合运输与多式联运不同，联合运输中每段运输的承运人单独签发运输单据。联运提单是联合运输中海洋运输承运人签发的海运阶段的提单，与普通海运提单基本没有区别。

3. 电放提单

电放提单是承运人应托运人请求，不签发正本提单或收回正本提单后，向托运人交付的印有"Surrendered"或"Telex Release"字样的提单。电放提单不具有物权凭证的属性，承运人无须签章。

电放（Telex Release，Fax Release，Surrendered），是相对于凭正本提单放货而言的一种放货模式，是指承运人在目的港不凭提单而凭托运人电传或者传真指示交付货物的操作方式。

电放时，承运人根据托运人的要求，以快捷的通信方式（包括传真、电报、电子邮件等）通知其目的港的代理人，将货物交付给托运人指定的人而无须收回正本提单。

在实际业务操作中，托运人均需要填写《电放保函》（Telex Release Requisition），申请将提单上的货物直接放给收货人，声明收货人无须提供正本提单，并承担由此引起的一切责任、损失、费用和风险。

托运人在收到提单前或收到提单后都可以申请电放，具体如下：

（1）未收到正本提单。承运人尚未签发正本提单，托运人提出电放申请后，承运人可直接向托运人交付电放提单。托运人将收到的电放提单电子版发送给收货人，收货人凭打印件提货。

（2）已收到正本提单。托运人须将全套正本提单退还承运人，并对指示提单背书。后续流程与未收到正本提单情形相同。

出口方应在收到全部货款后，再决定申请电放，否则会增加交易风险。

4. 预借提单（Advanced B/L）

预借提单是指货物尚未装船，或货物已由承运人接管但尚未装上船时承运人签发的已装船提单。

采用FCA术语时，如果合同或者信用证规定出口方需提交已装船提单，但是出口方在内陆城市将货物交付给进口方指定的承运人，此时承运人一般不愿意签发已装船提单，因为货物尚未完成装船。根据Incoterms® 2020的规定，此种情况下，进口方应要求承运人在内陆接货物后签发已装船提单，以协助出口方顺利交单，此时的提单即为预借提单。

5. 过期提单（Stale B/L）

过期提单是指出口商取得提单后未能及时交到银行，或过了银行规定的交单期限未议付的提单，习惯上也称为滞期提单。通常只有采用信用证付款方式时，才会存在过期提单的问题。所谓的过期，并不影响提单的法律属性，过期提单仍然是物权凭证和提货凭证。

根据UCP600，所有正本运输单据，必须由出口方或其代表按照相关条款在不迟于装运日后的21个公历日内提交，但无论如何不得迟于信用证的到期日。国际贸易中的信用证规定的交单期都短于21天。

常见提单类型如表7-10所示。

表 7-10　常见提单类型

分类	提单类型	英文名称	核心特征
是否能提货	正本提单	Original	物权凭证 提货凭证 可转让
	副本提单	Copy	信息记录
是否已装船	已装船提单	On Board	物权凭证 提货凭证
	备运提单	Received for Shipment	不被接受
抬头栏的不同	记名提单	Straight	提货凭证 不可转让
	指示提单	Order	物权凭证 可转让
	不记名提单	Bearer	可转让 风险大
签发单位不同	船东提单	Master	信誉度高
	货代提单	Forwarder	信誉度低 无单放货
货物外表不良记载	清洁提单	Clean	普遍接受
	不清洁提单	Unclean	不被接受
有无背面条款	全式提单	Long Form	普遍接受
	简式提单	Short Form	不被接受
承运人责任	联运提单	Combined Transport	涵盖一段运输
	多式联运提单	Multimodal Transport	涵盖全程
替换正本提单	电放提单	Telex Release	不是提单 有风险
签发日期早于装船日期	预借提单	Advanced	货未装船 有风险
交单晚于规定日期	过期提单	Stale	影响收汇 不影响提货

（五）提单风险

提单在国际贸易中应用广泛，但也存在多种提单风险，进出口双方均应注意。

1. 进口方风险

进口方的提单风险主要来自出口方提交了虚假提单。虚假提单主要包括伪造提单、篡改提单、倒签提单等。

伪造提单是指出口方单方或与货代协同虚构承运人或装运信息的提单，通过提交伪造提单可以达到相符交单骗取进口方付款的目的。随着各大航运公司和集装箱企业均开通了在线货物跟踪服务，托运人和收货人均可以随时利用提单所记录的提单号和集装箱号对货物运输情况进行交接，目前纯粹造假的提单越来越少。

篡改提单是指出口方协同货代对提单的一些不良批注进行篡改的提单，主要是货代应出口方要求，删除货物外观不良批注而签发清洁提单。进口方在提货后发现货物受损，如保险公司拒赔，且难以向货代和出口方索赔，则将承受损失。

倒签提单是指承运人或货代批注的装船日期早于实际装船日期的已装船提单，比如提单表明注明"ON BOARD DATE 11/22/2023"，但实际上货物的装船日期为2023年11月23日。由于各种原因，出口方无法按照合同或信用证规定日期前完成装运，为了顺利收汇，出口方以出具保函的方式向承运人或货代要求将批注装船日期提前，以达到符合规定的目的。进口方如果怀疑提单倒签，可以要求货代或承运人查船长日志，如确定倒签，则可以向承运人或货代或出口方进行索赔。

2. 出口方风险

出口方的风险主要发生在国际贸易合同采用FOB术语时，进口方指定承运人和装运港货代，出口方根据进口方的指示与货代联系后，难以掌握相关主动权。进口方指定的货代签发提单并交付出口方后，存在着货代或承运人无单放货的风险，即出口方仍然持有货代签发的货代提单，但是货代将承运人签发的船东提单交付给进口方，进口方在目的港完成提货，对于出口方而言就是无单放货。

无单放货的发生一般都涉及进口方与指定货代或承运人之间的勾结串通，为避免无单放货情形的发生，中国出口企业应坚持进口方指定中国境内货代或经中国交通部备案的货代和承运人，这样一旦发生无单放货，可以在境内起诉提单签发人，最大程度降低损失。

（六）海运提单样本和出口托运委托书样例

中华航运网（https://www.chineseshipping.com.cn）"提单查询"栏目可以下载所有在华注册海运承运人的提单样本。

| 地中海航运公司提单 | 长荣英国班轮提单 | 德国赫伯罗特班轮提单 | 法国达飞班轮提单 | 电放提单 |

1. 中远海运班轮提单样本

公司名称：中远海运集装箱运输有限公司

英文名称：COSCO SHIPPING LINES CO., LTD.

COSCO SHIPPING 中远海运集装箱运输有限公司 COSCO SHIPPING LINES CO., LTD.		TLX: 33057 COSCO SHIPPING FAX: +86(21) 65458984	
1. Shipper Insert Name Address and Phone/Fax.		Booking No.	Bill of Lading No.
		Export References	
2. Consignee Insert Name Address and Phone/Fax.		Forwarding Agent and References FMC/CHB No.	
		Point and Country of Origin:	
3. Notify Party Insert Name Address and Phone/Fax. (It is agreed that no responsibility shall attach to the Carrier or his agents for failure to notify.)		Also Notify Party-routing & Instructions	
4. Combined Transport* Pre-Carriage by	5. Combined Transport* Place of Receipt		
6. Ocean Vessel Voy. No.	7. Port of Loading	Service Contract No.	Commodity Code
8. Port of Discharge	9. Combined Transport* Place of Delivery	Type of Movement	

Marks & Nos. Container / Seal No.	No. of Container or Packages	Description of Goods (If Dangerous Goods, See Clause 20)	Gross Weight	Measurement

Declared Cargo Value US$
10. Total Number of Containers and/or Packages (in words)
Subject to Clause 7 Limitation

11. Freight & Charges	Revenue Tons	Rate	Per	Amount	Prepaid Collect	Freight & Charges Payable at / by

Received in external apparent good order and condition except as otherwise noted. The total number of the packages or units stuffed in the container, the description of the goods and the weights shown in this Bill of Lading are furnished by the merchants, and which the carrier has no reasonable means of checking and is not a part of this Bill of Lading contract. The carrier has issued original Bills of Lading, all of this tenor and date, one of the original Bills of Lading must be surrendered and endorsed or signed against the delivery of the shipment and whereupon any other original Bills of Lading shall be void. The merchants agree to be bound by the terms and conditions of this Bill of Lading as if each had personally signed this Bill of Lading.
* Applicable Only When Document Used as a Combined Transport Bill of Lading.
Demurrage and Detention shall be charged according to the tariff published on the Home page of LINES.COSCOSHIPPING.COM. If any ambiguity or query, please search by "Demurrage & Detention Tariff Enquiry". Other services and more detailed information, please visit LINES.COSCOSHIPPING.COM.

| 9805 Date of Issue | Place of Issue | Date Laden on Board
Signed by: |
| | | Signed for the Carrier, COSCO SHIPPING LINES CO., LTD. |

2. 出口托运委托书样本（见图7-1）

货物出口委托书
APPLICATION FOR EXPORT GOODS

合同号： CORNTRACT NO. DEABC000000			委托编号： ENTRUSTING NO.	DEABC000000		
标记号码 MARKS & NO.S	件数 NO.OF PCS	包装 PACKING	货名 DESCRIPTION OF GOODS	重量 WEIGHT		
LAMINATE FLOORING	1200	PAPER CARTON	强化地板 LAMINATE FLOORING (HS: 4411131900)	毛重:20 282 千克/柜 GROSS: 集装箱数: 1*20GP		
受托人：				装船期限 DATE OF SHIPMENT		
委托人：SHIJIAZHUANG YUNL DECORATION MATERIAL CO., LTD ADD: NO.47 XUEFU ROAD, XINHUA DISTRICT, SHIJIAZHUANG, HEBEI, CHINA				可否转船 TRANSHIPMENT		NO
收货人： ABC ADD: XXXXXX				可否分批 PARTIAL SHIPMENT		NO
装货港： QINGDAO , CHINA PORT OF LOADING			卸货港： BANGKOK PAT, THAILAND PORT OF DISCHARGING	提单份数 COPIES OF B/L	3 正 ORIGINAL 3	3 副 COPY 3
通知人名称及地址 NOTIFY PARTY & FULL ADDRESS		SAME AS CONSIGNEE	是否需列入正本 WHETHER TO BE FILLED IN ON ORIGINAL B/L YES	运费支付 FREIGHT	FREIGHT PREPAID	
备注 REMARKS	1. 若货在港口出现货柜未能及时上船，或其他船走货未走等现象由此而产生的一切损失均由受托人承担 2. 申请目的港14天免箱使+堆存 3. 装箱工厂所在地：			联系人： TEL:		

图7-1 出口托运委托书样本

二、其他运输单据

其他运输单据名称中均不包含 Bill of Lading，因此均不具有物权凭证的属性，不能制作为指示性抬头，收货人栏（Consignee）必须填写具体的收货人信息，不能背书转让（Non-Negotiable），不能提货，主要的功能是证明出口方完成了货物的装运。

（一）海运单（Sea Waybill）

海运单，是指证明海上货物运输合同和承运人接收货物或者已将货物装船的不可转让的运输单据。海运单规定收货人无须凭正本单据，只需凭到货通知并出示适当的身份证明，就可以提取货物。

在相关目的港针对海运单无签发限制的条件下，承运人（货代）可根据托运人申请签发海运单，为避免交易风险，海运单收货人一般应是跨国公司、母子公司，或无船承运人，或者所签署的国际贸易合同规定需要出具海运单。

1. 与海运提单的区别

海运单与提单都是海运实务中最常用的运输单据，两者在正面各栏目格式、内容和缮制方法上基本相同，区别主要表现在五个方面。

第一，形式上的差别：单据名称不同，且海运单都明确印有"NON-NEGOTIABLE"（不可转让），Consignee（收货人）栏必须填写具体的收货人，而提单除记名提单外，都印有"NEGOTIABLE"。

第二，法律地位上的差别：海运单不是物权凭证，出口人控制海运单没有意义。

第三，功能上的差别：海运单不能作为提货凭证，收货人凭身份证明和到货通知提货。

第四，流通性上的差别：提单可以指示提单形式，通过背书流通转让，而海运单不可以流通转让。

第五，实务操作上的差别：海运单认"人"不认单，提单认单不认"人"。

2. 海运单的主要应用情形

使用海运单的情形也可以采用电放提单的方式进行操作。通常情况下，海运单主要适用于以下几种情形。

第一，贸易双方为跨国公司内部关联公司或供应链关联企业，彼此间有资本纽带，不存在欺诈问题。

第二，贸易双方长期合作，彼此相互充分信赖。

第三，出口方同意赊销，或进口方同意预付款等支付方式。

第四，近洋航线中，为避免货已到港因提单尚未寄出而增加滞港时间，可以申请海运单。

（二）铁路运单（Rail Waybill）

1. 国际货协运单，国际货约运单与统一运单

中国是《国际铁路货物联运协定》（国际货协）的缔约方，因此中国跨境运输的铁路

运单以"国际货协运单"（SMGS 运单）为主，主要适用于经阿拉山口、满洲里、二连浩特、绥芬河、霍尔果斯铁路口岸开行的中国至欧洲国家及返程方向的集装箱列车。截至 2023 年 6 月，国际货协有 29 个缔约方，跨欧亚大陆，以东欧、中亚、西亚以及东北亚等国家为主。

除国际货协外，《国际铁路货物运送公约》（国际货约）是另一个重要的跨欧亚大陆的铁路运输协定，截至 2023 年 6 月有 52 个缔约方，包括了欧洲的大部分国家，以及部分北非和中东国家，其中保加利亚、波兰、乌克兰以及伊朗等多国既是国际货约的缔约方，也是国际货协的缔约方。

国际货协运单（SMGS 运单）与国际货约运单（CIM 运单）虽然分别适用于各自协定的缔约方，内容设置存在差异，但两种运单仍有运输单据的共同属性。

第一，两种运单都是运输合同凭证，证明承运人和托运人的权利义务关系。

第二，两种运单作为交货凭证，是货交承运人的初步证据。

第三，两大协定都明确运单非物权凭证，不具有流通属性。

为了促进两个协定缔约方之间顺利高效开展跨境铁路运输，简化国际铁路联运手续，国际货约与国际货协各自所属组织共同推出了"国际货约/国际货协运单"（CIM-SMGS Waybill），简称"统一运单"，于 2006 年 7 月首先在乌克兰进行了试行。

2012 年 10 月 31 日，我国首次通过重庆中欧班列（渝新欧）集装箱试验列车，采用了"国际货约/国际货协运单"统一运单，并于 11 月 16 日到达德国杜伊斯堡，试验取得了圆满成功。但由于统一运单仍然存在各种问题，目前我国中欧班列运输仍以签发国际货协运单为主。

2. 国际货协运单（SMGS 运单）的内容

国际货协运单一般为中文和俄文，由发货人（Отправитель）编制及签字（Подпись）后提交给缔约承运人（договорного перевозчика）。完整的货协运单由一整套票据包括带编号的 6 张和必要份数的补充运行报单组成。

（1）六联的功能。

第一联：运单正本（给收货人），俄文 Оригинал накладной（Для получателя）。此联运单随同货物至到达站，并连同第六联和货物一起交给收货人。

第二联：运行报单（给向收货人交付货物的承运人），俄文 Дорожная ведомость（для перевозчика, выдающего груз получателю）。此联运单随同货物至到达站，并留存到铁路目的地。

第三联：货物交付单（给向收货人交付货物的承运人），俄文 Лист выдачи груза（для перевозчика, выдающего груз получателю）。此联同第二联一样，随同货物至到达站，并留存到铁路目的地。

第四联：运单副本（给发货人），俄文 Дубликат накладной（для отправителя）。运输合同缔结后，交给发货人。用于运输合同签订、外汇核销等，是平时业务操作最常见的一联。

第五联：货物接收单（给缔约承运人），俄文 Лист приёма груза（для договорного перевозчика）。一般是发运承运人，即是发运铁路。

第六联：货物到达通知单（给收货人），俄文 Лист уведомления о прибытии груза（для получателя）。随同货物运至到达站，并连同第一联和货物一起交给收货人。作为收货人进口报关文件。

运行报单（补充），俄文 Дорожная ведомость（дополнительный экземпляр）。给接续承运人，即给货物运送途中的承运人（将货物交付收货人的承运人除外）。

其中第一、二、四、五各联的背面均为"计算运送费用的各项——Разделы по расчёту провозных платежей"，第三、六联背面均为承运人记载——Отметки перевозчик、商务记录——Коммерческий акт、运到期限延长——Удлинение срока доставки、货物移交记载——Отметки о передаче груза、通过国境站的记载——Отметки о проследовании пограничных станций 各栏目。

（2）运单内容。

国际货协第十五条规定，运单中应记载下列事项：

①发货人名称及其通信地址。
②收货人名称及其通信地址。
③缔约承运人名称。
④发送路及发站名称。
⑤到达路及到站名称。
⑥国境口岸站名称。
⑦货物名称及其代码。
⑧批号。
⑨包装种类。
⑩货物件数。
⑪货物重量。
⑫车辆；集装箱；号码；运送货物的车辆由何方提供；发货人或承运人。
⑬发货人附在运单上的添附文件清单。
⑭关于支付运送费用的事项。
⑮封印数量和记号。
⑯确定货物重量的方法。
⑰缔结运输合同的日期。

3. 国际货约/国际货协运单的内容

为促进国际货约/国际货协运单（统一运单）应用，简化中欧班列国际铁路联运手续，根据铁路合作组织运输法专门委员会有关决议，国家铁路局组织不断完善《国际铁路货物联运协定》附件第6号《国际货约/国际货协运单指导手册》，目前已更新至2022年7月版，可网络搜索下载阅读详细内容。

4. 中欧班列运单与物权凭证

随着中欧班列（渝新欧）的成熟，以及重庆自贸试验区建设的推进，重庆开始探索铁路提单模式，于2017年12月由重庆物流金融公司联合一家大型的物流企业签发了全球首张铁路提单,赋予了铁路运输单据物权凭证的属性。该铁路运单承运货物是重庆终极汽车贸易有限公司从德国进口的 15 万欧元的汽车,与之对应的是重庆终极汽车贸易有限公司向本地工商银行重庆分行申请开立了全球首份铁路提单国际信用证。

重庆政府积极推动本地企业、铁路部门和金融机构密切合作推动铁路运单物权凭证化,随着业务不断发展,开始得到中央政府的大力支持。

2018 年 11 月,国务院下发《国务院关于支持自由贸易试验区深化改革创新若干措施的通知》,支持有条件的自贸试验区研究和探索赋予国际铁路运单物权凭证功能,将铁路运单作为信用证议付票据,提高国际铁路货运联运水平。

2021 年 8 月,国务院发布《关于推进自由贸易试验区贸易投资便利化改革创新的若干措施》,指出逐步探索铁路运输单证、联运单证实现物权凭证功能。积极研究相关国际规则的修改和制定,推动在国际规则层面解决铁路运单物权凭证问题。

2022 年 8 月,中国银保监会办公厅和商务部办公厅发布《关于开展铁路运输单证金融服务试点更好支持跨境贸易发展的通知》,指出银行应注重分析铁路运输单证控制关联货物的实现方式,关注基于现有法律框架下的相关合同条款能否确保银行有效控货。支持银行与铁路承运人、货运代理人、仓储物流公司、外贸企业等订立合同,明确各方权利义务,确保铁路运输单证作为提货凭证的唯一性和可流转性。

知识库

首例铁路提单纠纷案

2020 年 6 月 30 日,重庆两江新区人民法院(重庆自由贸易试验区人民法院)对于铁路提单持有人提起的物权纠纷案做出判决,确认货物所有权归属提单持有人,并支持其提取货物的请求。该案判决为铁路提单的法律效力认定首开司法裁判之先河。

1. 案件基本事实。2019 年 2 月,英飒(重庆)贸易有限公司(以下简称英飒公司)进口汽车,与货运代理方(缔约承运人)中外运公司和融资担保方重庆物流金融公司协议约定由货代方向外国出口商签发铁路提单作为提货凭证。英飒公司交付货款后取得铁路提单,并将货物转卖给重庆孚骐汽车销售有限公司(以下简称孚骐公司),同时交付了铁路提单。但孚骐公司持铁路提单提货时却遭到拒绝,遂起诉承运方,要求确认其享有货物所有权并交付货物。

2. 裁判结果及理由。该院认为,通过铁路提单流转来实现货物流转在物权法上有法律支撑(本案发生时民法典尚未施行),符合物权法关于指示交付的规定。市场主体在国际铁路货物运输过程中约定使用铁路提单,并承诺持有人具有提货请求权,系创设了一种特殊的指示交付方式,即商业主体之间通过交付铁路提单来完成指示交付,从而以铁路提单的流转代替货物流转,该做法不违反法律、行政法规的强制性规定和社会公共利益,故合法有效。此种新型指示交付的特殊之处在于相关市场主体采用协议约定+流转铁路提单(包括交付和背书两种方式)代替传统的协议+通知方式,加之铁路提单签发人通过最初的三方协议做出了"见单即付"承诺。在此前提下,铁路提单可以持续流转,这种预设的交付规则使铁路提单具有了一定的流通性,铁路提单的合法持有人有权要求提取货物。本案中，孚骐公司与英飒公司之间交付铁路提单构成指示交付，系提货请求权的转让，应视为完成车辆交付。结合两公司签订的车辆买卖合同基础法律关系，孚骐公司取得车辆所有权。该院依法支持商业创新，判决确认原告享有铁路提单项下车辆的所有权，被告向原告交付车辆。宣判后，当事人均未上诉，判决已生效。

3. 裁判规则提炼。该案提出了以下裁判规则：第一，铁路提单及相应的运输交易，是依托中欧班列推进"一带一路"国际陆上贸易产生的新商业模式。在不违反法律、行政法规的强制性规定和社会公共利益的前提下，应尊重当事人意思自治并依法保障交易安全。第二，国际贸易各方约定缔约承运人签发国际铁路提单并明确铁路提单持有人具有提货请求权的，转让铁路提单应视为提货请求权的转让，属于特殊形式的指示交付。第三，通过在铁路提单上背书方式完成指示交付的，交易各方均应在铁路提单上背书，以确保交易安全。

（引自：贾科. 从首例铁路提单纠纷案看陆上国际贸易规则的新探索［N］. 人民法院报，2022-03-31.）

（三）空运单（AWB，Air Waybill）

空运单，又称航空运单和航空货运单。通俗而言，空运单是由托运人和承运人共同签章确认的由承运人承诺通过指定航班完成货物运输的运输单据。需要注意的是，目前空运单一般均为电子运单，均无双方签章，如客户需要纸质空运单，可在航空公司系统下载PDF运单打印后使用。

1. 空运单的独特属性

空运单具有与其他运输单据相同的部分属性，比如空运单不是物权凭证，不能提货，是承运人接收货物的收据，是报关的文件等，除此之外，空运单还具有一些独特的属性。

（1）空运单由托运人填写。

根据《中华人民共和国民用航空法》（以下简称《民用航空法》）（2021年修订），承运人有权要求托运人填写航空货运单，托运人有权要求承运人接受该航空货运单。承运人根据托运人的请求填写航空货运单的，在没有相反证据的情况下，应当视为代托运人填写。

实践中，通常是航空公司或其代理人根据托运人提交的《航空货运托运书》等进行空运单的制作，但法律责任仍属于托运人。

（2）空运单需要托运人和承运人双方签章。

根据《民用航空法》（2021年修订），托运人应当填写航空货运单正本一式三份，连同货物交给承运人。航空货运单第一份注明"交承运人"，由托运人签字、盖章；第二份注明"交收货人"，由托运人和承运人签字、盖章；第三份由承运人在接收货物后签字、盖章，交给托运人。

提单中只有承运人或其代理签章，铁路运单中只注明发货人签章，而空运单形式上要求托运人和承运人共同签章。

（3）空运单是运输合同的证据。

根据《民用航空法》（2021年修订），航空货运单是航空货物运输合同订立和运输条件以及承运人接收货物的初步证据。

根据上述规定，虽然托运人和承运人均在空运单上签章，但是空运单并不是运输合同本身，而是运输合同订立的初步证据。

因此严格意义上，空运单是指托运人为在承运人的航班上运输货物，由托运人或其委托承运人填制的证明二者之间订立运输合同的初步证据。

（4）空运单具有保险单的功能。

空运单设有保险栏目，托运人可以根据需要决定是否委托承运人办理保险，如果填写相关保险栏目，则空运单具有了保险单的相关属性。

2. 空运单的构成

一套空运单包括三份正本（Original），六份副本（Copy）和三份承运人专用额外副本（Extra Copy for Carrier）共十二份，或称十二联。各联内容完全相同，只是颜色有差异并且每联最下方分别印制各自的用途。

ORIGINAL 1（FOR ISSUING CARRIER），文字和表格为绿色；

ORIGINAL 2（FOR CONSIGNEE），文字和表格为粉色；

ORIGINAL 3（FOR SHIPPER），文字和表格为蓝色；

COPY 4（DELIVERY RECEIPT），文字和表格为黄色；

COPY 5（FOR AIRPORT OF DESTINATION），5~12联文字和表格为均为黑色；

COPY 6（FOR THIRD CARRIER）；

COPY 7（FOR SECOND CARRIER）；

COPY 8（FOR AGENT）；

COPY 9（FOR FIRST CARRIER）；

COPY 10（EXTRA COPY FOR CARRIER）；

COPY 11（EXTRA COPY FOR CARRIER）；

COPY 12（EXTRA COPY FOR CARRIER）。

各联均印有 Not Negotiable 和 Copies 1, 2 and 3 of this Air Waybill are Originals and have the same validity，以明确空运单不可转让的属性以及三份正本具有相同的法律效力。当没有转机时，无须签发"COPY 6（FOR THIRD CARRIER）""COPY 7（FOR SECOND CARRIER）""COPY 9（FOR FIRST CARRIER）"三联。

三份正本的用途互有差异。粉色的第二联"ORIGINAL 2（FOR CONSIGNEE）"将随货同行，在货物到达目的地后由承运人交付给收货人。采用信用证支付方式时，如果信用证要求出口方提交全套正本空运单（Full Set of Original Air Waybill）时，根据ISBP745，出口方作为受益人只需提交一份蓝色的第三联"ORIGINAL 3（FOR SHIPPER）"即可。

空运单每份都印有背面条款（Conditions of Contract），规定了托运人和承运人之间的权利和责任。

3. 空运单的内容

空运单的主要栏目包括：

（1）Air Waybill Number：空运单编号。

（2）Shipper's Name and Address：托运人名称和地址等信息，一般为出口方。

（3）Consignee's Name and Address：空运单不是物权凭证，收货人栏必须写明具体收货人的名称和联系方式，不得制作成"To Order"等指示性抬头。一般写进口方的信息，如果出口方对进口方信用有怀疑，可以填写出口方在目的地的代理人，代为收货后，再联系进口方付款后交货。

（4）Airport of Departure：始发站机场。

（5）To（by first Carrier）：首程目的机场。

（6）By first Carrier：首程承运人。

（7）To（by Second Carrier）：第二程目的机场。

（8）By（Second Carrier）：第二程承运人。

（9）Currency Code：运费货币代码。

（10）Declared Value for Carriage：声明价值。

（11）Declared Value for Customs：向海关申报价值。

（12）Airport of Destination：目的地机场。

（13）Amount of Insurance：保险金额。如果不委托承运人保险，则填写 NIL。

（14）Number of Pieces/RCP：件数（分行填写，每类商品）。

（15）Gross Weight：毛重（分行填写，每类商品）。

（16）Rate Class：运费级别。

（17）Chargeable Weight：计费重量。

（18）Nature and Quantity of Goods：货物描述，需要与合同或信用证规定相符，且各单据间不矛盾。

（19）Total Number of Pieces：总件数。

（20）Total Gross Weight：总毛重。

（21）Total（Charges）：总运费。

（22）Total Prepaid Amount：总预付运费。

（23）Signature of Shipper or His Agent：托运人盖章，签字。

托运人签章栏目列有一段声明文字：

Shipper certifies that the particulars on the face hereof are correct and that insofar as any part of the consignment contains dangerous goods, such part is properly described by name and is in proper condition for carriage by air according to the applicable Dangerous Goods Regulations.

其意思为：托运人确认本文件正面所列细节是正确的，还确认只要托运货物的任何部分包含有危险品，则均已对所有危险品的名称做了正确的列示，并且根据适用的《危险货物条例》，所有危险品部分均处于适航状态。

（24）Signature of Issuing Carrier or Agent：承运人或代理盖章，签字。

（25）Execution Date and Place：出具日期和地点。

该出具日期将被视为装运日期（On Board Date），除非空运单含有注明实际装运日期的特定批注。

4. 空运单样本（见图 7-2）

Shipper's Name and Address
Shipper's Account Number

Not negotiable
Air Waybill
Issued by

Copies 1, 2 and 3 of this Airwaybill are originals and have the same validity

Consignee's Name and Address
Consignee's Account Number

It is agreed that the goods described herein are accepted in apparent good order and condition (except as noted) for carriage SUBJECT TO THE CONDITIONS OF CONTRACT ON THE REVERSE HEREOF. ALL GOODS MAY BE CARRIED BY ANY OTHER MEANS INCLUDING ROAD OR ANY OTHER CARRIER UNLESS SPECIFIC CONTRARY INSTRUCTIONS ARE GIVEN HEREON BY THE SHIPPER, AND SHIPPER AGREES THAT THE SHIPMENT MAY BE CARRIED VIA INTERMEDIATE STOPPING PLACES WHICH THE CARRIER DEEMS APPROPRIATE. THE SHIPPER'S ATTENTION IS DRAWN TO THE NOTICE CONCERNING CARRIER'S LIMITATION OF LIABILITY. Shipper may increase such limitation of liability by declaring a higher value for carriage and paying a supplemental charge if required.

Issuing Carrier's Agent Name and City
Accounting Information

Agent's IATA Code
Account No.

Airport of Departure (Addr. of first Carrier) and requested Routing
Reference Number
Optional Shipping Information

to | By first Carrier | Routing and Destination | to | by | to | by | Currency | CHGS Code | WT/VALL PPD COLL | Other PPD COLL | Declared Value for Carriage | Declared Value for Customs

Airport of Destination
Requested Flight / Date
Amount of Insurance
INSURANCE - If Carrier offers insurance, and such an insurance is requested in accordance with the conditions thereof, indicate amount to be insured in figures in box marked 'Amount of insurance'.

Handling Information
SCI

No. of Pieces RCP	Gross Weight	kg lb	Rate Class Commodity Item No.	Chargeable Weight	Rate / Charge	Total	Nature and Quantity of Goods (incl. Dimensions or Volume)

Prepaid | Weight Charge | Collect
Other Charges
Valuation Charge
Tax
Total Other Charges Due Agent
Shipper certifies that the particulars on the face hereof are correct and that insofar as any part of the consignment contains dangerous goods, such part is properly described by name and is in proper condition for carriage by air according to the applicable Dangerous Goods Regulations.
Total Other Charges Due Carrier
Signature of Shipper or His Agent
Total Prepaid | Total Collect
Currency Conversion Rates | CC Charges in Dest. Currency
Executed on (Date) | at (Place) | Signature of Issuing Carrier or its Agent.
For Carriers Use only at Destination | Charges at Destination | Total Collect Charges

ORIGINAL 3 (FOR SHIPPER)

图 7-2 空运单样本

5. 空运单的分类

航空运单主要分为两大类：

（1）航空主运单（Master Air Way Bill，MAWB）。

凡由航空公司签发的空运单称为主运单。航空公司一般只向货代企业或大客户签发主运单。

（2）航空分运单。

航空分运单（House Air Way Bill，HAWB）是由航空货运代理企业在办理集中托运业务时签发给各托运人的运单。通常情形下，托运人通过航空货运代理办理货物空运，从而获得由航空货代签发的分运单。由于主运单和分运单均不是提货凭证和物权凭证，因而在国际贸易实践中，进口方在主运单和分运单之间没有偏好，且由于托运人更多通过航空货代办理空运，导致航空分运单使用更加广泛。

航空货运代理将接受委托的货物向航空公司办理大宗货物托运，航空公司向货代签发主运单，并且货代作为大客户可获得较低运价。

（四）多式联运单据（Multimodal Transport Document）

根据《民法典》，多式联运经营人收到托运人交付的货物时，应当签发多式联运单据。按照托运人的要求，多式联运单据可以是可转让单据，也可以是不可转让单据。

多式联运方式包括海运时，多式联运经营人可以签发可转让的多式联运提单，相关法律赋予其物权凭证的属性。当多式联运方式不包括海运时，多式联运经营人只能签发不可转让的多式联运单据。不论多式联运单据是否可以转让，该单据都是涵盖全程运输的单一运输单据，多式联运经营人作为单据签发人对运输全程负责。

Combined Transport Document 是联合运输单据，可以是同种运输方式之间的转运，也可以是包括多种运输方式的联合运输，但一般其签发人不对全程运输负责，这与多式联运单据有着较大的区别。

（五）快递收据和邮政收据

托运人通过国际快递经营人或中国邮政发送快递或邮件时，需要填写相关快递或邮寄单，在快递企业或中国邮政审核无误后，会给予托运人一份快递或邮寄收据（Courier Receipt，Post Receipt，Express Receipt）。

快递收据和邮政收据均不是提货凭证，记名收件人凭到货通知和身份证明提货，一些小件物品或文件会快递至收件人地址。在采用信用证付款的贸易实践中，进口方通常会设立信用证条款要求出口方提交快递收据，以证明其在规定时间内向进口方快递了相关文件，比如一份正本提单，部分单据的一份正本，或所有单据的复印件或副本等。

采用电汇方式时，出口方应自付费用将所有单据等文件材料快递给进口方，此时的快递收据主要用于存档，无其他用途。

综合案例

1. 租船关系。

中国香港WTD船务公司与隆运（百慕大）有限公司签订了期租合同，约定：出租人为隆运公司，承租人为WTD公司，船东为GBL船务有限公司，船名为"滹沱河"轮，从远东港口至巴西港口，连续大概66天，日租金为3 400美元。

2. 货物托运。

2014年9月，出口方河北云龙公司作为托运人将3 871.616 2吨钢结构货物交给WTD公司的"滹沱河"轮运输，装货港为天津新港，卸货港为巴西维多利亚港。货物装船前和装船过程中，船方保赔协会检验人做了货物检验，大副收据上批注"货物状况根据保赔协会检验人出具的装前货物报告……"；该装前货物状况报告对货物存在掉漆、锈蚀、污渍、擦伤、弯曲及变形等情况进行了描述，并且大副收据上记载船舱内货物的衬垫不充分；船方对因积载所致损失、损坏、延迟和费用及卸港一切后果均不负责。

3. 签发清洁提单与保函。

河北云龙公司要求签发清洁提单并出具了保函，保函内记载，"装载于船上货物存在以下大副收据载明的状况……河北云龙公司在此要求你方签发清洁提单，我方认可：赔偿你方及你方受雇人、代理人，并使你们不受损害，承担你方因签发清洁提单而遭受的无论任何性质的一切责任、损失、损害及费用"。WTD公司接受保函后指示代理于2014年9月28日签发了清洁提单。

4. 收货人向船东索赔。

船舶抵达卸货港后，收货人发现货物发生弯曲、变形、擦伤和掉漆等损坏，后其对船舶船东GBL船务有限公司提起诉讼，经两审法院审理认定，涉案提单为清洁提单，对收货人而言不构成在装船前存在货损的事实证明，货损原因为货物积载不当、遭遇大风浪，判令船舶船东GBL公司赔偿收货人货损及利息，并承担相关诉讼费用。

5. 租船方对船东的赔偿。

隆运公司因其与GBL公司存在租约，基于前述货损事故于2018年1月8日向GBL公司赔偿1 345 678.90美元。2018年4月20日，WTD公司因与隆运公司存在期租合同就前述货损事故与隆运公司达成和解，约定：WTD公司于协议签订后14日内向隆运公司支付1 345 678.90美元。

6. WTD公司基于保函向托运人索赔。

河北云龙公司自愿提供保函以请求签发清洁提单，保函中详细列明了提单号、货物状况以及出具保函的原因和保证的内容，意思表示清晰和明确，属于正式的要约；WTD公司接受保函后向河北云龙公司签发清洁提单即为承诺，双方形成保函合同关系。该保函是就可能发生的因签发清洁提单而产生的损失和费用保证补偿的书面声明，是一种责任保证和附条件的给付合同，体现了双方真实意思表示，合法有效。

从卸港检验报告、避难港检验报告以及收货人诉GBL公司的两份判决书内容上看，货物在运输途中损坏的原因为积载不当、遭遇大风浪，收货人索赔的损失以及判决认定的损失亦与积载不当造成的损失有关，而并非装港检验报告中载明的货物表面状况而产生的货损。但是，对于货物积载问题，装港检验报告中已经有相关表述"船方对船舱内垫舱和填充不足导致的包装挤压变形不负责任；船舱内垫舱和加固不充分，承运人对此种积载引起的灭失、损坏、延迟、费用等以及卸港产生的一切后果不负责任"，河北云龙公司出具的清洁提单保函中也对前述内容做了相应描述，属于保函所承诺由托运人云龙公司承担赔偿责任的范畴。

因此，WTD 公司实际损失为 1 345 678.90 美元，以及在本案项下发生的香港公证费 8 640 元人民币、律师费 33 400 美元、财产保全责任保险费 18 950 元人民币、内地公证费 12 352 元人民币，根据保函，均应由托运人河北云龙公司承担赔偿责任。

WTD 公司应于 2018 年 6 月前向河北云龙公司主张权利，但 WTD 公司 2021 年年初才向河北云龙公司提出索赔请求，已经超过了诉讼时效，因此河北云龙公司不再承担赔偿责任。

问题：
1. 什么是期租船？简述本案例中的租船关系。
2. 什么是清洁提单？本案例中出口企业为何要求承运人签发清洁提单？
3. 出口企业出具清洁提单保函时应注意哪些方面？
4. 船长或承运人签发清洁提单时有哪些注意事项？
5. 案例中的出口合同中有必要采用贸易术语变形吗？为什么？

练习题

1. 名词解释。
（1）班轮运输。
（2）国际多式联运。
（3）中欧班列。
（4）分批装运。
（5）转运。
2. 简答题。
（1）简述海洋运输的特点。
（2）班轮运输的特点有哪些？
（3）简述集装箱运输的交接方式。
（4）讨论中欧班列对"一带一路"的推进作用。
（5）简述海运提单的性质、作用以及种类。
（6）如何在国际贸易中做到诚信经营，杜绝提单欺诈？

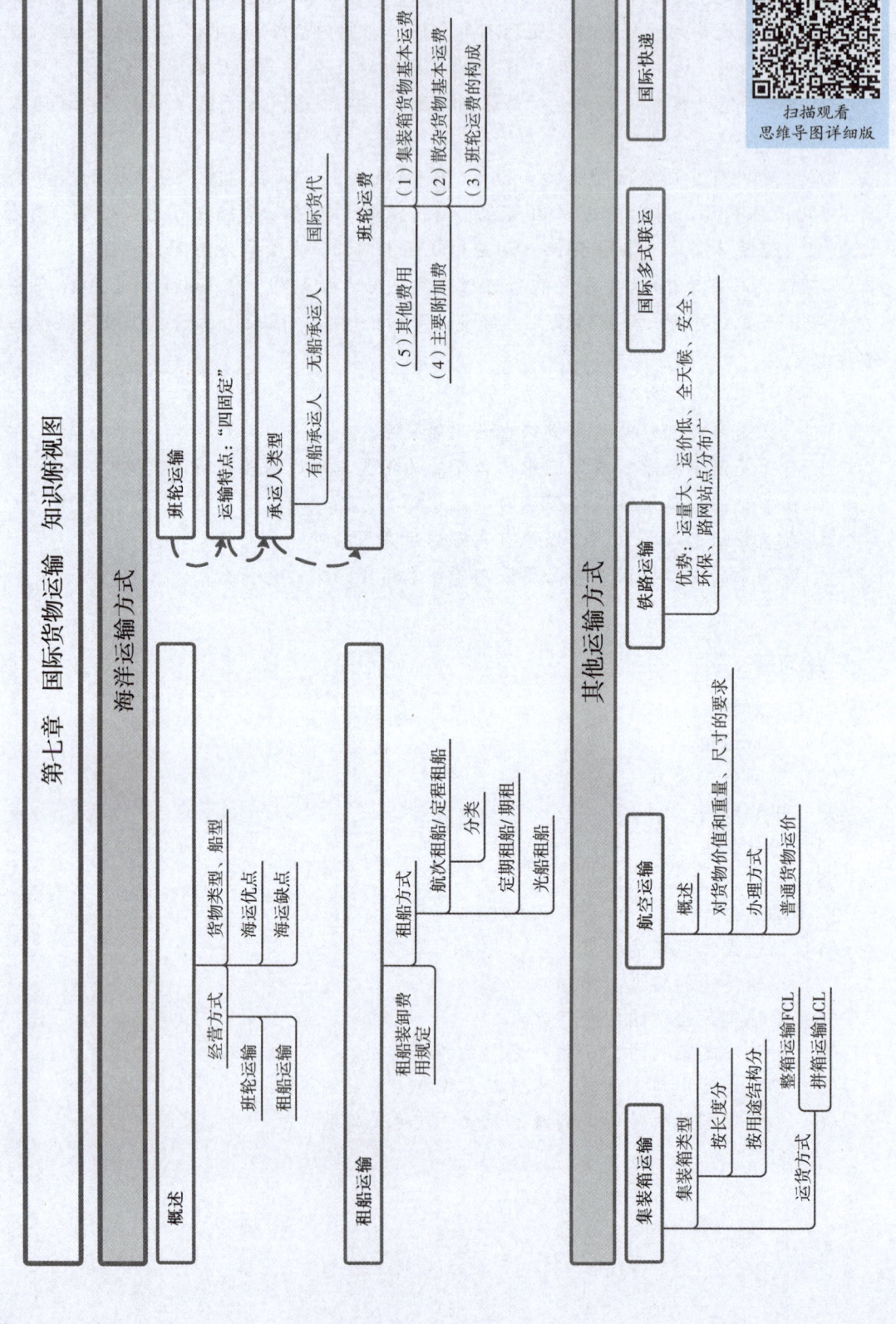

思维导图

第七章 国际货物运输 知识树视图

- 海洋运输方式
  - 概述
    - 经营方式
      - 班轮运输
      - 租船运输
    - 货物类型、船型
    - 海运优点
    - 海运缺点
  - 班轮运输
    - 运输特点："四固定"
    - 承运人类型
      - 有船承运人
      - 无船承运人
    - 国际货代
    - 班轮运费
      - （1）集装箱货物基本运费
      - （2）散杂货物基本运费
      - （3）班轮运费的构成
      - （4）主要附加费
      - （5）其他费用
  - 租船运输
    - 租船方式
      - 航次租船/定程租船
      - 分类
        - 定期租船/期租
        - 光船租船
    - 租船装卸费用规定
  - 集装箱运输
    - 集装箱类型
      - 按长度分
      - 按用途结构分
    - 运货方式
      - 整箱运输FCL
      - 拼箱运输LCL

- 其他运输方式
  - 航空运输
    - 概述
    - 对货物价值和重量、尺寸的要求
    - 办理方式
    - 普通货物运价
  - 铁路运输
    - 优势：运量大、运价低、全天候、安全、环保、路网站点分布广
  - 国际多式联运
  - 国际快递

扫描观看
思维导图详细版

第七章 国际货物运输

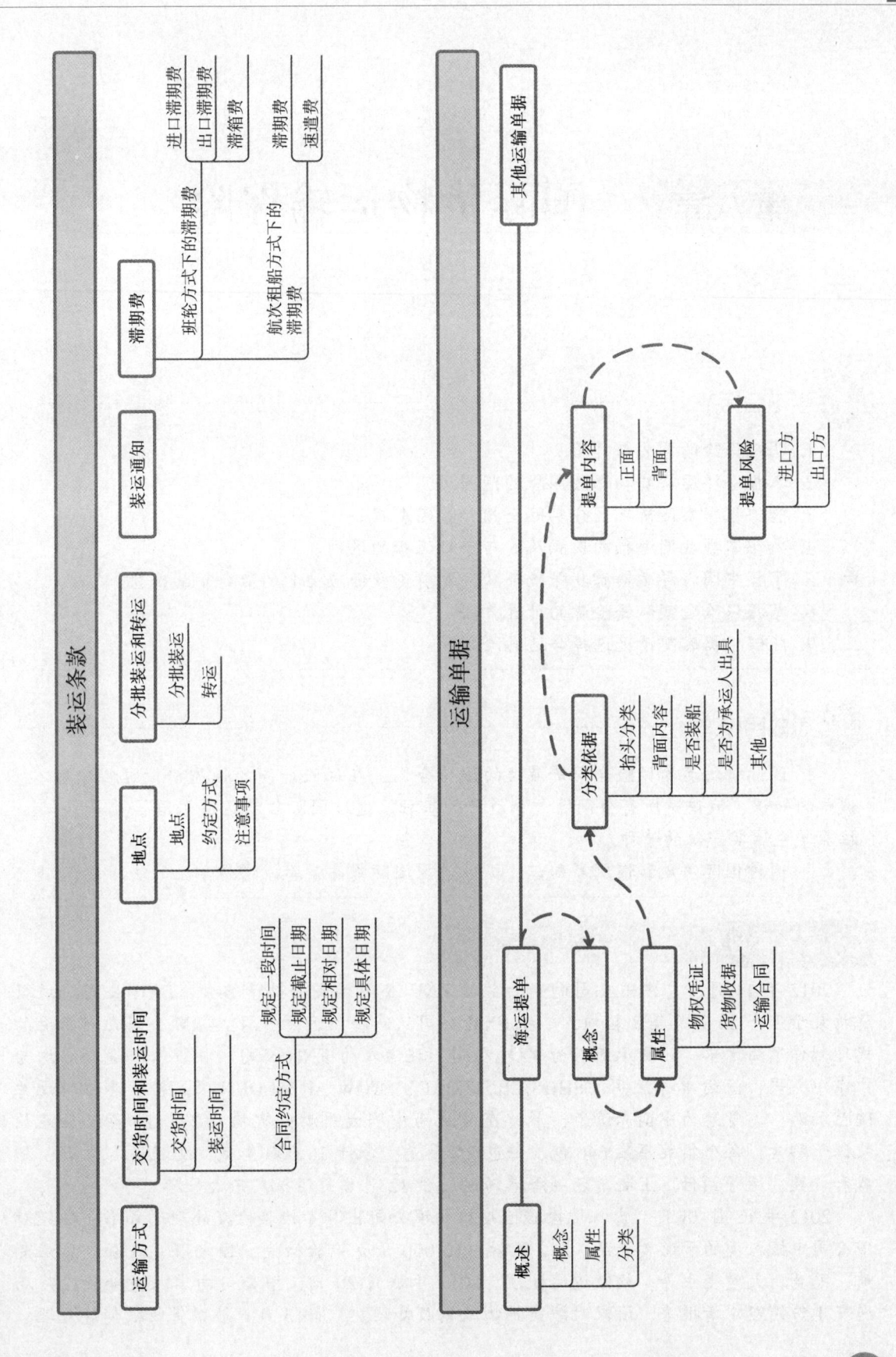

装运条款

- 运输方式
- 交货时间和装运时间
  - 交货时间
  - 装运时间
  - 合同约定方式
    - 规定一段时间
    - 规定截止日期
    - 规定相对日期
    - 规定具体日期
- 地点
  - 地点
  - 约定方式
  - 注意事项
- 分批装运和转运
  - 分批装运
  - 转运
- 装运通知
- 滞期费
  - 班轮方式下的滞期费
  - 航次租船方式下的滞期费
  - 进口滞期费
  - 出口滞期费
  - 滞箱费
  - 速遣费

运输单据

- 概述
  - 概念
  - 属性
  - 分类
- 海运提单
  - 概念
  - 属性
    - 物权凭证
    - 货物收据
    - 运输合同
  - 分类依据
    - 抬头分类
    - 背面内容
    - 是否装船
    - 是否为承运人出具
    - 其他
  - 提单内容
    - 正面
    - 背面
  - 提单风险
    - 进口方
    - 出口方
- 其他运输单据

第八章　国际货物运输保险

学习目标

1. 明确保险的意义与作用。
2. 掌握海洋运输货物保险保障的范围。
3. 能够根据实际情况区分实际全损和推定全损。
4. 熟练掌握共同海损的内涵及其与单独海损的区别。
5. 掌握中国海洋运输货物保险条款；了解伦敦保险协会的协会货物条款。
6. 掌握保险金额和保险费的计算方法。
7. 能够根据客观情况选择合适的险别。

思政目标

1. 国际货物运输保险合同是最大的诚信合同，在保险合同的性质讲授过程中融入诚信的知识，诚信是所有合同签订和履行的基础。通过国际货物运输保险性质等知识，培养学生诚实守信的精神。
2. 通过国际法规和惯例等知识，提升学生国际贸易素养，增强学生的法治意识。

导入案例

2012年11月，广东甲公司向新西兰的ENH公司购买一批干酪素，ENH公司将该批货物装于2个20英尺集装箱内，委托FXM公司从新西兰运往中国，FXM公司在新西兰的代理制作了海运单，记载承运人为FXM公司，托运人为ENH公司，收货人和通知方均为广东甲公司，海运单并注明"SHIPPER'S LOAD, STOW AND COUNT"；装货港为新西兰陶兰加港，卸货港为中国赤湾港，最终交货地为中国太平港；货物为2个20英尺集装箱装的干酪素，每个集装箱装640包，每包25千克，合计16 000千克，由托运人装箱、积载和计数，运费预付。上述货物经香港转运，于12月8日运抵广东太平港。

2012年12月28日，出入境检验检疫局向甲公司出具了检验检疫处理通知书，称经对甲公司申报入境的干酪素产品，640纸袋，16 000千克检验检疫，因潮湿、渗漏、腐烂变质、恶臭、大量生虫等，须做退运处理。2013年2月20日，甲公司向出入境检验检疫局递交1份销毁申请报告，请求对涉案货物做销毁处理。3月13日，涉案货物被焚烧处理。

2013 年 4 月 24 日，公估公司出具了检验报告。该检验报告对损失原因分析为：货物水湿是由于与淡水接触，在运输过程中一个集装箱被淡水浸泡过，淡水通过集装箱门的密封橡皮处渗入集装箱内；在运输过程中，40 袋货物被水浸泡后，牛皮纸袋的强度降低，其中 3 袋的内部塑料袋破裂且内部货物渗漏；水湿的牛皮纸以及渗漏的货物与水接触后导致了虫子的产生。受损货物的损失理算为构成全损，损失理算为人民币 850 365.64 元。

（引自：广州海事法院网典型案件"苏黎世财产保险（中国）有限公司诉法国达飞海运集团、泽威特圣奥瑞丽公司海上货物运输合同纠纷案"，有删改。作者：平阳丹柯，https：//www.gzhsfy.gov.cn/web/content? gid=18313&lmdm=1016）

思考：
1. 甲公司面对损失该如何处理？
2. 如果甲公司购买运输保险对公司经营有何影响？

第一节　国际货物运输保险概述

国际货物运输保险属于《中华人民共和国保险法》（以下简称《保险法》）（2015 年修订）规定的财产保险。财产保险是指投保人根据合同约定，向保险人支付保险费，保险人对于合同约定的可能发生的事故因其发生所造成的财产损失承担赔偿保险金责任的商业保险行为。

一、国际货物运输保险的必要性

保险行为的发生与风险的存在密切相关。风险来自各种不确定因素可能造成的损失，风险的存在不一定造成损失，但也可能造成损失。国际贸易中各方的风险来自多方面，包括国家管制风险、汇率风险、商品市场风险、航运市场风险、交易对方违约风险以及货物损失风险等。面对国家管制等各风险，需要当事方管理层进行预判并果断决策来规避，而对于对方违约风险和货物损失风险，当事方可以采用购买保险的方式来规避。保险的基本职能是转移风险、补偿损失，即投保人通过缴纳少量保险费，将风险转由保险人承担，一旦发生风险造成损失，则投保人的损失可由保险人承担。

Incoterms® 2020 对每个贸易术语下买卖双方的风险划分进行了明确规定，其中国际货物运输阶段的风险对合同履行影响最大，因此专门规定了运输保险的办理责任。

中国各保险公司国际货物运输保险条款中列出了运输中会导致货物损失或灭失的多种原因，简单列示如下。

第一，海运时，在运输途中遭受恶劣气候、雷电、海啸、地震、洪水自然灾害，或运输工具遭受搁浅、触礁、沉没、互撞、与流冰或其他物体碰撞以及失火、爆炸意外事故。

第二，空运时，被保险货物在运输途中遭受雷电、火灾或爆炸或由于飞机遭受恶劣气候或其他危难事故而被抛弃，或由于飞机遭受碰撞、倾覆、坠落或失踪意外事故。

第三，陆路运输时，在运输途中遭受暴风、雷电、洪水、地震自然灾害，或由于运输工具遭受碰撞、倾覆、出轨，或在驳运过程中因驳运工具遭受搁浅、触礁、沉没、碰撞，或由于遭受隧道坍塌、崖崩，或失火、爆炸意外事故。

第四，战争、罢工以及其他各种原因。

上述各种风险一旦实际发生，极可能会对货物造成部分或全部损失，进而对进出口双方的预期商业利益造成影响。国际贸易交易各方必须通过购买运输保险来规避上述可能的损失，其代价就是支付保险费。在国际贸易实践中，一般运输保险费不超过 CIF 金额的千分之一，不构成各方的重大成本支出，相对于投保人的利润而言，所占比例较低，因此货物权利人应尽可能地投保以规避国际运输风险。

二、保险的基本原则

一般从理论角度而言，保险的基本原则包括最大诚信原则、近因原则、保险利益原则、损失补偿原则、代位求偿原则等。《保险法》"第一章 总则"表达了最大诚信原则和近因原则的内涵，"第二章 第三节 财产保险合同"对财产保险合同中的保险利益原则、损失补偿原则、代位求偿原则做了明确规定。由于国际运输货物保险属于财产保险范畴，本书仅对后三项原则进行讲解。

《保险法》对财产保险的三项基本原则做了如下规定：

（1）保险利益原则：财产保险的被保险人在保险事故发生时，对保险标的应当具有保险利益。

Incoterms® 2020 对于确定保险利益非常关键。以 CIF 术语为例，出口方办理投保，通常被保险人就是出口方自己。根据保险法规和惯例，虽然保险单注明的被保险人是出口方，但是在 CIF 术语下货物完成装运后，货物的风险由出口方转移至进口方，进口方具有了保险利益。当货物在运输途中发生保险事故，比如船舱着火导致货物灭失，此时货物的利益方为进口方而非出口方。进口方可以凭出口方背书后转让的保险单向保险公司就火灾造成的货物损失索赔。

如果上述事故对应的贸易术语是 DDP，则进口方不具有保险利益，无法向保险公司索赔。

（2）损失补偿原则：投保人和保险人约定保险标的的保险价值并在合同中载明的，保险标的发生损失时，以约定的保险价值为赔偿计算标准。保险金额不得超过保险价值。

国际贸易货物的保险价值由货物本身的价值、货物的国际运输费用、货物的国际运输保险费用、货物在进口国销售产生的费用以及预期利润等几部分组成。保险金额是保险人承担赔偿责任的最高限额，国际货物运输保险单中都约定货物的保险金额，采用 CIF 术语时保险金额与保险价值相等，通常为贸易货物 CIF 总价值的 1.1 倍，但仍低于货物在进口国市场的实际商业价值。

"保险金额不得超过保险价值"体现了损失补偿原则，即当保险事故发生时，被保险人从保险人所得到的赔偿应正好填补被保险人因保险事故所造成的保险金额范围内的损失。通过补偿，使被保险人的保险标的在经济上恢复到受损前的状态，不允许被保险人因损失而获得额外的利益，否则就会带来严重的道德风险和骗保行为。

（3）代位求偿原则：因第三者对保险标的的损害而造成保险事故的，保险人自向被保险人赔偿保险金之日起，在赔偿金额范围内代位行使被保险人对第三者请求赔偿的权利。

在国际货物运输中，大多数情形下对货物造成损坏的第三者就是实际承运人或其相关单位。当由于承运人或其他方造成的货物损失属于保险责任范围时，被保险人既可以直接向承运人等责任方索赔,也可以向保险公司索赔。

一般而言,向承运人等索赔难度很大,而向保险公司索赔程序简单且获赔效率高。根据法律规定,保险公司向被保险人赔偿后,即可获得代位求偿权,保险公司可就货物损失向承运人或责任方主张赔偿。

三、国际货物运输保险类别

中国保险公司提供的各种运输方式的国际货物运输保险都分为主险和附加险两大类。主险,俗称基本险,投保时必须购买一个主险险别,并根据需要可再购买若干附加险别,且只有在投保主险后,方可投保附加险。中国进出口企业使用的各种运输方式的保险条款主要是中国条款和协会货物条款(ICC)。中国全国性经营的保险公司一般都能提供两种条款的保险,可在中国保险行业协会网站查询境内各保险公司备案的保险条款。

(一)中国国际货物运输保险主险条款和附加险条款种类

中国国际货物运输保险条款英文一般表述为 China Insurance Clauses,缩写为 CIC Clauses,即中国保险条款之意。另外,由于中国相关条款最早均由中国人民保险公司(PICC)制定,现在也习惯采用 PICC Clauses(人保条款)的表述。

中国人民保险集团股份有限公司和中国人民财产保险股份有限公司

1. 主险条款种类

中国境内所有保险公司的主险条款均相同,目前最新版为 2018 年版,上一版是 2009 年版。

(1)海洋运输货物保险条款:Ocean Marine Cargo Clauses。

(2)海洋运输冷藏货物保险条款:Ocean Marine Insurance Clauses(Frozen Products)。

(3)海洋运输散装桐油保险:Ocean Marine Insurance Clauses(Woodoil Bulk)。

(4)陆上运输货物保险条款(火车、汽车):Overland Transportation Cargo Insurance Clauses(Train,Truck)。

(5)陆上运输冷藏货物保险条款(火车、汽车):Overland Transportation Cargo Insurance Clauses(Frozen Products by Train And Truck)。

(6)航空运输货物保险条款:Air Transportation Cargo Insurance Clauses。

(7)邮包险条款:Parcel Post Insurance Clauses。

2. 附加险条款种类

货物运输保险附加条款包括扩展类、限制类和规范类三大类别,目前国内保险公司一般可提供 100 多种附加险条款,投保人可根据需要选择投保,比如,中国平安财产保险股份有限公司货物运输险附加险条款包括 131 款,其中扩展类附加条款 98 款,限制责任类附加条款 3 款,规范类附加条款 30 款;中石油专属财产保险股份有限公司货物运输保险附加条款共 177 款,其中扩展类 93 款,限制类 20 款,规范类 64 款;三井住友海上火灾保险(中国)有限公司货物运输保险附加条款包括 131 款,其中扩展类 75 款,主要 ICC 条款 4 款,限制类附加条款 12 款,规范类 40 款。

扩展类附加险条款种类最多且最为常用,常见类型有:

(1)货物运输战争险条款:Cargo War Risks Clauses。

（2）货物运输罢工险条款：Cargo Strike Clauses。

（3）偷窃、提货不着险条款：Theft, Pilferage & Non-Delivery Clauses (TPND Clauses)。

（4）卖方利益保险条款：Contingency Insurance Clause (Covers Sellers' Interest Only)。

（5）交货不到条款：Failure to Deliver Clause。

（6）舱面货物条款：on Deck Clause。

（7）拒收险条款：Rejection Clause。

（8）黄曲霉毒素险条款：Aflatoxin Clause。

（9）短量条款：Shortage Clause。

（10）锈损险条款：Rust Clause。

（11）淡水雨淋险条款：Fresh Water &/or Rain Damage Clause。

（12）碰损、破碎险条款：Clash & Breakage Clause。

（13）混杂、沾污险条款：Intermixture & Contamination Clause。

（14）包装破碎险条款：Breakage of Packing Clause。

（15）渗漏险条款：Leakage Clause。

（16）串味险条款：Taint of Odour Clause。

（17）受潮受热险条款：Sweat & Heating Clause。

（18）进口集装箱运输保险特别条款：Import Container Cargo Insurance Special Clause。

（19）钩损险条款：Hook Damage Clause。

上述（1）~（8）属于常见扩展特殊风险类附加条款，（9）~（19）为扩展一般风险类附加条款。

（二）协会货物条款（ICC）

中国外贸企业除采用中国保险条款外，还经常使用的境外保险条款是英国伦敦保险协会（Institute of London Underwriters）的"Institute Cargo Clauses"（ICC，协会货物条款），其缩写与国际商会缩写（International Chamber of Commerce）相同。

伦敦保险协会成立于1884年，1998年该协会的成员加入了伦敦国际保险和再保险市场协会，于1999年1月1日共同组成了伦敦国际保险协会（The International Underwriting Association of London, IUA）。

伦敦保险协会制定的"协会货物条款"（ICC）对世界各国有着广泛影响，目前最新条款是2009年版，上一版本是1982年版。

2009年版"协会货物条款"A、B和C条款以及协会附加战争和罢工险由联合货物委员会（Joint Cargo Committee，JCC）于2008年11月24日发布。JCC由劳合社市场协会（Lloyd's Market Association，LMA）和IUA两个机构的保险业代表组建。

"协会货物条款"主要主险条款和附加险条款包括：

（1）Institute Cargo Clauses A，简写为ICC(A)：协会货物保险A条款，适用海运。

（2）Institute Cargo Clauses B，简写为ICC(B)：协会货物保险B条款，适用海运。

（3）Institute Cargo Clauses C，简写为ICC(C)：协会货物保险C条款，适用海运。

（4）Institute Cargo Clauses(Air)(Excluding Sendings by Post)：协会货物条款（航空）（邮递运输除外）。

(5) Institute War Clauses(Cargo)：协会战争险条款。

(6) Institute Strikes Clauses(Cargo)：协会罢工条款。

(7) Institute Malicious Damage Clause：协会恶意损坏条款。

(8) Institute Theft, Pilferage, and Non-Delivery：协会偷窃和提货不着险。

上述（1）~（4）险别均是协会的主险条款，均可以单独投保，也是最常用的保险条款。其中 ICC(A)，ICC(B)，ICC(C)均是海运货物保险条款，均为主险，承保范围不同，需要投保人选择。

（5）和（6）是最常用的两个附加险，协会战争险和罢工险作为附加险，必须配合其他主险一并投保，不可单独投保。协会货物战争险条款承保因战争、内战、革命、造反、叛乱或捕获、扣押、扣留、拘禁、羁押以及水雷、鱼雷、炸弹等原因造成的货物损失，但陆地战争险除外。协会货物罢工险条款承保因罢工者、被迫停工工人，或参与工潮、暴动或民变的人员造成的货物的损失。

（7）和（8）是常见的协会附加险，可以配合主险投保。除以上所列，协会货物条款还有许多特定商品（比如煤、木材以及冷冻品等）保险条款和附加险条款。

第二节　海洋运输货物保险的保障范围

由于海运方式是最重要的国际贸易货物运输方式，且最为复杂，也是运输保险诉讼纠纷最多的领域，因此本书只针对海运货物保险进行详细讲解。

海洋运输货物保险的保障范围包括保障的风险、保障的损失与保障的费用三个方面，三者之间联系紧密。保障的风险是造成货物损失和产生保障费用的直接原因；保障的损失必须由保障的风险直接造成，保险公司才会赔偿；为了避免货物损失扩大，而额外支出的合理费用是保障的费用，保险公司也会赔偿。

一、保障的风险

保障的风险，即保险事故，又称承保风险，是保险条款中明确规定的造成特定损失的直接原因。由保障的风险直接造成的损失，保险公司根据保险条款承担相应的赔偿责任。

保险公司对非保障的风险造成的任何损失不承担赔偿责任。被保险人申请理赔时，保险公司一般首先确认造成损失的直接原因是否来自保障的风险。

海洋运输货物保险保障的风险主要包括自然灾害、意外事故和外来风险。保险公司根据自然灾害和意外事故以及部分外来风险造成的损失设置主险险别，附加险险别均是基于外来风险设置。

（一）自然灾害

自然灾害是指被保险货物在运输途中所经历的恶劣气候、雷电、海啸、地震、洪水及其他人力不可抗拒的破坏力强大的自然现象。恶劣气候包括飓风、台风、龙卷风、风暴、暴雨、冻灾、冰雹、火山爆发、地面下陷下沉等。

自然灾害特指来自自然界的常见现象，而非人为原因或非常见的特殊物理现象，比如火箭残骸的坠落和陨石的坠落均可能造成货物损坏，都不属于自然灾害。

（二）意外事故

意外事故主要来自运输工具的相关遭遇。

意外事故是指被保险货物在运输途中所经历的不可预料的以及被保险人无法控制并造成物质损失的突发性事件，主要包括运输工具遭受搁浅、触礁、沉没、互撞、与流冰或其他物体碰撞以及失火、爆炸、焚毁等。

（三）外来风险

外来风险是指除自然灾害和意外事故之外的其他对货物造成直接损失的外来原因，与运输方式无关，其具体范畴由保险条款进行规定。附加险就是基于各种外来风险直接造成的损失而设置的。

为方便理解，国内教材一般将外来风险分为特殊外来风险和一般外来风险，但保险公司均未明确界定二者概念，不具有实践意义。有的保险公司将运输附加险进行了简单分类，将某些附加险纳入特殊风险附加险，某些纳入一般风险附加险，但各保险公司划分标准不同，且大部分保险公司并未分类。

1. 特殊外来风险

特殊外来风险主要是指由于军事、政治及行政法令等政治社会原因造成的风险，如战争、罢工、海盗、进口国拒绝进口或没收、禁运等。战争和罢工是最重要的两项特殊外来风险，保险公司对应设置了战争附加险和罢工附加险。

2. 一般外来风险

不属于特殊外来风险的外来风险均属于一般外来风险。一般外来风险具体是指在被保险人不存在故意或者过失的情况下，由于保险合同中除外责任条款所列明情形之外的其他造成被保险货物损失的原因，不包括自然灾害、意外事故和特殊外来风险。

根据我国保险公司设置附加险的传统，主要的一般外来风险包括偷窃提货不着、淡水雨淋、短量、混杂沾污、渗漏、碰损破碎、串味、受潮受热、钩损、包装破损和锈损等共十一种，并据此设置了最常见的十一种一般附加险。

最高人民法院审判委员会于 2015 年 4 月 15 日发布了指导案例 52 号"海南丰海粮油工业有限公司诉中国人民财产保险股份有限公司海南省分公司海上货物运输保险合同纠纷案"，根据该案例的最终裁决，造成货物损失的外来原因不限于上述列明的十一种风险，应采用排除法来确定外来原因的具体范畴，扩大了对一般外来风险的定义。

二、保障的损失

保障的损失，是指保险责任范围内的损失，是保险条款中明确规定的在保险责任期间由保障的风险直接造成的货物损失。货物遭受损失的原因可能来自保障的风险，可能来自非保障的风险。根据保险条款，只有遭受的损失属于保障的损失，且造成该损失的直接原因来自保障的风险，保险公司才承担赔偿责任，即保障的风险与保障的损失之间必须有直接的因果关系。

海洋运输中的损失一般称为海损，狭义上指海上损失，通常指其广义含义，指保险合同责任期间发生的保障的损失。

(一) 按损失的程度

按损失的程度可分为全部损失和部分损失。

1. 全部损失

根据《海商法》，全部损失包括实际全损和推定全损两种。

（1）实际全损。

保险标的发生保险事故后灭失，或者受到严重损坏完全失去原有形体、效用，或者不能再归被保险人所拥有的，为实际全损。

实际全损主要体现为货物物理上的消失或不可得，或商业价值的完全丧失，比如货物被完全烧毁、被海盗劫持、长期失踪，均为实际全损，保险公司应按保险单中约定的保险金额赔偿。

（2）推定全损。

推定全损是指发生保险事故后，被保险货物的实际全损已经不可避免，或者恢复、修复受损货物以及运送货物到原定目的地的费用超过该目的地的货物价值。由于海上保险的特殊性，几乎所有全损案件，比如汽车零部件被挤压严重变形、油液渗漏、食品被化工品严重污损等，被保险人都按推定全损索赔。

例子 8-1

2018 年，中国企业出口 5 台履带吊装船完毕，开航后 3 天，承运船舶近距离遭遇台风，5 台履带吊被分别装载于货舱的二层舱，船舶当时长时间遭遇了 12 级以上风力、船舶横摇 35 度以上的恶劣海况，船上部分货物受损严重。货物到港卸下后，经查勘，确认 5 台履带吊均严重受损，部分臂节无修复价值，其剩余臂节以及主机、配重、吊钩、备件箱的修理费用高于其货物价值，构成推定全损。

保险标的发生推定全损，被保险人要求保险人按照全部损失赔偿的，应当向保险人委付保险标的。保险人接受委付的，被保险人将委付财产的全部权利和义务转移给保险人，即保险人获得货物残值的支配权、受益权和所有权。

委付（Abandonment）是指保险标的发生推定全损时，被保险人放弃对保险标的的全部权利和利益，转让给保险人并请求保险人按保险金额全数赔付的行为。

保险人接受委付的，意味着保险人将按照全损标准进行赔偿，同时获得受损货物的残值；但实践中，很多保险人拒绝接受委付或不回复委付请求，以此来表达拒绝全损赔偿的请求，从而被保险人只能接受部分损失赔偿，并自行处理受损货物。

委付与代位求偿不同。简单而言，保险人向被保险人赔偿后，获得代为求偿权时，意味着保险人可以向造成货物损失的第三方进行追偿，而获得委付时，只是获得货物残值的的支配权、受益权和所有权，不指向第三方。

应用案例

知名品牌服装出运前遭遇火灾

知名品牌服装出运前遭遇火灾，物流公司无奈为事故"买单"。货主认为货物已经全损，物流公司认为货物仍具有残值。上海海事法院自由贸易试验区法庭做出一审判决，被告物流公司应向原告杭州时装公司赔偿全部货物损失 24.4 万美元。被告物流公司不服，提起上诉。近日，上海市高级人民法院做出二审判决，驳回上诉，维持原判。

品牌服装仓库内被烧毁

2012年5月11日，YLONG欧洲公司向时装公司订购一批女士服装，订货单中约定货物从中国海运至德国。YLONG欧洲公司指定所有货物均通过物流公司出运。

2012年7月23日，时装公司根据物流公司交货通知的指示，将涉案货物送入上海自由贸易试验区内的指定仓库。未料，当晚仓库因电线短路发生火灾事故，涉案服装部分被烧毁，部分外包装烧毁、不同程度收缩，还有部分服装外观正常。

受损货物是否具有残值起争议

时装公司认为，因涉案货物受损无法出运，YLONG欧洲公司拒收全部服装，也未向其支付货款。涉案货物系YLONG欧洲公司订购的专有品牌和款式，系一个整体，其无权亦不能处置未受损部分的货物，故涉案货物已构成全损，其损失为本应收取而未能收取的全部货款。

物流公司认为，从检验公司就货损出具的检验报告看，涉案货物并未全部毁损，仍有部分处于完好状态，时装公司无权就全部货物请求赔偿。

法院判决物流公司全额买单

上海海事法院审理认为，由于YLONG系公众知名品牌，YLONG欧洲公司出于维护良好商誉的需要，对产品质量有严格要求，涉案未烧毁的服装经过烟熏火燎，可能存在瑕疵，YLONG欧洲公司拒绝接受合乎情理。YLONG拥有品牌专卖店，未经其授权擅自转卖、销售其品牌服装，或更换品牌标识后销售同款式的服装，均可能对其构成侵权。在时装公司已经无法将该批服装顺利销售给YLONG欧洲公司，也无法在市场上转卖、销售的情况下，可以视为其遭受了全损。同时，时装公司在本案审理过程中书面表示，若物流公司按全损价值向其进行赔偿后，同意将所有剩余货物的权益交由物流公司享有。因此，若物流公司坚持认为涉案服装尚有残值或做减损处理的可能，其可在按全损向时装公司赔偿后自行处置。

据此，法院做出了上述判决。

连线法官

承办法官王蕾介绍，通常货物损失的范围是以货物表面的实际损失状况而定，但在特定场合下，制约货物价值实现的因素因案而异。虽然涉案货物从表面上看并非全部损坏，但因涉案货物系公众知名品牌的服装，在该品牌所有人因货物可能存在质量瑕疵明确拒收的情况下，未经其授权擅自转卖、销售其品牌服装，或更换品牌标识后销售同款式的服装，均可能对其构成侵权。司法裁判的功能不仅在于解决纠纷，还在于其对社会公众的行为指引，不能鼓励当事人以可能侵害他人商标或外观设计专利的方式来减少损失，故法院按货物全损判决支持了时装公司的诉讼请求。

该案虽然是一起海上货运代理案件，但其中融入了对跨领域的商标权、专利权等知识产权的保护。随着上海自贸区建设深入推进，对国际化、市场化、法治化营商环境的要求越来越高，航运与金融、贸易、投资、知识产权的交集也会越来越多，需要法官以更加多元的视角来全面审视司法裁判的综合效果。

（引自：中华人民共和国上海海事法院网站"审判动态"栏目，知名品牌服装出运前遭遇火灾，2016年3月18日，企业名称已修改）

2. 部分损失（Partial Losses）

根据《海商法》，不属于实际全损和推定全损的损失，为部分损失。

根据英国《海上保险法》（1906年），部分损失包括共同海损、单独海损和救助费用。《海商法》未界定部分损失与共同海损、单独海损和救助费用之间的关系。

（二）按照损失产生的原因

按照损失产生的原因通常划分为共同海损和单独海损。

1. 共同海损（General Average）

共同海损是古老而特殊的法律制度之一，源于欧洲海事习惯法规则，早期常见于船舶航行遭遇自然危险时船长采取部分抛货、砍断桅杆等措施后由船货各方共同承担由此造成损失等情形，其基本原则是由受益方按照各自受益财产的价值比例分摊一方（或多方）遭受的共同海损损失。

（1）共同海损的定义。

根据《海商法》，共同海损，是指在同一海上航程中，船舶、货物和其他财产遭遇共同危险，为了共同安全，有意地合理地采取措施所直接造成的特殊牺牲、支付的特殊费用。

根据《约克—安特卫普规则》（York-Antwerp Rules，YAR），只有在为了共同安全，使同一航程中的财产脱离危险，有意并合理地做出特殊牺牲或支付额外费用时，才能构成共同海损行为，且共同海损牺牲和费用，应按规定由各分摊方分担。

《约克—安特卫普规则》是由英、美和欧洲大陆海运国家的理算、海运、贸易和保险界等方面的代表最初于1860年在英国格拉斯哥开会制定的，称为格拉斯哥决议，其后经过多次修改，现在使用的规则为2016年修订的《约克—安特卫普规则》，使用范围比较广泛，凡是载运国际贸易商品的海轮，发生共同海损事故，一般都按照此项规则理算。在共同海损理算领域《约克—安特卫普规则》具有普遍适用性和权威性，是关于共同海损理算的国际海事惯例，体现了国际上对共同海损及其理算相关问题的共同认识和普遍实践。

根据上述定义，构成共同海损应包括四个要件：①多方遭遇真实的共同危险；②措施必须是为了规避共同危险有意采取，且合理有效；③共同海损的牺牲是特殊性质的，费用损失必须是额外支付的，不是由危险造成的；④共同海损损失必须是共同海损措施直接导致的后果。

（2）共同海损的范围。

《海商法》规定：船舶因发生意外、牺牲或者其他特殊情况而损坏时，为了安全完成本航程，驶入避难港口、避难地点或者驶回装货港口、装货地点进行必要的修理，在该港口或者地点额外停留期间所支付的港口费，船员工资、给养，船舶所消耗的燃料、物料，为修理而卸载、储存、重装或者搬移船上货物、燃料、物料以及其他财产所造成的损失、支付的费用，应当列入共同海损。

具体而言，共同海损牺牲包括抛弃货物、为扑灭船上火灾而造成的货损船损、割弃残损物造成的损失、有意搁浅所致的损害、作为燃料而使用的货物以及船用材料和物料、在卸货的过程中造成的损害等；共同海损费用包括救助报酬、搁浅船舶减载费用以及因此而受的损害、避难港费用、驶往和在避难港等地支付给船员的工资及其他开支、修理费用、代替费用、垫付手续费和保险费、共同海损损失的利息等。

(3) 共同海损的分摊。

共同海损事故发生后，承运人如果认为共同海损是或者可能是其可以免责的原因所致，则会宣布共同海损，申请共同海损理算并要求货方分摊共同海损；反之，承运人如果认为共同海损是其不能免责的原因所致，则不会宣布共同海损。货方如果认为共同海损是承运人可以免责的原因所致，则会分摊共同海损；如果认为共同海损是或者可能是由于承运人不能免责的原因所致，则会拒绝分摊共同海损。

中国国际贸易促进委员会共同海损理算规则

共同海损需要由船、货等所有的受益方共同承担，这就是共同海损分摊制度。通常在事故发生后，船方提出共同海损要求，根据提单条款等向约定的共同海损理算机构申请清算共同海损具体项目和金额，并根据各方受益财产的价值按比例进行共同海损的分摊。共同海损分摊额指根据运输合同指定法律或《约克—安特卫普规则》或其他规则合理制定的共同海损理算书，被保险人应支付的金额。

共同海损理算为船东和货主公平合理地分摊海上损失提供了专业的中立意见。共同海损理算优先适用合同约定的理算规则，《约克—安特卫普规则》是国际上普遍适用的共同海损理算规则，《中国国际贸易促进委员会共同海损理算规则》（简称北京理算规则2022）于2022年9月1日起正式实施，为中国企业高效解决可能发生的海运贸易纠纷，维护自身合法权益，提供了更多的选择；合同未约定理算规则的，适用《海商法》第十章的规定。

发生共同海损事故后，货主的货物不一定遭受实际损失，但货主必须承担额外的分摊损失。国内外海运险主险都对共同海损的牺牲和费用予以赔偿，因而货主可将分摊后承担的共同海损向保险公司索赔。

应用案例

某年，中国云龙化工公司出口石脑油，委托承运人RHG公司运输。

9月12日12时许，船舶XUEFU轮完成5 999.44公吨货物装载后驶离起运港广州黄埔港石化码头。

9月14日，XUEFU轮在海上受台风影响，船长与公司联系准备择地抛锚避风，船舶最后进入附近某港口抛锚避风。

事后，根据交通事故责任认定书，XUEFU轮在防台抗风过程中采取了车、舵顶风等措施，在此情况下船舶发生走锚，螺旋桨缠上渔网，主机停车，船舶失控、触礁、搁浅。事故造成该轮左右舷压载舱、机舱右1重油舱等破损进水，雷达、舵机等设备故障，船舶搁浅32小时左右，未造成人员伤亡，未发生水域污染，事故等级为小事故。

经调查确定本次事故是由于船舶遭受超强台风袭击导致的水上交通事故，属于非责任事故。XUEFU轮在台风中搁浅，致使船舶遭受损坏，货物外泄，船舶和货物处于共同危险之中，可以认作共同海损项目的包括：

（1）船舶协调当地海事部门采取的起浮、拖带、靠泊、紧急卸货等措施所产生的相关费用。

（2）船舶为安全完成航程而在避难港的额外停留期间的船员工资和伙食，所消耗的燃油和物料等。

（3）紧急卸货后，船东为节省费用安排货物分批转运至目的港，因此产生的代替原本应列入共同海损费用的费用。

（4）货物因紧急抢卸措施而引起的相关损失和费用等。

最后，根据计算得出货物保险人应付共同海损分摊金额为2 236 094.52元。

近年来,特别是党的十八大以来,我国加快建设海洋强国,海洋经济和航运事业迅猛发展。与此同时,相关的国际规则、海事海商法律制度和国际航运实践发生了很大变化。为了配合"一带一路"倡议的实施计划和海洋强国的建设目标,促进中国航运经济健康与可持续发展,中国贸促会根据最新的海运实践和理算实务变化,在 2019 年启动了《北京理算规则》(1975 年)修订工作,新修订的《中国国际贸易促进委员会共同海损理算规则》在 2022 年 9 月 1 日起正式实施,对共同海损制度进行了重构和诠释,吸纳了国际上共同海损制度发展的最新成果和相关规定,推动海事服务的专业化、标准化和国际化,内容更加简明、易懂,更加有利于推广实施,有利于扩大中国规则在"一带一路"沿线国家的影响力。

2. 单独海损(Particular Average Loss)

单独海损的概念来自英国《海上保险法》(1906 年)。单独海损是指某种承保危险造成的保险标的的部分损失,其并非共同海损损失。从该定义可以看出,单独海损属于部分损失,某种承保危险造成的保险标的的全部损失并不属于单独海损,同时是一个与共同海损相对的概念。

在《海商法》以及境内外最新版的海运货物保险条款中均未提及,因此在海运保险实践中,单独海损没有太多实际意义。

共同海损和单独海损的区别主要有以下几点。

(1)造成损失的原因不同:单独海损是保障的风险直接导致的货物损失;共同海损是人为的有意行为造成的一种损失。

(2)损失的承担方不同:单独海损由受损方(货主)单方面承担;共同海损则由受益的船方、货方等各方按受益价值分摊。

(3)损失的内容不同:单独海损中损失的是投保的货物;共同海损中的损失除货物之外还包括特殊费用,并且分摊损失的货方也可能没有货物损失。

(4)货物损失的程度不同:根据概念,单独海损为货物的部分损失;共同海损中的货物可以是全部损失,可以是部分损失,也可以是没有损失。

三、保障的费用

保障的费用是保险条款中明确规定的给予赔偿的为避免货物损失继续扩大而额外支出的合理费用。

(一)中国海洋运输货物保险条款中列示的三种保障的费用

1. 施救费用

施救费用,又称防损费用,是指被保险人对遭受承保责任内危险的货物采取抢救、防止或减少货损的措施而支付的合理费用,但以不超过该批被救货物的保险金额为限。

《保险法》规定,保险事故发生时,被保险人应当尽力采取必要的措施,防止或者减少损失。保险事故发生后,被保险人为防止或者减少保险标的的损失所支付的必要的、合理的费用,由保险人承担。

2. 救助费用

救助费用指货物遭遇保险事故时，保险人和被保险人以外的救助方根据救助合同采取救助措施，在救助成功后，向船方和货方等被救助方收取的报酬。

国际上普遍采用的是合同救助，通常采纳的是英国劳合社（Lloyd's）"无效果、无报酬"约定。《海商法》借鉴了该通行做法，规定救助方对遇险的船舶和其他财产的救助，取得效果的，有权获得救助报酬；救助未取得效果的，除法律另有规定或者合同另有约定外，无权获得救助款项；救助报酬不得超过船舶和其他财产的获救价值。

在救助前，救助方与被救助方就海难救助达成合同，对遇难船舶和救助人之间报酬的确定、支付办法等做出合理明确的规定。

3. 转运费用

转运费用是指运输工具遭遇海难后，在避难港由于卸货所引起的损失以及在中途港、避难港由于卸货、存仓以及运送货物所产生的特别费用。

（二）施救费用与救助费用的区别

施救费用与救助费用是海运货物保险主要保障的两种费用，二者间的差异主要体现在以下四个方面。

1. 救险行为实施主体不同

施救实施的主体是被保险人（或其雇佣人员或代理人）自己；救助实施的主体是被保险人和保险人以外的第三者，通常是专业的救助机构，救助报酬是其主要业务收入。

2. 保险赔偿原则不同

保险公司对于被保险人支出的任何施救费用都应给予赔偿，无论施救行为是否有效；救助行为成功时，保险公司才给予赔偿救助费用，基本原则是"无效果、无报酬"。

3. 保险赔偿额度不同

保险条款规定施救费用以不超过该批被救货物的保险金额为限，该规定赋予施救费用单独的赔偿额度，即在货物损失的赔偿额度之外单独计算该赔偿额度。极端情况下，在采取施救措施之后，如果货物仍然全损，则保险公司针对货物全损赔偿保险单的保险金额（CIF值的1.1倍），同时还可能赔偿施救费用也达到保险单的保险金额（CIF值的1.1倍），即保险公司最多可能赔偿保险单保险金额的2倍（CIF值的2.2倍）。

海运货物保险对救助费用的赔偿构成货物本身损失赔偿保险金额的组成部分；将对救助费用的赔偿与对被保险货物本身损失的赔偿合在一起，以一个保险金额为限（CIF值的1.1倍）。

4. 与共同海损的联系不同

施救费用的产生通常是一种利己行为的结果，不构成共同海损分摊项目。

救助行为往往是由船方或保险人为解除共同危险，主动联系专业救助机构或附近过往船舶寻求救助，船方和货方等多方一般均会获益，从而受益方根据获益财产的价值进行救助费用的分摊，因此通常情况下救助费用构成共同海损中特殊费用项目。

第三节　中国海洋运输货物相关保险条款

中国海洋运输货物相关保险条款包括海洋运输货物保险条款、海洋运输冷藏货物保险条款、海洋运输散装桐油货物保险条款，以及各种附加保险条款。国际贸易中最多采用的是海洋运输货物保险条款与各种附加险的组合。

伦敦保险协会相关保险条款在国际上具有广泛的影响力，其相关保险条款设置复杂，并且国际贸易从业人员通常无须掌握其细节规定，因而本书仅对中国主险条款的承保风险进行讲解。

一、中国主险条款

主险，俗称基本险，是可以独立投保的保险险别，海洋运输货物保险条款是最常用的主险条款。

（一）海洋运输货物保险条款

海洋运输货物保险条款（Ocean Marine Cargo Clauses）规定了主险的责任范围、除外责任和责任起讫，以及当事方义务、赔偿处理和索赔期限。人保（PICC）2018年版较2009年版多了"一、投保人、被保险人"和"五、保险人义务"两个栏目，其他内容仅做了三处简单文字调整和一处标点删除，未有根本性变化，本节根据"海洋运输货物保险条款"（2009年版）内容进行讲解。

海洋运输货物保险条款设置了三个主险，按照承保责任由小到大分别是平安险，水渍险和一切险，其对应的保险费率由低到高。根据 Incoterms® 2020，采用 CIF 术语时，进口方如无特殊要求，出口方只需投保平安险，而采用 CIP 术语时，出口方则需要投保一切险。

1. 平安险（Free from Particular Average，F.P.A.）

在三个主险中，平安险的承保责任最小，且水渍险和一切险的承保责任均涵盖了平安险的承保责任。平安险最主要的特殊性就是对部分损失的赔偿有着一定的限制，其英文翻译 Free From Particular Average 采用的是国际上常见的最低险别表述。

平安险负责赔偿：

（1）自然灾害造成的实际全损或推定全损，不包括部分损失。

具体指：被保险货物在运输途中由于恶劣气候、雷电、海啸、地震、洪水自然灾害造成整批货物的全部损失或推定全损。

Particular Average Loss 是单独海损的意思，Free from Particular Average 可以理解为单独海损不赔。因此国内通常将平安险称作"单独海损不赔"。需要注意的是单独海损不仅包括自然灾害造成的部分损失，还包括意外事故造成的部分损失，将平安险理解为"单独海损不赔"时，实际上将单独海损等同于"自然灾害造成的部分损失"，缩小了单独海损的含义。

（2）意外事故造成的全损或部分损失。

具体指：由于运输工具遭受搁浅、触礁、沉没、互撞、与流冰或其他物体碰撞以及失火、爆炸意外事故造成货物的全部或部分损失。

（3）运输工具发生意外事故时，由自然灾害造成的部分损失。

具体指：在运输工具已经发生搁浅、触礁、沉没、焚毁意外事故的情况下，货物在此前后又在海上遭受恶劣气候、雷电、海啸等自然灾害所造成的部分损失。

（4）在港口装卸操作时的落海损失。

具体指：在装卸或转运时由于一件或数件整件货物落海造成的全部或部分损失。

（5）施救费用。

具体指：被保险人对遭受承保责任内危险的货物采取抢救、防止或减少货损的措施而支付的合理费用，但以不超过该批被救货物的保险金额为限。

（6）转运费用。

具体指：运输工具遭遇海难后，在避难港由于卸货所引起的损失以及在中途港、避难港由于卸货、存仓以及运送货物所产生的特别费用。

（7）共同海损的牺牲、分摊和救助费用。

（8）运输契约订有"船舶互撞责任"条款，根据该条款规定应由货方偿还船方的损失。

2. 水渍险（With Average，W. A.；With Particular Average，W. P. A）

水渍险负责赔偿：平安险的责任范围以及自然灾害造成的部分损失。

具体指：除包括上列平安险的各项责任外，本保险还负责被保险货物由于恶劣气候、雷电、海啸、地震、洪水自然灾害所造成的部分损失。

水渍险的承保责任范围包括了由自然灾害和意外事故造成的全部损失和部分损失，以及共同海损和其他费用，但不包括由外来风险造成的损失。

3. 一切险（All Risks）

一切险负责赔偿：水渍险的责任范围以及除战争和罢工以外的外来原因造成的损失。

具体指：除包括上列平安险和水渍险的各项责任外，一切险还负责被保险货物在运输途中由于外来原因所致的全部或部分损失。

海洋运输货物保险条款并未对"外来原因"做出解释。国内保险界和学术界曾认为一切险的承保范围是水渍险加十一种一般附加险，但最高人民法院 2004 年的终审裁判推翻了这种认识，明确了一切险的承保范围超过水渍险加十一种一般附加险。

知识库

最高人民法院对"外来原因"的裁判

最高人民法院审判委员会讨论通过 2015 年 4 月 15 日发布了指导案例 52 号"海南丰海粮油工业有限公司诉中国人民财产保险股份有限公司海南省分公司海上货物运输保险合同纠纷案"，该案例一审和二审法院均裁判一切险中的"外来原因"为十一种列明风险，最后经最高人民法院终审裁判，裁定"外来原因"为非列明风险，具体案情即裁决如下：

1997 年 5 月 1 日，中国人民银行致中国人民保险公司《关于〈海洋运输货物保险"一切险"条款解释的请示〉的复函》中指出，海洋运输保险一切险（以下简称"一切险") 是中国人民银行在《关于下发外币保险业务类保险条款的通知》（银发〔1994〕328号）中批准执行的。一切险承保的范围是平安险、水渍险及被保险货物在运输途中由于外来原因所致的全部或部分损失。外来原因仅指偷窃、提货不着、淡水雨淋、短量、混杂、沾污、渗漏、碰损、破损、串味、受潮受热、钩损、包装破裂、锈损。

因此根据上述复函，一切险的责任范围包括平安险、水渍险和普通附加险（即偷窃提货不着险、淡水雨淋险、短量险、沾污险、渗漏险、碰损破碎险、串味险、受潮受热险、钩损险、包装破损险和锈损险）。

1998年11月27日，中国人民银行在对《中保财产保险有限公司关于海洋运输货物保险条款解释》的复函中，再次明确一切险的责任范围包括平安险、水渍险及被保险货物在运输途中由于外来原因所致的全部或部分损失。其中外来原因所致的全部或部分损失是指十一种一般附加险。

最高人民法院于2004年7月13日做出（2003）民四提字第5号终审判决：根据我国保险法的规定，保险人应当在订立保险合同时向投保人说明保险合同条款的内容。中国人民银行作为当时保险行业的主管机关，在涉案保险事故发生之后对保险合同条款做出的解释，不应适用于本案。并且从中国人民银行的复函看，亦不能得出本案事故不属一切险责任范围的结论。

综上，本院认为本案保险标的的损失不属于保险条款中规定的除外责任之列，应为收货人即被保险人丰海公司无法控制的外来原因所致，故应认定本案保险事故属一切险的责任范围。

综上终审裁判核心观点：海上货物运输保险合同中的"一切险"，除包括平安险和水渍险的各项责任外，还包括被保险货物在运输途中由于外来原因所致的全部或部分损失。在被保险人不存在故意或者过失的情况下，由于相关保险合同中除外责任条款所列明情形之外的其他原因，造成被保险货物损失的，可以认定属于导致被保险货物损失的"外来原因"，保险人应当承担运输途中由该外来原因所致的一切损失。

（引自：最高人民法院指导案例52号：海南丰海粮油工业有限公司诉中国人民财产保险股份有限公司海南省分公司海上货物运输保险合同纠纷案，https://www.court.gov.cn/shenpan-xiangqing-14250.html）

4. 平安险、水渍险和一切险的除外责任

除外责任是指保险公司对保险条款中规定的特定损失及费用不承担赔偿责任。平安险、水渍险和一切险三个主险对下列损失不负赔偿责任。

（1）被保险人的故意行为或过失所造成的损失。

（2）属于发货人责任所引起的损失。

（3）在保险责任开始前，被保险货物已存在的品质不良或数量短差所造成的损失。

（4）被保险货物的自然损耗、本质缺陷、特性以及市价跌落、运输延迟所引起的损失或费用。

（5）本公司海洋运输货物战争险条款和货物运输罢工险条款规定的责任范围和除外责任。

主险对前四点所列情形免责，符合常识。第（5）点所列战争和罢工两种情形下的免责表明这两种情形具有特殊性，因此保险公司分别单独制定了战争和罢工附加险。海运方式下，常见的投保组合是一切险+战争险+罢工险。

应用案例

2015年12月1日，日本SEP公司与中国云龙公司签订一份买卖合同，约定云龙公司向SEP公司购买混合五金废料。实际出口装货数量为1 055.22公吨，价值为48 540 120日元，单价为FOB46 000日元/公吨。中国云龙公司租用NKZ轮，准备将该批货物从日本丰桥运往中国宁波。

同年12月18日早上7：00时，NKZ轮在日本丰桥一号泊位靠泊，8：00时许开始装货。当日下午14：20时，装货至1 000吨左右，船舶载货舱突然起火燃烧，经报警后施救，大火于次日3：20时被扑灭。事故致使货物被烧，船舱及船壳周围的船漆受到严重损坏。

中国云龙公司于同年12月19日向中国当地保险公司报案。

2016年4月19日，中国当地保险公司向云龙公司出具理赔联系函，称"关于本起火灾案件，根据你方提供的相关索赔资料，并经我司调查和核定，我司不能向你方进行保险金赔付，具体理由包括但不限于：涉案货物火灾损失系货物自身缺陷引起自燃所致，不属于保险责任范围。"

经法院审理，法院认为，根据双方之间保险合同约定的保险期限，案涉火灾事故发生在保险责任期间内。

保单所附的海洋运输保险条款"责任范围""平安险"条款约定火灾事故属于该险别的承保风险，同时该条款"除外责任"约定"被保险货物的自然损耗、本质缺陷、特性以及市价跌落、运输延迟所引起的损失或费用"保险人不负赔偿责任。

法院认为，中国当地保险公司提出拒赔的依据即为海洋运输保险条款的"除外责任"，其作为保险人对保险标的因发生保险事故造成的损失主张构成"除外责任"，应当承担相应的举证责任，但所提供材料无法明确证明火灾事故系货物的"本质缺陷"所致，因此保险人应承担赔偿责任。

经确认，货物共损失417.96公吨，货损金额应为417.96公吨×46 000日元/公吨=19 226 160日元，并按事故发生之日日元兑人民币的汇率1：0.052 9折算为人民币1 017 063.86元。

云龙公司主张，因火灾事故造成船舶损害，其向NKZ轮船东赔偿了航次运费损失16 500美元、船期损失18 000美元及船舶检验费8 000美元，合计折算为人民币276 250元，保险公司应予赔偿。中国当地保险公司则认为船舶损失不属保险赔偿范围。法院认为，保险标的是货物，而不是船舶，故船舶损失不属于货物运输保险赔偿的范围，对云龙公司的该项请求，不予支持，保险公司不承担赔偿责任。

（二）其他主险条款

其他海运主险包括海洋运输冷藏货物保险条款、海洋运输散装桐油货物保险条款两种。

1. 海洋运输冷藏货物保险条款（2009年版）

本保险分为冷藏险和冷藏一切险两种。

（1）冷藏险。

冷藏险的赔偿责任与水渍险的区别在于：

本保险负责赔偿被保险货物在运输途中由于恶劣气候、雷电、海啸、地震、洪水自然灾害或由于运输工具遭受搁浅、触礁、沉没、互撞、与流水或其他物体碰撞以及失火、爆炸意外事故或由于冷藏机器停止工作连续达24小时以上所造成的腐败或损失。

其他条款与水渍险相同。

(2) 冷藏一切险。

除包括上列冷藏险的各项责任外，本保险还负责被保险货物在运输途中由于外来原因所致的腐败或损失。

(3) 除外责任。

与平安险等不同条款：

①被保险货物在运输过程中的任何阶段因未存放在有冷藏设备的仓库或运输工具中，或辅助运输工具没有隔温设备所造成的货物腐败。

②被保险货物在保险责任开始时因未保持良好状态，包括整理加工和包扎不妥，冷冻上的不合规定及骨头变质所引起的货物腐败和损失。

2. 海洋运输散装桐油货物保险条款（2009年版）

(1) 承保责任范围。

本保险承保责任比较独特的条款为：

①不论任何原因所致被保险桐油的短少、渗漏超过本保险单规定的免赔率（以每个油仓作为计算单位）的损失。

②不论任何原因所致被保险桐油的沾污或变质损失。

③被保险人对遭受承保责任内危险的桐油采取抢救、防止或减少货损的措施而支付的合理费用，但以不超过该批被救桐油的保险金额为限。

(2) 除外责任。

本保险除外责任比较独特的条款为：

①在保险责任开始前，被保险桐油已存在品质不良或数量短差所造成的损失。

②被保险桐油的市价跌落或运输延迟所引起的损失或费用。

二、中国附加险条款

附加险是保险公司设置的在投保主险后方可投保的能够满足多种保险需求的险别。

各附加险条款一般都有"主险合同与本附加险合同相抵触之处，以本附加险合同为准；本附加险合同未约定事项，以主险合同为准。主险合同效力终止，本附加险合同效力亦同时终止；主险合同无效，本附加险合同亦无效"等类似说明，以明确其附加险的属性。

(一) 部分扩展类附加险条款

扩展类附加险主要可以分为特殊附加险、一般附加险、特别附加险以及其他附加险等不同类别，这种分类仅仅是方便管理，各个险别均可单独与主险配合投保。

战争险和罢工险通常被称作"特殊附加险"，是最常见的附加险。

一般附加险条款包括偷窃提货不着险、淡水雨淋险、短量险、沾污险、渗漏险、碰损破碎险、串味险、受潮受热险、钩损险、包装破损险和锈损险等十一种附加险条款，由于其名称能够较好反映其承保责任范围，本节不做讲解。

特别附加险条款包括进口关税条款、舱面货物条款、拒收险条款、黄曲霉素险条款、出口货物到香港（包括九龙在内）或澳门存仓火险责任扩展条款、易腐货物条款、交货不到条款等七种附加险条款。

（二）部分限制类附加险条款

1. 海关检验条款

本保险承保的偷窃、短少损失，以被保险货物到达目的地的海关内为止。如在上述地点发现损失，必须向本保险单所指定的检验、理赔代理人申请检验，确定损失。被保险货物在此以后所遭受的偷窃、短少损失，本保险不负赔偿责任。

2. 码头检验条款

本保险承保的偷窃、短少损失，以被保险货物到最后卸货港卸至码头货棚为止。如在上述地点发现损失，必须向本保险单所指定的检验、理赔代理人申请检验，确定损失。
被保险货物在此以后所遭受的偷窃、短少的损失，本保险不负赔偿责任。

3. 水渍除外条款

兹经合同双方同意，本保险不承保任何由非全封闭货车运输货物的水渍风险。
本附加条款与主条款内容相悖之处，以本附加条款为准；未尽之处，以主条款为准。

（三）部分规范类附加险条款（见二维码）

（三）部分规范类附加险条款

三、保险责任起讫

保险责任起讫即保险公司根据保险合同确定的保险责任的开始时间点和终止时间点。

除了保险合同约定之外，上述主险条款和附加险条款的保险责任起讫主要有三种标准，分别是"仓至仓"责任、类似"仓至仓"责任和"水面"责任。

（一）"仓至仓"责任

"仓至仓"责任，又称"仓至仓"条款（Warehouse to Warehouse Clause），是三个主险以及大部分附加险适用的保险责任起讫标准。

"仓至仓"责任的开始只有一种情况，即保险责任自被保险货物运离保险单所载明的起运地仓库或储存处所开始运输时生效，包括正常运输过程中的海上、陆上、内河和驳船运输在内。

"仓至仓"责任的终止有三种情况：①该项货物到达保险单所载明目的地收货人的最后仓库或储存处所或被保险人用作分配、分派或非正常运输的其他储存处所时为止；②如未抵达上述仓库或储存处所，则以被保险货物在最后卸载港全部卸离海轮后满60天为止；③如在上述60天内被保险货物需转运到非保险单所载明的目的地时，则以该项货物开始转运时终止。

最简单情况下，"仓至仓"责任起讫体现在以下关键点上：

开始时的一个关键点："仓至仓"责任开始于被保险货物离开保险单载明的起运地的仓库开始运输时，关键点是在该仓库内以及装车时保险责任均未开始。

终止时的三个关键点："仓至仓"责任结束于货物到达保险单载明的目的地收货人的

最后仓库，此处有三个关键点：其一，到达仓库必须完成货物卸载并放置在指定仓库内的合理位置，收货人需正式接收货物，如果在仓库卸货时货物受损，仍处于保险责任期间；其二，该仓库必须是收货人指定，如果货物卸载后到达承运人或货代的仓库，则保险责任仍未终止，但以卸船后 60 天为限；其三，货物在目的地卸载后运往外地时，保险责任在开始转运时终止。

（二）类似"仓至仓"责任

类似"仓至仓"责任主要是由于货物的特殊性而借鉴了"仓至仓"责任，但又做了特别规定。

1. 海洋运输冷藏货物保险条款

本保险责任自被保险货物运离保险单所载起运地点的冷藏仓库装入运送工具开始运输时生效，包括正常运输过程中的海上、陆上、内河和驳船运输在内，直至该项货物到达保险单所载明的最后卸载港 30 天内卸离海轮，并将货物存入岸上冷藏库后继续有效，但以货物全部卸离海轮时起算满 10 天为限。

在上述期限内货物一经移出冷藏仓库，则责任即行终止，如卸离海轮后不存入冷藏仓库，则至卸离海轮时终止。

2. 海洋运输散装桐油货物保险条款

本保险责任自被保险桐油运离保险单所载明的起运港的岸上油库或盛装容器开始运输时生效，在整个运输过程中，包括油管唧油，继续有效，直到安全交至保险单所载明的目的地的岸上油库时为止。

但如桐油不及时卸离海轮或未交至岸上油库，则最长保险期间以海轮到达目的港后 15 天为限。

（三）"水面"责任

"水面"责任只适用于海洋运输货物战争险。

"水面"责任，是指保险责任自被保险货物装上保险单所载起运港的海轮或驳船时开始，到卸离保险单所载明的目的港的海轮或驳船时为止，即海运战争险只承保水面风险。

如果被保险货物不卸离海轮或驳船，本保险责任最长期限以海轮到达目的港的当日午夜起算满 15 天为限，海轮到达上述目的港是指海轮在该港区内一个泊位或地点抛锚、停泊或系缆，如果没有这种泊位或地点，则指海轮在原卸货港或地点或附近第一次抛锚、停泊或系缆。

> **应用案例**
>
> **"船至仓"还是"仓至仓"？**
>
> 青岛云龙公司采用 FOB 贸易术语从非洲进口一批塑料编织袋装芝麻，向国内保险公司投保一切险，并附加战争、罢工险，被保险人为云龙公司。
>
> 因保险索赔争议，云龙公司起诉保险人国内保险公司。
>
> 国内保险公司在抗辩中指出：虽然保险条款中的保险人责任期间是"仓至仓"，但根据买卖合同的价格条款 FOB，货物在起运港装船前，所有权和风险并未发生转移，云龙公司此时不具有保险利益。因此，对云龙公司而言，该保单的实际责任区间为"船至仓"。

一审法院针对上述争议焦点，即保险责任期间是"船至仓"还是"仓至仓"做出裁决：货物装船之前，云龙公司尚未付款，亦未取得代表货物所有权的单据，此时，云龙公司不具有保险利益，但是，国内保险公司未举证证明其将"不具有保险利益则免于承担保险责任"的免责条款向云龙公司进行过提示和说明，所以，国内保险分公司的抗辩不能成立，货物自离开起运地仓库至装船之时，属于涉案保险责任期间范围，若在此时发生保险事故造成保险标的损失的，国内保险公司应当承担赔偿责任。即涉案保险责任期间应为"仓至仓"。

根据上述法院裁判，可以得出以下结论：进口方采用FOB术语进口时，在装运港货物运离仓库至装船前发生的风险，即使此时进口方对货物不具有保险利益，保险公司也应承担赔偿责任，除非保险公司能够证明其已经将"不具有保险利益则免于承担保险责任的免责条款"向投保人进行过提示和说明。

四、伦敦保险协会货物保险条款

伦敦保险协会海运保险主险条款为ICC（A），ICC（B）和ICC（C），贸易中一般可根据需要选择协会附加险战争险和罢工险一并投保。

目前协会货物条款（Institute Cargo Clauses）主要有两个版本，最早版本为1982年版（1/1/1982），目前为2009年版（1/1/2009）。整体上，2009年版条款对被保险人更为有利。

（一）承保风险（Risks Covered）

Institute Cargo Clauses(A)、(B)和(C)的承保风险由大到小，其对应的保险费率亦由高到低。三个条款中承保风险都规定了基本相同的除外责任（Exclusions），相同的共同海损条款（General Average）和相同的"双方有责碰撞"条款（Both to Blame Collision Clause），除此之外，三个条款各自的具体承保风险分别为：

（1）Institute Cargo Clauses(A)[ICC(A)]条款的承保风险为：除了除外责任之外，承保保险标的的损失或损害的一切风险。

（2）Institute Cargo Clauses(B)[ICC(B)]条款的承保风险为列明风险，除了除外责任之外，承保的风险包括：

①保险标的的损失或损害，若可合理归因于以下六种风险：火灾或爆炸；船舶或驳船搁浅、擦浅、沉没或倾覆；陆上运输工具翻倒或出轨；船舶、驳船或运输工具与水以外的任何外部物体碰撞或接触；在避难港卸货；地震、火山爆发或闪电。

②由下列三种原因引起的保险标的损失或损害：共同海损牺牲；抛弃或浪击落水；海水、湖水或河水进入船舶、驳船、船舱、运输工具、集装箱、托盘或储存处所。

③装上或卸离船舶或驳船过程中掉落或从船上落入水中或坠落而发生的整件货物的全损。

（3）Institute Cargo Clauses(C)[ICC(C)]条款的承保风险为列明风险，除了除外责任之外，承保的风险包括：

①保险标的的损失或损害，若可合理归因于以下五种风险：火灾或爆炸；船舶或驳船搁浅、擦浅、沉没或倾覆；陆上运输工具翻倒或出轨；船舶、驳船或运输工具与水以外的

外部物体发生碰撞或接触；在避难港卸货。

②因两种原因造成的保险标的的损失或损害：共同海损牺牲；抛弃。

（二）对比分析

根据承保风险范围，可以确认 ICC(A)条款的承保责任最大，ICC(B)条款居中，ICC(C)条款承保责任最小。其中 ICC(B)条款较 ICC(C)条款多涵盖了四种风险，分别是地震、火山爆发或闪电；浪击落水；海水、湖水或河水进入船舶、驳船、船舱、运输工具、集装箱、托盘或储存处所；装上或卸离船舶或驳船过程中掉落或从船上落入水中或坠落而发生的整件货物的全损。

根据 Incoterms® 2020，采用 CIF 术语时，进口方如无特殊要求，出口方只需投保 ICC(C)条款，而采用 CIP 术语时，出口方则需要投保 ICC(A)。

协会货物保险主险条款与中国海洋运输货物保险条款存在一定差异，但各具体主险之间也有相似之处，一般可以认为 ICC(A)条款等价于一切险，ICC(B)条款等价于水渍险，ICC(C)条款等价于平安险，ICC 各主险均在 Duration 部分对保险责任起讫做了规定，虽然未采用"Warehouse to Warehouse Clause"的措辞，但均与中国条款的"仓至仓"责任相同。

ICC(A)、ICC(B)和 ICC(C)条款中除包括承保风险和除外责任部分之外，还包括保险期间（Duration）、索赔（Claims）、保险受益（Benefit of Insurance）、减少损失（Minimizing Losses）、避免延迟（Avoidance of Delay）、法律和惯例（Law and Practice）等部分，结构上较中国保险条款更复杂。

伦敦协会 ABC 条款（2009）

ICC(A)、ICC(B)和 ICC(C)条款对比如表 8-1 所示。

表 8-1　ICC(A)，ICC(B)和 ICC(C)条款对比

承保风险	ICC(A)	ICC(B)	ICC(C)
船舶或驳船搁浅、擦浅、沉没或倾覆	YES	YES	YES
陆上运输工具翻倒或出轨	YES	YES	YES
船舶、驳船或运输工具与水以外的外部物体发生碰撞或接触	YES	YES	YES
运输合同订有"船舶互撞责任"条款，根据该条款应由货方偿还船方的损失	YES	YES	YES
在避难港卸货	YES	YES	YES
火灾或爆炸	YES	YES	YES
地震、火山爆发或闪电	YES	YES	NO
恶意破坏	YES	NO	NO
盗窃/偷盗	YES	NO	NO
共同海损牺牲、分摊和救助费用	YES	YES	YES
抛弃	YES	YES	YES
海盗行为	YES	NO	NO

续表

承保风险	ICC（A）	ICC（B）	ICC（C）
浪击落水（甲板货物）	YES	YES	NO
战争险（海盗除外）	NO	NO	NO
海上劫持（战争险除外）	YES	NO	NO
海水、湖水或河水进入船舶、驳船、船舱、运输工具、集装箱、托盘或储存处所	YES	YES	NO
装卸过程中的落水损失（仅限全损）	YES	YES	NO
保险标的之损失或损害的一切风险（不包括除外责任）	YES	NO	NO
由于被保险人以外的其他人（如船长、船员等）的故意违法行为所造成的损失和费用	YES	NO	NO
由于一般外来原因所造成的损失	YES	NO	NO

第四节　其他运输方式货物保险主险条款

各运输方式下的主险险别与海运险略有差别，且每种运输方式下均有相应的战争险和罢工险条款。以下各主险条款均为中国货物保险条款2009年版的内容。

一、航空运输货物保险条款

（一）责任范围

本保险分为航空运输险和航空运输一切险两种。被保险货物遭受损失时，本保险按保险单上订明承保险别的条款负赔偿责任。

1. 航空运输险

航空运输险负责赔偿：

（1）被保险货物在运输途中遭受雷电、火灾或爆炸或由于飞机遭受恶劣气候或其他危难事故而被抛弃，或由于飞机遭受碰撞、倾覆、坠落或失踪意外事故所造成的全部或部分损失。

（2）被保险人对遭受承保责任内危险的货物采取抢救、防止或减少货损的措施而支付的合理费用，但以不超过该批被救货物的保险金额为限。

2. 航空运输一切险

除包括上列航空运输险的责任外，本保险还负责被保险货物由于外来原因所致的全部或部分损失。

（二）除外责任

本保险对下列损失，不负赔偿责任：

本公司航空运输货物战争险条款和货物运输罢工险条款规定的责任范围和除外责任。

其他除外责任与海运险相同。

（三）责任起讫

本保险负"仓至仓"责任，与海运险相同。

二、陆上运输货物保险条款（火车、汽车）

（一）责任范围

本保险分为陆运险和陆运一切险两种。被保险货物遭受损失时，本保险按保险单上订明承保险别的条款规定，负赔偿责任。

1. 陆运险

本保险负责赔偿：

（1）被保险货物在运输途中遭受暴风、雷电、洪水、地震自然灾害，或由于运输工具遭受碰撞、倾覆、出轨，或在驳运过程中因驳运工具遭受搁浅、触礁、沉没、碰撞，或由于遭受隧道坍塌、崖崩，或失火、爆炸意外事故所造成的全部或部分损失。

（2）被保险人对遭受承保责任内危险的货物采取抢救、防止或减少货损的措施而支付的合理费用，但以不超过该批被救货物的保险金额为限。

2. 陆运一切险

除包括上列陆运险的责任外，本保险还负责被保险货物在运输途中由于外来原因所致的全部或部分损失。

（二）除外责任

本保险对下列损失，不负赔偿责任：

本公司陆上运输货物战争险条款和货物运输罢工险条款规定的责任范围和除外责任。其他除外责任与海运险相同。

（三）责任起讫

本保险负"仓至仓"责任，与海运险相同。

三、邮包险条款

（一）责任范围

本保险分为邮包险和邮包一切险两种。被保险货物遭受损失时，本保险按保险单上订明承保险别的条款规定，负赔偿责任。

1. 邮包险

本保险负责赔偿：

（1）被保险邮包在运输途中由于恶劣气候、雷电、海啸、地震、洪水自然灾害或由于运输工具遭受搁浅、触礁、沉没、碰撞、倾覆、出轨、坠落、失踪，或由于失火、爆炸意外事故所造成的全部或部分损失。

（2）被保险人对遭受承保责任内危险的货物采取抢救、防止或减少货损的措施而支付的合理费用，但以不超过该批被救货物的保险金额为限。

2. 邮包一切险

除包括上述邮包险的各项责任外，本保险还负责被保险邮包在运输途中由于外来原因所致的全部或部分损失。

（二）除外责任

本公司邮包战争险条款和货物运输罢工险条款规定的责任范围和除外责任。

其他除外责任与海运险相同。

（三）责任起讫

保险责任自被保险邮包离开保险单所载起运地点寄件人的处所运往邮局时开始生效，直至该项邮包运达本保险单所载目的地邮局，自邮局签发到货通知书当日午夜起算满15天终止。但在此期限内邮包一经递交至收件人的处所时，保险责任即行终止。

应用案例

6 000粒鳕鱼鱼肝油胶囊运输中受热粘连 国内卖家索赔未获支持

保健品公司将一批鳕鱼鱼肝油胶囊由中国深圳运往英国，途经热带地区却未采取任何控温措施。货物到港后，鱼肝油胶囊因遇高温导致粘连变形，国外买家拒收全部货物。保健品公司损失惨重，向保险公司申请理赔被拒，遂诉至法院。日前，上海海事法院开庭审理了这起海上保险合同纠纷案并做出一审判决，驳回保健品公司全部诉求。

出口胶囊粘连变形被低价处理

保健品公司将6 000粒鳕鱼鱼肝油胶囊从中国深圳运往英国费利克斯托港，采用常温包装的运输方式，并向保险公司投保了"协会货物运输条款一切险"（以下简称一切险）。航线经过南亚、地中海到达欧洲。不料，货物到达目的港后，买家拆箱发现胶囊处于粘连状态，无法出售，遂拒收全部货物且拒绝支付货款13万余美元。

收到通知后，保健品公司立即向保险公司报案。次日，保险公司委托境外公估公司对索赔及损失进行现场调查。在检验人检测胶囊受损不可再用于正常销售之后，这批胶囊被折价出售变现，获得残值6 000余美元。

公估公司认定货损原因系高温导致

公估公司在现场调查后出具《检验证书》，称"货物送达后签收时没有任何标注或异议，纸箱外包装状况良好。随后拆箱时，明显可发现纸箱里的胶囊紧紧地粘在一起，需要很大的力气才能分开。随后发现，胶囊被分开后又凹陷、变形，全部货物被拒收"。检验人员认为，"长时间暴露在阳光下会使得集装箱温度显著升高，导致集装箱货物在运输途中经历相当高的温度。因此，对温度敏感的货物应装于冷藏或隔热的集装箱内，而鱼肝油胶囊应被储存于25℃以下"。

根据公估报告，保险公司以货损是因货物经受高温且在运输过程中没有采取温控措施所致为由拒绝理赔。

保健品公司遂将保险公司诉至上海海事法院，请求判令被告保险公司支付保险赔偿金人民币77万余元及其利息损失。

法院："一切险"并非保一切

庭审中，原告保健品公司诉称，其投保的是"一切险"，只要保险标的发生毁损或灭失，被告保险公司即应当支付保险金；温度可能是造成涉案货物产生粘连的原因之一，但温度是外在原因，并非己方行为导致，被告保险公司不应免赔。

被告保险公司辩称，涉案胶囊货物自身极易受温度影响，应当保存在25℃以下的环境中，因原告保健品公司未采用具有温控系统的集装箱而使涉案货物因运输途中的自然温度变化而软化粘连，属于"自然损耗"和"包装不当"，货损原因均被排除在协会货物一切险的责任范围之外，保险公司可以免赔。

法院经审理后认为，涉案胶囊的主要成分是明胶，其熔点较低，对较高的温度相当敏感，在案证据可以证明货损的原因为涉案货物的"自然特性"和"包装不当"；依据《海商法》第二百四十三条的规定以及涉案协会货物一切险有关条款，只有在保险合同另有约定的情况下，保险公司才负赔偿责任，而保险合同条款中并无有关承保该两项风险的特别约定。因此，被告保险公司并无赔偿义务。

综上，法院驳回原告保健品公司的全部诉讼请求。判决后，原告保健品公司未提起上诉。

（引自：上海海事法院网站审判动态栏目，6 000粒鳕鱼鱼肝油胶囊运输中受热粘连 国内卖家索赔未获支持，2018年4月9日）

第五节　合同保险条款与保险单

根据Incoterms® 2020，只有CIF和CIP两个术语下卖方投保具有代办的性质，卖方须自付费用购买合同规定的货物保险险别，并向买方提交保险单或其他保险凭证。合同采用D组术语时，仍然是卖方办理保险，但无须在合同中约定，其他术语如FOB和FCA等则需要进口方根据需要自己办理，同样无须在合同中约定。

在其他术语下，卖方对买方没有订立保险合同的义务，唯一相关义务是向买方提供卖方所拥有的买方购买保险所需的信息。因此，国际贸易合同只有在采用CIF或CIP术语时，才需要设置合同保险条款，而保险单是证明出口方完成合同保险条款规定义务的重要文件。

保险人是法律专业用语，保险公司是保险人的通俗和狭义说法，本节根据语境对二者混用，不做区分。

一、合同保险条款

合同保险条款的核心内容包括保险险别和投保加成两部分，有的情形下会对被保险人、保险公司、免赔额等做出规定。

（一）保险险别

保险险别需要与所选择的国内外保险条款相符合，通常主险都选择中国条款一切险或协会ICC（A）条款，因为这两个主险承保范围最大，且整体成本不高。战争险和罢工险是最常用的附加险，一般需要结合航线和途经港口的实际情况确定，二险同时购买只需支付战争险的费用，属于买一送一，其他附加险则需要根据货物情况或其他特殊需要选择购买。

平安险和水渍险一般适用于近洋航线的贸易合同。

(二) 投保加成和保险金额

投保加成是保险合同约定的保险金额高于合同金额的比率,保险公司提供0~20%加成的选择,通常为10%。根据UCP600,如果信用证对投保金额未做规定,投保金额须至少为货物CIF或CIP价格的110%,即投保加成最低为10%。保险加成可以简单地理解为对被保险人合同外成本和预期利润损失的补偿,这两部分是货物保险价值的组成部分。

保险金额是指保险人承担赔偿责任的最高限额,即货物发生全损后保险公司赔偿的最高金额,也是施救费用的最高赔偿金额,是包含投保加成的金额。在货物发生部分损失时,一般只按实际损失赔偿,不计算加成。

保险金额也是计算保险费的基础。保险费是出口方购买特定险别后向保险公司支付的费用,构成出口方的一项出口成本。保险费等于保险金额与保险费率的乘积。保险公司根据不同险别制定不同的保险费率,最终的费率为主险与所有附加险费率的和。

保险费率与主险险别、附加险险别、航线以及货物种类等均有关系,通常情况下,一切险费率在0.05%左右,战争险和罢工险双险费率在0.03%左右,所以常规的一切险加战争险组合的保险费率一般不超过0.1%,占货物总值的比重很低,因此保险费占出口成本可以忽略,尤其是合同金额较低时,比如CIF金额为100万美元时,其保险费不超过1 000美元。

例子 8-2

某年8月,幸福公司以CFR中国江阴1 530美元/吨的单价购买1 116.033吨苯酚,总价为1 707 530.49美元,支付方式为信用证。9月,幸福公司与中国香港朋友公司签订了贸易合同,同日,幸福公司就1 116.033吨苯酚向人保公司投保并支付保费12 882.58元,人保公司向其出具保单。保单载明:被保险人幸福公司、保险金额11 711 440元,险种为按照中国人民保险公司海洋运输货物保险条款(1/1/81)承保一切险,包括仓至仓条款、战争险和按罐计量短少0.3%以上的保险赔偿责任。12月,幸福公司以信用证方式向香港朋友公司支付货款1 707 530.49美元,折合人民币11 694 705.58元。

上述案例中保险费率为保费12 882.58除以保险金额11 711 440,约为0.11%,CIF价值11 707 588.16元(即保险费12 882.58和CFR金额11 694 705.58之和)与保险金额接近,投保加成为接近于0。

(三) 被保险人、保险公司

针对财产保险而言,被保险人是指其财产受保险合同保障,享有保险金请求权的人。保险人是指与投保人订立保险合同,并按照合同约定承担赔偿或者给付保险金责任的保险公司。

1. 被保险人 (The Insured)

保险条款中一般不对被保险人做出规定,一般默认托运人或出口方为记名被保险人。CIF或CIP术语下,如进口方要求指定其他被保险人,出口方一般应在保证能够全额收汇时,方可接受该要求。

在国际货物运输保险中,被保险人分两种情况,第一种情况是在保险合同中确定的记名被保险人,第二种情况是保险单经记名的被保险人背书转让后的合法持有人,两者均具有保险单中记载货物的保险利益，均可向保险公司提出索赔。

根据海运货物保险条款，向保险公司索赔时，被保险人必须提交包括正本保险单在内的相关单证。据此规定，如果保险单的被保险人已经背书转让给了收货人，并不再持有该保险单正本时，保险利益同时转让，因此上述第二种情况下的保险单合法持有人才是真正的被保险人，具有保险单上货物的保险利益，才具有索赔资格。

由于保险单的性质，其背书通常为空白背书，即被保险人背书时不记载被背书人的名称。在 CIF 或 CIP 贸易合同中，出口方完成货物装运后，对提单和保险单空白背书，在将提单和保险单等单证交付进口方之前，出口方一直具有货物的保险利益。

> **应用案例**
>
> 托运人具有保险利益吗？
>
> 云龙公司与河北公司成立的联营体埃塞俄比亚公司承包了埃塞俄比亚境内的输电线供应和施工项目，从设计、制造、供应及仓至仓保险、安装、测试、试运行至完工，均由承包方负责。在云龙公司与河北公司之间又约定，由云龙公司作为合作领导方负责工程的综合管理，并负责购买和供应完成项目所必须的所有材料和设备，以及负责所有设备的运输和投保等事项。
>
> 后云龙公司通过其代理人为该工程用导线投保了海洋运输货物一切险及战争险、罢工险，保险公司签发的保险单上记载的被保险人也是云龙公司。虽然出于便利清关和收货的目的，埃塞俄比亚公司被记载为提单上的收货人，但并无证据表明云龙公司将保险单转让给了埃塞俄比亚公司。
>
> 据此，二审法院认为，基于工程总承包合同的约定、云龙公司与河北公司之间的约定，以及云龙公司实际负责涉案导线的采购、运输和投保事项的事实，可以认定该批导线在运输过程中的风险由云龙公司承担，故云龙公司就该批导线具有保险利益。并且，云龙公司作为保险单记载的被保险人，在协商理赔阶段也按照保险公司要求提交了正本保险单（一联）。因此，就保险事故造成的保险标的（导线）的损失，云龙公司有权要求保险公司予以赔偿。保险公司关于云龙公司不是涉案适格被保险人的上诉理由缺乏事实和法律依据，不能成立。

2. 保险公司（The Underwriter, The Insurance Company）

根据 Incoterms® 2020，采用 CIF 或 CIP 贸易术语时，出口方应与信誉良好的保险公司订立保险合同，并应使进口方或任何其他对货物具有可保利益的人有权直接向保险公司索赔。

因此进口方有权对出口方选择的保险公司提出相应要求，确保保险公司具有良好的业界声誉和商业信誉，在发生货损时，能够得到及时的救助、查勘以及理赔等服务。

（四）免赔额（Deductible）

保险公司针对一些特殊商品，比如大宗农产品、水产品以及矿产品等重量易变动的商品，规定了免赔额（率）。在 CIF 或 CIP 合同中，进出口双方就相关免赔额（率）与保险公司达成共识后，可在合同保险条款中进行约定。

例子 8-3

中国某公司从巴西进口大豆,价格条款为 CFR 中国港口,总价款为 26 980 312.46 美元。该公司向国内保险公司投保进出口货物运输保险,保险公司签发的保险单载明:保险标的为巴西大豆,货物数量为 64 601.840 吨,保险标的价值为 26 980 312.46 美元,保险加成 10%,保险金额为 29 678 343.71 美元,起运港为巴西里奥格兰德港,目的港为中国港,保险险别为海洋货物运输一切险、海洋运输货物战争险和海洋运输罢工险,免赔率为保险金额的 0.3%。

本案例的关键点:进口方按照合同金额即 CFR 价值加成 10% 进行投保,免赔率为 0.3%。

(五)保险条款举例

(1) Covering _____ Risks for _____% of Invoice Value to be effected by the _____ as per ocean Marine Cargo Clauses of the PICC Property and Casualty Company Limited (2009).

(2) Covered by the seller at least 110 percent of the invoice value against institute cargo clauses (a), war, theft, pilferage and non-delivery dated 1/1/2009. Short shipment with claims payable at destination, settling agent's name and address must be indicated.

(3) At least 110 percent of full CIF value covering institute cargo clauses (a) (1/1/2009), institute war clauses (cargo) and institute strikes clause (cargo) with claims payable at destination in the currency of drafts.

(4) Buyer agrees to obtain an open policy or such other form of insurance to protect himself on shipments made, whether advices thereon are received or not. In cases where Seller is required by the terms of his agreement to provide insurance, it shall be for 110% of the CFR value and for all risks including war risk insurance.

二、保险单

根据《保险法》,保险单或者其他保险凭证是保险合同的证明文件,其他保险凭证主要包括投保单、保险凭证、暂保单以及批单。

(一)保险单和其他保险凭证

1. 保险单(Insurance Policy)

保险单,简称保单,是保险人与投保人之间订立的保险合同的正式书面凭证,由保险人制作,签章并交付给投保人。一旦发生保险事故,保险单是被保险人向保险人索赔的主要凭证。

保险单是国际贸易中最常用的保险凭证,采用 CIF 和 CIP 术语时出口方需背书后交付给进口方,实现保险利益的转移。保险单的背书一般采用空白背书方式。

2. 投保单

投保单是投保人向保险人申请订立保险合同的书面要约,通常由保险人事先统一印制,投保人依其所列项目逐一据实填写后交付给保险人。投保单的主要内容与保险单的内容基本相同。

投保人在投保单上填写的内容基本都会体现在保险人签发的保险单上，因此，投保人必须认真核实所填写的内容，确保与合同或信用证的规定相符。

投保单本身并非正式合同文本，但一经保险人接受并签章后，即成为保险合同重要组成部分。

3. 保险凭证（Certificate of Insurance）

保险凭证也称小保单，是保险人出立给被保险人以证明保险合同已有效成立的文件。它也是一种简化的保险单，除名称与保险单不同外，一般没有背面的保险条款，但与保险单有相同的效力。

4. 暂保单（Cover Notes）

暂保单又称临时保单，它是保险人或其代理人在正式保险单签发之前出具给被保险人的临时保险凭证。它表明保险人或其代理人已接受了保险，等待出立正式保险单。

根据 UCP600，信用证方式下不接受暂保单。

5. 保险批单

保险批单，是保险人应投保人或被保险人要求而出立的修改保险内容的证明文件，一般贴附在保险单上，构成修改后保险单组成部分。国际贸易中较少采用保险批单。

6. 预约保险单（Open Cover）

预约保险单不构成被保险人索赔的依据，被保险人必须在预约保险合同规定的期限内为每批次的运输货物申请正式保险单。

《海商法》规定，被保险人在一定期间分批装运或者接收货物的，可以与保险人订立预约保险合同。预约保险合同应当由保险人签发预约保险单证并加以确认。应被保险人要求，保险人应当对依据预约保险合同分批装运的货物分别签发保险单证。保险人分别签发的保险单证的内容与预约保险单证的内容不一致的，以分别签发的保险单证为准。

预约保险合同原是为满足长期大规模的海上货物运输防范风险的需要而产生的一种保险商业模式。保险双方通过预约保险的方式提前对保险货物的范围、承保险别、保险期间、保险费率及其收取办法等进行约定，并由被保险人预缴一定金额的保险费，待每批货物发运前被保险人向保险人进行申报，对保险数量、保险金额等其他详细内容再行确定，根据确定的货物价值调整保险费。一方面让保险人通过优惠费率享有稳定的保险费收入，另一方面被保险人可以节约保费，避免漏报，达到双赢效果。

例子 8-4

某年9月，某甲物流公司向某乙保险公司投保货物运输预约保险。根据某乙保险公司为此出具的预约保单记载：投保人系某甲物流公司；被保险人系某甲物流公司的客户；保险期限自当年9月起直至双方任何一方按照提前30天通知取消条款提出终止为止；被保险人最迟应在每批货物装运前2天申报；保险标的为机械设备、电子产品等；运输工具为符合协会船级条款的船舶且船龄不超过25年、商业航班飞机、集装箱卡车或全封闭厢式货车；保险条款为协会货物运输保险（A）、协会战争险、协会罢工险、陆上运输货物保险（火车、汽车）、海洋运输货物保险、海洋运输货物战争险、货物运输罢工险、协会船级条款。

次年9月，某乙保险公司出具货物保险单，该保单记载：被保险人为某丙公司；保险总额2 220 000美元；保险标的为66个座位的动态运动模拟器，88个包裹；承保一切险、协会货物保险条款（A）、协会船级条款、陆运货物保险条款（陆路运输一切险）等；本保险单受海上预约保险单制约。

（二）保险单的内容

保险单是信用证方式下重要的结汇文件，因此其内容必须与信用证的要求相符。

1. 正面内容

保险单内容包括被保险人（The Insured），唛头和编号（Marks & Nos.），包装及数量（Package & Quantity），保险货物项目（Description of Goods），保险金额（Amount Insured），以及货物运输信息，核心部分为承保险别（Conditions），保险人须签章，并批注签发日期、目的地的查勘代理人信息。

保险人一般签发三份正本保险单（Original）以及若干副本（Copy）。

保险单签发日期一般与装船日相同，也可以提前。UCP600规定，保险单据日期不得晚于发运日期，除非保险单据表明保险责任不迟于发运日生效；保险单据必须表明投保金额并以与信用证相同的货币表示。

2. 承保险别栏与背面条款

保险单中承保险别（Conditions）栏目内容为具体的主险险别和附加险险别及其条款版本。如果未注明适用的条款版本，则保险单背面所印刷的主险条款对双方具有约束力；但基于"打印条款效力优于印刷条款效力"这一原则，保险单承保险别栏目注明适用的险别版本优先于背面印刷版本。

比如，正面只打印"MARINE, WAR AND ALL RISKS"，未注明适用险别的版本，则以背面印刷的主险版本为准，此时背面条款构成保险合同的组成部分；如果打印"MARINE, WAR AND ALL RISKS AS PER INSTITUTE ICC 1/1/2009"，这种表述等价于"COVERING MARINE RISKS AS PER INSTITUTE CARGO CLAUSES（ICC）（A）AND WAR RISKS AS PER INSTITUTE CARGO WAR CLAUSES DATED 1/1/2009"，此时不能适用背面印刷的中国海洋货物运输保险条款（2009），该印刷条款不构成保险合同的组成部分。

承保险别（Conditions）栏目内容举例：

（1）"COVERING ALL RISKS AS PER OCEAN MARINE CARGO CLAUSES OF THE PICC 1/1/2009. INCLUDING FROM THE PORT OF DISCHARGE TO WARSAW WARHOUSE IN POLAND BY LAND."

（2）"COVERING ALL RISK CONDITIONS INCLUDING INSTITUTE CARGO CLAUSES (2009), INSTIUE WAR CLAUSES AND INSTIUE STRIKES, RIOTS AND CIVIL COMMOTIONS CLAUSES."

（3）"COVERING PARCEL POST ALL RISKS AS PER PARCEL POST INSURANCE CLAUSES OF CHINA (2009). DEDUCTIBLE：RMB2 000 OR 10% OF THE LOSS, WHICH IS THE GREATER."

（三）保险单样本

保险单样本如图8-1，图8-2所示。

第八章 国际货物运输保险

中国人民财产保险股份有限公司货物运输保险单
PICC PROPERTY AND CASUALTY COMPANY LIMITED CARGO TRANSPORTATION INSURANCE POLICY

总公司设于北京　　　　　　　　　　一九四九年创立
Head Office: Beijing　　　　　　　　Established in 1949

印刷号 (Printed Number)　　　　　　　　保险单号（Policy No. ）
合同号 (Contract NO.)
发票号 (Invoice NO.)
信用证号 (L / C NO.)
被保险人(Insured)

中国人民财产保险股份有限公司（以下简称本公司）根据被保险人的要求，以被保险人向本公司缴付约定的保险费为对价，按照本保险单列明条款承保下述货物运输保险，特订立本保险单。
THIS POLICE OF INSURANCE WITNESSES THAT PICC PROPERTY AND CASUALTY COMPANY LIMITED (HEREINAFTER CALLED " THE COMPANY ") AT THE REQUEST OF THE INSURED AND IN CONSIDERATION OF THE AGREED PREMIUM PAID TO THE COMPANY BY THE INSURED, UNDERTAKES TO INSURE THE UNDERMENTIONED GOODS IN TRANSPORTATION SUBJECT TO THE CONDITION OF THIS POLICY AS PER THE CLAUSES PRINTED BELOW.

标记 MARKS & NOS.	包装及数量 QUANTITY	保险货物项目 GOODS	保险金额 AMOUNT INSURED

总保险金额：
Total Amount Insured: _____

保费（Premium）：_____ 启运日期（Date of Commencement）：_____

装载运输工具（Per Conveyance）：_____

自：　　　　　　　　　　　经：　　　　　　　　　　　到：
From: _____ Via: _____ To: _____

承保险别（Conditions）：

所保货物，如发生保险单项下可能引起索赔的损失，应立即通知本公司或下述代理人查勘。如有索赔，应向本公司提交正本保险单（本保险单共有 _____ 份正本）及有关文件，如一份正本已用于索赔，其余正本自动失效。
IN THE EVENT OF LOSS OR DAMAGE WHICH MAY RESULT IN A CLAIM UNDER THIS POLICY, IMMEDIATE NOTICE MUST BE GIVEN TO THE COMPANY OR AGENT AS MENTIONED. CLAIMS, IF ANY, ONE OF THE ORIGINAL POLICY WHICH HAS BEEN ISSUED IN _____ ORIGINAL(S) TOGETHER WITH THE RELEVENT DOCUMENTS ALL BE SURRENDERED TO THE COMPANY. IF ONE THE ORIGINAL POLICY HAS BEEN ACCOMPLISHED, THE OTHERS TO BE VOID.

保险人：
Underwriter:

电话（TEL）：
传真（FAX）：
地址（ADD）：

赔款偿付地点
Claim Payable at
签单日期（Issuing Date）
核保人：　　　　制单人：　　　　经办人：

授权人签字：
Authorized Signature

www.picc.com.cn

引自：http://tradedoc.mofcom.gov.cn/TradeDoc/st/dz/res/html/sheet200020001.html

图 8-1　保险单样本（一）

正本（ORIGINAL）	货物运输险保险单	保险单号Policy No.:
保单正本份数：3 Number of original	CARGO TRANSPORTATION INSURANCE POLICY	777

华泰财产保险有限公司或下列签章分公司（以下简称本公司）根据投保人/被保险人的要求，在投保人/被保险人向本公司缴付约定的保险费后，根据后附条款及其他特约条款按本保险单列明的承保条件承保下述货物运输保险，特立本保险单。
This insurance policy witnesses that Huatai Property & Casualty Insurance Co., Ltd. and its undersigned branch office (hereinafter called "this Company"), at the request of the Applicant/Insured and in consideration of the payment to this Company by the Applicant/Insured of the agreed premium, undertakes to insure the under mentioned goods in transportation subject to the conditions of this policy as per the clauses and other special clauses attached hereon.

被保险人：Insured	THE EXPOETER OF THE SALE CONTRACT OR THE SHIPPER	
提单号：B/L No.	JJCQDBKA2500	发票号：Invoice No. DEABC000000
标记 Marks & Nos LAMINATE FLOORING	包装及数量 Package &Quantity 12 CARTONS	保险货物项目 Description of Goods LAMINATE FLOORING
保险金额：Total Amount Insured	USD SEVENTEEN THOUSAND THREE HUNDRED AND FIVE ONLY	(USD 17305.00)
保费：Premium	AS ARRANGED	
运输工具：Per Conveyance	SITC GUANGXI 2223S	起运日期：Slg. on or abt. AS PER B/L
运输路线：Route	自 From QINGDAO, CHINA	经 Via	至 To PAT BANGKOK

承保条件 Terms and Conditions
Including War Risks as per Institute War Clauses (Cargo) dated 1/1/82
Including Strikes Risks as per Institute Strikes Clauses (Cargo) dated 1/1/82
Covering Marine Risks as per Institute Cargo Clauses (A) dated 1/1/82
Including Warehouse to Warehouse clause.

特别约定 Special Conditions:

所保货物，如发生保险单项下可能引起索赔的损失或事故，应立即通知本公司下述理赔代理人查勘。如下述查勘代理人无法联络，请拨打本公司客户服务电话+86 40060-95509查询。In the event of loss or damage which may involve a claim under this insurance, immediate notice of such loss or damage should be given to and a Survey Report obtained from the Company's nearest representative or Claims Agent as mentioned hereunder. If it couldn't be reached, please call +86 40060 95509 for inquiry.

Sedgwick (Thailand) Limited
100/61 Sathorn Nakorn Tower 29th Floor Unit C North, Sathorn road Silom Bangrak, Bangkok 10500, Thailand. Tel: +662 236 97857 +66 81 319 9487. Fax: +662 236 9788.

偿付地点：Claim payable at	PAT BANGKOK IN USD		
签单公司：Insurer	保险有限公司 青岛分公司		授权代表签字 Authorized Signature
签单日期：Issuing Date	2022-10-17	地址：Add.	Quanling Road, Qingdao
业务经办：Handler		电话/传真：Tel & Fax	制单：Operator	核保：Underwriter

公司网址（Website）：pc.ehuatai.com 保单验真（For Policy/Certificate verification）：http://agt.ehuatai.com/nonautoquery/如您持有的是电子印章的保单，请尽快登陆公司网站上验真并查询最新保单信息。If you are holding an electronic stamped policy, please log on to the web site as soon as possible to verify the up-to-date contents of policy.

第1页

图 8-2 保险单样本（二）

（四）进出口货物运输保险投保单样本（见二维码）

（五）进出口货物运输保险投保简单流程（见二维码）

练习题

1. 名词解释。
（1）实际全损。
（2）推定全损。
（3）共同海损。
（4）施救费用。
（5）救助费用。
（6）"仓至仓"责任。

2. 简答题。
（1）简述国际货物运输保险的性质。
（2）国际货物运输保险的作用是什么？
（3）推定全损和实际全损的区别是什么？
（4）单独海损和共同海损的区别有哪些？
（5）从风险管理的角度讨论海洋运输货物保险的重要性。
（6）讨论海洋运输保险条款中的人文法治精神。

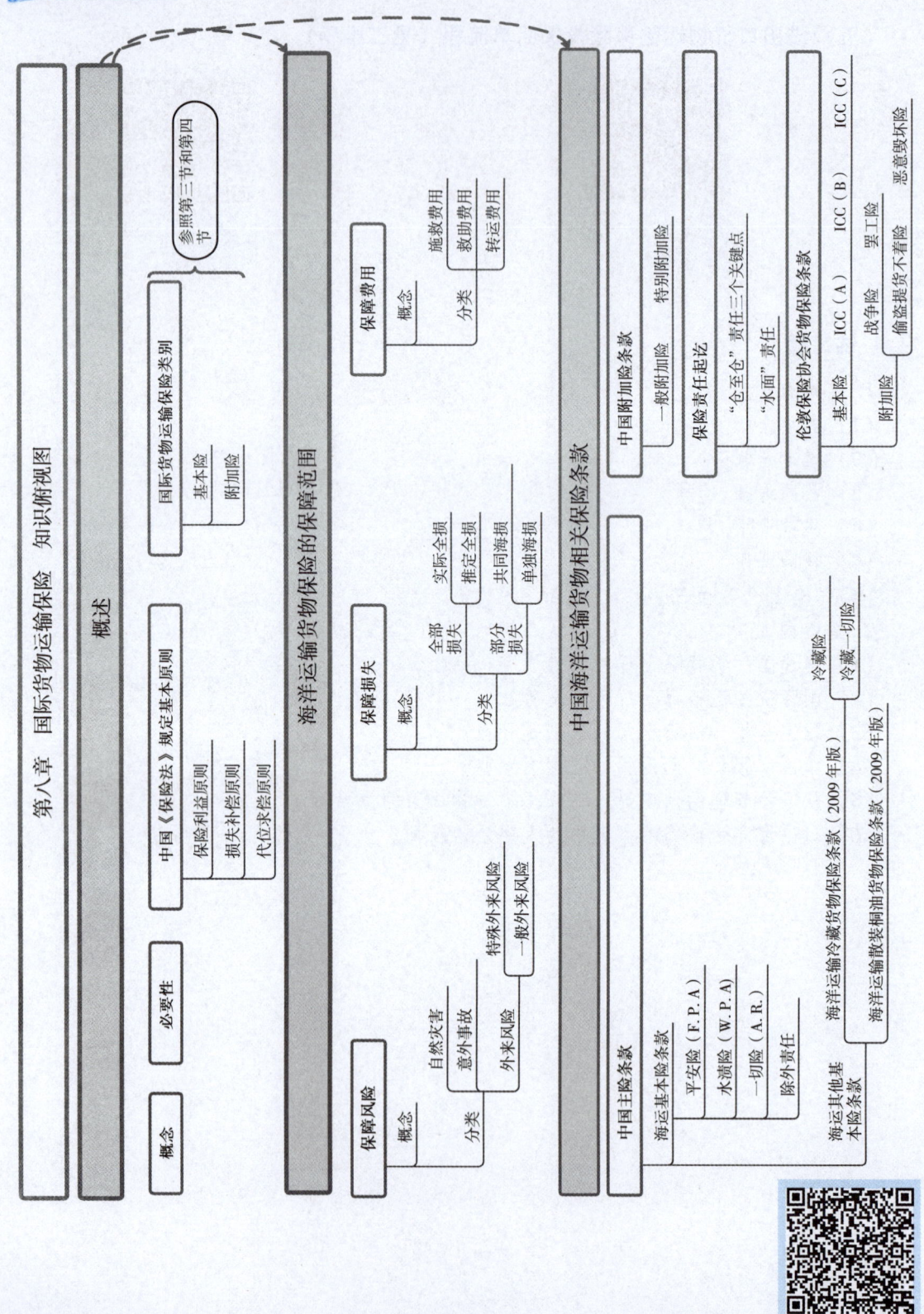

思维导图

第八章 国际货物运输保险 知识俯视图

- 概述
  - 概念
  - 必要性
  - 中国《保险法》规定基本原则
    - 保险利益原则
    - 损失补偿原则
    - 代位求偿原则
  - 国际货物运输保险类别
    - 基本险
    - 附加险（参照第三节和第四节）

- 海洋运输货物保险的保障范围
  - 保障风险
    - 概念
    - 分类
      - 自然灾害
      - 意外事故
      - 外来风险
        - 特殊外来风险
        - 一般外来风险
  - 保障损失
    - 概念
    - 分类
      - 全部损失
        - 实际全损
        - 推定全损
      - 部分损失
        - 共同海损
        - 单独海损
  - 保障费用
    - 概念
    - 分类
      - 施救费用
      - 救助费用
      - 转运费用

- 中国海洋运输货物相关保险条款
  - 中国主险条款
    - 海运基本险条款
      - 平安险（F.P.A）
      - 水渍险（W.P.A）
      - 一切险（A.R.）
      - 除外责任
    - 海运其他基本险条款
      - 海洋运输冷藏货物保险条款（2009年版）
        - 冷藏险
        - 冷藏一切险
      - 海洋运输散装桐油货物保险条款（2009年版）
  - 中国附加险条款
    - 特别附加险
    - 一般附加险
  - 保险责任起讫
    - "仓至仓"责任三个关键点
    - "水面"责任
  - 伦敦保险协会货物保险条款
    - 基本险
      - ICC（A）
      - ICC（B）
      - ICC（C）
    - 附加险
      - 战争险
      - 罢工险
      - 偷盗提货不着险
      - 恶意毁坏险

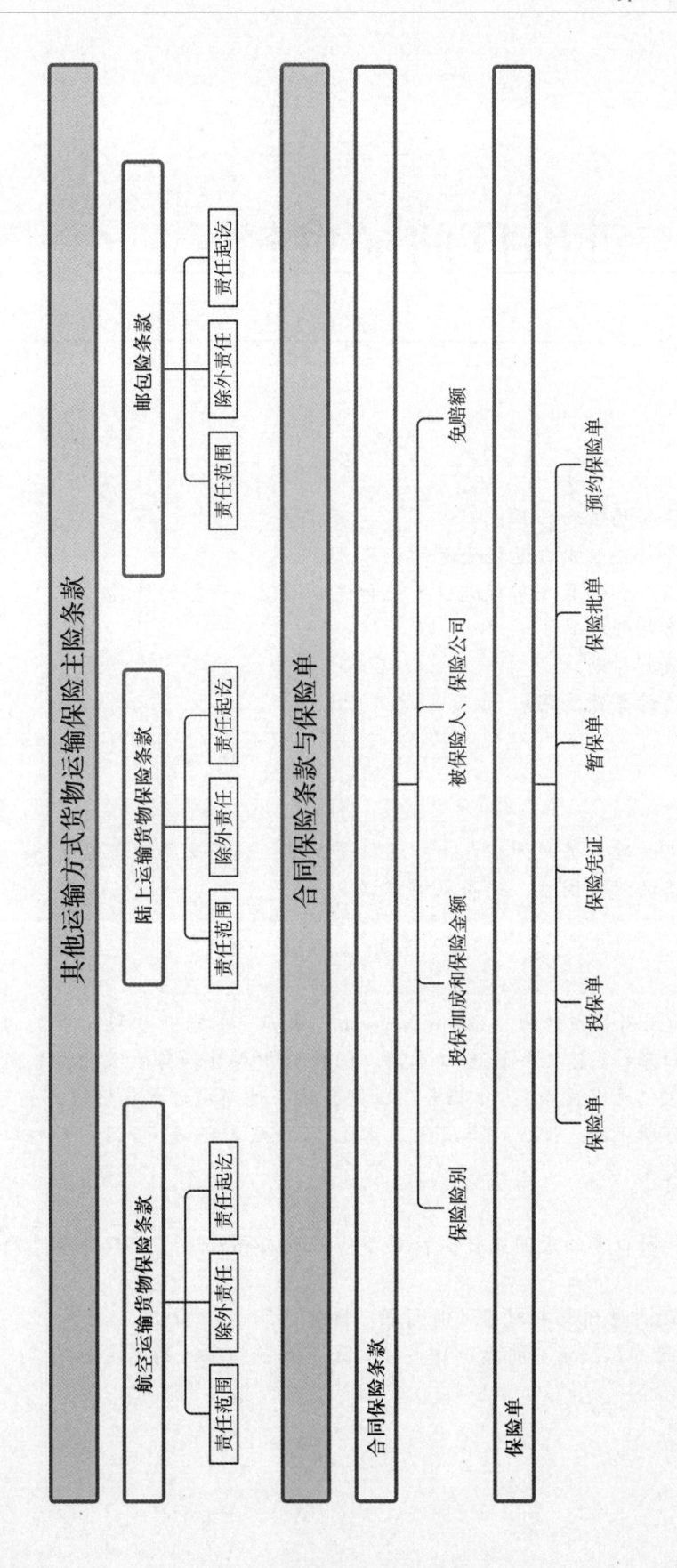

第八章 国际货物运输保险

其他运输方式货物运输保险主险条款

- 航空运输货物保险条款
  - 责任范围
  - 除外责任
  - 责任起讫
- 陆上运输货物保险条款
  - 责任范围
  - 除外责任
  - 责任起讫
- 邮包险条款
  - 责任范围
  - 除外责任
  - 责任起讫

合同保险条款与保险单

- 合同保险条款
  - 保险险别
  - 投保加成和保险金额
  - 被保险人、保险公司
  - 免赔额
- 保险单
  - 保险单
  - 投保单
  - 保险凭证
  - 暂保单
  - 保险批单
  - 预约保险单

第九章　进出口商品价格

学习目标

1. 掌握出口商品价格的构成和计算。
2. 掌握生产企业和外贸企业出口退税金额的计算。
3. 掌握进口价格的组成和计算，掌握进口关税和进口增值税税额的计算。
4. 掌握不同术语价格间的换算。
5. 掌握商品价格的谈判原则。
6. 掌握佣金和折扣的计算及应用。

思政目标

1. 了解我国有关外汇管理、关税计征、出口退税等制度，确保交易的合规性。
2. 了解影响商品价格的诸多因素，提高风控意识。

导入案例

2020年7月22日，加州州长纽瑟姆（Gavin Newsom）表示，目前正积极向中国的比亚迪公司采购3亿个外科口罩、1.2亿个N95口罩，以保护医护人员和其他人，该合同价值达3.15亿美元（约合22亿元人民币）。根据合同细则，比亚迪新增订单售价较前一笔4月的订单（5亿个口罩）有所下降。N95口罩从3.3美元/只降至2.13美元/只，外科口罩从0.55美元/只降至0.2美元/只。

思考：

1. N95口罩价格高于外科口罩的原因是什么？对于比亚迪公司而言，N95口罩比外科口罩更挣钱吗？
2. 为何两种口罩7月的订单价格相对于4月订单下降了？
3. 根据贸易术语方面的知识，请分析案例中关于口罩具体价格描述的不足之处。

第九章 进出口商品价格

第一节 价格的构成

一、价格的意义

价格是所有交易中买卖双方最为关注的因素,价格的高低直接影响着经济利益在交易双方间的分配。相对于国内贸易,国际贸易中的进出口双方均承担了更大的交易风险,双方对价格亦更加敏感,影响国际贸易商品价格的因素也更多元。国际贸易术语确定了价格的构成,划分了进出口双方的责任、风险和费用等的分担,因此进出口双方术语的选择与价格的确定之间有着直接的关系:当出口方承担较多的责任、风险和费用时,成交价格会相对提高,以弥补出口方相应的成本和费用,并作为相应风险的补偿;反之,进口方承担较多的责任、风险和费用时,出口方必须降低报价。出口方只有将成本降至行业内平均水平或以下,才可以实现较高的利润率以及利润总规模。进口方只有在知悉出口行业在生产、运输相关平均成本水平时,才能够有效地推进价格谈判进程,压低采购价格,保障自身的经济利益。国际贸易不同商品的市场价格行情存在着较大差异,有的商品市场价格行情在一定时期内比较稳定,有的商品市场价格行情则短期内波动较大,有的商品具有较为稳定的波动周期。

进出口双方在掌握商品国际供应链环节相应信息的基础上,通过艰难地谈判,选择相应的贸易术语,最终确定商品成交价格。该价格对于出口方而言,包括了所有的成本和预期利润;对于进口方而言,则构成了其后续生产和销售的投入成本。

二、出口商品成本构成

进出口双方在商品价格方面达成一致,意味着出口方通过相应价格可以获得相应利润,因此成交价格的基础是出口方的出口成本。在生产以及贸易环节中的各项成本构成了出口方的报价基础,出口商品成本构成主要包括以下几方面。

第一,生产成本。主要指出口商品及其包装的生产成本和相关费用,包括零件和物料的采购和加工费用,商品及包装的检验检疫费用等。

第二,非生产成本。主要涉及相关服务购买支出,比如银行服务费用(信用证、托收等服务费用)、国内运输及仓储费用、货代费用、单证办理费用、通关费用、港口杂费、进口国合规认证成本、进口方信用调查成本、出口信用保险成本等。

第三,融资成本。主要涉及企业提前收汇、融资等利息支出,比如押汇成本、银行贷款利息、银行贴现费用等。

第四,贸易术语成本。包括国际运费和国际运输保险费等。

第五,运营成本。一般按年度进行分摊的成本:参加展会费用、接待客户的费用、国内出差费用、邮寄免费样品的费用等。

第六,成本扣除项。目前中国政府对出口产品采取出口退税政策,企业应将税务部门通过免抵退返还的部分作为成本的核减。

前三项成本均属于特定合同项下发生的成本支出,构成了该批合同项下货物的基础总成本，可以看作 FOB 价格（或 FCA 价格，FAS 价格，EXW 价格）的总成本（不含利润）。第四项为涉及国际运输或保险时的成本，构成 CIF 价格（或 CIP 价格，CFR 价格，CPT 价格，以及 D 组术语价格）的组成部分。第五项成本支出一般不单独计算在特定合同项下，由年度内所有合同分摊相应成本。

商品的价格除受到上述成本的影响之外，在实际业务中，商品成交价格还受到多方面交易条件的影响，比如买方的购买数量、付款方式、淡旺季等因素，即使对出口方的相关成本影响不大，但也会影响成交价格的确定。

三、成本扣除项——出口退税政策

出口退税是指在国际贸易业务中，由税务机关对我国报关出口的货物退还在国内各生产环节和流转环节按税法规定缴纳的增值税和消费税，即出口环节免税且退还以前纳税环节的已纳税款。

作为国际通行惯例，出口退税可以使出口货物的整体税负最低降为零，有效避免国际双重课税。出口退税有利于增强本国商品在国际市场上的竞争力，为世界各国所采用。

关于出口退税计算原则的法规条款

现行出口退税政策将我国出口方分为生产型出口方（简称生产企业）和外贸型出口方（简称外贸企业）。生产企业指具有生产能力（包括加工修理修配能力）的单位或个体工商户，其出口产品为自产产品。外贸企业通常指不具有生产能力，但具有对外贸易经营资格的贸易公司，一般采取自营出口和代理出口两种经营方式。

目前，企业出口货物退税办法包括"先征后退"和"免、抵、退"税，相关流程较为复杂，其详细制度对于企业财务处理具有较大意义，从出口成本核算角度，本节只就企业获得增值税税务成本减免的角度进行讲解。

生产企业出口货物增值税退税的计税依据，为出口货物的实际离岸价（FOB 价）。

生产企业应退税额＝出口货物离岸价（FOB 价）×外汇人民币折合率×出口货物退税税率

外贸企业出口货物免征增值税，相应的进项税额予以退还。外贸企业出口货物增值税退税的计税依据，为采购出口货物的增值税发票注明的不含税金额。

外贸企业应退税额＝采购出口货物的增值税发票注明的不含税金额×出口货物退税税率

国家税务总局协调各政府部门制定和调整出口退税率。现行的制造业产品销售增值税税率基本为 13%，退税税率有 13%、10%、9%、6% 等多个档次。

例子 9-1

某雨伞生产企业 A 向美国客户出口 10 000 把全自动三折 23 英寸女士用遮阳伞，FOB Tianjin 成交价格为每把 22.88 美元。同时，该生产企业 A 向一家外贸公司 B 供应同类型遮阳伞 10 000 把，增值税票价税总价为 140 万元。已知：美元汇率为 1 美元＝6.9 元人民币，遮阳伞增值税税率为 13%，退税税率为 13%。

生产企业 A 可获得退税金额计算如下：

应退税金额＝出口 FOB 总金额×退税税率＝22.88×10 000×13%＝29 744（美元）

退税金额 29 744 美元（折合 205 233.6 元人民币）意思为：生产企业 A 出口总价 228 800 美

元的货物之后，可以向当地税务局申请退税 29 744 美元，因此企业出口 10 000 把伞共计获得 228 800+29 744＝258 544 美元的收入。

外贸企业 B 可获得退税金额计算如下：

购进出口货物的增值税发票注明的不含税金额＝增值税票价税总价÷（1+增值税税率）

企业 B 应退税金额＝1 400 000÷（1+13%）×13%＝161 061.95（元）

退税金额 161 061.95 元表示：外贸企业 B 的真实采购成本为 1 400 000-161 061.95＝1 238 938.05（元），很显然，通过退税使得外贸企业 B 的采购成本降低。

很显然，出口退税是出口方出口成本的扣除项，提高出口退税率可以降低出口方的对外报价，有助于企业开拓国际市场。企业在生产中如果采用了免税进口的料件等投入品，相关退税计算会有变化，本书不做相关讲解。

四、利润和利润率

出口方的经济利益必须体现在合理的利润率水平上。在核算全部出口成本并扣除出口退税后，可得到出口实际总成本，出口方一般在该实际总成本基础上附加一定的预期毛利润率，一般在 15%～25%，具体毛利润率水平因行业、国别以及出口方市场地位等的差异而不同。

实际报价中在扣除上述实际总成本外，其毛利润部分将用于业务员的业务奖励，分摊企业的相关运营成本以及其他公司事项，大部分出口方的实际利润率水平多处于 5%左右。

实际利润率，又称为出口盈亏率，是出口方完成出口合同后，用实际全部出口收入与全部出口总成本之差占全部出口总成本的比值来表示，公式表示为：

$$出口商品利润率（出口盈亏率）＝\frac{出口商品总收入-出口总成本}{出口总成本}×100\%$$

上述计算中各项收入和成本均代入人民币值。

五、FOB 报价的基本计算

1. 生产企业 FOB 报价的计算

设某合同项下商品的相关人民币成本分别为：生产成本为 C_1，非生产成本为 C_2，融资成本为 C_3，退税税率为 t，预期毛利润率为 i，外币兑人民币汇率为 e：

关系式：外币价 $FOB = (C_1 + C_2 + C_3 - FOB \times e \times t) \times (1 + i) \div e$

经换算，可得生产企业出口商品外币报价公式为：

$$FOB = \frac{(C_1 + C_2 + C_3)}{e} \times \frac{1 + i}{1 + t \times (1 + i)}$$

2. 外贸企业 FOB 报价的计算

设外贸企业国内采购商品的增值税价税总价为 C_1，非生产成本为 C_2，融资成本为 C_3，退税税率为 t，增值税税率为 13%，预期毛利润率为 i，外币兑人民币汇率为 e：

关系式为：

$$FOB = [C_1 - C_1 \div (1 + 13\%) \times t + C_2 + C_3] \times (1 + i) \div e$$

外贸企业出口商品外币报价公式为：

$$FOB = \left(\frac{1.13-t}{1.13} \times C_1 + C_2 + C_3\right) \times \frac{1+i}{e}$$

上述 FOB 价格公式是所有术语报价的基础，当预期毛利润率 i 为零时，该值为 FOB 成本价，仅表示出口方的货款收入与退税收入之和可抵消该合同项下的实际支出，而无法对企业的相关运营成本进行分摊，因此一般 i 应大于零，由企业视情况而定。以 FOB 价格为基础核算其他术语价格时，可将公式中的 i 值设为零进行计算得到相关术语的成本价，再设定新术语的毛利润率 i 确定最终新术语报价，具体计算方法将在下节中讲解。

六、固定价格和浮动价格

国际贸易合同中，对成交价格做出明确规定的，一般称之为固定价格，该价格不随市场行情的变化而调整。大部分国际贸易合同采用固定价格。国际贸易中部分商品价格受国际供求等因素的影响较大，合同中未确定具体成交价格，而是确定了结算价格的确定方法或公式，一般称之为浮动价格。中国海关在管理中称以公式确定结算价格的定价方式为"公式定价"，具体指买卖双方在进出口合同中未以具体明确的数值约定货物价格，而是以约定的定价公式来确定货物结算价格的定价方式。对仅受成分含量、进口数量影响，进口时不能确定结算价格的情形属于浮动定价，但不属于公式定价，公式定价主要适用于大宗类商品，货值较高，比如大豆、铁矿砂、原油、电解铜等。大宗商品价格受多方因素影响，其成本在价格确定中的作用较小。

根据中国海关总署公告（2021 年第 44 号），对同时符合下列条件的进口货物，以合同约定定价公式所确定的结算价格为基础确定完税价格。

（1）在货物运抵中华人民共和国境内前或保税货物内销前，买卖双方已书面约定定价公式。

（2）结算价格取决于买卖双方均无法控制的客观条件和因素。

（3）自货物申报进口之日起 6 个月内，能够根据合同约定的定价公式确定结算价格。

（4）结算价格符合《中华人民共和国海关审定进出口货物完税价格办法》（以下简称《审价办法》）中成交价格的有关规定。

例子 9-3

2017 年 6 月 16 日，云南云龙公司与浙江少楠公司签订代理进口协议，约定：浙江少楠公司委托云南云龙公司代理进口阿根廷/乌拉圭大豆，数量 66 000 吨，溢短装 10%，由云南云龙公司决定；CFR 中国宁波价格为（升贴水 144 美分/蒲式耳+SN15 期货价格美分/蒲式耳）×0.367 890 计算得出"美元/吨"到岸价格；合同价格作价期限为船到中国卸货港口后 30 天；装货港为阿根廷、乌拉圭任意港口；卸货港为中国宁波。

上述案例中，进口合同价格采用的公式定价法，在货物到达目的港后再根据公式以及相关市场信息计算具体的成交价格。

例子 9-4 锰矿石非固定价格示例

例子 9-5

石油焦非固定价格实例

2018 年年初，河北龙化公司与欧洲 KQU 公司签订采购合同，约定：①河北龙化公司向欧洲 KQU 公司采购燃料级石油焦 35 000 吨,数量可有 10%浮动,石油焦的 HGI 指数典型值为 38~47。②石油焦的装货港为美国加利福尼亚匹兹堡,目的港为中国港口,具体港口由河北龙化公司确定,采用 CIF 术语。③价格将根据目的港以及装船时石油焦的受潮率、硫含量、灰含量、挥发物含量、尺寸、热值、硬度(HGI 值)等七个方面的相关指标综合确定。

8 月 1 日,双方认可的检验人 W. D. XIAO 公司在装货港出具的检验证书载明,石油焦的 HGI 指数为 35。

8 月 4 日的重量检验证书载明,欧洲 KQU 公司实际交付石油焦 36 089.34 吨。

9 月 1 日,石油焦到达唐山港。

9 月 4 日,欧洲 KQU 公司开具最终商业发票,确定石油焦单价为 476.54 美元/吨。

11 月 3 日,国内检验公司出具的化验证书载明,石油焦的 HGI 指数为 35。

10 月至 12 月,中国市场石油焦价格下跌,中硫焦出厂含税价 10 月下跌为人民币 2 423 元/吨,11 月跌至人民币 1 789 元/吨,12 月下跌为人民币 1 456 元/吨。

本例为非固定价格的实例,由于是大宗商品,本例有两个特征:第一,在合同签署时双方未确定具体目的港以及货物价格;第二,进口国市场价格突然暴跌,买家商业利益受损。因此在实践中,采用非固定价格具有较大市场风险性,买家难以对市场行情做出研判。

七、价格表述的核心要素

根据国际贸易业务实践和国际贸易惯例,价格在国际贸易合同中的约定需包括四方面要素:第一,计价货币;第二,单位价格金额;第三,计量单位;第四,贸易术语。

例子 9-6

USD600/CTN, FOB SHANGHAI PORT, CHINA-Incoterms® 2020

表示中国企业出口该商品时,基于 2020 通则下的 FOB 中国上海港价格为每纸箱 600 美元。

例子 9-7

USD4 000/MT, CIF VALPARAISO PORT, CHILE-Incoterms® 2010

表示智利企业进口该商品时,基于 2010 通则下的 CIF 智利瓦尔帕莱索港价格为每公吨 4 000 美元。

上述两例中均将四个要素表述在了一起,在实际的合同中,四个要素可以置于一起,也可以分散列示,只要能够完整约定价格即可。在合同对商品的价格做出约定之后,合同的总金额为单价与成交数量的乘积。

例子 9-8

印度尼西亚 IDO 公司与山东云龙公司签署采购合同,约定:合同日期为 2019 年 7 月 11 日,IDO 为买方,山东云龙公司为卖方,合同标的为铜锭(Copper Ingot);数量为 2 200 吨(上下浮动 10%);2019 年 7 月底之前交货;CFR 印度尼西亚杜迈(Incoterms® 2010);价格每吨 5 123 美元;付款方式为 IDO 公司通过不可撤销即期信用证支付 100%货款或者在收到山东云龙公司交付的提单原件、卖方发票后电汇支付。

例子 9-9

2018年6月12日，买方 HTEA 与卖方河北云龙进出口有限公司签订销售合同一份，合同写明货品名称胶水（Transparent Waterproof Glue），单价及价格条款是 USD0.69/PC，FOB 天津港，总价值 USD51 234，质量保质一年。

八、出口经济效益指标

在出口方内部经济效益核算中，除了注重利润总量和利润率之外，还有出口换汇成本和出口创汇率。

1. 出口换汇成本

出口换汇成本是指出口方在完成一个出口合同后，通过核算后确定的为获得一单位外汇净收入所需要的人民币支出成本，简而言之，即企业净收入1美元需投入多少人民币成本。

$$出口换汇成本 = \frac{出口总成本（人民币）}{出口外汇净收入（外汇）}$$

假设某企业某批货物的出口换汇成本为7元人民币/1美元，则表示该企业通过出口商品，为获得1美元，投入了7元人民币的成本，相当于用7元人民币购买了1美元。如果同期银行的美元兑人民币的牌价为6.5，这意味着企业换汇成本较高，存在着亏损，因此该企业应在后续合同中进一步压缩成本，或提升报价。

近年来，由于人民币汇率制度的改革，以及受多方面因素的影响，人民币兑美元的汇率波动较大，这增加了企业的外汇风险。如果在签署合同时，企业核算的预期出口换汇成本低于美元市场汇率，表示企业有盈利，但是在合同完成后，由于人民币汇率的升值，就存在着实际出口换汇成本超过实际汇率的可能，最终导致企业的亏损。因此，出口方在对外报价时需对外汇汇率走势有一定的研判，以避免汇率波动带来的外汇风险。

例子 9-10

2018年3月24日，山西云龙公司与国外买方英国 CEM 公司签订销售合同，山西云龙公司向英国 CEM 公司出口销售小型冷柜，贸易术语 FOB 天津港，货物共计1 463件，单价121美元，价款共计177 023美元，英国 CEM 公司于4月19日委托天津货代公司订舱。山西云龙公司根据英国 CEM 公司要求向天津货代公司交付货物，自行委托太原货代公司办理内陆运输和货物出口报关。

货物出运后，山西云龙公司于5月8日收到全部货款177 023美元，当日银行按照美元对人民币汇率6.36予以折算为人民币，合计为1 125 866.28元人民币。

此批冷柜系山西云龙公司向太原某制造公司采购，增值税发票金额为902 671元（当年增值税率为17%，出口退税率为17%）。太原货代公司向山西云龙公司收取国内运费、港杂费、THC 费、安保费、文件费、码头操作费、舱单费、操作费、报关费以及相关杂费共计52 568.18元。山西云龙公司本合同项下其他成本初步核算为20 000元。

对上述案例进行成本核算：

冰柜退税收入为 902 671÷1.17×17% = 131 157.324 8（元）；

由于为全额退税，冰柜采购实际总成本为 902 671÷1.17 = 771 513.68（元）；

采购成本外的其他成本和费用为：52 568.18+20 000＝72 568.18（元）；
合计，该批货物的出口总成本为771 513.68+72 568.18＝844 081.86（元）。
出口换汇总成本为：

$$844\ 081.86（元）\div 177\ 023（美元）=4.768\ 2（元/美元）$$

4.768 2小于银行同期汇率6.36，表明山西云龙公司该合同出口换汇成本低，具有较高的商业利益。

出口利润为1 125 866.28-844 081.86＝281 784.42（元）；
出口盈亏率（利润率）为281 784.42÷1 125 866.28＝25%。

综上，山西云龙公司本合同的出口换汇成本为4.768 2元/美元，经济合理，出口毛利润率为25%，具有较好的经济利益。

上述过程列表分析如下：

1. 出口总成本核算分析

出口总成本	＝采购成本	＋国内运输成本	＋其他成本费用	－出口退税
844 081.86元	902 671元	52 568.18元	20 000元	131 157.32
详细说明	该批冷柜系山西云龙公司向太原某制造公司采购，增值税发票金额	太原货代公司向山西云龙公司收取国内运费、港杂费、THC费、安保费、文件费、码头操作费、舱单费、操作费、报关费以及相关杂费	山西云龙公司本合同项下其他成本	采购金额÷（1+增值税率）×出口退税率 即902 671÷1.17×17%

2. 出口换汇成本分析

换汇成本	＝出口总成本	÷外汇净收入
4.768 2元/美元	844 081.86元	177 023美元
其小于银行同期汇率6.36，表明山西云龙公司该合同出口换汇成本低，具有较高的商业利益	在上面出口总成本核算中得到的数据	出口总收入减去非贸易的外汇支出（即，FOB价格）。由于本案例外销合同是FOB报价，故此外汇净收入就是合同价格

3. 出口利润额分析

出口利润额	＝出口的人民币总收入	－出口总成本
281 784.42元	1 125 866.28元	844 081.86元
通过该票合同可以获利的额度	外汇净收入×汇率 即：177 023美元×6.36	在上面出口总成本核算中得到的数据

4. 出口盈亏率（利润率）分析

出口利润率	＝出口利润额	÷出口的人民币总收入
25%	281 784.42元	1 125 866.28元
出口毛利润率为25%，具有较好的经济利益	在上面利润分析中，得到的数据	

2. 出口创汇率

出口创汇率是指出口商品外汇净收入与购买原材料的外汇成本之差占购买原材料外汇成本的比率。

$$出口创汇率 = \frac{出口商品外汇净收入 - 原材料外汇成本}{原材料外汇成本} \times 100\%$$

随着全球产业链的不断加深，中国出口产品中越来越多的产品需要投入进口原材料和零部件，出口创汇率主要体现的是国内增加的价值与进口投入品的比例，该比例越高，表明国内增加值占比越高。如果没有进口投入品，则该指标无意义。

例子 9-11

2019 年 1~4 月，加工贸易企业江苏云龙食品公司持 C2×××56789 手册向海关申报进口冻马哈鱼共 167 697.89 千克，金额 610 861.54 美元。货物进口后由江苏云龙食品公司储存生产。2019 年 9 月和 11 月，江苏云龙食品公司两次通过 C2×××56789 手册返销出口冻马哈鱼片合计 93 911 千克。2019 年 12 月，江苏云龙食品公司向当地海关申报核销 C2×××56789 号手册，称由于市场需求疲软导致保税原料长期积压变质影响成品产出率，167 697.89 千克进口原料只加工成品 93 911 千克并已经全部出口，损耗率 44%。加工成品 93 911 千克出口 FOB 价格合计为 772 887.53 美元。

进口原料冻马哈鱼单价为 3.643 美元，出口成品冻马哈鱼片单价为 8.23 美元。

出口创汇率 =（772 887.53 - 610 861.54）÷ 610 861.54 × 100% = 26.52%

第二节 价格的核算

在国际贸易中，最常用的贸易术语为 FOB、CFR 和 CIF，以及 FCA、CPT 和 CIP 两组共计六个术语，本节分别对两组内各术语间的换算关系进行讲解。

一、FOB、CFR 和 CIF 价格间的换算关系

设 I 表示保险费，F 表示海运费，r 表示保险费率，根据 Incoterms® 2020，三个术语价格间的基本关系如下：

$$CFR = FOB + F$$
$$CIF = FOB + I + F = CFR + I$$

其中：$I = CIF \times 1.1 \times r$，1.1 表示投保加成率为 10%。

三者的换算关系为：

$$CIF = \frac{FOB + F}{1 - 1.1 \times r} = \frac{CFR}{1 - 1.1 \times r}$$

情形一，如果计算中采用不含利润的 FOB 净成本价格，则公式中 CFR 和 CIF 价格均为成本价，应增加相应的毛利润率后，才可对外报价。

情形二，如果计算中采用包含利润的 FOB 价格，则公式中 CFR 和 CIF 价格可以直接用作对外报价，此时 FOB 价格与 CFR 和 CIF 价格三者间的利润额相近，但 CFR 和 CIF 价

格的毛利润率要低于 FOB 价格。

保险费率的高低与所选保险险别、国别、航线、产品、季节等密切相关，但一般情况下，一切险为 0.5‰左右，战争险在 0.3‰左右，同时投保两种险别保险费率在 0.8‰左右，即使再考虑相应的附加险别，保险费率仍不足 0.2%，相对于 20%左右的毛利率，保险费率可以忽略不计，因此，进出口方应该做到能保尽保，并通过向多家保险公司询价，争取最为优惠的保险费率。

具体 CFR 价格在 FOB 价格基础上增加运费等相关费用即可。采用集装箱运输时，核算单位商品运费的核心是确定每个集装箱的最大的运载量，这需要业务员根据合同对包装的相关要求，认真核算货物的集装箱配载情况。

例子 9-12

基本信息：

2020 年 5 月 11 日，浙江云龙公司作为采购方与温州乐新皮具厂作为供货方签订 PI205789 号采购单，载明采购款式"HELLOKOO"（商标）腰带 80 040 件，共计 453 175.20 元。

5 月 13 日，浙江云龙公司与中国香港 KYR 公司签订订购单，约定浙江云龙公司将上述腰带 80 040 件以 85 642.8 美元出售给香港 KYR 公司。浙江云龙公司的报关文件显示的货物出口价为 34 415.2 美元。浙江云龙公司于 2015 年 10 月 10 日出具情况说明称：在办理上述货物出口时，由于货期紧张，急于出货的报关人员因工作失误未能按照真实价格报关，导致报关金额有误，比实际价格低。

2020 年 5 月 12 日，中国香港 KYR 公司与美国 MATT 配饰公司（MATT Accessories）就 PI205789 号订单达成买卖合同，由香港 KYR 公司向该公司提供 80 040 套腰带，离岸价上海（FOB SHANGHAI PORT, CHINA），货物总价 100 050 美元，约定交货日为 7 月 15 日，卸货港美国纽约，收货人为 MATT 配饰公司，预付 20%货款，剩余 80%见提单副本电汇付款。

7 月 23 日，海运公司在宁波签发提单，装货港宁波，卸货港美国纽约，1 个 40 英尺集装箱（40'FCL）的 PU 腰带，3 335 包，堆场至堆场（CY/CY），运费预付（FREIGHT PREPAID）。

主要信息梳理：

1. 贸易当事人

生产企业：温州乐新皮具厂

外贸企业：浙江云龙公司

境外采购企业（中间商）：香港 KYR 公司

境外最终进口方：美国 MATT 配饰公司

2. 贸易关系

（1）浙江云龙公司向温州乐新皮具厂采购符合出口标准的商品，温州乐新皮具厂向浙江云龙公司需提供总金额为 453 175.20 元的增值税发票，2020 年腰带增值税税率为 13%，退税税率为 13%，浙江云龙公司可凭增值税发票及其他材料申请退税。退税金额计算过程如下：

$$453\ 175.2 \div (1+13\%) \times 13\% = 401\ 040 \times 13\% = 52\ 135.2（元）$$

$$453\ 175.2 - 52\ 135.2 = 401\ 040（元）$$

该批腰带为全额退税,浙江云龙公司的实际采购成本为401 040元。

(2)浙江云龙公司将腰带80 040件以85 642.8美元出售给香港KYR公司,由题中可知成交单价为:

USD1.07/PC,FOB NINGBO PORT,CHINA,Incoterms® 2020

浙江云龙公司的报关文件显示的货物出口价为34 415.2美元,系报关员填写错误,与合同不符,但这与该企业退税金额无关。如果浙江云龙公司为生产企业,出口自产产品时,报关时低报出口金额,虽无法律后果,但会影响其退税收入。高报出口金额,则会产生一定的法律责任,会有骗取出口退税的嫌疑。

(3)香港KYR公司将货物转售给美国MATT配饰公司,合同总金额100 050美元,由题中可知成交单价为:

USD1.25/PC,FOB SHANGHAI PORT,CHINA,Incoterms® 2020

香港KYR公司与美国公司约定装运港为上海港,但是实际的装运港为宁波港,由于宁波港也是全球最大港口之一,且宁波港与上海港相距不远,对美国公司订舱以及相关海运费不会产生影响,最终双方并未对价格做出任何调整。

(4)查宁波港至纽约港40英尺FCL集装箱的运价和附加费合计为4 802.4美元,查中国保险条款一切险和战争险合计费率为0.8‰。

香港KYR公司可以向美国公司报CFR价格和CIF价格,计算过程如下:

每件腰带的运费为4 802.4÷80 040=0.06(美元)

$$CFR = 1.25 + 0.06 = 1.31 \text{(美元)}$$

$$CIF = \frac{1.25 + 0.06}{1 - 1.1 \times 0.8‰} = 1.311 \text{(美元)}$$

以上计算中,由于FOB价格已经包含了香港公司的利润,因此CFR和CIF价格与FOB价格的利润额均相同。CFR和CIF价格相差无几,总金额相差额度为92美元,为保险费,如前所述,一般情况下,保险费可以忽略,能保尽保。

浙江云龙公司与香港KYR公司均为中间公司,浙江公司熟悉相关产品在内地的供应信息,而香港公司熟悉国际市场需求信息,因此两公司均作为中间商获取了相关差价。浙江云龙公司应努力开拓国际市场,通过参加国际展会,境外网络广告等渠道推广自己产品,扩大公司国际知名度,提高国际终端市场客户比率,最终可以提高企业的单位产品的获利水平。

二、FCA、CPT和CIP价格间的换算关系

随着航空运输业的不断发展,我国国际航空运输成本不断降低,效率不断提高,同时"中欧班列"近年来快速发展,推动了我国货物出口运输方式的多元化,FCA、CPT和CIP三个术语的使用频率也不断提高。

整体上三者之间的关系类似FOB、CFR和CIF之间的关系,在价格换算关系方面基本相同。

FCA术语的报价与FOB术语的报价完全相同。

生产企业出口商品外币报价公式为

$$FCA = \frac{(C_1 + C_2 + C_3)}{e} \times \frac{1+i}{1+t \times (1+i)}$$

外贸企业出口商品外币报价公式为

$$FCA = \left(\frac{1.13-t}{1.13} \times C_1 + C_2 + C_3\right) \times \frac{1+i}{e}$$

上述 FCA 价格公式是该组所有术语报价的基础，预期毛利润率 i 为零时，仅表示出口方的货款收入和退税收入仅可用于该合同项下的实际支出，而无法对企业的相关运营成本进行分摊，因此一般 i 应大于零，由企业视情况而定。预期毛利润率 i 一般在 20% 左右，具体毛利润率水平因行业、国别以及出口方市场地位等的差异而不同。

FCA、CPT 和 CIP 价格间的换算关系如下：

设 I 表示保险费，F 表示海运费，r 表示保险费率，根据 Incoterms® 2020，三个术语价格间的基本关系如下：

$$CPT = FCA + F$$
$$CIP = FCA + I + F = CPT + I$$

其中：$I = CIP \times 1.1 \times r$，1.1 表示投保加成率为 10%。

三者的换算关系为：

$$CIP = \frac{FCA + F}{1 - 1.1 \times r} = \frac{CPT}{1 - 1.1 \times r}$$

情形一，如果计算中采用不含利润的 FCA 净成本价格，则公式中 CPT 和 CIP 价格为成本价，应增加相应的毛利润率后，才可对外报价。

情形二，如果计算中采用包含利润的 FCA 价格，则公式中 CPT 和 CIP 价格可以直接用作对外报价，此时 FCA 价格与 CPT 和 CIP 价格三者间的利润额相近，但 CPT 和 CIP 价格的毛利润率要低于 FCA 价格。

三、价格中货币的选择

国际贸易中商品的价格必须以某种货币来计价，进出口双方必须在计价货币的选择上达成一致，计价货币的主要特征包括：可自由兑换、汇率稳定、无长期贬值压力等。国际上符合上述特征的货币有很多，但现实中进出口方选择的货币范围非常有限，一般选国际上影响力较大的货币。

对于中国出口方而言，如果合同期间计价货币对人民币升值，即人民币贬值，则该合同项下的预期人民币利润增加，从长期来看，出口商品外币价格下降，会促进出口规模上升；如果合同期间计价货币对人民币贬值，即人民币升值，则该合同项下的预期人民币利润下降，从长期来看，出口商品外币价格上升，增加出口难度。对于中国进口方而言，如果合同期内人民币贬值，则会增加人民币的对外支付成本，降低本币利润，从长期来看，进口货物的人民币价格会上升，增加进口成本；如果合同期内人民币升值，则会降低人民币的对外支付成本，提高利润率，从长期来看，进口货物的人民币价格会下降，降低进口成本，有利于扩大国内市场。

环球银行金融电信协会（SWIFT）的月度报告"RMB Tracker Monthly Reporting and Statistics on Renminbi（RMB）Progress Towards Becoming an International Currency"显示，2020 年 12 月美元（USD）和欧元（EUR）占全球各种结算总价值的 3/4 以上，人民币位居第 5 名，比重为 1.88%；2023 年 3 月，人民币占比上升至 2.26%，仍居全球货币第 5 名，落后于美元（USD）、欧元（EUR）、英镑（GBP）和日元（JPY）。SWIFT 于 2019 年

在中国设立全资子公司，名称为环球融讯网络技术服务（中国）有限公司。

在贸易融资及结算方面，2020年12月，美元占到了全球价值的86.48%，具有绝对的领导地位，远超位居第2位的欧元；2023年3月美元占比下降了2.77%，人民币占比则从2.05%上升至4.50%，居世界第3位，如图9-1所示。相对而言，人民币在贸易结算中的比重略高于在全球总支付中的地位。

RMB's share as a global currency in trade finance market
Live and delivered, MT 400 and MT 700.
Messages exchanged on Swift. Based on value.

March 2023

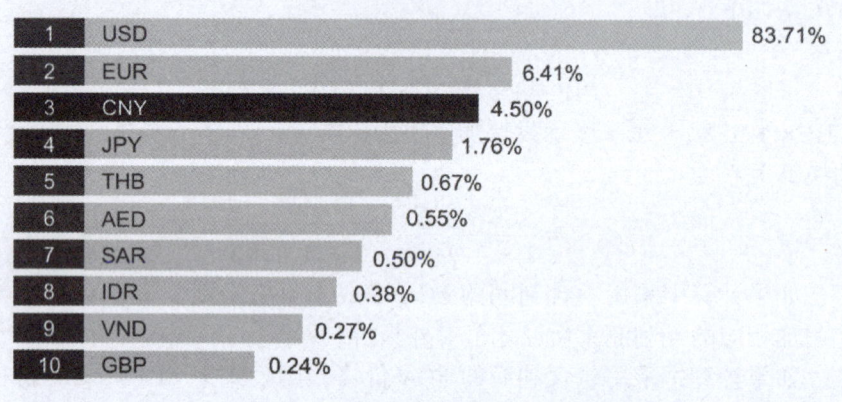

排名	货币	比重
1	USD	83.71%
2	EUR	6.41%
3	CNY	4.50%
4	JPY	1.76%
5	THB	0.67%
6	AED	0.55%
7	SAR	0.50%
8	IDR	0.38%
9	VND	0.27%
10	GBP	0.24%

图9-1　SWIFT：2023年3月全球主要贸易融资货币比重及排名（按价值）

基于SWIFT的报告可知，在国际贸易业务中，将美元作为合同的计价和结算货币是最常见的，近乎默认美元为国际贸易计价货币。欧元也是我国企业与欧洲国家开展贸易时较为常用的货币。随着中国人民银行不断推动人民币国际化进程，人民币在国际贸易中作为计价和结算货币必将越来越普遍。由于俄罗斯、伊朗、古巴等国受到美国的制裁，中国企业与相关国家企业间的外汇结算难以通过SWIFT系统进行，造成外贸业务开展困难。为避免对美元支付的过分依赖，2023年以来中国和世界多国正积极推动人民币和本币的国际结算，在未来中国企业的进出口中，将有更多的机会选择以人民币为合同计价货币，降低交易的汇率风险。

知识库

人民币在对外贸易中的使用情况

1. 货物贸易。

2021年，货物贸易人民币跨境收付金额合计为5.77万亿元，同比增长20.7%，占同期本外币跨境收付比重为14.7%，较上年下降0.1个百分点。其中，一般贸易人民币跨境收付金额合计为3.40万亿元，同比增长12.2%，进料加工人民币跨境收付金额合计为0.96万亿元，同比增长25.9%。2022年上半年，货物贸易人民币跨境收付金额合计为3.48万亿元，同比增长31.2%，占同期货物贸易本外币跨境收付比重为16.6%，比2021年全年水平提高1.9个百分点。

2. 服务贸易。

2021 年，服务贸易人民币跨境收付金额合计为 1.09 万亿元，同比增长 17.8%，占同期服务贸易本外币跨境收付比重为 24.3%，较上年下降 1.2 个百分点。2022 年上半年，服务贸易人民币跨境收付金额合计为 0.60 万亿元，同比增长 16.2%，占同期服务贸易本外币跨境收付比重为 25.1%，比 2021 年全年水平提高 0.8 个百分点。

（引自：中国人民银行《2022 年人民币国际化报告》）

四、进口价格与进口成本

对于进口方而言，合同价格只是其进口成本的一部分。如果进口合同采用的是 FOB 术语，则进口方必须额外支付国际运费和国际运输保险费以及目的港相关费用，这些成本相当于进口的 CIF 成本。

进口方的进口成本还包括进口报关费用、港口费用、进口关税、进口环节增值税、进口单证办理费用、合同谈判成本、金融成本、境内物流成本、重新包装成本等，其中进口关税和增值税是进口成本的重要组成部分，企业必须先行做出相应预算。

1. 进口关税的计算公式

从价计征的计算公式为：

$$关税税额 = 完税价格 \times 关税税率$$

完税价格一般为 CIF 价格，如果进口采用其他术语，则进口方需申报进口保险费和运费等，以便于海关核算 CIF 价值或 CIP 价值。

2. 进口环节增值税的计算公式

$$增值税税额 = （完税价格 + 实征关税税额 + 实征消费税税额） \times 增值税税率$$

完税价格一般包含由进口方直接或间接承担的在货物入境前发生的所有支出。

3. 进口应税消费品应纳消费税的计算公式

（1）实行从价定额税率办法计算纳税的组成计税价格计算公式为：

$$组成计税价格 = （关税完税价格 + 关税） \div （1 - 消费税比例税率）$$

大部分进口应税消费品采用从价定率方法计算计税价格，比如高档手表的从价税率为 20%。

（2）实行复合计税办法计算纳税的组成计税价格计算公式为：

$$组成计税价格 = （关税完税价格 + 关税 + 进口数量 \times 消费税定额税率） \div （1 - 消费税比例税率）$$

卷烟、雪茄烟和白酒采用复合计税办法，分别规定了从价税率和从量定额税率，比如白酒税率为 20% 加 0.5 元/500 克（或者 500 毫升）。

经计算进口应税消费品的组成计税价格后，乘以消费税比例税率可得具体应纳消费税额。

（3）实行从量定额办法计算纳税的消费税额计算公式为：

$$应纳消费税税额 = 进口数量 \times 定额税率$$

成品油都采用从量定额税率办法，比如无铅汽油从量定额税率为 0.20 元/升，柴油为 0.10 元/升。

我国目前征收消费税的商品包括十四大类，分别为烟、酒及酒精、化妆品、贵重首饰及珠宝玉石、鞭炮和焰火、成品油、汽车轮胎、摩托车、小汽车、高尔夫球及球具、高档手表、游艇、木质一次性筷子、实木地板。

对于中国进口方而言，在与国外企业进行价格谈判时，必须要同时核算应缴国内进口关税和增值税等税务成本，以便于综合考虑国内市场行情，做出合理决策。

应用案例

案例一：

2016 年 8 月 14 日，浙江少楠公司委托云南云龙公司代理进口阿根廷/乌拉圭大豆。合同签订后，云南云龙公司及时从国际市场组织货源，向境外供应商开出信用证，并租船运输货物。2016 年 8 月 15 日，"赵佗号"货轮运输阿根廷 66 000 吨大豆抵达中国宁波港，该批货物经检验合格后卸入宁波港的码头仓库。

2016 年 12 月 15 日前，云南云龙公司和浙江少楠公司双方确认，进口大豆 CFR 作价为 384.97 美元/吨，进口货物到岸价折算为人民币 167 748 829.64 元。进口大豆缴纳关税 5 242 112.73 元，进口增值税 23 397 296.48 元（注：2016 年增值税税率为 17%）。另外发生信用证开证费 134 199.06 元。

上述案例中，在进口大豆的基本税费中，增值税税额远超进口关税税额以及银行费用之和，是进口商品的一项重要成本。上述大豆在转售给国内第三方企业时，按照 2016 年的规定，销售企业还需缴纳 17% 的销售增值税，2020 年税率调整为 13%。

案例二：

槐安公司为龙泉公司代理进口铅精矿总干重共计 14 956.697 吨，货物总价款为 23 528 303.02 美元，槐安公司代龙泉公司支付海关增值税人民币 22 639 877.57 元，港口费用及监管费用人民币 1 966 410.88 元，检验检疫费共计人民币 189 002 元，龙泉公司共计向槐安公司支付人民币 205 877 330.31 元。

本案例中，由于铅精矿进口税率为 0，进口方为铅精矿的进口除了需要支付进口增值税外，还需支付港口费用、监管费用以及检验检疫费用等，这些都需要进口方在核算价格时进行前期的核算。

第三节 佣金和折扣

在进出口双方就价格条款进行谈判时，进口方有时会提出"Commission"（佣金）的要求，意味着出口方需要"涨价"，进口方有时会提出"Discount"或"Allowance"（折扣）的要求，意味着希望出口方"降价"。一涨一降，分别代表了进口方的不同身份。

一、佣金（Commission）

当进口方为进口国最终用户的代理商时，该进口方可以为其进口代理业务索取佣金。进口方可以向其国内最终用户索取佣金或代理费，也可以向出口方索取佣金。国际贸易中的佣金，指作为中间商的进口方向出口方索取的特殊报酬。在国际贸易实践中，出口方应进口方的要求，所报的价格如果包含了佣金部分，则该价格一般称为含佣价，包括明佣和暗佣两种表现方式。

明佣是指在合同中明确规定佣金的具体金额或者在价格中的相应比例的佣金约定方式。进口国最终用户知悉相关佣金约定，在进口方向出口方支付货款时只支付扣除佣金后的剩余金额，进口国最终用户则不再单独向进口方支付其他服务费用。

暗佣是指在合同中没有任何佣金条款，进出口方在合同之外就佣金金额和支付方法达成共识的佣金约定方式。在出口方收到全部货款后，出口方再单独将约定的佣金金额通过T/T等方式支付给进口方或进口方的业务经理，此时，进口方还可以向其国内最终用户索取相关进口代理费用，可谓"一佣两吃"，进口方的业务经理也可以通过暗佣的方式"中饱私囊"。

佣金的约定可以是确定的金额，比如USD2 000，也可以约定相应的比例，一般在5%以内，具体佣金率由双方协商确定。表述形式如"USD4 000/MT, INCLUDING 3% COMMISSION, CIF VALPARAISO PORT, CHILE-Incoterms® 2020"，可简化表述为"USD4 000/MT, CIFC3% VALPARAISO PORT, CHILE-Incoterms® 2020"，表示该单价4 000美元中含3%即120美元的佣金，对出口方而言，实际上的单价为USD3 880/MT，此处4 000美元为含佣价，3 880美元为净价。在形式上为CIFC3%，个别情形下也有写成CIFC3，或者C3 CIF，为避免歧义，尽可能完整表述。

含佣价和净价的关系如下：

$$佣金额＝含佣价×佣金率$$
$$净价＝含佣价－单位货物佣金额＝含佣价×（1－佣金率）$$
$$含佣价＝净价÷（1－佣金率）$$

在国际贸易实践中，出口方向进口方报价时一般为净价，进口方可以根据自己的需要向出口方提出相应的佣金金额或佣金率的要求，请出口方报含佣价，如FOBC5%、CFRC4%等。

> **应用案例**
>
> 2023年5月，河北云龙公司与印度HPLT公司签订销售合同，由云龙公司向印度公司出售增碳剂1 200公吨，单价USD422/MT, CIF Chennai Port（金奈港），India，合同总金额为506 400美元。
>
> 如果河北云龙公司应印度HPLT公司要求改报CIFC3%价格，计算公式如下：
>
> $$422÷（1-3\%）＝422÷97\%＝435.05（美元）$$
>
> 单价422美元为净价，含佣价为435.05美元，佣金为二者之差13.05美元。
>
> 1 200公吨货物的全部佣金额为：
>
> $$13.05×1 200＝15 660（美元）$$
>
> 1 200公吨货物的含佣价总金额为：
>
> $$435.05×1 200＝522 060（美元）$$
>
> 情形一：如果合同中明确注明佣金率为3%，意味着该批货物在印度的最终买家知悉该含佣价，该最终买家将向HPLT公司支付522 060美元，HPLT公司只需向河北云龙公司支付总净价506 400美元，而HPLT公司赚取了二者的差价，也就是佣金部分15 660美元。

> 情形二：如果云龙公司和HPLT公司达成单价USD435.05/MT，CIFC3% Chennai Port，但在合同中未注明佣金率，则合同中对单价的描述为"USD435.05/MT，CIF CHENNAI PORT，INDIA，Incoterms® 2020"。
>
> 合同总金额为522 060美元，在HPLT公司支付总金额之后，河北云龙公司需将佣金部分15 660美元按约定T/T至指定账户。

二、折扣（Discount，Allowance）

折扣是出口方给予进口方的一定金额或比例的价格折让，相当于降低价格。在国际贸易实践中，可以是出口方主动给予折扣，也可以是进口方要求出口方给予一定折扣。折扣相关信息一般不显示在合同和单证中。

在进出口双方初次针对价格进行谈判时，一般不涉及价格折扣条款。折扣率多以过往已完成的合同价格为基础确定，当进口方在采购规模或其他合同条款达到出口方的条件时，出口方可以基于历次的成交价格给予对方相应的折扣，进口方也可以基于自身的有利谈判条件要求更高的折扣。

与佣金一样，折扣的约定可以是确定的金额，比如EUR10 000，也可以约定相应的比例，一般在5%以内，具体折扣率由双方协商确定。其约定方式如"USD180/PC，LESS 3% DISCOUNT，CIF TIANJIN PORT，CHINA，Incoterms® 2020"，表示该单价180美元为原价，其折扣率为3%，折扣金额为5.4美元，净价为174.6美元。

折扣金额的计算公式如下：

$$单位商品折扣金额 = 原单价 \times 折扣率$$
$$实际单位商品净价 = 原单价 \times (1-折扣率) = 原单价 - 单位商品折扣金额$$

进口方无须向出口方支付折扣金额，只需支付原总金额扣除折扣额之后的剩余部分，即实际单位商品净价与货物数量的乘积。

出口方给予进口方的折扣，主要为数量折扣，即进口方在采购数量累计达到一定数量时，出口方主动给予降价优惠。另外，当买方在相关方面做出一定让步时，比如增加预付款的比例，接受存货，介绍新客户，为出口方提供积极的生产建议时，出口方也会给予相应的折扣。在一些合同中的违约条款，也会针对出口方的一些违约情形，确定相应的折扣率，比如：在交货期方面，卖方如晚交期×××天内，按1%折扣；超过×××天，按折扣2%。

第四节 价格条款谈判原则

商品成本是影响成交价格的最重要因素，但是最终的成交价格是进出口双方在多方面条款之间相互妥协的成果，因此无论是出口方还是进口方，在价格谈判时必须综合考虑多方面因素。

确定商品成交价格必须遵循如下原则。

第一，掌握最新的国际市场行情。

进出口方都必须掌握同类商品最新的国际市场行情。

进口方一般可以通过展会和网络平台等渠道向多个出口方询价，获得市场的最新信息，从而在价格谈判中占据有利地位。出口方需要了解整个行业的出口动态、行业内上下游供需变化，对客户的询价进行认真分析，以便于及时对价格走势做出合理研判，并制定差异化的国别价格方案。

第二，合理平衡价格与责任之间的关系。

对于进口方而言，其责任越大，则成交价格越低；对出口方而言，其责任越大，则会追求较高的成交价格。合同中各条款均影响着每一方的责任，合同价格的最终确定必须考虑到其他条款的具体内容。

在进口方努力压价之时，出口方可以通过增加进口方责任的方式来实现价格的合理下浮，比如，①在结算方式方面，可以要求进口方预付较高比例或者全额货款；②增加采购商品数量，或承诺在采购商品数量累计达到一定规模时，可以给予一定的折扣；③推迟交货期；④根据出口方对国际运输资源的掌握情况，可以要求采用 CIF 术语或者 FOB 术语；⑤减少进口方对商品质量和包装方面的部分独特性要求。

第三，合理平衡价格与对方信用之间的关系。

企业信用水平会对其合同谈判产生一定的影响力。小企业在大企业面前一般议价能力极其有限，无论是销售还是采购，小企业通常只能接受大企业的报价和其他交易条件。大企业一般都具有较好的信用水平，大型出口方的产品质量和交货期有保障，大型进口方一般不会违约。

在与一般企业间的商业交易中，进出口方都应积极调查对方的信用水平。出口方可以通过购买出口信用保险来转嫁相应的进口方拒付风险，并且对于信用较低，或者无法确定信用水平的进口方，应采取较高定价的策略，并争取较大比例的预付款。进口方可以通过金融机构调查出口方信用水平，对于信用较低的，或无法确定信用水平的出口方，应当避免过分压价，并争取货到付款的方式来规避出口方违约的风险。

第四，出口方合理平衡高价与供货能力的关系。

出口方在价格谈判中，应追求较高的价格和利润率，这样有助于加快企业的发展，促进企业资本积累。为了能够顺利完成合同，出口方必须在谈判时充分掌握供货能力的所有相关信息。对于生产型出口方，必须确保自己生产线的稳定、原材料的供应，以及各项生产环节的有效配合，能够按时按质的完成合同项下货物的交付；对于外贸型出口方，必须确保上游供货厂家各方面的供货能力，能够按时按质完成合同项下货物的交付。出口方必须对于生产方面的突发情况，能够做出及时的调整，以确保合同的顺利履行。

应用案例

案情：

中国香港 MTN 公司为采购水泥，于 2017 年 4 月与广西云龙公司协商签订了 95 号《水泥买卖合同》，合同约定：卖方为广西云龙公司，买方为香港 MTN 公司，品牌为桂云龙，等级为 PII52.5R，包装形式为散装，计量单位为吨，预估数量为 200 000 吨，单价为人民币 265 元，预估货款总额人民币 53 000 000 元，交货方式为 FOB 广西贵港市指定码头，买方自提，运输责任及费用由买方负担，结算方式为款到发货；合同期间，买方于每月 23 日前将下月需求计划报给卖方，以便卖方合理安排货源，同时卖方根据可供应量通知买方修正计划量;买卖双方签订本合同时,买方需向卖方缴交相当于人民币 10 万元之现金或者银行保函作为履约保证金,且应事先经卖方认可,并依卖方规定办理相关手续,于本合同履行完毕,且经卖方确认无待解决事项后,由卖方无息一次退还给买方;合同期限自 2017 年 4 月 1 日至 2018 年 3 月 31 日。

合同签订后,香港 MTN 公司于 2017 年 4 月 27 日向广西云龙公司支付了人民币 10 万元履约保证金,至 2018 年 3 月底广西云龙公司已向香港 MTN 公司供应了水泥 116 040.04 吨,之后余下 83 959.96 吨未供货。

香港 MTN 公司为了保证香港项目的建设,在广西云龙公司未供足水泥的情况下,香港 MTN 公司于 2018 年 4 月与广东公司签订了水泥购销合同,共购进相同标号的散装水泥 83 959.96 吨,每吨平均价人民币 357 元,交货方式为 CIF 香港指定地点,共支出人民币 29 973 705.72 元,与购买广西云龙公司相同标号同等数量的散装水泥多支出了人民币 5 079 577.58 元。

案例显示:初始的水泥出口方广西云龙公司的出口价格为 FOB 价,香港 MTN 公司负责安排出口运输和保险,在广西云龙公司无法供货的紧急情形之下,香港 MTN 公司紧急联系供货企业,价格为 CIF 价格。经计算可知,香港 MTN 公司与广西云龙公司的合同中,运费和保险费约为每吨人民币 31.5 元,可知第一个水泥供货合同的 CIF 价格为人民币 295.5 元,远低于第二个水泥供货合同的人民币 357 元的单价。

案情分析

此例说明,广西云龙公司在签署合同之时,未能考虑到未来的履约能力,导致中途停止供货。香港 MTN 公司因急于生产需要,在特定时刻达成的合同价格远高于正常价格。广东公司在谈判时利用了香港 MTN 公司的迫切心理,提高了供货价格,获取了极高的出口利润,香港 MTN 公司承担了额外 500 多万元的损失。

注:上述案情源自对中国裁判文书网相关案例的修改简化,真实案例中,法院结合合同关于数量的规定和行业惯例,二审裁决广西云龙公司不承担对香港 MTN 公司的赔偿责任。

练习题

1. 名词解释。
(1) 出口退税。
(2) 出口换汇成本。
(3) 出口盈亏率。
(4) 佣金。
2. 简答题。
(1) 简述合同价格条款的主要内容。
(2) 简述合同计价货币的选择。
(3) 简述价格条款的谈判原则。

第九章　进出口商品价格

思维导图

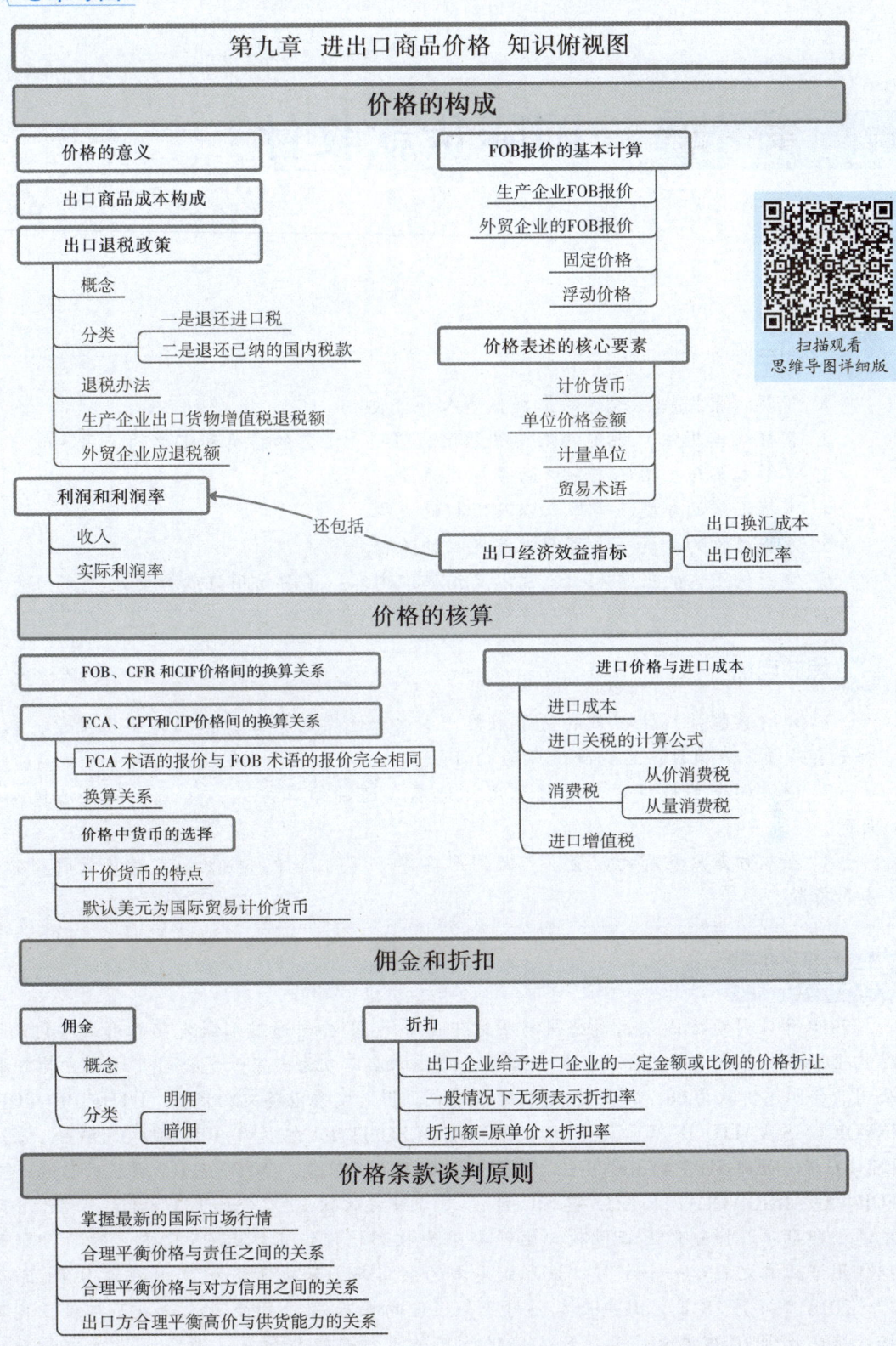

第九章　进出口商品价格　知识俯视图

价格的构成

- 价格的意义
- 出口商品成本构成
- 出口退税政策
  - 概念
  - 分类
    - 一是退还进口税
    - 二是退还已纳的国内税款
  - 退税办法
  - 生产企业出口货物增值税退税额
  - 外贸企业应退税额
- 利润和利润率
  - 收入
  - 实际利润率
- FOB报价的基本计算
  - 生产企业FOB报价
  - 外贸企业的FOB报价
  - 固定价格
  - 浮动价格
- 价格表述的核心要素
  - 计价货币
  - 单位价格金额
  - 计量单位
  - 贸易术语
- （还包括）出口经济效益指标
  - 出口换汇成本
  - 出口创汇率

价格的核算

- FOB、CFR和CIF价格间的换算关系
- FCA、CPT和CIP价格间的换算关系
  - FCA术语的报价与FOB术语的报价完全相同
  - 换算关系
- 价格中货币的选择
  - 计价货币的特点
  - 默认美元为国际贸易计价货币
- 进口价格与进口成本
  - 进口成本
  - 进口关税的计算公式
  - 消费税
    - 从价消费税
    - 从量消费税
  - 进口增值税

佣金和折扣

- 佣金
  - 概念
  - 分类
    - 明佣
    - 暗佣
- 折扣
  - 出口企业给予进口企业的一定金额或比例的价格折让
  - 一般情况下无须表示折扣率
  - 折扣额=原单价×折扣率

价格条款谈判原则

- 掌握最新的国际市场行情
- 合理平衡价格与责任之间的关系
- 合理平衡价格与对方信用之间的关系
- 出口方合理平衡高价与供货能力的关系

扫描观看
思维导图详细版

第十章　国际货款收付

学习目标

1. 了解《票据法》规定的票据当事人和分类。
2. 掌握《票据法》规定的汇票必须记载事项、汇票的种类和汇票的使用。
3. 了解本票与支票的概念、必须记载事项。
4. 掌握汇款的分类、当事人以及汇款的流程。
5. 掌握托收的分类、当事人以及托收的流程。
6. 掌握信用证的当事人、流程以及信用证内容；了解信用证的分类。

思政目标

1. 以《票据法》上记载的关于汇票、本票和支票的条款为依据，牢记汇票、本票和支票必须记载项目，达到降低风险的目的。
2. 通过调查了解对方的资信状况，选取合适的结算方式，达到降低收汇风险的目的。
3. 在双方互惠互利的前提下，做到严格遵守契约精神，按照约定的货款收付方式支付货款。

导入案例

2018年4月卖方山东云龙公司与买方中国香港JT公司通过形式发票的形式签订购买钢结构框架集成房屋建筑的合同，形式发票上载明的出口方为山东云龙公司，通知方为香港JT公司。合同总价款为68万美元。关于付款方式，形式发票以英文约定："①THE PROFORMA INVOICE IS VALID IF WE RECEIVE YOUR DEPOSIT PAYMENT WITHIN 3 DAYS；②T/T USD100 000 DEPOSIT PAYMENT TO FOLLOWING ACCOUNT；… ③THE BALANCE USD580 000.00 FOR 100% IRREVOCABLE L/C AT SIGHT …"。其中预付款10万美元T/T支付，余款58万美元通过即期不可撤销信用证付款。生产期限为收到信用证正本起25天内。交货期限为收到信用证正本之日起一个半月。该形式发票的书写部分落款日期为2018年4月18日。

2018年4月18日，山东云龙公司业务经理向香港JT公司负责人送电子邮件，内容包括：确认收到10万美元；要求尽快提供信用证草稿和银行信息；要求尽快落实钢结构颜色、复合板颜色。

2018年4月22日、2019年5月11日，山东云龙公司再次通过电子邮件的方式要香港JT公司进口落实开证银行名称及信用证草稿，以避免信用证修改产生不必要费用。

2018年4月到2020年4月，山东云龙公司不断通过电话、邮件、微信等多种方式多次督促JT公司尽快开出信用证，但JT公司一直没有开出信用证。

一审法院审理如下：

2020年3月后，双方沟通发生障碍，山东云龙公司要求更改付款方式，由信用证付款变更为电汇，香港JT公司拒绝。之后香港JT公司前来青岛验货，认为山东云龙公司没有备货，双方矛盾升级。此期间山东云龙公司要求变更付款方式的行为与合同约定不符，违反合同约定，责任在于山东云龙公司。双方签订合同时并未约定具体的开立信用证及交货日期，导致合同履行过程中产生争议，对此双方均有责任。

在山东云龙公司已为合同履行付出大量设计成本的情况下，可以认定山东云龙公司具有履行合同的意向；山东云龙公司主张香港JT公司不开立信用证导致对其丧失信任，对此法院认为山东云龙公司在此情况下可以要求香港JT公司提供担保或要求香港JT公司及时开立信用证，但其主张变更付款方式的行为，已违反合同约定，属于违约。而香港JT公司自己提供的录像也可以证明生产工厂表示可以随时生产，此时合同并非不具有履行的可能，且信用证交易方式足以保护香港JT公司的相应利益，故香港JT公司未开立信用证亦具有违约行为，故对于合同的不能履行，双方均具有过错，均应承担相应的违约责任。

香港JT公司主张未开具信用证的原因在于山东云龙公司未能备货，对山东云龙公司不再信任。对此法院认为，验货合格并非开立信用证的前提，香港JT公司在合同履行前期未提供开户行信息、未确定发货日期，山东云龙公司不贸然进行生产是具有一定合理性的，故香港JT公司的该主张法院不予采信。综上，法院认为双方对合同不能履行均具有过错，均应承担相应责任。

香港JT公司支付山东云龙公司预付款10万元，因合同解除最终未履行，应予返还。合同双方对"DEPOSIT"的约定未类似于保证金的担保性质，不能直接等同于我国合同法中规定的"定金"。山东云龙公司主张香港JT公司违约给山东云龙公司造成的损失，山东云龙公司可依法另行主张。

思考：

1. 10万美元预付款的意义是什么？
2. 为何最初约定余款为信用证方式？而后期卖方希望改为T/T？
3. 买方不按时开出信用证为何属于违约？

按时支付货款是合同中买方最基本的一项义务，也是卖方最重要的一项权利。《联合国国际货物销售合同公约》和《民法典》均保护卖方按时收到货款的权利。买方不能逃避支付货款，但是可以选择货款的支付时间和方式。Incoterms® 2020规定的风险转移只与货物交接有关，与货款支付无关，因此买卖双方在选择术语之后还面临着货款支付过程中的风险转移问题。货款支付时间和方式直接影响着双方的商业利益和风险，是合同谈判过程中的一个重要谈判焦点。

国际贸易货款收付，又称为国际贸易结算，该过程包含三个主要项目，分别是：结算工具、结算方式和结算单据。其中，结算单据种类繁多，需要视货物类型、特性、运输方式、进出口国法规和国际贸易惯例等来加以约定和使用。本章主要讲解常用的国际贸易结算工具和结算方式。

国际贸易中使用的结算工具即为票据，其中以汇票使用居多，且用于相应的支付方式中。国际贸易中货款支付方式一般包括汇款、托收和信用证三种，必须通过银行进行，三种方式是国内外银行开展国际贸易结算的重要服务项目，目前国内省级以上商业银行均可提供三种国际贸易结算方式的服务。

第一节 票 据

票据（Bills）是国际贸易中进行货款支付的重要工具，是非现金结算工具，能够代替现金清偿债务。现金虽然可以用于货款支付，但各国均制定法规严格限制现金在商业交易中的使用。中国国家外汇管理局和海关总署2003年公布的《携带外币现钞出入境管理暂行办法》规定，出境人员原则上不得携带超过等值10 000美元的外币现钞出境。在国内交易中，国务院2011年修订的《现金管理暂行条例》规定，企业使用现金只限于支付给个人的款项，且超过使用现金限额的部分，应当以票据方式支付。因此，在国际、国内贸易中票据作为支付工具被广泛应用，以清偿买卖双方之间的债权债务关系。

票据一般均为纸质文件，是卖方提交的贸易单证（Documents）中的重要组成部分。与商业单证（Commercial Documents）相比，票据是金融单据（Financial Documents），不具有证明（Certificate）的性质，而具有类似于货币的完全可流通性和偿付功能，独特性明显。

各种票据本质上都是出票人（Drawer）开立并签署，委托付款人（Drawee，Payer）向收款人（Payee）付款的文件。根据现行《票据法》（2004年修订），票据包括汇票、本票和支票三种。国际贸易中本票的出票人和付款人都是买方，汇票的出票人和收款人有时同为卖方，有时不同。三种票据在国际贸易中都有应用，但用途各有差异，其中汇票应用最广，本票和支票一般用于小额货款的支付。

一、汇票（Bill of Exchange，Draft）

（一）汇票的定义和基本内容

《票据法》规定，汇票是出票人签发的，委托付款人在见票时或者在指定日期无条件支付确定的金额给收款人或者持票人的票据。国际贸易中最常用的汇票是指由出口方签发的，委托进口方或进口方指定银行在约定时间根据合同或信用证规定支付确定金额给出口方或其他指定人的英文金融票据。

出票人签发汇票就是出票人业务人员完成汇票票面内容的填写，加盖企业公章或财务章,并由负责人签字的流程①。国际贸易中,中国企业作为出票人时一般加盖企业公章或中英文条形章,境外企业一般只有负责人签字,不盖企业章。

《票据法》规定,汇票必须记载下列事项,缺少任何一项,汇票无效。

(1) 表明"汇票"的字样。汇票的正式英文为 Bill of Exchange,其他情形下一般用 Draft 或 Bill。

(2) 无条件支付的委托。英文汇票中由"PAY TO"来表示无条件支付的委托。英文汇票中一般都通过列出出票条款来表达"无条件支付的委托"产生的原因。出票条款是指汇票中列明的付款人无条件付款的依据,英文汇票中在"Drawn Under"后面列出合同或信用证等信息就是出票条款。出票条款虽然不是《票据法》规定的必备项目,但是国际贸易中的汇票均有"Drawn Under"项目。

(3) 确定的金额。英文汇票中包含 Amount in Figures 和 Amount in Words 两个栏目,类似于中文的小写和大写,根据《票据法》,大小写必须一致,否则汇票无效。根据国际商会《关于审核 UCP600 下单据的国际标准银行实务》(ISBP745)规定,当汇票大小写金额矛盾时,大写金额将作为支付金额予以审核,因此采用信用证方式结算货款时,卖方汇票出现大小写不一致的情况,仍然可以正常收款。

(4) 付款人名称。付款人(Payer),或称受票人(Drawee),是指依据出票人的委托完成付款行为的当事人。在贸易货款结算情况下的付款人一般为进口方(托收方式时)或进口地银行(信用证方式时)。

(5) 收款人名称。收款人(Payee),该项目又称为票据抬头(Title),不同的规定方式决定了票据是否可转让以及转让的方式。在贸易货款结算情况下一般为出口方(无出口贸易融资情况)或出口地银行(有出口贸易融资情况)。

(6) 出票日期(Date of Issue)。该项目的主要作用在于确定票据的有效性以及提示使用的期限。

(7) 出票人签章。在贸易货款结算情况下的出票人(Drawer)一般为出口方,在汇票多次背书转让后,出票人以签字及/或盖章的方式来确定其承担票据最终被支付的责任(付款人拒绝付款时)。

除上述七项必要项目外,汇票一般还包括付款日期、付款地、出票地、出票条款等事项。

(二) 汇票的种类

国际贸易中的汇票多为跟单指示性抬头商业汇票。

1. **按照出票人的不同,可以分为银行汇票和商业汇票**

银行汇票是出票人和付款人均为银行的汇票,两个银行一般为异地银行。银行汇票印刷精致且内含防伪技术,凭借银行的良好信用,具有类似于货币的流通性和偿付性,但在国际贸易中应用较少,多用于小额支付。

---

① 根据《票据管理实施办法》(2011 年修订),商业汇票上的出票人的签章,为该单位的财务专用章或者公章加其法定代表人或者其授权的代理人的签名或者盖章;支票上的出票人的签章,出票人为单位的,为与该单位在银行预留签章一致的财务专用章或者公章加其法定代表人或者其授权的代理人的签名或者盖章;出票人为个人的,为与该个人在银行预留签章一致的签名或者盖章。

商业汇票是出票人为企业（系银行和其他金融机构以外的工商企业）或个人的汇票，是国际贸易中最主要的票据形式，其付款人可以是银行，也可以是非银行。国际贸易中出口人签发商业汇票，一般采用普通纸打印，或普通纸张印刷，无防伪措施，多采用业务往来银行提供的标准格式。目前世界各国银行提供的商业汇票模板内容基本相同，出口方出票时填写相关内容并签章即可，票面填写文字一般用英文大写，如图10-1所示。

BILL OF EXCHANGE

No. _____

For _____

(amount in figure)   (place and date of issue)

At _____ sight of this FIRST Bill of exchange (SECOND of the same tenor and date being unpaid), pay to _____ or order the sum of

_____

(amount in words)

Drawn under _____

To: For and on behalf of

填付款人（Drawee）的名称，不填地址   出票人签章，负责人签字

_____

(Signature)

图 10-1　汇票样本

2. 按照汇票使用时是否有随附单据，分为光票（Clean Bill）和跟单汇票（Documentary Bill）

光票是不附带任何其他单据的汇票，银行汇票多为光票。

跟单汇票是附带商业单据的汇票。"商业单据"是发票、装运单据、所有权单据或其他类似的单据，或者一切不属于资金单据的其他单据。国际贸易中的汇票一般都为跟单汇票，跟单汇票一般均为商业汇票。

3. 按照收款人名称的不同，分为限制性抬头汇票、指示性抬头汇票（Order Bill）和持票人或来人抬头汇票（Bearer Bill）

汇票中的收款人栏一般称为汇票的抬头（Title）。

（1）限制性抬头汇票，又称记名抬头汇票，是"PAY TO（收款人）"栏注明具体收款人名称的汇票。

一般在"PAY TO"栏上填写具体的收款人的名称，比如"Pay to Hebei Inc. Only"，既仅能向 Hebei Inc. 付款。限制性抬头汇票不能进行转让流通，一般出票人签发汇票后直接交给收款人，收款人根据汇票约定时间向付款人提示汇票，要求付款。国际贸易中限制性抬头汇票的收款人一般为出口企业自己，企业在签发汇票后，可直接快递给进口方索汇，也可通过银行向进口方索汇。

（2）指示性抬头汇票，是收款人栏注明包含"To the Order of"或"Or Order"等信息的汇票。

一般在"PAY TO"栏上填写的形式有两种"Pay to the Order of Hebei JM"，或"Pay to Hebei JM or Order"，两种形式不同但含义没有区别，都表示收款人由 Hebei JM 指定，既可以由 Hebei JM 向付款人要求付款，也可以由 Hebei JM 指定的任何其他第三方凭汇票向付款人要求付款，此时需要由 Hebei JM 对汇票进行背书后才能将收款权转让给第三方，第三方一般在票面金额折价基础上购买汇票，从而获得汇票的收款权，赚取差价。这种经背书可以转让（Negotiable）的性质是指示性抬头汇票的重要特征，也是其广泛应用的重要基础。

上述举例中 Hebei JM 可以是卖方，也可以是卖方指定的任何第三方，通常是卖方指定的出口地业务往来银行。以通常惯例做法"Pay to the Order of SJZ Bank"为例，表示卖方委托 SJZ Bank 作为代收银行，采用 SJZ Bank 提供的汇票模板进行汇票制作并签章，由 SJZ Bank 对汇票背书后向付款人要求付款，SJZ Bank 收到货款后，再转付给卖方。

（3）持票人或来人抬头汇票，是收款人栏显示"Pay to Bearer"的汇票。

"Bearer"是持票人的意思。来人抬头汇票要求付款人向汇票的持有人进行付款，付款人不能而且也无法验证持有人的资格，汇票的转让无须背书，仅凭交付汇票即可转让收款权，流通性极强，类似现金，汇票金额较大时存在较大的风险。来人抬头汇票与不记名提单相类似，在国际贸易中均极少采用。

4. 按付款日期不同，分为即期汇票和远期汇票

即期汇票（Sight Bill, Demand Draft）是票面注明付款日期为"At Sight"的汇票，即见票即付的汇票。收款人将汇票交付给付款人之时，即为付款人见票之时，应立刻履行付款责任。

远期汇票（Usance Bill）是票面约定未来付款日期的汇票，即收款人只有在汇票中规定日期时才能向付款人要求付款的汇票。付款日期与开票日期之间的时间为付款人的资金融通时间，对付款人有利。

远期汇票付款日期，有以下几种规定办法：

（1）At ××× days after sight，见票后若干天付款。

（2）At ××× days after date of draft，汇票出票后若干天付款。

（3）At ××× days after date of bill of lading，提单签发日后若干天付款。

（4）At ××× days after date of shipment，装运日后若干天付款。

（三）汇票的使用

汇票是国际贸易中一种常见支付工具，通常在托收和信用证两种支付方式中使用。

1. 出票（Issue）

出票是指出票人签发票据并将其交付给收款人的票据行为。

如果出口方就是收款人，则此时的出口方作为出票人签发完毕就完成了出票。国际贸易中，出口方多通过本地往来银行收款，比如 Jmao Bank，所以汇票抬头一般为"Pay to the Order of Jmao Bank"，此时，出口方需签发汇票后再将该汇票交付 Jmao Bank，才算完成出票环节。

根据国际贸易中的习惯做法，出票人签发汇票一般是一式两份，所填内容相同，且均为正本，都可以向付款人索偿指定金额，付款人只需对其中一份进行付款。

一般情况下，第一份汇票会显示 this FIRST of Exchange (SECOND of the same tenor and date being unpaid，或 SECOND being unpaid），表示这是第一份汇票（第二份相同付款期限和签发日期的汇票不支付），即"付一不付二"；第二份汇票会显示 this SECOND of Exchange（FIRST of the same tenor and date being unpaid，或 FIRST being unpaid），即这是第二份汇票（付二不付一）。

2. 背书（Endorsement）

背书是单据转让流程中重要的一个环节，国际贸易中只有提单（Bill of Lading）、汇票和保险单（Insurance Policy）三个单据需要背书，背书后相应单据的受益权得到合法的转让。

背书是指单据的持有人为转让单据，在单据背面进行背书说明和签章后，将单据交付新的持有人的行为。前后两个持有人分别称作背书人和被背书人，一个单据可以多次背书转让，被背书人可以背书后进行再次转让，成为新的背书环节中的背书人。

即期汇票可多次背书，贸易中多为一次背书，收款人背书后向付款人提示付款。

远期汇票可以多次背书。付款人对远期汇票承兑后，在付款日到期之前，收款人可以背书后以较低金额转让该汇票，之后各个持票人多轮次背书转让的目的主要是通过买入再卖出远期汇票及相关单据获得差价利润，最后的持票人再凭该汇票向承兑人提示付款。

国际贸易中背书的方法通常有三种：

（1）空白背书（Blank Endorsement，Endorsement in Blank）。

空白背书是国际贸易中最常见的单据背书方式。空白背书是指背书人在单据背面仅进行签章不记录背书人信息的背书方式。相对于其他背书方法，经空白背书后的单据背面没有被背书人的信息，只有背书人的签章和日期。

国际贸易中需要背书的汇票一般为指示性抬头的远期汇票，汇票背书一般为空白背书，操作方式举例：出口方作为出票人签发汇票，汇票抬头为"Pay to the Order of Jmao Bank"，出口方将该汇票交付本地银行 Jmao Bank，该银行作为汇票收款人在汇票背面盖公章，负责人签字并注明背书日期，不注明被背书人，这样 Jmao Bank 完成汇票的空白背书。

国内出口企业背书一般加盖中英文章或英文章，由公司经理签字并注明日期，也有不少国内企业不签注背书日期。

（2）记名背书（Special Endorsement）。

记名背书是背书内容记载被背书人名称，或记载有"To the Order of"等表述形式的单据背书方式。记名背书的具体形式如，To ABC，或 To the Order of ABC，都表示 ABC 为该单据的被背书人，ABC 可以再对该单据进行背书转让。

（3）限制性背书（Restrictive Endorsement）。

限制性背书是背书内容对被背书人做出严格限制要求的单据背书方式。其具体形式一般在具体被背书人后面加上 Only，比如：To ABC Only，表示 ABC 为该单据的被背书人，且 ABC 不能再次背书转让，因此 ABC 为该单据的最终持有人。

3. 承兑（Acceptance）

承兑是指汇票付款人在汇票上批准"Acceptance"或"Accepted"以承诺在汇票到期日无条件支付汇票金额的票据行为。

承兑是远期汇票使用中的一个重要环节，通常付款人在纸质汇票正面批注"Acceptance"或"Accepted"（承兑）字样和承兑日期并签章。在信用证方式下，付款银行一般通过 SWIFT 系统进行承兑，不在纸质汇票上进行承兑批注和签章。

商业汇票中的付款人（Drawee）可以是进口地银行，或是进口方。由银行承兑的远期商业汇票通常被称为银行承兑汇票；由企业承兑的远期商业汇票被称为商业承兑汇票。由于银行的资信水平高于一般的企业，银行承兑汇票具有更高的到期付款率，因而银行承兑汇票背书转让的折价率要低于商业承兑汇票，具有更好的市场接受度。

持票人在汇票承兑后，可以将其背书转让给银行或金融机构进行贴现。根据中国人民银行和中国银行保险监督管理委员会发布的《商业汇票承兑、贴现与再贴现管理办法》（2023年），贴现是指持票人在商业汇票到期日前，贴付一定利息将票据转让至具有贷款业务资质机构的行为。通俗而言，贴现是指远期汇票经承兑后尚未到期，由银行等金融机构从票面金额中扣减一定贴现利息后，将净款付给持票人，从而购进票据的行为。

贴现利用了汇票可背书转让属性，赋予了汇票出口贸易融资的功能，出口企业通过远期汇票贴现可以提前回笼资金，提高了资金流动性，应充分利用汇票贴现功能。

4. 提示（Presentation）

提示，是指收款人或持票人将汇票提交付款人要求付款或承兑的行为。提示分为付款提示和承兑提示两种。

（1）付款提示（Presentation for Payment），指汇票的持票人向付款人或承兑人出示汇票要求付款的行为。

（2）承兑提示（Presentation for Acceptance），指远期汇票的持票人向付款人出示汇票，要求付款人做出承兑的行为。

国际贸易中，汇票的提示一般都是由出口方委托银行进行提示，其中采用托收方式收款时，通过进口国的代收银行向进口方进行提示，采用信用证方式收款时，通过出口国议付行向进口国开证行进行提示。

付款提示和承兑提示均应在法定期限内进行。《票据法》规定，见票即付的汇票，自出票日起一个月内向付款人提示付款，见票后定期付款的汇票，持票人应当自出票日起一个月内向付款人提示承兑；定日付款或出票日后定期付款汇票应在汇票到期日前向付款人提示承兑。

5. 付款（Payment）

付款是指付款人向持票人按汇票金额支付票款的行为。无论是即期汇票，还是远期汇票，当持票人按规定做付款提示时，付款人均应立即付款。付款人足额付款后，全体汇票债务人的责任解除。

6. 特殊情况：拒付（Dishonour）

当持票人向付款人发出承兑提示或付款提示时，付款人拒绝承兑或拒绝付款，或者无法承兑或无法付款，称为汇票的拒付。

当持票人所持汇票被拒付时，意味着持票人在汇票项下的确定金额无法收回，其商业利益受损，也表明贸易中的买方违约。付款人可能由于主观原因而拒付，也可能由于死亡、破产等客观原因导致拒付。

持票人为维护自己的商业利益，可以向其"前手"即背书人、出票人以及汇票的其他债务人行使追索权。汇票在背书转让中，存在有"追索权"的转让，也有无"追索权"的转让，很显然，有"追索权"的汇票转让金额较高，而无"追索权"的转让风险较大，较少被采用。

持票人行使追索权时，应当提供被拒绝承兑或者被拒绝付款的有关证明；因承兑人或者付款人死亡、逃匿或者其他原因，不能取得拒绝证明的，可以依法取得其他有关证明。

(四）汇票的填制举例

（1）托收方式下，付款人一般为进口方，此时即期汇票的填制如图 10-2 所示。

```
                          BILL OF EXCHANGE

No.    HE-GMS2301
For    USD82 200.00                    SHIJIANZHUANG,CHINA    OCT. 1, 2023
       (amount in figure)                    (place and date of issue)
At     × × × ×        sight of this FIRST Bill of exchange (SECOND of the same tenor and date being

unpaid), pay to    BANK OF HEBEI, SHIJIAZHUANG BRANCH     or order the sum of

SAY U.S. DOLLAR EIGHTY TWO THOUSAND TWO HUNDRED ONLY
                              (amount in words)

Drawn under   S/C NO.HE-GMS2301           dated   SEP. 1, 2023

To:                                  For and on behalf of
      SUNSHINE INDUSTRY LTD.
                                     HEBEI GOMO CO., LTD.签章，负责人 GAO 签字
                                     _____
                                                  (Signature)
```

图 10-2　汇票的填制（一）

（2）信用证方式下，付款人一般为进口国银行，此时远期汇票的填制如图 10-3 所示。

```
                          BILL OF EXCHANGE

No.    HE-GMS2302
For    USD82 200.00                    SHIJIANZHUANG,CHINA    OCT. 1, 2023
       (amount in figure)                    (place and date of issue)
At    30 DAYS AFTER   sight of this FIRST Bill of exchange (SECOND of the same tenor and date being

unpaid), pay to    BANK OF HEBEI, SHIJIAZHUANG BRANCH     or order the sum of

SAY U.S. DOLLAR EIGHTY TWO THOUSAND TWO HUNDRED ONLY
                              (amount in words)

Drawn under        WEST BANK (EUROPA) A.G. COPENHAGEN, DENMARK
L/C No.            543219230920          dated   SEP. 1, 2023

To:                                  For and on behalf of
    WEST BANK (EUROPA) A.G.
    COPENHAGEN, DENMARK              HEBEI GOMO CO., LTD.签章，负责人 GAO 签字
                                     _____
                                                  (Signature)
```

图 10-3　汇票的填制（二）

二、本票（Promissory Note）

（一）本票的含义和内容

《票据法》规定，本票是出票人签发的，承诺自己在见票时无条件支付确定的金额给收款人或持票人的票据。本票的出票人必须具有支付本票金额的可靠资金来源，并保证支付。根据《票据法》，本票即银行本票，只有银行才可以作为出票人签发本票，除银行外的其他机构和个人不可以签发本票。

本票通过出票人亲自承诺承担见票即付的义务，出票人就是付款人。

《票据法》规定本票必须记载事项：

(1) 标明"本票"字样。
(2) 无条件的支付承诺。
(3) 确定的金额。
(4) 收款人的名称。
(5) 出票日期。
(6) 出票人签字。

本票上未记载规定事项之一的，本票无效。

（二）本票的使用

在其他国家，存在非银行机构开立本票的规定，但是由于非银行机构的资信水平参差不齐，且票据制式和防伪措施不一致，导致非银行机构签发的商业本票应用范围极其有限，在国际贸易中使用的本票一般为银行本票。银行本票由出票银行信用担保，具有较强的流通性，类似于现金。

一般的操作流程是进口方从本地银行（即付款行）购买合同约定支付金额的银行本票，将该本票邮寄或递交给出口方，由出口方将该本票交付给本地银行（付款行的代理）进行兑付，收回票面金额，出口国银行再与进口国银行进行债务清偿。出口人持有远期本票时，可以进行背书转让本票到期的收款权益，相关流程与汇票相同。大额本票的使用不如电汇（T/T）方便快捷，较少在贸易中使用。

三、支票（Check，Cheque）

（一）支票的含义和内容

《票据法》规定，支票是出票人签发的，委托办理支票存款业务的银行或者其他金融机构在见票时无条件支付确定金额给收款人或持票人的票据。

实际上，支票就是存款人为向存款银行支取存款而开出的金融票据，首先将支票交给收款人，再由收款人凭支票到出票银行取钱，或由收款人转让给别人向银行取钱。支票流通性很强。

支票的基本当事人和汇票一样，共有三个：出票人、付款人和收款人。支票的出票人就是存款人，付款人就是存款银行。

《票据法》规定，支票必须记载事项：
(1) 标明"支票"字样。
(2) 无条件的支付委托。
(3) 确定的金额。
(4) 付款人名称。
(5) 出票日期。
(6) 出票人签字。

支票上未记载规定事项之一的，支票无效。支票的基本内容与汇票非常接近，其中收款人不是支票中的必要项目。

(二) 支票的使用

支票与汇票在法律意义上是不同的票据，但支票的出票、背书、付款以及追索等使用环节基本与汇票相同，支票可以简单看作是银行为付款人的即期汇票。与商业汇票不同的是，支票都由付款银行统一印制，进行编号管理，具有较强的防伪措施，存款人可以向银行申请购买空白的支票本用于支付使用。

银行履行支票付款人职责的前提是出票人在银行账户中有充足的存款，因此出票人签发支票时，应在付款银行存有不低于票面金额的存款。如存款不足，支票持有人在向付款银行提示支票要求付款时，就会遭到拒付。支票票面金额超过其付款时在对应银行账户存款金额的支票叫作空头支票。各国法律均禁止签发空头支票，开出空头支票的出票人要负法律上的责任。

四、国际贸易中票据适用的法律依据

国际贸易中，票据的出票人、收款人和付款人三个主要当事人至少在两个国家（地区），相关票据的行为也分别在中国境内和境外完成。根据《票据法》，涉外票据，是指出票、背书、承兑、保证、付款等行为中，既有发生在中华人民共和国境内又有发生在中华人民共和国境外的票据。因此，国际贸易中的票据属于涉外票据，相关适用原则如下。

(一) 总原则

根据《票据法》，法律适用的总原则为：中华人民共和国缔结或者参加的国际条约同本法有不同规定的，适用国际条约的规定。本法和中华人民共和国缔结或者参加的国际条约没有规定的，可以适用国际惯例。

根据中华人民共和国-条约数据库信息（http://treaty.mfa.gov.cn），截至2023年9月，中国加入的涉及三种票据的国际公约只有两个，分别是《邮政汇票协定》和《邮政支票业务协定》，但这两个国际条约所规范票据较少在国际贸易中应用，因此在中国的国际贸易票据主要适用国际惯例。

当前涉及三个票据的国际公约有1930通过的日内瓦《汇票和本票统一法公约》、1931年通过的日内瓦《支票统一法公约》和1988年通过的《联合国国际汇票和国际本票公约》，可以将其作为国际惯例进行参考，但《联合国国际汇票和国际本票公约》只有5个国家批准加入，目前仍未生效。

（二）相关具体票据行为适用法律原则

（1）票据债务人的民事行为能力，适用其本国法律。

（2）票据的背书、承兑、付款和保证行为，适用行为地法律。

（3）票据追索权的行使期限，适用出票地法律。

（4）票据的提示期限、有关拒绝证明的方式、出具拒绝证明的期限，适用付款地法律。

（5）票据丧失时，失票人请求保全票据权利的程序，适用付款地法律。

第二节　汇款与托收

相对于信用证方式，汇款和托收具有较多的共性，采用汇款和托收时：第一，商业风险均集中于交易中的某一方，而非各方分摊风险；第二，一方均需凭自己的信用向对方做出履约的保证，都属于商业信用；第三，操作流程均较为简单，费用较低；第四，买方拒绝收货或付款会给卖方造成损失。

一、汇款（Remittance）

汇款，又称汇付，是汇款人通过银行，使用电汇、信汇、票汇等不同约定方式委托境外代理行，将特定金额的款项付至境外收款人指定银行账户的一种结算方式，包括汇出汇款（Outward Remittance）和汇入汇款（Inward Remittance）两个环节。汇款通常指汇出汇款，其具有价格低廉、手续简便、速度快和效率高等优点，可以用于国际经营中的资金借贷、资金偿还、资金调拨、资金援助以及货款支付等。

（一）汇款的当事人

（1）汇款人（Remitter）。即汇出款项的人，在国际贸易中，汇款人通常是进口人。

（2）收款人（Beneficiary，Payee，Remittee）。即收取款项的人，在国际贸易中，收款人通常是出口人。

（3）汇出行（Remitting Bank），即汇款银行，是受汇款人的委托汇出款项的银行，在国际贸易中，通常是在进口地的银行。

（4）汇入行（Beneficiary's Bank，Receiving Bank，Paying Bank）。即受汇出行委托解付汇款的银行，故又称解付行、收款行，在国际贸易中，通常是出口地的银行。

中国进口企业需根据销售合同约定，在规定的时间内到银行办理汇款业务，应当填写纸质《境外汇款申请书》（表10-1）或相应电子凭证，向汇款银行支付与汇款金额一致的款项，并支付费用。目前国内部分银行针对符合资质的客户提供在线汇出汇款服务，提高了服务效率。

表 10-1 境外汇款申请书样本

境外汇款申请书
Application for funds transfer(overseas)

致：×× 银行　　　　　　　　　　　　　　　　　　　　　　　　　日期：
To: ××× BANK　　　　　　　　　　　　　　　　　　　　　　　　DATE:

□电汇 T/T	□票汇 D/D	☑信汇 M/T	发电等级 Priority: □普通 Normal □加急 Urgent

申报号码 BOP Reporting No.	□□□□□□ □□□□ □□ □□□□□□ □□□□□		
20 银行业务编号 Bank Transac. Ref. No.		收电行/付款行 Receiver/Drawn on	
32A 汇款币种及金额 Currency & Interbank Settlement Amount		金额大写 Amount in Words	
其中	现汇金额 Amount in FX		账号 Account No./ Credit Card No.
	购汇金额 Amount in Purchase		账号 Account No./ Credit Card No.
	其他金额 Amount in Others		账号 Account No./ Credit Card No.
50A 汇款人名称及地址 Remitter's Name and Address			
□ 对公组织机构代码 Unit Code □□□□□□□□□-□	□对私	个人身份证件号码 Individual ID No. □中国公民个人 Resident Individual	□中国非居民个人 Non-Resident Individual
54/56a 收款行之代理行名称地址 Correspondent of Beneficiary's Bank			
57A 收款人开户银行名称及地址 Beneficiary's Bank Name& Address			
59A 收款人名称及地址 Beneficiary's Name& Address			
70 汇款附言 Remittance information	只限 140 个字位 Not exceeding 140 Characters	71A	国内外费用承担 All Bank's Charges if Any Are to Be Borne by □ 汇款人 OUR □收款人 BEN □共同 SHA
收款人常驻国家（地区）名称及代码 Resident Country/Region Name & Code □□□			
请选择：□预付货款 Advance Payment □到付货款 Payment Against Delivery □退款 Refund □其他 Others			最迟装运日期：
交易编号 BOP Transac. Code	□□□□□□ □□□□□□	相应币种及金额 Currency & Amount	交易附言 Transac. Remark
本笔款项是否为报税货物项下付款	□是 □否	合同号：	发票号：
外汇局批件/备案号/业务编号			

银行专用栏 For Bank Use Only		申请人签章 Applicant's Signature	银行签章 Bank's Signature
购汇汇率 Rate		请按照贵行背页所列条款代办以上汇款并进行申报 Please Effect the upwards Remittance, Subject to the Conditions Overleaf:	
等值人民币 RMB Equivalent			
手续费 Commission			
电报费 Cable charges			
合计 Total charges			
支付费用方式 In Payment of the Remittance	□现金 By Cash □支票 By Check □账户 from Account	申请人姓名 Name of Applicant 电话 Phone No.	核准人签字 Authorized Person 日期 Date
核印 Sig. Ver		经办 Maker	复核 Checker

中国进口企业办理汇款时，还需提交相关交易单证。根据国家外汇管理局《经常项目外汇业务指引（2020年版）》，企业办理货物贸易外汇支出时，银行应确认交易单证所列的交易主体、金额、性质等要素与其申请办理的外汇业务相一致。交易单证包括但不限于合同（协议）、发票、进出口报关单、进出境备案清单、运输单据、保税核注清单等有效凭证和商业单据。这些单证仅限于银行对外汇支出真实性的审核，其中发票、运输单据等相关单据需要由出口方提供。

中国出口企业收到汇入行的入账通知书后时，应填报涉外收入申报单，并配合银行对资金性质的确认。

（二）汇款的种类

汇款方式包括电汇、票汇和信汇，目前常用的是电汇和票汇。

1. 电汇（Telegraphic Transfer，T/T）

汇出行通过 SWIFT 平台将款项通过汇入行汇到境外收款人所在银行账户的汇款方式称作电汇。电汇汇款是目前最常使用的汇款方式，通常情况下，客户在1~3个工作日内即可收到款项。

S. W. I. F. T. SCRL 简称 SWIFT，中文全称为环球银行金融电信协会（Society for Worldwide Interbank Financial Telecommunication），是一家全球性会员拥有的合作组织，是全球领先的安全金融报文服务提供商。SWIFT 总部设在比利时，是根据比利时法律注册成立的合作组织。

SWIFT 提供数据传输服务、标准报文和接口服务、信息加工服务及软件技术服务。我国各大商业银行和世界大多数国家的银行已加入该组织，成为其成员行，目前 SWIFT 成员来自200多个国家和地区，已经有11 000个成员行。SWIFT 密押是独立于电传密押之外、在代理行之间相交换的、仅供双方在收发 SWIFT 电报时使用的密押。国际上银行间电汇、托收以及信用证等信息普遍通过 SWIFT 系统密押后进行传输，具有保密、迅捷和可靠的特性。

SWIFT 成员行都有自己特定的 SWIFT 代码，即 SWIFT Code，比如中国银行河北省分行的 SWIFT Code 是 BKCH CN BJ 220。在电汇时，汇出行按照收款行的 SWIFT Code 发送付款电文，就可将款项汇至收款行。

现实中，大量的汇出行与汇入行之间通常没有业务往来，资金无法直接划转，往往需要通过第三方银行实现资金的划转，达到最终款项从汇出行进入汇入行账户的目的，这个第三方银行就是代理行。代理行，又称中转行（Correspondent of Beneficiary's Bank, Intermediary Banker），是汇出行的代理行，或者是汇款流程中的中转行。

电汇前，收款人需向汇款人提供汇款路径（Payment Routing）。汇款路径信息包括：①3个英文名称和地址信息：汇入行、代理行和收款人；②2个账号信息（A/C NO.）：汇入行在代理行的银行账号，收款人在汇入行的银行账号；③2个 SWIFT 代码：汇入行和代理行。如果无须代理行，则会提高汇款时效，减低费率。上述①和②信息显示在中国《境外汇款申请书》上，中国进口方在电汇前应向出口方索要相关信息。

电汇时，汇款人需向汇出行缴付汇出手续费和邮电费（又称电报费或电讯费）等费用。在实际办理汇出汇款时，汇款人可以选择国内外费用承担方。如果由汇款人负担，则可全额到账；如果选择收款人负担或双方分担，则扣除费用后到账。我国外汇管理局等部门认可常规范围内扣除的电汇费用。当汇出行和汇入行之间互开往来账户时，款项一般可全额汇交收款人。但是，大部分情况是汇出行与汇入行无直接的账户往来，而必须通过另一家或几家银行（即代理行）转汇至汇入行。每家代理行在做转汇业务时，都会从中扣收一笔手续费，这个费用不固定，一般不会太高。如果该笔费用由收款人支付，则该笔电汇款汇交收款人时，就不再是原汇出金额。同样，若办理退汇时，退回的金额必定小于原汇出金额。

通过国内银行办理全额到账电汇，银行会加收一定的费用，如中国建设银行会在其他基本费率基础上，加收 25 美元/笔的全额到账费。

2. 票汇（Banker's Demand Draft，Outward Demand Draft，D/D）

票汇是汇款人向汇出行购买特定金额的、以汇出行为出票人而以汇入行为付款人的银行即期汇票后，快递给收款人或自行交付收款人，由收款人凭票到汇入行领取款项的一种汇款方式。

票汇本质上是利用了银行即期汇票对现金的替代性，在出口方仓库、国际展览会等场所会晤时，进口方可以当面将银行汇票交给出口方。出口方应尽快到汇入行进行提示收款，避免收到伪造票据。

3. 信汇（Mail Transfer，M/T）

信汇是汇款人委托银行，通过邮寄指示信函的方式通知境外代理行，将特定金额的款项付至境外收款人指定银行账户的一种汇款方式。其操作流程与电汇相似，只是汇出行与汇入行之间传递汇款通知的方式存在差别，导致时间效率和收费有一定的区别。但由于邮寄或快递汇款通知的时间慢于电汇，且其收费不具有较大优势，因此当前在国际贸易中较少采用信汇方式。

知识库

汇款办理流程

汇款办理流程如图 10-4 所示。

（1）汇款人向汇出行提交境外汇款申请书以及汇款款项。

（2）汇出行经审核后向境外汇入行发出汇款指示电报（电汇项下）或指示信函（信汇项下），或开具汇票（票汇项下）交付汇款人。

（3）电汇或信汇项下，境外汇入行按汇出行指示向收款人解付汇款。

（4）票汇项下，汇款人将汇票自行交付收款人，收款人向汇票注明的付款银行（汇入行）提示汇票。

（5）票汇项下，付款银行向收款人解付汇款。

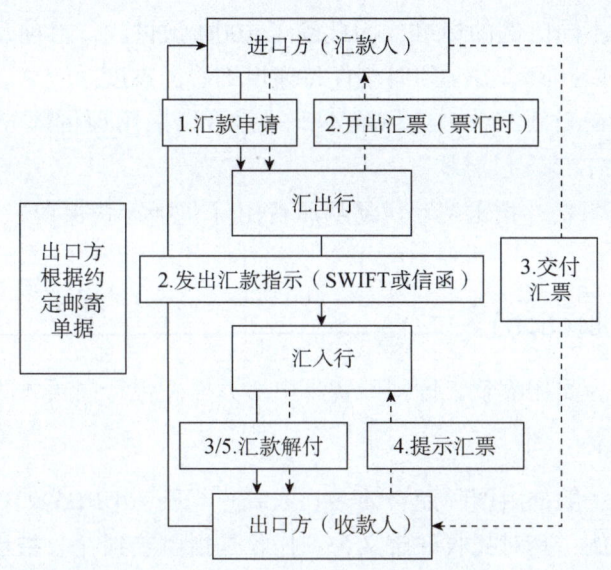

图 10-4　汇款办理流程（电汇和信汇以细实线表示，票汇以虚线表示）

（三）汇款适用的情形

（1）进口方流动资金充足，对资金周转速度或控制财务费用要求较高的，而不考虑融资便利的情形，主动通过汇款方式预付货款（Payment in advance，Advance Payment）。

（2）贸易双方长期保持着良好的合作关系，尤其是跨国公司内部关联企业间，彼此充分信任，只希望用便利、低廉的方式结算。

（3）出口方商品较紧俏时，可向进口方提出以汇款方式预付货款。

预付货款可以是全额预付，也可以部分预付。全额预付货款（Full Payment in Advance），国内一般称作"前 T/T"，进口方将承担较大的收货风险，而出口方可以利用预付资金安排生产，降低自己的成本，提高自有资金流动性，但对进口方十分不利。通常情况下，一般进口方会选择部分预付，如签约后预付合同总金额的 30%，余款可以在发货后支付，也可以和其他结算方式结合使用。

（4）出口商品处于买方市场，进口方资信状况很好，出口方急于拓展市场时，可提出货到付款以促成交易。

货到付款一般指全额货到付款（Payment against Delivery；Open Account，OA），即赊销，国内也称作"后 T/T"，指买方在未付款或者未承兑汇票的情况下可以直接取得货物或货运单据的销售合同支付方式。出口方在签约后，必须自己垫付生产等所有成本，并承担进口方拒绝提货或到期拒绝付款的风险，对出口方而言具有较大的成本和风险。汇款是商业信用，出口方应尽量避免接受货到付款方式，即使是老客户也应注意对方近期的财务状况，可以通过中国出口信用保险公司调查对方资信状况。

货到付款方式下，出口方可以通过出口信用保险、银行保函、保理等工具转嫁风险，但这些避险工具会增加出口方的成本，需纳入报价前的成本核算中。自 2020 年以来，中国各级政府积极鼓励出口企业向中国出口信用保险公司投保出口信用险来规避境外客户违约风险，但需注意的是各种出口信用保险大多不是 100% 比例赔付，会根据不同国家、客户信誉等情况,承保不同比例的标准,因此除了100%预付款,目前没有完全不存在商业信用风险的情形。所以,出口方必须时刻保持谨慎细心的态度。

为避免买卖双方在全额汇款中的风险不平等,可以采用预付部分货款(比如30%T/T),装运后或到货后T/T支付尾款。

(5)贸易中的资料费、技术费、贸易从属费用(包括运费保费)、小额尾款等可以采用汇款方式。

二、托收(Collection)

托收,可以理解为委托收款,即国际贸易中卖方委托银行向买方收回货款。

(一)托收的含义

托收的整个流程一般都由国际商会的《托收统一规则》(URC522)进行规范。URC522是重要的国际贸易惯例,其对托收的定义为:托收是指由接到托收指示的银行根据所收到的指示处理金融单据和(或)商业单据,以便取得付款或承兑,或者凭付款或承兑交出商业单据,或凭其他条款或条件交出单据。

URC522的定义是从银行业务角度出发,可以概括为:托收是银行根据指示以获得付款人付款或承兑,或者向付款人交付单据等为目的的贸易单据处理业务。

根据URC522,贸易单据包括金融单据(Financial Documents)和商业单据(Commercial Documents)两类。金融单据是指汇票、本票、支票、付款收据或其他用于取得付款的类似凭证;商业单据是发票(Invoices)、装运单据(Transport Documents)、所有权单据(Documents of Title)或其他类似的单据,或者一切不属于金融单据的其他单据。

从国际贸易操作流程来说,托收是指出口方委托本地银行向进口国银行寄送金融单据和全套出口贸易单据,通过进口国银行向付款人提示单据并收取款项的一种国际结算方式。托收的基本做法是:出口方根据销售合同发运货物后,向出口地银行(托收行)提出托收申请并交付贸易单据,委托其在进口地的代理行或往来银行(代收行)向进口人收取货款并交付贸易单据。

(二)托收方式的当事人

1. 委托人(Principal)

委托人,即委托银行向国外付款人代收货款的人,通常为出口方。

出口方作为委托人完成货物装运且收到货运单据后,根据合同要求,整理相关贸易单证,向本地银行提出托收申请,填写托收委托书(见表10-2)。进口方作为付款人需要提前向出口方提供进口地银行的相关信息。

表 10-2　托收委托书样本

出口托收委托书

致：_____银行

兹随附下列出口托收单据一套，请按国际商会《托收统一规则》（第522号出版物）办理托收业务。

代收行（若空白，由贵行选择）							委托人				
付款人							托收金额				
发票号码							核销单编号				
单据	汇票	发票	海运提单	空运提单	保险单	装箱单	产地证GSP FORMA	检验/分析证	受益人证明	装船通知	
份数											

委托事项：请依照下列标有"×"的内容
☐请贵行要求代收行　☐付款交单（D/P）　☐承兑交单（D/A）
☐上述托收款项收妥后：
　☐请结汇划至开户行：_____ ☐账号：_____
　☐请原币划至开户行：_____ ☐账号：_____
☐请贵行对上述单据办理出口托收货款，出口托收货款比例为托收金额的_____%
　☐愿与贵行签订单笔使用的出口托收项下《出口托收货款合同》。
　☐请支用我公司与贵行签订的编号为_____《授信业务总协议》项下的出口托收货款额度，请贵行将出口托收货款项：
　☐请结汇划至开户行：_____ ☐账号：_____
　☐请原币划至开户行：_____ ☐账号：_____
☐贵行费用由我司承担。
☐国外银行费用由付款人承担　☐可放弃　☐不可放弃
☐请贵行通知我公司汇票到期日
☐若付款人拒绝付款/承兑，请立即通知我公司并说明原因。
☐寄单方式：☐DHL　☐EMS　☐快邮　☐航邮
☐其他：

公司联系人：　　　　　联系电话：　　　　　　　　公司公章
　　　　　　　　　　　　　　　　　　　　　　　____年____月____日

银行签收人：　　　　　　　　　　　签收日期：

银行复审记录

2. 托收行（Remitting Bank）

托收行，即接受出口方的委托代为其收款的出口地银行。托收行有义务按照委托人的指示办事，它与委托人之间是委托代理关系。因此，托收行仅核对收到的单据在种类及份数上是否与托收交单委托书所示的一致，没有审核单据内容的义务。对于因委托人的指示，利用外国银行的服务而发生的一切费用和风险，托收行也不负责任。

3. 代收行（Collecting Bank）

代收行，是指接受托收行的委托向付款人收取款项的进口地银行，通常由进口方指定。代收行应遵照托收行的指示，尽快向付款人提示汇票，要求其付款或承兑，并在付款或承兑后，及时通知托收行。

4. 提示行（Presenting Bank）

提示行，是指向付款人提示汇票和单据的银行，通常由代收行兼任提示行，也可以委托与付款人有账户往来关系的银行作为提示行。

5. 付款人（Drawee）

付款人，是根据托收指示，接受单据提示并承担付款责任的人，为汇票的受票人，通常为进口方。

银行在托收流程中只是根据指示行事，比如传递单据、付款提示和收回款项，银行不承担付款人拒绝付款、拒绝承兑的风险。托收中能否按时收回货款，是由付款人决定的，因此托收仍然是商业信用。如果付款人拒绝付款，银行应及时通知委托人。

（三）跟单托收（Documentary Collection）

跟单托收是指附有商业单据的托收，可以有金融单据也可以没有。只有金融单据的托收是光票托收（Clean Collection），一般只用于贸易或非贸易项下的小额支付，以及不能或不便提供商业单据的小额交易。

跟单托收是国际贸易中普遍采用的托收方式，采用金融单据时，多采用跟单汇票。跟单托收的目的是出口方通过控制商业单据而控制货物，买方只有付款或承诺付款时，才能换取单据从而获得货物的提货权，因此出口方托收中的单据必须有代表货物物权的凭证。国际运输中一般只有涉及海运时承运人才会签发具有物权凭证属性的海运提单或多式联运提单，出口方作为托运人通过持有提单而控制货物，非海运方式中的运输单据不能控制货物，因此出口方采用空运或陆运时不宜采用托收方式。

在采用空运或陆运方式时，如果用托收付款方式，意味着出口方对进口方有着完全的信赖，与赊销（OA）方式类似，并不能起到控制货权的目的。

跟单托收中的单据一般包括汇票、商业发票（Commercial Invoice）、海关发票（Customs Invoice）、原产地证书（Certificate of Origin）、提单、保险单、装箱单（Packing List）、重量单（Weight List）、检验证书（Inspection Certificate）、卖方证明（Seller's Certificate）、承运人证明（Certificate of the Carrier）等。

按照代收行向进口方交付单据条件的不同，跟单托收一般分为付款交单和承兑交单两种形式。

1. 付款交单（Documents against Payment，D/P）

付款交单托收是指出口方指示代收行在收到进口方付款时才交付单据的托收方式，即一手交钱一手交单,实现单款同时互换,进口方获得商业单据可以提货并办理进口报关手续,而出口方可以顺利收回货款,这意味着合同履行完毕。

尽管如此,付款交单中的风险仍集中于出口一方:出口方自负费用完成生产和运输,还要承担进口方拒绝付款的风险。如果进口方拒绝付款,出口方必须临时决定如何处理货物,要么立刻在目的港进行折价转售,要么自费运回货物另行安排。尤其是提单为记名提单时,如果货物到港后,进口方作为提单记名的收货人拒绝提货,此时出口方已经无法修改收货人转卖货物,也无法办理退运安排,只能任由货物被进口国海关拍卖。因此付款交单方式下,出口方虽然一直控制物权凭证,但仍然有较大损失的可能。

在付款交单情况下,如按汇票付款时间的不同,又可分为即期付款交单和远期付款交单。

(1) 即期付款交单(D/P at Sight)。即出口方发货后缮制即期汇票连同商业单据,通过银行向进口方提示,进口方见票后立即付款,进口方在付清货款后向代收行领取商业单据。

(2) 远期付款交单(D/P after Sight)。即出口方发货后缮制远期汇票连同商业单据,通过银行向进口方提示,进口方审核无误后对汇票进行承兑,于汇票到期日付清货款后再领取商业单据。

采用远期付款交单时,会存在货已到港而汇票尚未到期的情形。为了降低货物在港的存储时间和成本,同时进口方为了节约周转资金,可以出具信托收据(Trust Receipt,T/R)确认代收行拥有货物的所有权,向代收行借单,代收行将单据先行交付进口方,以信托的方式委托进口方加工生产或销售货物,汇票到期时代收行对外付款,代收行和进口方之间再根据约定进行利息核算。这是代收行提供的贸易融资业务,中国境内银行通过"进口押汇"业务提供上述融资服务,由于代收行通过信托收据承担了到期付款的责任,因而对出口方按时收款不产生任何风险,甚至提高了到期收款的信用度。

信托收据是进口方作为申请人申请贷款时的一个声明文件,声明项目主要包括①:第一,单据和货物已经质押给银行,货物所有权归银行所有,申请人对货物的加工生产或销售,均为银行委托进行,但货物的风险应始终由申请人承担;第二,申请人进行转售货物时,单据交付申请人仅用于按正常贸易条件的市场价为银行提货并出售货物,申请人应在收到货款后立即将货款支付给银行,不得抵销或扣除;第三,银行对单据的正确性、有效性或充分性或货物的存在、性质、质量、数量、状况、包装、价值或交付不负任何责任;第四,申请人应支付与文件和/或货物有关的所有运费、仓库、码头、中转和其他费用、租金和所有其他费用。

如果出口人在托收指示中允许进口人凭信托收据向代收行借单,则出口人将承担到期进口人拒绝付款的风险,代收行不承担到期付款的责任,此种操作模式被称作"远期付款交单凭信托收据借单"(D/P T/R),目前国内企业极少采用这种方式。

2. 承兑交单(Documents against Acceptance,D/A)

承兑交单托收是指出口方指示代收行在收到进口方对远期汇票的承兑后立即交付单

---

① 内容主要参考中国工商银行(亚洲)有限公司网站 2020 年文件《质押及信托收据》,有调整。https://v.icbc.com.cn/userfiles/Resources/ICBC/haiwai/Asia/download/TC/2020/18PledgeandTrustReceipt.doc。也可参考恒生银行信托收据文件,https://www.hangseng.com.cn/1/2/others-chi/download

据，汇票到期时进口方才向代收行付款的托收方式，即出口方完成了合同的交货义务时，进口方的付款义务仍未完成，很显然，承兑交单方式对出口方而言风险巨大。

与付款交单相比，承兑交单方式下，进口方拒绝付款时，出口方会完全损失交付的货物，比付款交单的损失要大很多。承兑交单更接近于赊销，出口方应谨慎采用该方式，但对进口方而言则是获得了长期的资金融通。

付款交单托收流程如图10-5所示。

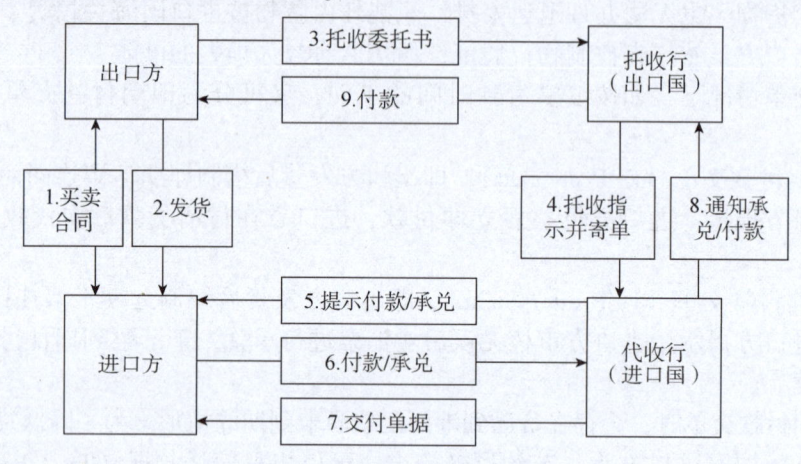

图 10-5　付款交单托收流程

（1）出口方根据合同要求备货发运后（1，2），将有关单据提交托收行办理托收（3）。

（2）托收行发出托收指示，并将托收单据寄至国外代收行进行索汇（4）。

（3）国外代收行收到单据后提示给进口方：即期汇票做付款提示，远期汇票先后做承兑提示和付款提示（5）。

（4）进口方对远期汇票进行承兑（6）。

（5）代收行根据指示进行交单（7）。

（6）进口方到期通过代收行向托收行付款（6），托收行向出口方解付（8，9）。

（四）托收方式适用的情形

托收与汇款一样都是商业信用，银行只是承担传递资金和单据的责任，不对出口方收款承担任何责任。托收方式下风险都集中在出口方这一侧，风险分担严重失衡，在实践中，托收适用的情形主要有：

（1）出口方了解进口方的资信状况，并且有充足的资金用于备货和发运。

（2）当处于卖方市场的时候，出口方宜选择D/P方式；当处于买方市场，且进口方要求给予融资便利时，出口方可选择D/A方式，应注意核实进口方信用情况。

应用案例

2009年12月，山东云龙公司依照与希腊VA公司订立的买卖合同向希腊发出货物。2010年1月，山东云龙公司委托当地银行办理向希腊VA公司托收货款，山东云龙公司指定该笔托收业务按照《托收统一规则》办理，托收金额为381 888.51美元，代收行为EFG Eurobank Ergasias，代收行地址为××××，托收付款人为VA公司，托收事项中还包括了该次托收所附的单据。当地银行认可了山东云龙公司所指定的各项事项。2010年1月，当地托收行填写了货运单并将文件函封后，由BHL山东公司负责寄送托收项下包括海运提单在内的单据一宗，该货运单所载明的收件人及收件地址均系山东云龙公司前述指定的名称和地址，货运单中"交运物品之详细说明"一栏填写为"文件"。当地银行为此次快件运输服务支付快递费人民币148.48元。

根据BHL山东公司提供的查询记录显示，该快件于2010年2月3日已派送并签收。2010年4月1日，BHL北京分公司向当地托收行书面反馈该快件派送情况，内容为：该快件于北京时间2010年1月29日交予BHL进行承运，由中国发往希腊。希腊BHL公司反馈快件的实际收件人Mr. Capper（电话：314××××××）曾致电希腊BHL公司要求更改派送地址，在得到客户的要求后，希腊BHL派送代理按照客户的要求将快件于2月3日派送到新地址。通过希腊当地的调查了解，实际收件人Mr. Capper提供的新地址为一商店地址（商店名称为The World of Fruit），派送代理将快件直接派送到此商店处，但此商店已经倒闭，签收人不知去向，快件无法取回。

2010年3月18日，山东云龙公司向当地银行提交申请，说明未收到托收货款，并提出如客户在限期内仍不付款，则要求退回所有单据。3月24日，山东云龙公司再次向当地银行提出申请，说明已接到船公司通知，其客户已在2010年3月12日将所有货物提走，但山东云龙公司一直没有收到货款，要求代收行立即付款或退回所有单据。2010年3月18日，当地托收行就该笔托收业务致电代收行，要求将全套单据退回。3月23日，代收行复电称，无法确认该项业务。4月2日，代收行确认未收到相关单据。同日，当地托收行致电代收行要求查询Mr. Capper的身份及电话号码（314××××××）的归属问题。4月12日，代收行复电对Mr. Capper的身份及电话号码（314××××××）做出了确认，同时做出如下说明：Mr. Capper从未向BHL公司发出改派快件至新地址的指示，代收行在快件实际派送地址没有任何分行，单据（快件）签收人不是其员工。4月20日，BHL北京分公司向当地托收行发出书面函件称，希腊BHL公司已开展调查，与收件银行的相关负责人取得联系并沟通，同时，已向当地警方报警要求希腊警方协助调查。

当地托收行向出口企业山东云龙公司赔偿人民币3 074 009.63元货款后，起诉了BHL山东分公司。

一审判决：①BHL山东分公司向当地托收行偿还快递运费人民币148.48元。②BHL山东分公司向当地托收行赔偿损失100美元。

二审判决：BHL山东分公司赔偿当地托收行全部损失人民币3 164 027.63元及利息。

案例中的关键点：①托收行国际寄单无错，但快递公司出错；②国际快递公司在目的地遭欺骗，且私自变更单据收件人，被买家拿走；③买家系骗子，用正本提单提货；④中国出口企业未能识别国外骗子，但损失最后由快递公司承担；⑤如果快递公司正确交付代收行，国外买家肯定不会付款赎单，中国出口企业需要对货物进行处理。

第三节 信用证付款方式

在汇款中，银行只是负责款项的传递；在托收中，银行负责款项和单据的传递，且对单据内容没有审查义务。两种方式下，银行对进口方是否付款不承担任何责任，对出口方是否已交货也不承担任何责任，因此汇款和托收都是商业信用，买卖双方仍然存在着较大的交易风险：进口方付款但无货，或者出口方发货无回款。

信用证是银行依据进口方的申请向出口方做出的一项付款承诺，其功能主要是以银行信用代替买方的商业信用，保护交易安全。信用证付款方式是银行信用，简单而言，由银行向卖方保证按时付款，向买方保证能提货，有效地解决了买卖双方互不信任的难题，尤其是在初次交易或大额交易时，更能促进交易达成。

银行的作用在信用证付款方式中得到了进一步提升，因此银行收费也更高。

一、信用证（Letter of Credit，L/C）的含义

信用证方式遵循国际商会出版物《跟单信用证统一惯例》（UCP600）和《关于审核跟单信用证项下单据的国际标准银行实务》（ISBP745）的规范。根据UCP600，信用证指一项不可撤销的安排（Agreement，可译为协议），无论其名称或描述如何，该项安排构成开证行对相符交单予以承付的确定承诺。承付（Honour）是指履行承兑等相关程序并按时付款。

简而言之，信用证，又称跟单信用证（Documentary Credit，D/C），是根据与申请人的协议，银行开立的对受益人相符交单履行第一付款责任的承诺文件。

根据该定义，信用证的核心要素包括：

第一，银行履行第一付款责任，超过了买方或其他当事人。

第二，信用证是一个包含银行承诺的文件，对银行具有法律约束力。

第三，银行付款的前提是受益人的相符交单。

相符交单是指受益人交付的单据在种类、内容、份数和形式等各方面均符合信用证的要求，且不矛盾，即"单证相符，单单相符"。银行只对单据相符性负责，不对买方是否能正常提货负责，也不对实际货物的质量和真实性负责。

如果出现单证不符点，则银行根据UCP600，其不承担付款责任。在开证申请人接受不符点的情况下，开证银行可以根据开证人的指令办理付款。

第四，银行开立信用证的基础是银行与申请人之间的协议，受益人及其他任何协议不能直接干预信用证。

信用证方式不仅适用于国际贸易，也适用于国内贸易。国内贸易中的信用证方式遵循中国人民银行、中国银行业监督管理委员会制定的《国内信用证结算办法》（2016年修订），不受UCP600的约束。

二、信用证方式的主要当事人及流程

（一）信用证方式的主要当事人

信用证涉及的当事人主要包括申请人、受益人、开证行、通知行、交单行、议付行、转让行、保兑行。

1. 申请人（Applicant）

申请人是指申请开立信用证的当事人，一般为进口方。

进口方根据合同约定的时间，需向本地银行申请开立信用证，并根据合同内容填写开证申请书（Application for Issuance of Irrevocable Documentary Credit），提出对单据的要求。申请书的内容最后会成为信用证的内容。根据 UCP600，如果信用证含有一项条件，但未规定用以表明该条件得到满足的单据，银行将视为未做规定并不予理会。因此，申请人必须结合合同和自己的需要填写开证申请书，将所有要求化为对单据的要求，包括单据的种类、内容、份数和形式等各方面。

开证申请书样本（工银亚洲）如表 10-3 所示。开证申请书样本（建行香港分行）见二维码（表 10-4）。

申请人向开证行提交申请书后，在开证行正式开出信用证之前，会将信用证草稿发给申请人审查。为减少信用证内容相关争议，提高工作效率，申请人可以应受益人要求，将开证行信息及信用证草稿发送给受益人，由受益人同时进行前期的审读，如有疑问可及时提出意见。如受益人无相关要求，申请人在审查无误后直接通知开证行正式开证。

表 10-4 开证申请书样本

UCP600 作为国际贸易惯例，仍然具有意思自治的原则，比如 UCP600 规定 "A document may be dated prior to the issuance date of the credit, but must not be dated later than its date of presentation."（单据的出单日期可以早于信用证的开立日期，但不得晚于交单日期）。申请人可以在申请书中提出不一致的要求，比如 "Documents may NOT be dated prior to the issuance date of the credit."（单据日期不得早于信用证的开立日期），开证行在审核单据时将依据信用证的要求而非 UCP600。

申请人对单据的要求越多越复杂，对受益人而言挑战越大，实现"相符交单"的难度越大。一旦出现"单证不符"或"单单不符"，开证行可以拒绝付款，从而信用证方式就转变为托收方式，意味着银行信用向商业信用的转变，从而进口方处于谈判的优势地位，一般会要求出口方降价，甚至拒绝收货，会给出口方造成较大损失。

进口方通过银行开立信用证时，为出口方提供了商业信用以外的有条件付款承诺，进口方可据此争取到比较合理的货物价位，但需要为申请开立信用证支付较高的费用。

表 10-3　开证申请书样本-工银亚洲

ICBC 工银亚洲　APPLICATION FOR ISSUANCE OF IRREVOCABLE DOCUMENTARY CREDIT

To: **Trade Finance Department**　　　　　　　　　　　　　　　　Date: _____01 Sep 2020_____

We hereby request you to issue an irrevocable documentary credit ("DC") on the following terms and conditions:

DC No.:	Applicant's ref: PO151101
Applicant (Name & Address): ABC COMPANY LIMITED TAI PO INDUSTRIAL ESTATES N.T. HONG KONG	DC to be issued by: ☒ Full Teletransmission　　☐ Collection at Counter ☐ Courier DC Expiry Date: 31-DEC-2020　Expiry Place: ☒ Beneficiary's country 　　　　　　　　　　　　　　　　　　　　☐ Issuing Bank's counter 　　　　　　　　　　　　　　　　　　　　☐ Nominated Bank's counter
Contact Person (Name. Tel. & Email/Fax): MS CHAN TEL: 3510 1118 FAX: 2757 3652 EMAIL: TFD@icbcasia.com	Advising Bank (if applicable): XYZ BANK, TAIPEI, TAIWAN BIC: XXXXTWTP
Beneficiary (Name & Address): 　FIRST KITCHEN 　TAIPEI TOWER 　TAIPEI TAIWAN Tel. no.: 86-11111111　　Email/Fax: 86-11111112	DC amount and currency (in words and figures): USD10,000.00 (SAY US DOLLARS TEN THOUSAND ONLY) Variance of +/-　5% in DC amount is allowed. Variance of +/-　5% in quantity of goods is allowed. DC available with: ☐ Issuing Bank　☒ Any Bank 　　　　　　　　　　☐ By:　　☒ Negotiation　　☐ Acceptance 　　　　☐ Sight Payment　☐ Deferred Payment At:　　☐ Sight 　　　　☒ 90 days after ☒ sight ☐ date of shipment Drafts drawn on:　(not applicable to sight or deferred payment DC) 　　　　☒ Issuing Bank ☐ a bank nominated by the Issuing Bank.
Port of Loading / Airport of Departure: TAIWAN	Port of Discharge / Airport of Destination: HONG KONG
Place of Taking in Charge / Dispatch from / Place of Receipt:	Place of Final Destination / For Transportation To / Place of Delivery:
Partial Shipment / Deliveries: ☐ Allowed　　☒ Not Allowed	Transshipment: ☒ Allowed　　☐ Not Allowed
Latest shipment date: 10-DEC-2020	Trade Terms: ☐ FOB ☐ CFR ☒ CIF ☐ FCA ☐ CPT ☐ CIP ☐ Local Delivery ☐ Others (please specify):
Goods (brief description): COOKING SETS – MODEL NO.ZZ202010 1,000 SETS AT USD10.00/SET	Insurance (FOB/FCA/CFR/CPT): ☐ To be covered by ultimate buyer ☐ As per Open Policy no. ☐ Cover Note to be submitted ☐ Please cover insurance on our behalf and debit our account for the insurance premium
Documents to be presented within __21__ days after ☒ the date of shipment or the date of the transport document(s)/ ☐ 　　but within the validity of this DC.	

Documents Required (at least in duplicate unless otherwise specified):
☒ Signed commercial invoice(s) in __2__ original(s) plus __2__ copy(ies).
☒ Full set of clean "Shipped On Board" marine Bills of Lading made out ☒ to the order of Industrial and Commercial Bank of China (Asia) Limited / ☐ to order of shipper and blank endorsed / ☐_____ marked "freight ☐ collect / ☐ prepaid" and notifying ☒ Applicant.
　　/ ☐_____
☐ Original Air waybill consigned to ☐ Industrial and Commercial Bank of China (Asia) Limited/ ☐ Applicant / ☐_____
　　marked "freight ☐ collect/ ☐ prepaid", bearing flight number, actual flight date and this DC number notifying ☐ Applicant. / ☐_____ 22
☐ Cargo Receipt issued and signed by authorised person(s) of the DC Applicant (whose signature(s) must conform with the specimen held in the Issuing Bank), certifying that the Applicant has received the goods in good order and condition and is holding the goods as bailee of Industrial and Commercial Bank of China (Asia) Limited. The Cargo Receipt must also show invoice value, description and quantity of the goods received, this DC number and date of receipt of the goods (the date of receipt of the goods shown on Cargo Receipt is treated as the shipment date).
☒ Insurance Policy or Certificate in duplicate for minimum 110% CIF or CIP invoice value, blank endorsed and with claims payable at destination in currency of this DC irrespective of percentage covering: Institute Cargo clauses (☒ A / ☐ Air) ☒ Institute War clauses ☒ Institute Strikes clauses ☐ Institute Theft Pilferage and Non-Delivery clauses ☐ and others:
☒ Packing List in __2__ original(s) plus __2__ copy(ies)
☒ Others documents and/or conditions (please specify):
　　ALL DOCUMENTS MUST SHOW THIS L/C NO.
　　SHIPMENT MUST BE EFFECTED BY 20FT CONTAINER AND BILLS OF LADING MUST SO EVIDENCE
　　PLEASE FAX THE L/C COPY TO FAX NO. 2757-3652 WHEN AVAILABLE

☐ Additional documents and other conditions required are to be continued on the attached sheet(s) which shall form an integral part of this application.

Confirmation Instruction: ☐ Required (charges are for account of ☐ Beneficiary ☐ DC Applicant)
☐ Back-to-Back DC: This is a Back-to-Back DC against the support of a Master DC No. _____ (the "Master DC").
　issued by_____ for_____, the original of which is ☐ attached ☐ being held by you.
☒ Please debit DC issuing commission, margin deposit and other charges from our account No. 8XX-XXX-XXXXXX

Special Instructions/Bank to Bank information: ☐ This DC is transferable. ☒ All documents must be in English.	This application and any attachments are subject to the Terms and Conditions set out overleaf. FOR AND ON BEHALF OF ABC COMPANY LIMITED 　　　　CHAN SIU MAN 　　　　AUTHORISED SIGNATURE (S) Authorised Signature(s) with Company Chop

Charges	To be paid by	
	Applicant	Beneficiary
DC issuing charges	☒	☐
Discrepancy handling fee	☐	☒
Charges of other banks	☐	☒
Commission on acceptance or deferred payment (for usance DC only)	☒	☐
HKD Bill Comm./Comm. in lieu of exchange	☒	☐
DC overdrawn commission	☐	☒
Expired DC commission	☐	☒
Discount Interest (for usance DC only)	☐	☒
Others:	☐	☐

For Bank Use only		
Signature verified	Entry passed	Approved

（引自：工银亚洲，https://v.icbc.com.cn/userfiles/Resources/ICBC/haiwai/Asia/download/TC/2020/ApplicationLC.pdf）

2. 受益人（Beneficiary）

受益人是指接受信用证并享有信用证权益的当事人，一般为出口方。

出口方作为受益人的两个权利：

第一个权利是要求进口方按时申请信用证。如果对方未按时申请，应该催促对方尽快开证，并传送开证行信息，称作"催证"。当合同约定信用证方式时，为避免风险，出口方通常只有收到信用证后才开始备货安排生产。

第二个权利是相符交单时获得开证行的全额付款。为实现顺利收款的目的，出口方收到信用证后，必须认真审核信用证内容，确认是否与合同相符，相关单据是否可以顺利完成，称作"审证"。如果有问题，需及时要求进口方向开证行进行改证。如果审核后没有问题，则应立刻安排生产、装运，并安排各种单据的申请或制作，并在规定时间内将所有审核无误的单据提交给交单行。

出口方准备所有单据时应严格按照 UCP600 和 ISBP745 的规定，而且在收到开证行的不符点通知时，也应该严格根据两个出版物认证审核开证行的不符点主张是否合理。进行任何反驳，也应基于这两个出版物。

3. 开证行（Issuing Bank）

开证行是指应申请人申请开立信用证的银行，一般为进口方业务往来银行。

开证行根据进口方的申请而做出了有条件的付款承诺，因此开证行的信用水平极其重要。银行信用高于商业信用，但是世界上各国的银行制度不同，也导致银行的资金实力、信用水平参差不齐，因此受益人在签合同前应对开证行有所了解，或指定开证行，以保证银行信用的可靠性。受益人可关注全球三大信用评级机构穆迪（Moody's）、标普全球（S&P Global）与惠誉（Fitch）对开证行的评级情况。

开证行收到申请人签章的开证申请书后，根据 UCP600 进行审核，如果没有问题将予以批准，在开证申请书上签章，从而使得该申请书构成双方的合同。因此，信用证可以看作是开证行基于申请书履约的一个环节，即"开证"只是开证行的第一个义务。

开证行的第二个义务就是对受益人付款，因此出口方签发汇票中的付款人应是开证行，而非进口方。开证行对受益人的付款责任是第一性的，与申请人经营状况无关，但开证行并不是这笔款项的实际承担方，最终仍由申请人承担。开证行为保证进口方会付款赎单，开证行一般收取申请人保证金或占用授信额度。如果申请人财务状况较差，开证行会收取信用证金额的全额保证金，这相当于进口方提前预付了货款，增加了资金成本。

开证行对单据的审核必须及时，"从交单次日起至多五个银行工作日用以确定交单是否相符"，且严格依据 UCP600 和 ISBP745，提出的任何不符点必须至少有一个出版物相关条款的支持。

国际贸易实践中，开证行收到单据后，一般会将所有单据的复印件交付给申请人，双方同时进行审单，只有在双方都确认无误时，开证行才会付款。有些情况下，即使审单无误，申请人因各种原因不想付款，一些资信较差的开证行会因此想办法拒付。

4. 通知行（Advising Bank）

通知行是指应开证行的要求向受益人通知信用证的银行。

通知行是出口国银行，一般由出口方指定。出口方应在签约后尽快将通知行的名称、地址、SWIFT 代码等相关信息发送给进口方。

通知行在收到开证行发送的信用证后将信用证文本交付给受益人，收取通知费用。通知行的通知行为表示其已确信信用证的表面真实性，而且其通知（Advice）准确地反映了其收到的信用证的条款。

对信用证"表面真实性"的审核主要是对受益人确认该信用证来自信用证所注明的开证行，而非其他银行伪造。但通知行不审核信用证内容的合理性与合规性。

5. 交单行

交单行是指位于信用证规定的有效地点，接受受益人提交信用证项下单据的银行。交单行在收到受益人提交的单据后提供审核服务，确认无误后向开证行寄单索款。

交单行是出口国银行，有的信用证会指定交单行，有的不加限制。基于出口方便利交单角度考虑，信用证不应限制交单行，或由出口方指定交单行。通常出口方会向通知行交单，即通知行与交单行是"一行两角色"。

6. 议付行（Negotiating Bank）

议付行是指开证行指定的为受益人办理议付的银行。对于议付信用证，开证行应指定一家或任意银行作为议付信用证的议付行。指定一家特定议付行的信用证称为"限制议付信用证"，任意银行可议付的信用证称为"自由议付信用证"。

议付行是出口国银行，信用证的规定应尊重受益人的要求。出口方为降低费用，一般选择一家本地业务往来银行承担通知行、交单行和议付行的责任，即"一行三角色"。

UCP600 第二条规定，议付（Negotiation）是指指定银行在相符交单下，在其应获偿付的银行工作日当天或之前向受益人预付或者同意预付款项，从而购买汇票（其付款人为指定银行以外的其他银行）及/或单据的行为。

根据定义，议付必须符合：

（1）议付行必须是信用证规定的指定银行。当信用证为自由议付信用证时，除了开证行之外的任意一家银行均可成为指定银行，但一般是出口地银行。

（2）指定银行经审单认为受益人交付的单据单证相符、单单相符。

（3）指定银行具有购买信用证项下汇票及/或单据的意思表示。

（4）指定银行客观上必须有预付或同意预付以购买汇票及/或单据的行为。

国内银行很少以"议付"名义购买单据，一般以"出口押汇"的方式为受益人提供资金融通。根据中国人民法院判例，"出口押汇"银行具有议付行的法律地位。

信用证方式下的出口押汇是国内银行在实践中形成的概念，意指受益人向银行递交信用证要求的单据，该银行审核无误后，参照交单金额将款项垫付给受益人，然后向开证行寄单索汇以回收款项归还押汇款本息，并保留追索权的一种短期出口融资业务。其本质是以受益人在信用证项下的付款请求权作为质押而进行的融资借款，银行通常按照票面金额的 80%~90% 向借款人（受益人）放款。

7. 转让行（Transferring Bank）

转让行是指开证行指定的办理信用证转让的银行，只出现在可转让信用证

(Transferable L/C)的流程中，一般由第一受益人的通知行担任转让行。

8. 保兑行（Confirming Bank）

保兑行是指根据开证行的授权或要求对信用证加具保兑的银行。保兑（Confirmation）是指保兑行在开证行承诺之外做出的承付或议付相符交单的确定承诺。

信用证虽然是银行信用，但是当开证行的信用水平较低，难以得到受益人的信任时，受益人可以要求保兑行对信用证承担保兑责任，即与开证行承担相同的第一付款责任，从而保证受益人安全收款的诉求。保兑行一般由出口人指定，多为出口国本地银行，保兑费用由受益人承担。为了降低信用证成本，出口方可以要求进口方选择高信用水平的开证行，避免增加保兑行。

（二）信用证方式的流程

跟单信用证方式流程如图 10-6 所示。

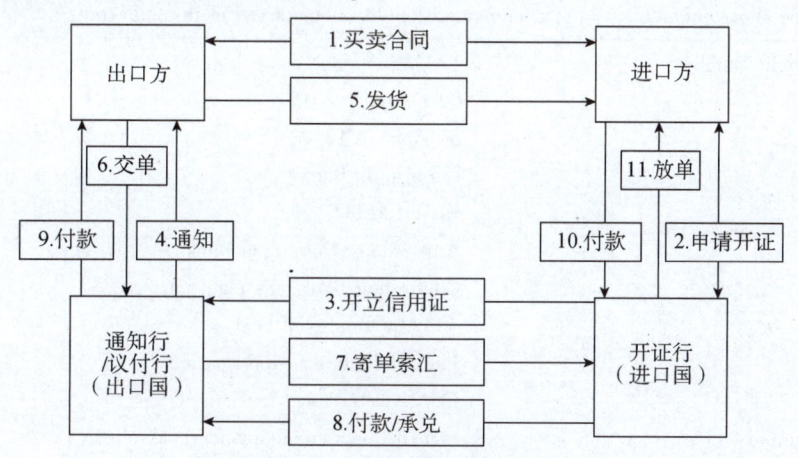

图 10-6 跟单信用证方式流程

（1）双方签约后，进口方在规定时间内向银行申请开证（1，2）。
（2）开证行向指定的通知行开出信用证，受益人为出口方（3）。
（3）通知行将信用证打印后交付出口方，出口方审核后安排生产（4）。
（4）出口方发货后整理好全部单据向议付行交单，议付行向开证行寄单索汇（5，6，7）。
（5）开证行审单无误后，进行付款或承兑，议付行向出口方付款（8，9）。
（6）开证行通知申请人付款赎单（10，11）。

三、信用证主要内容

（一）SWIFT MT 标准与信用证的形式

SWIFT MT 标准用于国际支付、现金管理、贸易融资和国债交易业务。SWIFT MT 700 标准对信用证的条款和要求做了严格的规范，是当前国际上银行开立跟单信用证最主要的依据。当前国际贸易中的信用证基本都是按照 MT 700 标准开立并通过 SWIFT 系统自动核押、传输的，这样的信用证一般称作 SWIFT 信用证。

MT 700 标准（2018 年版）中设置了 39 个信用证项目，每个项目（Field Name）对应一个编号（Tag）。开证行根据开证申请书以及业务需要，选择相关项目并设置具体内容，比如编号 50 对应的是 Applicant，信用证中在该栏目应该显示出信用证申请人的名称和地址。

SWIFT 在其 2018 年的官方文件"Message Reference Guide"[①] 中给出了关于 MT 700 信用证示例，如表 10-5 所示。

表 10-5 SWIFT MT 700 示例

Narrative ABC Company, Kaerntner strasse 3, Vienna, imports beer from Amdam Company, PO Box 123, Amsterdam, under a documentary credit. ABC Co.'s bank is Oesterreichische Laenderbank, Vienna. Amdam Co.'s bank is Bank Mees en Hope, Amsterdam. In addition to the above information, the documentary credit is comprised of the following：	
Documentary Credit Number：	123456
Date of Issue：	02 February 2015
Expiry Date：	30 April 2015
Place of Expiry：	Confirming Bank
Amount：	EUR 100 000,
Advising Bank：	Amsterdam-Rotterdam Bank, Amsterdam
Available with：	Confirming Bank, By sight payment
Description of Goods：	400 000 Bottles of beer Packed 12 to an export carton FCA Amsterdam
Documents Required：	Signed Commercial Invoice in duplicate Packing List in duplicate Forwarding Agent's Certificate of Receipt, showing goods addressed to Applicant
Presentation Period：	Documents to be presented within 6 days after date of issuance of the Forwarding Agent's Certificate of Receipt
Confirming Bank：	Bank Mees en Hope, Amsterdam
Transhipment：	Allowed
Partial Shipment：	Not Allowed
注：上述信息经 SWIFT 传输后，通知行接收到以下形式的信用证内容	
SWIFT Message	
Explanation：	Format

---

① 引自 SWIFT 官方文件"Message Reference Guide：Category 7-Documentary Credits and Guarantees/Standby Letters of Credit for Standards MT November 2018"，SWIFT 2018. All rights reserved.

续表

Sender:	OELBATWW
Message Type:	700
Receiver:	AMRONL2A
Message Text:	
Sequence of Total:	27: 1/1
Form of Documentary Credit:	40A: IRREVOCABLE
Documentary Credit Number:	20: 123456
Date of Issue:	31C: 150202
Applicable Rules:	40E: UCP LATEST VERSION
Date and Place of Expiry:	31D: 150430AMSTERDAM
Applicant:	50: ABC COMPANY
	KAERNTNER STRASSE 3
	AT/VIENNA
Beneficiary:	59: AMDAM COMPANY
	PO BOX 123
	NL/AMSTERDAM
Currency Code, Amount:	32B: EUR100 000,
Available With...By...:	41A: MEESNL2A
	BY PAYMENT
Partial Shipments:	43P: NOT ALLOWED
Transhipment:	43T: ALLOWED
Port of Loading:	44E: AMSTERDAM
Port of Discharge:	44F: VIENNA
Latest Date of Shipment:	44C: 150415
Description of Goods and/or Services:	45A: +400 000 BOTTLES OF BEER
	PACKED 12 TO AN EXPORT CARTON
	+FCA AMSTERDAM
Documents Required:	46A: +SIGNED COMMERCIAL INVOICE IN
	DUPLICATE
	+PACKINGL LIST IN DUPLICATE
	+FORWARDING AGENT'S CERTIFICATE OF RECEIPT,
	SHOWING GOODS ADDRESSED TO APPLICANT
Charges:	71D: ALL BANKING CHARGES OUTSIDE ISSUING BANK
	ARE FOR THE BENEFICIARY
Period for Presentation in Days:	48: 6/FORWARDING AGENT'S CERT OF RECEIPT
Confirmation Instructions:	49: CONFIRM
Requested Confirmation Party:	58A: MEESNL2A
"Advise Through" Bank:	57A: MEESNL2A
End of Message Text/Trailer	

注：上面为简化的信用证形式及内容。

（二）信用证的主要内容

SWIFT MT 700 格式信用证中主要包括以下内容：

1. 与信用证相关的信息

（1）信用证类型：40A Form of Documentary Credit。

根据 UCP600 规定该栏目对应内容均显示"IRREVOCABLE"，表示信用证为不可撤销的，涉及其他类型时会在此栏显示，比如，"TRANSFERABLE"（可转让）。

（2）信用证编号：20 Documentary Credit Number。

信用证编号（L/C NO. 或 D/C NO.）一般会出现在汇票、发票、装箱单等很多单据中，出口方需认真核实各单据是否一致且准确。

（3）开证日期：31C Date of Issue。

（4）适用规则：40E Applicable Rules。

显示"UCP LATEST VERSION"，即 UCP 最新版本，目前是 UCP600。

（5）交单地点和截止日：31D Date and Place of Expiry。

受益人交单的地点以及最迟交单日。对于受益人而言，交单地点最好在受益人所在国，即 at Beneficiary's Country，或列出出口国名。交单截止日也就是信用证的有效期，一般应该比最迟发运日（44C Latest Date of Shipment）晚 10 天以上，两个日期间隔越长，准备单据越充分，UCP600 规定间隔最长为 21 天，但是没有太大意义。

2. 申请人和受益人信息

（1）申请人：50 Applicant。

（2）受益人：59 Beneficiary。

分别显示当事人的名称和地址，两个项目的内容将出现在所有单据中，且具有法律效力，必须保证准确无误。

3. 付款相关信息

（1）成交货币和总金额：32B Currency Code，Amount。

（2）信用证付款类型：41A Available With...By...。

该栏目中 With 后为交单行，可以指定具体银行，可以无限制（Any Bank）。

该栏目"BY"后面有五个选项，确定了信用证的付款类型，分别是：

BY ACCEPTANCE：表示该信用证为承兑信用证，受益人需开立远期汇票，开证行对汇票承兑后到期付款。受益人不可以凭此类型信用证办理议付提前获得资金融通。

BY DEF PAYMENT：表示该信用证为延期付款信用证，相当于没有汇票的远期付款信用证。开证行收到单据审核无误后，由于没有汇票而无须承兑，待到期时付款。

BY NEGOTIATION：表示信用证为议付信用证，With 后的银行是交单行也是议付行，如果显示为 ANY BANK IN BENEFICIARY'S COUNTRY，表示为自由议付信用证，可以向出口国境内的任何银行交单并申请议付。议付信用证一般需要签发汇票，即期和远期均可以，是最常见的类型。

BY PAYMENT：表示信用证为付款信用证，其含义为即期付款信用证，即开证行审核单据无误后应立即付款，一般应在收到单据 5 个工作日内完成。

BY MIXED PYMT：表示信用证为混合付款信用证，该信用证为合同约定的多种付款方式中的一种，信用证需在 42M 项目中注明信用证方式的付款时间、金额和方法。贸易中极为少见。

根据 UCP600，信用证必须规定其是以即期付款、延期付款、承兑还是议付的方式兑用。UCP600 没有规定混合付款方式。

承兑信用证和远期议付信用证均涉及开证行的承兑，需要注意的是信用证业务中的承兑与《票据法》规定的承兑有所不同。在信用证业务中，受益人向议付行提交的单据在转递给开证行后，若开证行经过独立审单决定接受单据，便将信用证项下的票据留存，仅通过 SWIFT 电文向通知行（议付行）表示将于汇票到期日付款并注明汇票到期日，除非受益人或者汇票持票人要求开证行承兑后将汇票退回。尽管这种操作不符合《票据法》的要求，但我国司法实践一直认可信用证交易中的国际习惯做法。

（3）汇票付款期限：42C Drafts at...。

对汇票付款期限的规定，可以是即期，也可以是远期。

（4）汇票付款人：42A Drawee。

通常为开证行。根据 UCP600，信用证不得开成凭以申请人为付款人的汇票兑用。

4. 运输相关信息

（1）部分发运或分批装运：43P Partial Shipments。

本项目三个选项：ALLOWED, NOT ALLOWED, CONDITIONAL。

UCP600 对部分发运的规定主要包括：

①表明使用同一运输工具并经由同次航程运输的数套运输单据在同一次提交时，只要显示相同目的地，将不视为部分发运，即使运输单据上表明的发运日期不同或装货港、接管地或发送地点不同。

②含有一套或数套运输单据的交单，如果表明在同一种运输方式下经由数个运输工具运输，即使运输工具在同一天出发运往同一目的地，仍将被视为部分发运。

综上，构成部分发运的情形为：由不同运输工具各自承担部分货物运输的情形，或由同一运输工具不同航次陆续完成全部运输的情形。

（2）转运：43T Transhipment。

本项目三个选项：ALLOWED, NOT ALLOWED, CONDITIONAL。

根据 UCP600 的规定，货物从起运地到目的地之间的运输过程中，发生了货物运输工具变更的情形时可以认为货物发生了转运。具体而言，运输工具变更包括海运时换船，空运时换机，陆运时运输工具的变化。

申请人禁止转运的目的一般是避免造成货物损失，避免更换承运人。设定禁止转运的货物一般为散装货、杂货等非集装箱化运载货物，因为转运时非常容易造成货物损失损坏，甚至漏装等问题，会直接影响收货人的正当利益。

当信用证规定禁止转运时，UCP600 规定了一些例外情形：即使信用证禁止转运，①注明将要或者可能发生转运的多式联运单据、空运单据、公路、铁路或内陆水运单据仍可接受；②注明将要或可能发生转运的提单和不可转让的海运单仍可接受，只要其表明货物由集装箱、拖车或子船运输。

即使有上述 UCP600 的规定，但实践中为避免纠纷，当运输将要采用上述例外情形时，受益人应尽可能要求申请人将 43T Transhipment 项目设置为 ALLOWED。

（3）收货地：44A Place of Taking in Charge/Dispatch from.../Place of Receipt。

（4）装货港：44E Port of Loading/Airport of Departure。

（5）卸货港：44F Port of Discharge/Airport of Destination。

（6）目的地：44B Place of Final Destination/For Transportation to.../Place of Delivery。

海运方式下，信用证一般只显示装货港（44E）和卸货港（44F）；其他运输方式下，则显示收货地（44A）和目的地（44B）两项。

（7）最迟发运日（装运日）：44C Latest Date of Shipment。

该日期不应早于合同约定的日期，并且必须早于交单截止日（31D Date of Expiry）且应与交单期限（48 Period for Presentation in Days）相协调。该日期最好早于两个期限中最近日期10天以上，否则会给出口方备货、运输以及交单造成极大的被动。最迟发运日（装运日）与信用证上述期限相距越短，单证操作难度相对越大。

5. 货物和单据信息

（1）货物描述栏目：45A Description of Goods and/or Services。

由申请人提供，从合同抄写而来，或做一定的综合描述，一般包括：商品名称、规格型号、重要的质量指标、包装类型和数量、贸易术语，以及相关重要单据的编号等。

该栏目的信息将出现在所有单据中，受益人务必结合合同认真审核，至少确认与合同描述不矛盾。

（2）要求的单据：46A Documents Required。

这是信用证的核心内容，所有其他部分的内容都要呈现于该项目要求的单据中。46A项目会列出单据的种类、份数、内容、签发人等各方面详细的要求，受益人必须认真审核，最基本的审核就是这些单据的完成是否受申请人的制约。

如果某个单据要求必须经申请人或其指定方进行签署或认证，则意味着该单据的获得受到申请人制约，这样的单据要求一般被称为"软条款"（Soft Clauses）。软条款使得出口方在准备单据时受制于进口方，如果进口方不积极配合，则出口方就无法完成相符交单，也就无法收回货款。如果没有软条款，则受益人需要认真审核细节内容，做好各项单据制作或申请的时间、费用等准备。

46A对单据做了集中的规定，但是要完成相符交单，受益人必须完整的审阅信用所有项目才能把握全部的单据要求。

软条款举例：

"+ORIGINAL CLEAN INSPECTION CERTIFICATE ISSUED AND MANUALLY SIGNED BY THE AUTHORIZED SIGNATORY OF THE APPLICANT (WHOSE SIGNATURE AND ANY SEAL OR CHOP REQUIRED BY THE ISSUING BANK'S MANDATE MUST BE IN CONFORMITY WITH THE RECORD HELD IN THE ISSUING BANK'S FILE AND MUST BE VERIFIED BY THE L/C ISSUING BANK BEFORE PRESENTING DOCUMENTS TO PRESENTING BANK) SHOWING QUANTITY AND VALUE OF GOODS SHIPPED CARRYING A NOTATION OF SIGNATURE VERIFIED BY L/C ISSUING BANK."

翻译：+由申请人的授权签字人签发并手写签署的清洁检验证明书正本（其签名和开证行授权要求的任何印章或签章必须与开证行文件中的记录一致，并且在向开证行提交文件之前必须由开证行验证），显示装运货物的数量和价值，并有经开证行验证的签字批注。

上述对单据的要求特别强调了单据签发人由申请人授权，而且对其签章做了非常严格的规定。如果申请人不及时授权指定检验机构，或者检验证书的签章最后被开证行认为与其备案不相符，则必然会导致出口方被拒付。出口方对该单据的准备处于被动状态，且完全由申请人控制。

（3）其他要求：47A Additional Conditions。

47A项目对单据会做一些补充性要求，受益人必须认真审核与整理，包括是否有软条款。47A内容举例如下：

"+THIS DOCUMENTARY CREDIT NUMBER AND DATE MUST BE MENTIONED IN ALL DOCUMENTS."

"+THIRD PARTY, SHORT FORM, BLANK BACK, CLAUSED, STALE B/L IS NOT ACCEPTABLE."

"+DOCUMENTS EVIDENCING SHIPMENT MUST NOT BE DATED PRIOR TO THE DATE OF ISSUE OF THIS DOCUMENTARY CREDIT."

"+EXPORT CONTRACT NO. AA22 DATED MAY 2, 2023 AND BB33 DATED JUNE 1, 2023 MUST BE MENTIONED IN ALL DOCUMENTS."

上述要求必须体现在所有单据的制作中。

6. 其他信息

（1）费用：71D Charges。

（2）交单期限：48 Period for Presentation in Days。

一般情况下为15 Days from the Date of Shipment。最短不建议短于10天。

UCP600规定，受益人或其代表在不迟于本惯例所指的发运日之后的21个日历日内交单，但是在任何情况下都不得迟于信用证的交单截止日（Date of Expiry）。因此受益人交单在任何情况下都不得迟于信用证规定的交单期限（48）和截止日（31D）。

受益人在审证和交单时需要注意的几个日期：信用证规定的最迟发运日（44C），实际发运日（提单日期），信用证的截止日（31D）和交单期限（48）。在审证时，第一，要注意44C项目与合同是否一致，一般不能提前，或不能提前太多；第二，确认31D与44C两个项目间隔10天以上，15天最好；第三，确认48项目的要求也在10天以上，15天最好。

（3）保兑指示：49 Confirmation Instructions。

有三个选项："CONFIRM, MAY ADD, WITHOUT"。信用证多为非保兑信用证，此栏显示"WITHOUT"。

（4）通知银行：57A "Advise Through" Bank。

本项目显示受益人提供的本地通知行的信息。

这涉及全球银行间相互业务往来的复杂性，并不是任何两家银行都可以通过SWIFT系统进行直接联系，往往需要通过其他中间银行产生联系，如同电汇中的汇款路径一样。

在SWIFT信用证的通知流程中，开证行开立信用证后，第一个接收信用证信息的银行被SWIFT系统称为Receiver或Advising Bank，有的情形中也将其翻译为"通知行"，该行再通过SWIFT系统将信用证信息传送至受益人指定银行，该银行被称为"Advise Through" Bank，这就是国内外贸中通常称呼的通知行。

四、信用证的种类

根据 UCP600 的规定，当前贸易中的信用证都是不可撤销跟单信用证，即 Irrevocable Documentary Credit。信用证种类划分与其内容设置以及相关功能有着密切的关系。

（一）按信用证的付款类型划分

根据信用证的付款类型，信用证可以分为即期付款信用证、延期付款信用证、承兑信用证和议付信用证，这体现在信用证中 41A Available With... By... 栏目中。相关解释请看前面关于 41A 内容的讲解。

（二）按受益人的目的划分

UCP600 对保兑信用证和可转让信用证做了专门的规范，未涉及背对背信用证、循环信用证和假远期信用证，三者均是银行根据国际贸易实践推出的具有融资功能的业务，操作中仍遵守 UCP600。在国际贸易中，只有在追求特定目的时才需申请相应功能的信用证，大部分情况下信用证并不需要具备以下五种信用证的功能。

1. 保兑信用证（Confirmed L/C）

由保兑行对信用证承担保兑责任的信用证，在信用证 49 Confirmation Instructions 栏目注明"CONFIRM"来表明信用证为保兑信用证，同时增加 58A Requested Confirmation Party 栏目并注明保兑行的信息。

2. 可转让信用证（Transferable L/C）

可转让信用证系指特别注明"TRANSFERABLE"（可转让）字样的信用证，需在 40A Form of Documentary Credit 栏目中注明"TRANSFERABLE"。可转让信用证中转让的是收款权，即可转让信用证可应受益人的要求将信用证中的全部或部分收款权转让给另一受益人，前后两个受益人就分为第一受益人和第二受益人。

第一受益人通常都是国际贸易中间商，其拥有国际供需信息优势，通过可转让信用证能够降低向实际供货商开证的资金成本。中间商收到信用证后，通过降低金额再以申请人的名义将信用证转让给供货商，由其作为第二受益人完成货物的生产、装运并交单。中间商通过一个信用证连接两个合同，既降低了资金成本，也可以赚取货物的进销差价。

第一受益人的通知行（议付行、交单行）此时成为转让行。转让行收到可转让信用证后，向第二受益人进行转让，开出已转让信用证（TRANSFERRED CREDIT）。UCP600 规定已转让信用证只能对可转让信用证中的以下项目进行调整。

（1）可以降低信用证总金额和任何单价。
（2）信用证截止日、交单期限、最迟发运日都可以提前。
（3）保险加成可以提高，以达到原信用证规定的保险金额。
（4）可用第一受益人的名称替换原证中的开证申请人名称。

第二受益人作为货物生产方按照收到的已转让信用证的要求向转让行交单，转让行审单无误后将按时付款。第一受益人将用自己的相关发票、汇票等票据替换第二受益人的相关票据，转让行此时作为交单行将单据寄送开证行索汇。

根据 UCP600，如果允许分批发运，则一个可转让信用证可以同时转让给多个第二受益人，但是任何情况下第二受益人都不能再次转让。

由于可转让信用证业务操作程序复杂，实际供货商（第二受益人）的收汇风险较高，应谨慎选择可转让信用证作为出口合同付款条件。

3. 背对背信用证（Back to Back L/C）

背对背信用证也是中间贸易商主要使用的信用证，一般在不方便使用可转让信用证时使用。

背对背信用证是指中间商作为卖方将收到的信用证（母证）作为抵押，向银行申请开立的、以实际供货商为受益人的且涉及相同货物的新信用证。背对背信用证以母证为基础，业务上被称作子证。

与可转让信用证类似，子证和母证主要在以下几个方面存在不同：

（1）子证总金额和任何单价都降低，差额为中间商的收入。

（2）信用证截止日、交单期限、最迟发运日都可以提前。

（3）保险加成提高，以达到母证规定的保险金额。

（4）子证的申请人为母证的受益人。

子证的开立与母证的开证行没有任何关系，子证完全是独立的一个信用证，其特殊性在于子证的开证行不收取押金，而是接受母证作为开证担保，这减少了中间商的资金占用，对中间商具有较大的吸引力。

当中间商的购销差价过大时，在背对背信用证和可转让信用证方式下，其采购合同均不宜采用 CIF 或 CIP 等由供货方办理保险的贸易术语，主要有两个原因：

第一，供货方知悉最终货物的保险金额，可以倒推出中间商的差价。如果差价过高，会在未来提高售价或拒绝合作。第二，供货方为按照较高的保险金额投保，就需要较高的投保加成，但通常商品的投保加成不超过 20%。如果差价过高，保险公司无法接受更高的投保加成，会导致供货方无法提供准确的保险单。

4. 循环信用证（Revolving L/C）

循环信用证是受益人交单收款后信用证金额自动恢复或经申请后恢复，在有效期内受益人又可多次定期重复交单收款的信用证，分为自动循环和非自动循环两种类型。

循环信用证一般适用于进出口方之间长期稳定的合作关系，有定期、分批、均衡供应的长期合同，需要定期分批均衡供应、分批结汇，进口方可申请开立循环信用证，多次循环使用，可以节省开证手续和开证保证金，提高业务效率。

比如，进出口方之间年合同额为 1 200 万美元，需要每 2 个月均衡发货，即每次发货 200 万美元。进口方就可以申请开立总金额为 200 万美元，有效期为 1 年，循环次数为 6 次的循环信用证，而无须开立 1 200 万美元的高额信用证，降低了开证资金压力，同时受益人无须审核多个信用证，只需进行一次审证即可，每 2 个月发货一次交单一次，提高了工作效率。

5. 假远期信用证（Usance Payable at Sight L/C，UPSA L/C）

假远期信用证是指注明付款期限为远期，但在附加条款中又承诺单证相符情况下开证行将全额即期付款的信用证。

假远期在形式上是远期信用证，在实质上是即期付款信用证，比如在 42C Drafts at 项目注明"AT 60 DAYS AFTER SIGHT",但是受益人提交单据后能够得到开证行的全额即期付款,这对于受益人而言本质上就是即期信用证。汇票到期时,申请人须向开证行付款并支付开证行提前付款的利益,因此可见假远期信用证是申请人融资的一种方式。

五、信用证方式的特点与注意事项

(一)信用证方式的特点

1. 信用证方式是银行信用

开证行和保兑行向受益人提供第一付款责任,以银行信用为保证,与开证申请人的经营状况无关。受益人开立汇票时应以开证行或保兑行为付款人进行索汇。开证行的资信对于保障受益人的利益非常重要,受益人应拒绝申请人选择的资信差的银行。资信较差的开证行可能在受益人相符交单的情况下,会在申请人要求下而拒绝付款,或无故以存在不符点为由拒付。

国际贸易实践中,存在一些开证行在收单后 5 个工作日内不付款、不回复的情况,甚至在 5 个工作日后才发出不符点通知,严重违反 UCP600。对于这种情况,中国出口方可采取两种举措:首先,根据 UCP600 和 ISBP745 进行反驳和主张我方的正当权利;其次,如果开证行拒绝承认错误或不回复,则可以委托中国出口信用保险公司进行追偿。如果仍不能正常回款,可进一步委托中信保进行海外诉讼。需注意的是只有在签署合同时购买了中信保出口信用险的情况下,才可以委托中信保进行追偿和诉讼。

2. 信用证方式处理的核心是单据

UCP600 第五条规定"银行处理的是单据,而非处理与单据有关的货物、服务或履约行为",因此银行只需关注对单据的审核,无须关注货物的任何信息。

开证行付款的唯一前提是相符交单,开证行只看单据,受益人必须准备单据。贸易的核心是货物,但在信用证方式下开证行付款的前提与货物的状况没有任何关系。对于出口方而言,只要相符交单即可收回货款,其无须通过控制单据来控制货权,因此在信用证方式下,出口方提交的运输单据可以是包括提单在内的所有运输方式下的运输单据。

根据 UCP600,银行审核单据"基于单据本身确定其是否在表面上构成相符交单"。《最高人民法院关于审理信用证纠纷案件若干问题的规定》(2005 年)指出,人民法院在审理信用证纠纷案件中涉及单证审查的,当事人如无约定,"应当按照国际商会《跟单信用证统一惯例》以及国际商会确定的相关标准,认定单据与信用证条款、单据与单据之间是否在表面上相符","信用证项下单据与信用证条款之间、单据与单据之间在表面上不完全一致,但并不导致相互之间产生歧义的,不应认定为不符点"。

在信用证惯例和法律关系约束下,开证行的义务主要就是:独立审查单据;自行做出是否在表面上单证相符、单单相符的决定;在表面上单证相符、单单相符的条件下,对信用证项下款项进行承付;在单证不符、单单不符的情形下,与申请人商议是否接受或者拒绝接受不符点,共同商议是否予以拒付,商议过程中,开证行须优先尊重开证申请人的意见。

信用证方式下的单据对于受益人而言非常重要,因此在国际贸易实践中,就出现了信用证欺诈行为。信用证欺诈是指利用信用证机制中单证相符即予以付款的规则,提供表面记载与信用证要求相符，但实际上并不代表真实货物或真实交易基础的单据，从而骗取信用证项下款项的行为。为了保护相关当事人的合法权益，各国司法实践中形成了信用证欺诈例外原则，即信用证受益人在履行基础合同时存在欺诈行为的，相关银行可以根据法院的禁令不予承付。

《最高人民法院关于审理信用证纠纷案件若干问题的规定》（2005年）列出了三种常见的信用证欺诈行为：

（1）受益人伪造单据或者提交记载内容虚假的单据。

（2）受益人恶意不交付货物或者交付的货物无价值。

（3）受益人和开证申请人或者其他第三方串通提交假单据，而没有真实的基础交易。

前两种行为的主要受害者是申请人。第三种行为的受害人是议付行，进出口双方共同虚构假交易，当受益人将所有假单据提交给议付行后，向议付行申请"出口押汇"或其他融资，待资金到位后，再将资金转移达到欺诈的目的。

开证申请人、开证行、议付行等各方如发现有上述情形，并认为将会给其造成难以弥补的损害时，可以向有管辖权的人民法院申请中止支付信用证项下的款项，人民法院认定存在信用证欺诈的，应当裁定中止支付或者判决终止支付信用证项下款项。法规的规定是对非法行为的打击，也是保护进口人和开证行的合法利益，并清理信用证方式的应用环境。

在国际贸易实践中，常见的提单造假现象有倒签提单和货代提单造假，较多的信用证都在47A Additional Conditions 项目中注明 "FREIGHT FORWARDER'S B/L IS NOT ACCEPTABLE"，即不接受货代提单，主要就是怕货代签发的提单造假。如果受益人审单时看到这样的要求，就必须委托货代向承运人申请签发 Master B/L。

3. 信用证是自足的法律文件，与贸易合同没有法律约束关系

信用证开立的基础来自申请人填写、开证行批准且双方签章的开证申请书。开证申请书是申请人和开证行之间的开证合同，信用证是这种合同关系的体现。信用证是自足的法律文件，赋予了开证行审单无误后付款的责任，也赋予了受益人相符交单后收款的权利。

开证申请书的内容以买卖双方贸易合同为基础，但信用证的开立与贸易合同间以及其他任何当事人之间的合同关系都没有法律约束关系，开证行只需履行信用证下的责任，不受其他关系的干预。信用证的修改也以申请人与开证行之间的重新约定为基础，开证行根据审核后的信用证修改申请书（Application for Amendment of Documentary Credit）对信用证进行修改。

（二）信用证方式的注意事项

第一，出口方应注意的方面。

出口方应主动催证，要求进口方按时开证，要求进口方严格按合同内容设立信用证项目，并提前掌握开证行的资信水平，必须时可以要求更换开证行。

信用证有着较为明显的国别特色，出口方需掌握好不同单据的申请和制作要求，在时间上做好安排，对相关单据签发机构提出完整准确的制作要求，并按时提交所有单据。

在货物即将装运时，如果接到进口方破产或者进口方、开证行建议不要发货的要求时，应谨慎处理，避免造成更大的损失。

第二，进口方应注意的方面。

进口方应仔细核算开立信用证的资金成本和费用，选择服务优质且收费较低的开证行，对出口方交付的单据进行表面审核后，还要确认单据的真实性，尤其是对提单要多加留意，在提货后要尽快对货物进行检验，避免单货不一致造成损失。

六、电汇、托收和信用证的费率

国内各银行间的费率不同，但非常明显的是信用证的费用和成本不封顶，大额交易中要远远超过 T/T 和托收。

（一）汇款的费率

招商银行 2022 年 6 月 20 日起执行的《服务价格目录》显示境外汇出汇款费用为：

汇款金额的 1‰，最低 100 元/笔，最高 1 000 元/笔，另加收国外银行清算费 25 美元/笔。电汇加收电讯费，信汇加收邮电费，票汇加收业务处理费 100 元/笔。

很显然，电汇和信汇收费的差别在于电讯费和邮寄费的差异，电讯费一般都在 200 元以内，普通国际邮费约为 50 元/单，文件国际快递费在 150~600 元，因此信汇相对于电汇没有优势，目前在国际贸易中极少采用。

（二）托收的费率

招商银行 2022 年 6 月 20 日起执行的《服务价格目录》显示国际托收费用为：

（1）出口跟单托收（作为托收行）：代收金额的 1‰~1.25‰，最低 100 元/笔，最高 2 000 元/笔；邮寄费；付款费，向国内收取 240 元/笔，向国外收取 50 美元/笔。

（2）进口托收（作为代收行）：付款费，向国外收取 50 美元/笔；承兑费 200 元/笔；其他收费同上。

（3）光票托收：1‰~1.25‰/笔，最低 100 元，最高 1 000 元。

托收比电汇收费标准高，但费用相差不大，企业在选择时主要是基于风险和资金融通角度进行考虑：D/P 的风险比货到付款要小，出口方可以通过单据控制货权，因此出口企业较多选择 D/P 托收。采用 D/A 方式时，类似于货到付款，可以要求进口方支付一定比例的预付款，以降低业务风险。

（三）信用证的费率

招商银行 2022 年 6 月 20 日起执行的《服务价格目录》显示跟单信用证费用为：

1. 进口信用证相关费用，主要针对申请人

（1）开证费用：1.5‰/笔，最低 300 元；有效期每超过 3 个月的非全额保证金项下开证，费率增加 0.5‰，不足 3 个月按 3 个月收取。

（2）承兑/付款承诺/议付承诺：1‰/月；最低标准为每 1 个月的最低收费，不足 1 个月按 1 个月收取；最低 300 元。

（3）改证：向国内收取 100 元/笔。

（4）付款费：向国内收取 240 元/笔；向国外收取 50 美元/笔，全额到账项下，加收 25 美元/笔。

（5）运输单据背书费：300 元/笔；不符点处理费，向国外收取 75 美元/笔。

2. 出口信用证相关费用，主要针对受益人

（1）单据预审：300元/笔。
（2）来证通知/转递：200元/笔。
（3）议付/审单：1.25‰，最低300元。
（4）保兑：2‰/3个月，最低300元；不足3个月按3个月收取。
（5）付款：1.5‰，最低300元。
（6）承兑：1‰，最低300元。

信用证知识扩展

应用案例

2018年8月15日，河北云龙公司与荷兰MUL公司签订SHL150415号销售合同，该合同约定：荷兰MUL公司向河北云龙公司购买总重量为14 500吨（总量的上下10%浮动，由河北云龙公司选择）的优质新产冷轧钢卷，有效价格为920美元/吨，贸易术语为CFR Tampico（墨西哥坦皮科港）或Altamira（墨西哥阿尔塔米拉港），船方不负担卸货费用，即期信用证付款。合同支付条款中约定，荷兰MUL公司应该在合同签署之日起5个工作日内，在买卖双方都接受的银行开立以河北云龙公司为受益人，金额为100%美元计价合同金额的不可撤销、不可转让即期信用证。

2018年8月22日，荷兰银行开立了编号为RGN150234UH号不可撤销跟单信用证。该信用证载明：河北云龙公司为该信用证的受益人；申请人为荷兰MUL公司；信用证到期日期和地点分别为2018年8月15日和中国；金额为13 340 000美元，允许10%的增减浮动比例；适用条款为跟单信用证统一惯例最新版本；最迟装船期为2018年11月30日。在信用证46A所需单据中规定：

①由受益人开具的商业发票三份原件；②全套清洁已装船海运提单（三份原件和三份不可议付的副本）；③详细的装箱单（三份原件）；④由商会开具的原产地证明（一份原件、一份副本）；⑤证明发运通知已经在货物发运后的5个工作日之内通过传真发送给申请人的受益人证明；⑥确认已经在提单日期后的7个工作日内通过传真将一套不可议付的单据（其中包括发票、简式装箱单、提单、原产地证明）发送至申请人的受益人证明；⑦确认由制造商签发的工厂的数量/质量证明以及详细的装箱单已经通过快递的方式在提单日期后的7个工作日内送交申请人的受益人证明。

2018年8月26日，经荷兰MUL公司申请，荷兰银行对信用证进行了第一次修改，涉及"北京"英文全称的纠正以及删除了信用证46A所需单据6，修改为确认已经在提单日期后的7个工作日内通过电子邮件将一套不可议付的单据（其中包括发票、简式装箱单、提单、原产地证明）发送至申请人的受益人证明。

2018年10月11日，经荷兰MUL公司申请，荷兰银行对信用证进行第二次修改，主要修改点有：①将发运期限修改为2018年11月20日到2018年11月30日之间；②对货物批次编号和数量进行了修改；③对信用证46A所需单据4进行了部分修改；④对信用证中的附加条件进行了部分修改。

2018年11月22日，河北云龙公司通过交通银行向荷兰银行发出交单面函，指出根据信用证规定，交通银行要求荷兰银行通过电汇进行偿付。在交通银行提交单据通知中，

交通银行称其已于 2018 年 11 月 22 日通过快递公司 BHL 提交编号 BNM0150201601234 信用证下金额 14 132 165.25 美元的单据，单据与信用证的全部条款与条件相符。荷兰银行认可交通银行此次提示的单据表面记载的内容与经两次修改后的信用证要求一致。

交通银行此次提示的全部单据包括三份提单，提单编号分别为 FOBUTM100000、FOBUTM100001、FOBUTM100002，三份提单均由 MN 船务公司作为 STX 的代理人出具，编号为 FOBUTM100000、FOBUTM100001 的提单签发日期为 2018 年 11 月 21 日，编号为 FOBUTM100002 的提单签发日期为 2018 年 11 月 20 日。

荷兰银行经审查，确认交通银行提交的提单与荷兰银行核查后的信息不一致：2018 年 11 月 28 日从荷兰 MUL 公司处获得的三份提单复印件显示，提单编号为 FOBUTM100000、FOBUTM100001 的提单签发日期为 2018 年 11 月 6 日，编号为 FOBUTM100002 的提单签发日期为 2018 年 11 月 5 日，该三份提单均由天津港 AB 货代公司作为 STX 的代理人出具。除上述提单签发人和提单签发日外，2018 年 11 月 5 日、2018 年 11 月 6 日的提单与 2018 年 11 月 20 日、2018 年 11 月 21 日的提单的其他内容均相同。

荷兰银行认为上述两套提单中仅 2018 年 11 月 5 日、2018 年 11 月 6 日提单为真实提单，而交通银行提交的提单为伪造提单。

2019 年 2 月 8 日，天津港 AB 货代公司出具的证言证明：签发日期分别为 2018 年 11 月 5 日和 2018 年 11 月 6 日的三份提单，均是由天津港 AB 货代公司作为 STX 的代理人出具的。其没有签发过日期分别为 2018 年 11 月 20 日、2018 年 11 月 21 日的提单。河北云龙公司对上述证据的真实性不持异议。

2019 年 8 月 7 日，STX 公司助理经理代表该公司出具的《事实声明》及附件中称："在本声明中，我再次确认：①唯一真实的提单是 STX 于 2018 年 11 月 5 日和 6 日签发的提单；②2018 年 11 月 20 日和 21 日的提单是欺诈的、未经授权的且未经 STX 认可的提单，完全是伪造的。"

荷兰银行虽然认可单据表明上符合信用证的要求，但是荷兰银行确认提单为伪造，因此荷兰银行按照阿姆斯特丹法院依开证申请人（荷兰 MUL 公司）的要求而发出的止付令，对信用证项下款项予以拒付，并将全套单据退回交通银行，符合法律规定。

案例关键点：

1. 信用证多次修改，受益人完全接受。
2. 受益人交单完全符合信用证要求，开证行和议付行均认为没有不符点。
3. 开证行和申请人共同对提单的真实性进行调查，确认受益人提交提单为伪造，开证行退单，停止信用证项下的支付义务。
4. 开证行在相符交单时必须付款，本案例中开证行的拒付是以本地法院的止付令为拒付的法律依据的。
5. 法院的止付令是由申请人以伪造提单的理由向法院申请的，受益人的行为已构成信用证欺诈。

第四节　银行保函与备用信用证

一、保函（Letter of Guarantee，L/G）

保函又称"担保"，是银行应申请人的要求向受益人开出的、保证申请人或被担保人履行与受益人签订的合同项下义务的书面承诺。银行作为担保行，只有在申请人不履约时才承担对受益人的赔偿责任。在保函效期内一旦发生受益人索赔的情况，担保行及时通知申请人，经担保行审核索赔单据并确认与保函索赔条款的要求相符后即履行付款责任。凭"索赔单据"相符而"见索即付"的保函是独立保函，在实践中最常见。

保函的种类很多，用途十分广泛，可适用于商品、劳务、技术贸易，工程项目承包、承建，物资进出口报关，向金融机构融资，大型成套设备租赁，诉讼保全，各种合同义务的履行等领域。国际商务活动中的保函一般遵循国际商会出版物《见索即付保函统一规则》（URDG758）的规范。

保函有助于解决交易双方互不信任的问题。银行凭借其自身良好的信誉介入交易充当担保人，为当事人提供担保，促进交易的顺利执行。

在国际贸易中，保函一般主要包括付款保函、预付款保函和履约保函。

（一）付款保函（Payment Guarantee）

付款保函是指银行应进口方申请向出口方出具的，保证进口方履行合同项下的付款义务而出具的书面文件。

付款保函由进口方申请开立，保证货款的及时支付，向出口方提供了银行信用，与信用证作用相似。

（二）预付款保函（Advance Payment Guarantee）

预付款保函是指银行应出口方申请向进口方出具的，保证出口方在进口方支付预付款后履行合同义务的书面文件。预付款保函有利于进口方的预付款资金及时收取到位，有利于出口方加快备货等环节的资金周转。

比如，进出口双方签署贸易合同，总金额100万美元，进口方需预付50%货款，余款在货物装运后凭提单复印件T/T支付，进口方担心预付50万美元有风险，可能出口方会收款后不发货，为解决双方的互不信任，出口方可以向银行申请预付款保函，以进口方作为受益人，由银行担保出口方会按时出口货物，否则银行作为担保人赔偿进口方的损失。在保函的担保下，进口方可以放心预付50万美元。

（三）履约保函（Performance Guarantee）

履约保函是银行应出口方申请向进口方出具的，保证自己严格履行供货合同的书面文件。

履约保函能保证出口方合同交货义务的正常履行，保证合同标的物的质量完好，解决合同双方互不信任的问题，减少资金占压。

二、备用信用证（Standby L/C）

备用信用证是为保证进口方履行因购买商品、技术、专利或劳务合同项下的付款义务，由开证行应进口方申请出具的具有担保性质的书面文件。其作用基本与保函相同，但备用信用证功能较为单一，主要针对买方"不履行"付款的情况而开立，且遵守UCP600。

备用信用证形式上与跟单信用证基本相同，也采用SWIFT信用证MT 700格式，在40A Form of Documentary Credit栏目中注明"IRREVOCABLE STANDBY"表明该信用证是备用信用证。

开证行根据进口方要求向国外受益人开立备用信用证，承诺在收到国外受益人交来的符合备用信用证要求的单据后，支付一定金额给国外受益人。与常见跟单信用证的不同之处在于，备用信用证方式下只有在进口方违约不付款时，受益人才需要交付证明进口方违约的文件向开证行索款。

与付款保函一样，当进口方正常付款后，备用信用证则失效。

出口方收到备用信用证后可以作为抵押向本地银行贷款获得融资，常见于跨国公司内部融资，母公司集团协助海外子公司申请银行授信额度时，由母公司关联银行向子公司关联银行开出备用信用证作为信用担保，子公司凭此可以从当地银行获得相应融资贷款。

第五节 付款方式与贸易融资

流动资金对贸易双方都很重要，银行在为企业提供货款支付服务的同时，还有各种相对应的贸易融资服务，帮助进出口双方获得资金周转。

国内银行普遍提供的贸易融资方式中针对出口融资的方式主要有：出口押汇、出口贴现、出口保理、出口商业发票融资、出口订单融资、打包放款、福费廷、中信保短期出口信用保险。针对进口的方式主要有：进口押汇、提货担保、进口代付、进口T/T融资、进口保付加签。

一、与出口相关的融资方式

在出口生产阶段提供融资的方式有出口保理、出口订单融资、打包放款；在货物装运后提供融资的方式有出口押汇、出口贴现、出口商业发票融资、福费廷。中国出口信用保险公司（中信保）还针对信用证和非信用证等各种付款方式提供出口信用保险，虽然不具有融资功能，但能够帮助出口企业规避收款风险。

1. 出口押汇

出口方在T/T、托收和信用证三种方式下都可以申请出口押汇，是信用证方式下出口方融资的一种重要方式。

出口押汇是国内银行在实践中形成的概念，指出口企业向往来银行递交信用证或合同要求的单据，该银行审核无误后，参照交单金额将款项垫付给出口企业，然后向开证行或代收行寄单索汇，以回收款项归还押汇款本息并保留追索权的一种短期出口融资业务。其本质是以受益人在信用证或托收项下的付款请求权作为质押而进行的融资借款，往来银行通常按照票面金额的 80%~90%向借款人（出口企业）放款。

出口押汇的基本流程：在出口企业完成货物的生产和出口装运后，将其全套出口单据、贸易合同和相关出口证明等材料提交给往来银行，向银行申请出口押汇，银行审核后给予出口企业短期资金融通，然后向进口方或进口方银行寄单索汇，银行资金以票据和合同项下出口收汇款项作为第一还款来源保障，向企业收取押汇利息和银行费用并保留追索权。

在出口企业生产完毕以后，无法解决企业生产前期和中期的资金需求问题时，可以采用出口押汇融资。根据人民法院判例，信用证下银行提供出口押汇构成善意的议付。

2. 出口贴现（Export Bill Discounting）

出口贴现只适用于远期跟单托收和远期（延期）信用证方式。

上述支付方式下，出口企业完成生产或出口装运后，出口企业将已经开证行承兑的未到期远期汇票，或延期信用证无汇票时，已经开证行承付的未到期远期债权，或在跟单托收项下购入已经银行保付的未到期远期债权（进口方承兑后仍需银行进行保付）等有追索权地转让给银行，银行扣除到期前的贴现利息后向出口商提供资金融通，这种出口贸易融资业务就是出口贴现。

出口贴现业务中，银行购买票据的环节在初次交单之后，相关债权均需由进口方的银行承兑、承付或保付，可以有效保障贴现银行的收款权益。

3. 出口保理（Factoring）

出口保理主要用于赊销（O/A）和承兑交单（D/A）方式，出口方承担较大收款风险。

出口保理是指出口方在采用赊销（O/A）、承兑交单（D/A）方式向进口方销售货物时，由国内银行作为出口保理商与境外进口保理商基于应收账款转让而共同提供的包括进口方资信调查、坏账担保、货款催收、销售分类账管理以及贸易融资等综合性金融服务。简单而言，出口方将应收账款转让给保理商，保理商可以立刻支付价款，出口方从而获得贸易融资，由保理商获得到期向进口方索偿的权利，这属于融资性出口保理；如果出口方将应收账款转让给保理商，但不需立刻支付价款，而是一旦进口方因信用问题拒绝付款时，由保理商进行赔付并索偿，这属于非融资性出口保理。

出口企业可以根据资金融通需要，选择办理融资性保理和非融资性保理。如果出口企业急需资金，可以选择融资性出口保理；如果出口企业无资金融通需求，只是担心收汇安全，特别是出口到新市场或高风险贸易地区，可选择非融资性出口保理。

出口保理业务服务项目多，主要是协助企业分散交易风险，涵盖了出口业务的更多环节，费用更高。《商业银行保理业务管理暂行办法》（2004 年）对国内外相关保理业务进行规范管理。

4. 出口商业发票融资

出口商业发票融资适用方式与出口保理相同，但业务简单，相当于出口融资性保理的简化版，主要用于赊销（O/A）和承兑交单（D/A）方式，出口方承担较大收款风险。

出口商业发票融资，是指出口商在采用赊销（O/A）、承兑交单（D/A）方式向进口方销售货物时，出口企业将出口应收账款债权转让给银行，银行按照出口商业发票金额的一定比例给予出商有追索权的短期资金融通的融资服务方式。出口商业发票融资分为：公开转让型融资和隐蔽转让型融资两种类型。

5. 出口订单融资

出口订单融资适用于以托收、T/T 为结算方式且在货物发运前有融资需求的出口型企业。

出口订单融资，就是出口商签订非信用证结算方式的贸易合同后，将其全套出口单据、贸易合同和相关出口证明等材料提交给银行，向银行申请融资，银行以该合同项下的预期应收账款作为质押，而提供的短期贸易融资业务。

融资款项主要用于出口货物项下采购、生产和储运：可为出口商在生产、采购等备货阶段提供资金融通，减少自有资金占压，提高出口商资金使用效率；在出口商自身资金紧缺而又无法争取到预付货款支付条件时，帮助出口商顺利开展业务，把握商机，扩大贸易机会。

出口订单融资方式可以使出口企业在生产阶段即可获得融资款项，对出口企业流动资金压力的缓解具有非常大的作用。

6. 打包放款（Packing Loan, Packing Finance）

打包放款，又称打包贷款，适用于信用证付款方式。

打包放款是在信用证结算方式下，出口企业为缓解出口商品的进货、原料采购、生产和装运等资金压力，以出口商为受益人的正本信用证为抵押，向银行申请贷款的短期贸易融资方式。贷款行一般为议付行或交单行，出口企业收到货款后办理还款付息。

打包放款中出口商的抵押为信用证，而非信用证下的单据。

7. 福费廷（Forfaiting）

福费廷适用于出口方所有结算方式下的远期债权。

福费廷也称包买票据，是指出口企业将由进口方银行承兑、承付或保付的远期汇票无追索权地转卖给银行从而提前获得货款的贸易融资方式。 远期汇票包括：①信用证方式下，已经开证行承兑/承诺付款的未到期远期汇票；②在 D/A 下，已经代收行保付/担保付款的未到期远期汇票；③在赊销（O/A）方式下，已经进口商银行保付/担保付款的未到期远期汇票。

当发生债务人信用风险和国家风险而导致境外付款人无法付款时，福费廷银行不对出口商进行追索，福费廷可以帮助出口企业提前解除交易中的境外国家风险、汇率风险、利率风险及进口商信用风险。

福费廷融资水平高，国内银行一般提供 100% 发票金额的融资，而保理、出口商业发票融资等产品通常的融资比例只能达到发票金额的 80%，且费用较高。

8. 中信保短期出口信用保险

该保险是中国出口信用保险公司为以信用证、非信用证方式从中国出口的货物或服务提供的应收账款收汇风险保障，一般企业只需购买短期出口信用保险即可，无需购买长期出口信用保险。承保业务的信用期限一般为 1 年以内，最长不超过 2 年。

承保风险包括商业风险和政治风险。

（1）商业风险主要包括：买方破产或无力偿付债务；买方拖欠；买方拒收；开证行破产、停业或被接管；单证相符、单单相符时开证行拖欠或在远期信用项下拒绝承兑。

（2）政治风险主要包括：

①买方或开证行所在国家、地区禁止或限制买方或开证行向被保险人支付货款或信用证款项；②买方所在国家、地区禁止买方购买的货物进口，撤销已颁发给买方的进口许可证或不批准进口许可证有效期的展延；③买方或开证行所在国家、地区发生战争、内战、叛乱、革命或暴动，导致买方无法履行合同或开证行不能履行信用证项下的付款义务；④买方或开证行所在国家、地区或付款须经过的第三国颁布延期付款令。

赔偿比例：最高赔偿比例为 90%。

二、与进口相关的融资方式

1. 进口押汇

进口押汇适用于 T/T、托收和信用证付款方式。

进口押汇是指进口商向押汇银行提交信托收据及相关进口证明材料，声明指定合同项下的贸易单据及货物所有权归押汇行所有，银行接受申请后向进口商交付单据并代为对外支付货款的短期资金融通方式。

通过押汇方式进口方可按时履约付汇，并获得货运单据，尽早提取货物安排加工或销售。尤其是在远期付款方式下，货物已到港，进口方可以先行向银行申请进口押汇，提前转售货物，可以较早抓住市场行情，到期可按时对外付款。

2. 提货担保

提货担保只适用于信用证方式。

提货担保是指当信用证项下货物已先于货运单据到达目的地，进口商为了先行提货，而向开证行申请由开证行向承运人或其代理人出具的提货担保证书，凭该保证书提货的担保方式。

提货担保可以使进口商及时办理提货，可以有效避免货物滞港费用，并且利用银行担保先行提货、报关、销售和取得销售收入，可加速进口商的资金周转，减少资金占压。

在海运方式下，一般承运人签发海运提单，正本海运提单是提货的唯一合法凭证，如果目的港的承运人或其代理凭提货担保放货，将来出口人不能从信用证项下收回货款时，承运人及其代理人将承担赔偿责任。而承运人及其代理人可以根据提货担保向开证行索赔。因此，开证行向进口方提供提货担保，间接地降低了信用证方式下出口方单证不符的风险。

3. 进口代付

进口代付适用于 T/T、托收和信用证方式。

进口代付是指进口商向代付银行申请，由其指示出口地银行向出口方付款，代付银行根据协议到期后向境外银行还款，并到期向进口商收取货款和利息的融资方式。

4. 进口 T/T 融资

进口 T/T 融资适用货到付款方式。

进口 T/T 融资：当进口商采用货到付款方式支付供货商货款时，进口商可以向银行申请短期资金融通，解决资金周转问题。

5. 进口保付加签

进口保付加签适用于承兑交单（D/A）、赊销（O/A）方式。

进口保付加签业务是指在以承兑交单（D/A）或（O/A）赊销方式结算的国际贸易中，出口商对进口商的信誉难以确定，要求进口方银行对进口商的资信和清偿能力进行担保，担保银行在已承兑的汇票上加注"Per Aval"或"Avalisation"（保付）字样，并签注担保银行名字，从而构成担保银行不可撤销的银行担保。

进口保付加签构成保付不可撤销的第二性付款责任，出口商可以凭此担保向托收行申请融资，比如办理出口贴现或福费廷。

进口保付加签实际上增加了银行信用，提高了进口方商业行为的信用度，有助于提高进口方的市场竞争力。

> **综合案例**
>
> **案情：**
> 2018年1月16日，云龙贸易公司与河北嶂石公司订立进口代理合同一份，约定由其为嶂石公司代理进口塑料原料。
>
> 2019年3月24日，为履行该代理合同，云龙贸易公司与中国香港府西公司订立了买卖合同一份，约定其向香港府西公司购买塑料粒子，价款合计1 567 800美元，秦皇岛综合保税区仓库交货，付款条件为见单后90天远期不可撤销信用证，受益人为香港府西公司，通知行为招商银行深圳分行。其中，河北嶂石公司和香港府西公司的实际控制人均为高启强等人。
>
> 2019年3月26日，云龙贸易公司向河北银行秦皇岛分行申请开立了香港府西公司为受益人的信用证，金额为1 567 800美元。次日，香港府西公司向通知行招商银行深圳分行提供了信用证要求的全套单据。
>
> 2019年3月28日，香港府西公司与招商银行深圳分行签署《出口押汇申请书》，约定：①上述信用证项下单据一经押汇，则视为招商银行深圳分行对信用证项下汇票及/或单据付出对价而做出的议付，招商银行深圳分行即取得议付行的地位，有权以适宜的方式处理单据；②不论何种原因致付款人未能及时、足额支付单据项下款项，则招商银行深圳分行有权对香港府西公司行使追索权；③若香港府西公司不能按要求归还全部押汇本息，招商银行深圳分行有权按规定加收逾期利息、复息；④招商银行深圳分行有权在任何时间，以任何方式，出售全部或部分该单据项下货物，以归还押汇本息及费用；⑤如招商银行深圳分行根据香港府西公司的申请，已办理了上述信用证项下的打包放款，香港府西公司承诺本申请书项下的押汇款无条件用于偿还银行打包放款；⑥香港府西公司随时向招商银行深圳分行提供上述信用证项下货物情况及本公司的经营、财务状况，并配合银行的调查、审查和监督，发生影响偿债能力的重大事项时，应立即书面通知银行，并配合银行落实押汇申请项下有关债务本息及其他一切费用用于偿还的保障措施；⑦香港府西公司同意按照年0.8%的收费标准向招商银行深圳分行支付融资手续费；⑧押汇申请书项下的借款借据构成申请书不可分割的组成部分，如二者有冲突，以借款借据为准。

2019年4月9日，河北银行秦皇岛分行向招商银行深圳分行发出SWIFT电文，对信用证进行了承兑。同日，招商银行深圳分行向香港府西公司进行了放款。招商银行深圳分行内部留存的贸易融资借款借据载明借款金额为1 550 000美元，起息日为2019年4月9日，到期日为2019年6月30日。

2019年6月11日，云龙贸易公司在向秦皇岛综合保税区仓库提货时，发现仓库没有与香港府西公司所提供的上述发票、箱单、提货单项下所记载的货物。

一审判决：

第一，本案信用证开立的目的并非作为国际贸易的支付手段，而是为了实现非法融资目的，显然缺乏真实的基础交易背景，故本案中香港府西公司构成信用证欺诈。

第二，通知行招商银行深圳分行的出口押汇行为不构成议付，因此不属于信用证欺诈例外的例外情形，因此，在受益人存在信用证欺诈条件下，开证行河北银行秦皇岛分行中止支付信用证下金额。

信用证欺诈例外的例外情形：

为了保护信用证交易关系中善意第三人的利益，如果开证行或其指定人、授权人已经按照开证行的指令善意地进行了付款或者议付行善意地进行了议付，则法院不得再判决相关银行终止支付信用证项下的款项，此即信用证欺诈例外的例外原则。《最高人民法院关于审理信用证纠纷案件若干问题的规定》（以下简称《规定》）第十条规定："人民法院认定存在信用证欺诈的，应当裁定中止支付或者判决终止支付信用证项下款项，但有下列情形之一的除外：①开证行的指定人、授权人已按照开证行的指令善意地进行了付款；②开证行或者其指定人、授权人已对信用证项下票据善意地做出了承兑；③保兑行善意地履行了付款义务；④议付行善意地进行了议付。"上述规定即为信用证欺诈例外的例外情形。

二审判决：

通知行招商银行深圳分行不服一审判决，提起上诉，认为其出口押汇行为构成UCP600中定义的议付行为，其构成该信用证下的议付行地位，其出口押汇构成善意的议付，属于《规定》中"④议付行善意地进行了议付"，因此为信用证欺诈例外的例外情形，开证行不能因存在信用证欺诈而中止付款。

二审判决确认了通知行招商银行深圳分行的议付行地位。

分析如下：UCP600第二条规定："议付是指指定银行在其应获偿付的银行日或在此之前，通过向受益人预付或者同意预付款项的方式购买相符提示项下的汇票及/或单据的行为。"即议付必须符合以下条件：一是议付行必须是信用证规定的指定银行，当信用证为自由议付信用证时，除了开证行之外的任意一家银行均可成为指定银行；二是指定银行经审单认为受益人提示的单据单证相符、单单相符；三是指定银行具有购买信用证项下单据及/或汇票的意思表示；四是指定银行客观上必须有预付或同意预付以购买单据及/或汇票的行为。关于审单的标准，UCP600第十四条A项规定："按照指定行事的指定银行、保兑行（如有）以及开证行必须对提示的单据进行审核，并仅以单据为基础，以决定单据在表面上看来是否构成相符交单。"该条B项规定："按照指定行事的指定银行、保兑行（如有）以及开证行，自其收到提示单据的翌日起，各自拥有最多不超过5个工作日的时间，以决定交单是否相符。"据此，招商银行深圳分行是否是涉案信用证的议付行，需根据 UCP600 第二条和第十四条的规定进行审查。本案中，河北银行秦皇岛分行开出的信用证为自由议付信用证，根据 UCP600 第二条关于"指定银行"的规定，招商银行深圳分行可以成为涉案信用证的指定银行；香港府西公司向招商银行深圳分行提示了信用证要求的全套单据，招商银行深圳分行在收到单据后 5 个工作日内进行了审单并且确认单单相符、单证相符，开证行河北银行秦皇岛分行和安徽技术公司亦均认可涉案单据单证相符、单单相符，符合 UCP600 第十四条 B 项关于指定银行审单期限的规定；招商银行深圳分行向香港府西公司放款是在开证行承兑信用证项下的汇票以后、汇票到期日之前，付款金额亦是扣除正常议付费用后的金额，其国际结算远程通信系统中亦将该笔业务记载为"出口议付"，符合 UCP600 第二条关于"在其应获偿付的银行日或之前向受益人预付或者同意预付款项购买汇票及/或单据"的规定，故招商银行深圳分行对涉案信用证的操作满足了 UCP600 第二条关于议付必须具备"指定银行""相符交单""预付或同意预付"和"购买单据"的条件，其可以取得涉案信用证的议付行地位。

二审裁判中也确认招商银行深圳分行的议付行为是善意的。

二审最终裁判结果为撤销一审判决，基于"信用证欺诈例外的例外情形"，开证行应履行信用证下的付款责任，向议付行招商银行深圳分行支付信用证下的 1 567 800 美元。

问题：

1. 高启强为何不直接用控制的内地企业与香港企业签署进口合同？
2. 香港企业为何采用深圳的银行作为通知行和议付行？
3. 如果采用即期信用证，还会发生上述类型的信用证欺诈吗？
4. 如果没有出口押汇，本案例中信用证欺诈的目标能实现吗？
5. 云龙贸易公司在该案例中存在何种失误？该如何吸取教训？这说明信用证方式存在哪些风险？

练习题

1. 简答题。

（1）阐述即期汇票和远期汇票的使用流程，并分析其在使用上有何不同之处。

（2）阐述票汇和汇票的不同之处。

（3）简单叙述承兑交单托收和付款交单托收的异同点。

（4）简单叙述信用证的特点及流程。

2. 案例分析。

2018 年河北 X 公司与韩国 A 公司签订 HBSI20180501 号合同，标的为网络设备，单价 10 000USD，数量 178 套，金额 1 780 000USD，CIF 天津报价，即期信用证结算。开证行是河北某银行，通知行和议付行均为韩国银行。

信用证单据要求如下：

（1）经签发的商业发票 3 正 2 副，标明信用证号，合同号 HBSI20180501，经签发的装箱单 3 正 2 副，由受益人出具。

（2）2/3 套已装船海运单或联运提单，注明"运费已付"，收货人凭指示，空白背书，通知申请人，写明全名、全址、电话、传真。

（3）保单 2 份正本，空白背书，投保金额为发票金额的 110%，显示偿付地在中国，币种与信用证一致。

（4）装船通知，由受益人出具，发货后3天内通知申请人发票金额、船名、集装箱号、品名、装货港、发运日、发运数量、预计到达卸货港日期等。

（5）其他要求：所有单据必须以英文出具，并标明信用证号、合同号 HBSI20180501、发票号和提单号。

收到单据后开证行发下如下问题：

（1）海运提单和海运货物保险单中将合同号 HBSI20180501 错写为 HBSL20180501。

（2）装箱单记载的货物数量与信用证要求不符；单据记载网络设备装箱数量为78套，与信用证要求及其他单据记载的装箱数量178套不符。

X公司也发现其提交的"装运通知"上载明的装运日期为2018年10月2日，与海运提单记载的装运日期2018年10月1日不符。

因此开证行认为该信用证存在严重的单据不符，拒绝向议付行偿付货款，X公司认为信用证存在诈骗向法院进行了申诉，要求止付该票信用证货款。

请结合UCP600、ISBP745以及本章所学知识分析开证行做法是否正确，并说明原因。

思维导图

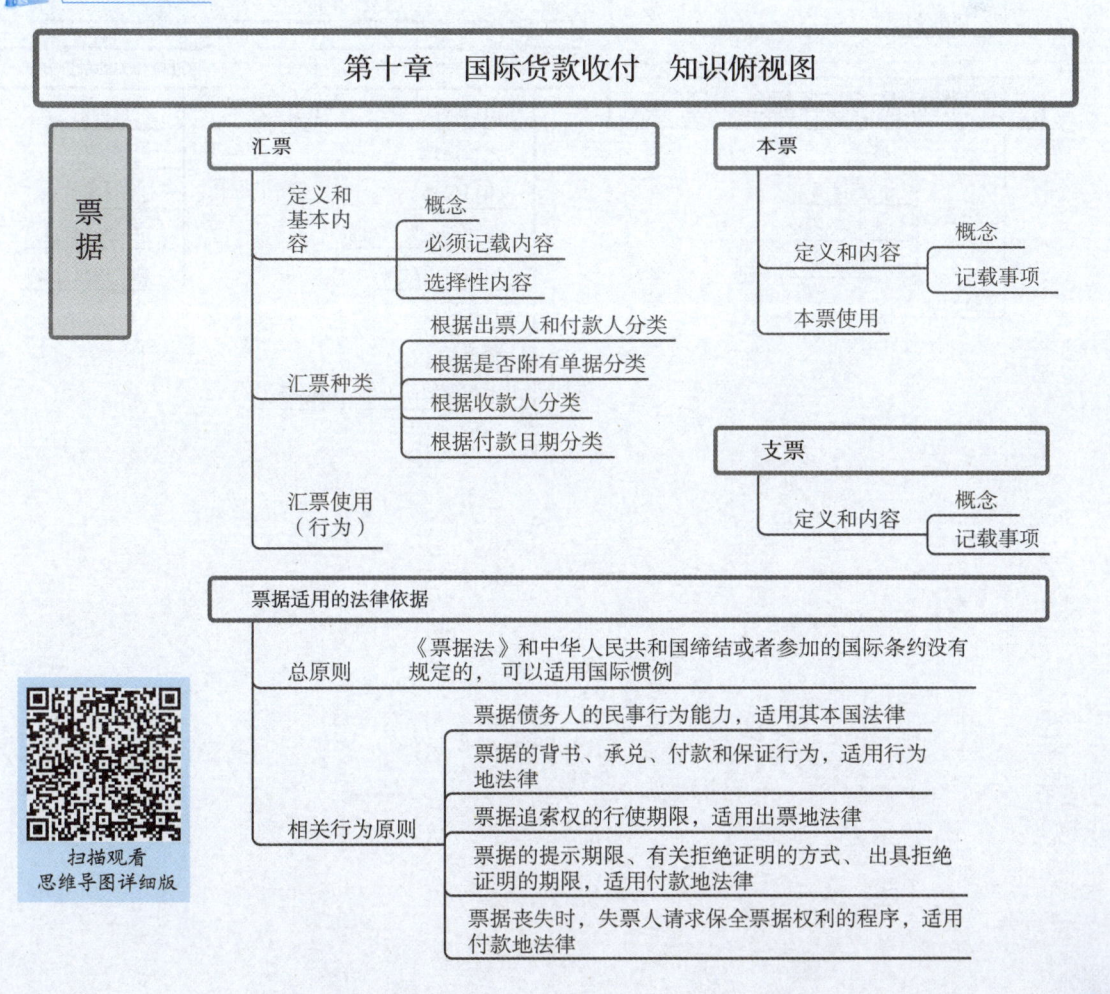

第十章 国际货款收付 知识俯视图

- 票据
  - 汇票
    - 定义和基本内容
      - 概念
      - 必须记载内容
      - 选择性内容
    - 汇票种类
      - 根据出票人和付款人分类
      - 根据是否附有单据分类
      - 根据收款人分类
      - 根据付款日期分类
    - 汇票使用（行为）
  - 本票
    - 定义和内容
      - 概念
      - 记载事项
    - 本票使用
  - 支票
    - 定义和内容
      - 概念
      - 记载事项
  - 票据适用的法律依据
    - 总原则：《票据法》和中华人民共和国缔结或者参加的国际条约没有规定的，可以适用国际惯例
    - 相关行为原则
      - 票据债务人的民事行为能力，适用其本国法律
      - 票据的背书、承兑、付款和保证行为，适用行为地法律
      - 票据追索权的行使期限，适用出票地法律
      - 票据的提示期限、有关拒绝证明的方式、出具拒绝证明的期限，适用付款地法律
      - 票据丧失时，失票人请求保全票据权利的程序，适用付款地法律

扫描观看思维导图详细版

国际贸易实务

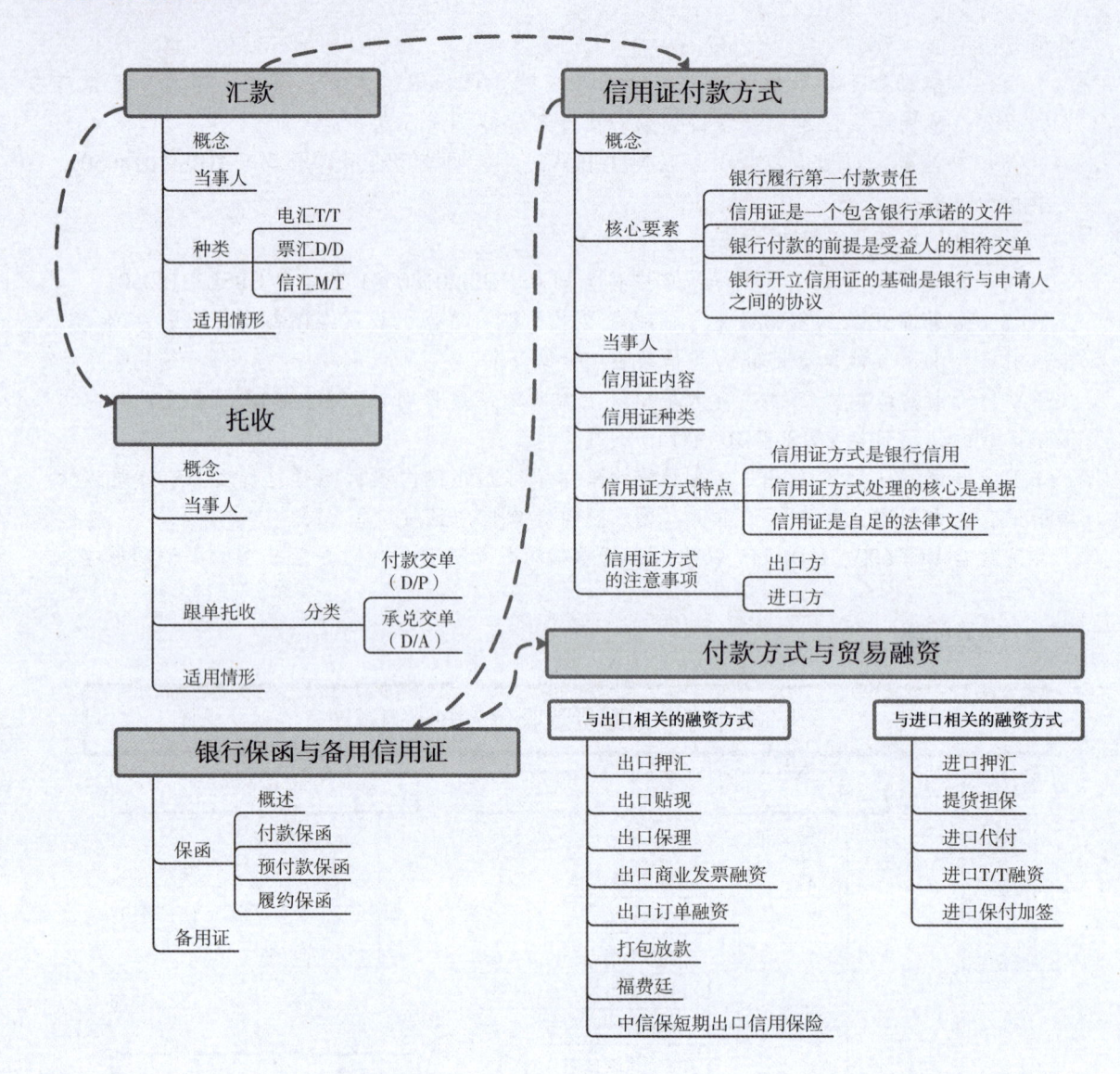

汇款
- 概念
- 当事人
- 种类
  - 电汇 T/T
  - 票汇 D/D
  - 信汇 M/T
- 适用情形

托收
- 概念
- 当事人
- 跟单托收
  - 分类
    - 付款交单（D/P）
    - 承兑交单（D/A）
- 适用情形

银行保函与备用信用证
- 保函
  - 概述
  - 付款保函
  - 预付款保函
  - 履约保函
- 备用证

信用证付款方式
- 概念
- 核心要素
  - 银行履行第一付款责任
  - 信用证是一个包含银行承诺的文件
  - 银行付款的前提是受益人的相符交单
  - 银行开立信用证的基础是银行与申请人之间的协议
- 当事人
- 信用证内容
- 信用证种类
- 信用证方式特点
  - 信用证方式是银行信用
  - 信用证方式处理的核心是单据
  - 信用证是自足的法律文件
- 信用证方式的注意事项
  - 出口方
  - 进口方

付款方式与贸易融资

与出口相关的融资方式
- 出口押汇
- 出口贴现
- 出口保理
- 出口商业发票融资
- 出口订单融资
- 打包放款
- 福费廷
- 中信保短期出口信用保险

与进口相关的融资方式
- 进口押汇
- 提货担保
- 进口代付
- 进口T/T融资
- 进口保付加签

第十一章　商品检验

学习目标

1. 了解商品检验的意义和主要作用。
2. 掌握合同检验条款的基本内容和订立方法。
3. 了解商品检验机构和检验证书的类型。

思政目标

1. 了解有关国内外商品检验制度的最新规定，强调贸易活动的合规性。
2. 掌握灵活规定商检条款、运用检验证书确保自身交易的安全性。
3. 商品检验条款和制度是对中国出口企业的一种监督和鞭策，遵守合同检验条款有助于提高中国出口企业的诚信意识，遵守中国及进口国的强制检验制度有助于提高中国产品的国际声誉，培养学生为国为企争光的意识。

导入案例

2020年4月25日，云龙公司（甲方）与苍岩公司（乙方）签订采购合同，约定甲方向乙方采购产品。合同约定：在合同期内，乙方向甲方提供产品厂家为河北驼梁卫生用品制造有限公司，型号规格为一次性医用外科口罩（灭菌），数量500 000只，单价3.2元，金额1 600 000元；乙方提供的产品必须符合国家和行业及出口贸易的相关质量要求和必要的资质文件证明；数量以甲方提供的订单为准，如若变动双方协商处理。在双方权责处还约定：乙方应保证在与甲方签订本合同时，及在本合同有效期内，均应具有合法有效的产品经营资质，以及相应的产品许可，乙方应具有合法有效的营业执照，税务登记证等经营证照。乙方提供产品需具有严格的检疫检验证明，确保产品三证齐全，且在有效保质期内，且不是临期或者低质折扣产品。

2020年4月26日，云龙公司向苍岩公司转账160万元。

2020年5月4日，云龙公司发现苍岩公司提供口罩质量不符合采购合同约定的出口贸易相关要求，口罩的包装方式不具备英文外观，属于在国内销售的内销产品，无法实现合同目的。

云龙公司向苍岩公司索赔无果，遂向法院起诉。

二审法院裁决如下：云龙公司与苍岩公司于 2020 年 4 月 25 日签订案涉采购合同，约定云龙公司向苍岩公司采购一次性医用外科口罩（灭菌）用于出口欧盟。双方在合同中约定，苍岩公司提供的产品必须符合国家和行业及出口贸易的相关质量要求和必要的资质文件证明。根据国家认证认可监督管理委员会《口罩等防疫用品出口欧盟准入信息指南（第二版）》《口罩等防疫用品出口欧盟准入信息指南（第三版）》相关内容，我国对于在欧盟上市销售医疗器械产品均要求加贴 CE 标志，苍岩公司虽然提交了 CE 证书，但该证书载明的产品系非无菌口罩，而非双方合同约定的灭菌口罩，据此无法证明苍岩公司所提供货物满足双方合同约定条件，或达到口罩等防疫用品出口欧盟相关出口认证标准。在此情况下，云龙公司采购案涉产品用于出口欧盟的目的难以实现，一审法院据此认定苍岩公司构成违约并无不当，苍岩公司应承担相应赔偿责任。

思考：
1. 在商品装运前，云龙公司发现了货物存在问题。请问买方进行商品检验有何意义？
2. 苍岩公司在执行该批出口货物合同时，有何管理问题？

第一节 商品检验类型

国际贸易商品检验（Inspection），简称商检，是指出口方或进口方根据合同约定或法律、法规规定，独立或委托第三方对商品质量、数量或其他属性进行鉴定以确认是否符合合同或法律要求的行为。根据检验目的的不同，商品检验包括合同约定的商品检验和法律规定的商品检验两种类型，分别简称合同检验和法定检验。

一、合同检验

在国际贸易中，出口方最重要的责任是交付货物的质量、数量等符合合同规定，为确保出口方履约并保护进口方的正当商业利益，合同通常会设置商品检验条款。进出口方根据合同商检条款规定进行的检验就是合同检验，又称商业检验，包括出口方检验和进口方检验。

（一）出口方检验

出口方检验是指出口方根据合同，独立或委托第三方对出口货物进行的检验。出口方检验的目的是确认装运时货物的质量、数量等属性符合合同要求。相关检验证书（Inspection Certificate）是出口方履约的证明。

根据《民法典》，出卖人应当按照约定或者交易习惯向买受人交付提取标的物单证以外的有关单证和资料。因此，如果合同要求出口方进行商品检验，则出口方必须承担检验费用，委托合同指定的检验单位按照合同约定的检验标准和方法进行检验，并将证明商品合格的检验证书交付进口方。

（二）进口方检验

进口方检验是指进口方在收到货物后，独立或委托第三方对进口货物进行的检验。进口方在收到货物时通过检验其质量或数量，可以确认货物是否符合合同要求。如有不符或损坏，商品检验结果可以作为其向出口方、承运人或保险公司等索赔的证据，是维护其自身权利的重要保障。

根据《民法典》，买卖合同中的买方和运输合同中的收货人在收货后应在约定的检验期限内检验，如无约定检验期限，应当及时检验。因此，国际贸易中的进口方作为收货人，应当在提货后及时对商品进行检验，如发现货物与合同不符或有损坏，应在约定期限内通知出口方、承运人或保险公司等相关责任方，提供相关检验证书进行索赔。

二、法定检验

法定检验，简称法检，是出入境检验检疫机构对列入法检目录的进出口商品以及法律、行政法规规定须经出入境检验检疫机构检验的其他进出口商品实施的检验。2018年4月，出入境检验检疫管理职责划入海关，实现"关检合并"，因此根据《进出口商品检验法》及其实施条例，《必须实施检验的进出口商品目录》（法检目录）的制定和调整以及检验检疫等工作均由海关总署负责。进出口企业向海关申请办理法定检验的过程，称为报检，在关检合并后报检已成为报关的重要组成部分。

（一）法定检验的性质和内容

法定检验是强制性检验，合同无须做出规定。世界各国（地区）一般采用目录方式来管理法定检验商品，该目录通常简称为法检目录，列入法检目录的商品通常称为法检商品。出口方负责办理出口法检商品的检验，进口方负责办理进口法检商品的检验，相关合格检验证书只能用于商品的报关，且只有法定检验合格后，才能完成商品的进出口报关。

根据《进出口商品检验法》（2021年修正），国家制定、调整法检商品目录的原则包括保护人类健康和安全、保护动物或者植物的生命和健康、保护环境、防止欺诈行为和维护国家安全。具体而言，海关对进出口商品实施检验的内容，包括是否符合安全、卫生、健康、环境保护、防止欺诈等要求以及相关的品质、数量、重量等项目。海关对法定检验以外的进出口商品，根据国家规定实施抽查检验。

（二）进出口报检

出口法定检验商品的发货人应当持合同、提（运）单、出口许可证件等相关单证向海关报检。出口商品通常在商品的生产地检验，也可根据需要在其他地点检验，海关对检验合格的货物签发相关出境检验检疫证书。

海关对不同类别的出口法检商品签发不同的检验检疫证书。海关签发的检验类证书主要有品质证书、重量证书、生丝品级及公量证书等，海关签发的检疫类证书主要包括：海关对出口食品以及其他需要实施卫生检验的货物一般签发卫生证书（Sanitary Certificate）或健康证书（Health Certificate），对动物产品签发兽医（卫生）证书［Veterinary（Health）Certificate］，对出境动物签发动物卫生证书（Animal Health Certificate），对植物及植物产品等签发植物检疫证书（Phytosanitary Certificate），对特定动植物及其产品、包装材料、废旧物品等签发熏蒸/消毒证书（Fumigation/Disinfection Certificate）。有的进口国海关也要求出口方提供上述货物的出境检验检疫证书。

出口危险货物的包装容器属于法检商品，包装容器生产企业应当向海关申请包装容器的性能鉴定，经鉴定合格的，由海关签发《出境危险货物运输包装使用鉴定结果单》，该鉴定结果单是危险品出口企业出口报关时必须提交的单证。

进口法定检验商品的收货人应当持合同、发票、装箱单、提单、进口许可证件等相关单证，向进口报关地海关报检，经检验合格的，由海关签发电子版《入境货物检验检疫证明》。

（三）法检不合格的处置

法定检验的出口商品未经检验或者经检验不合格的，不准出口；法定检验的进口商品未经检验的，不准销售，不准使用。法定检验不合格时，相关处置规定：法定检验的进口商品经检验涉及人身财产安全、健康、环境保护项目不合格的，由海关责令当事人销毁或者退运；其他项目不合格的，可以在海关监督下进行技术处理，经重新检验合格的，方可销售或者使用；法定检验的出口商品经海关检验不合格的，可以在海关监督下进行技术处理，经重新检验合格的，方准出口。不能进行技术处理或者技术处理后重新检验仍不合格的，不准出口。

第二节　合同检验条款

合同中的检验条款包括出口方和进口方各自的检验责任、检验机构以及检验标准和方法，其中《民法典》将"检验标准和方法"列为买卖合同的主要内容之一。

一、出口方检验责任

进口方根据进口国政府的规定和自己经营的需要，而在合同检验条款中对出口方应提交的相关检验证书做出规定，这是出口方检验责任中最重要的部分。

根据合同检验要求，出口方向进口方提交的商品检验证书主要包括常规检验证书和装运前检验证书。

（一）常规检验证书

常规检验证书适用于货物的品质、规格、数量、重量等检验项目，可以由出口方签发，也可以由专业第三方检验机构签发，具体由合同约定，法检目录内的商品可由海关依申请签发。

品质证书（Quality Certificate，Certificate of Quality）是证明出口货物质量符合合同质量条款规定的检验证书。

数量/重量证书（Inspection Certificate of Quantity and Weight）是证明出口货物数量或重量符合合同数量或重量条款规定的检验证书，主要适用于一些不规则包装货物或以重量、体积等作为交货计量单位的货物，比如矿石、粮食、水产品等。

生丝品级及公量证书（Certificate for Raw Silk Classification and Conditioned Weight）是针对生丝的一种特殊的数量证书。

检验证书中 Results of Inspection（检验结果）栏目对实际的检验结果进行列示，并结合合同的检验标准给出 Conclusion（检验结论），说明货物是否符合合同要求。

当品质证书、数量/重量证书为信用证规定的单据时，出口方应向检验机构提供相关信用证要求以确保证书内容与信用证规定相符。

（二）装运前检验证书（Certificate for Preshipment Inspection）

WTO《装运前检验协议》（Agreement on Preshipment Inspection）赋予了发展中国家采取贸易保护措施的权利。世界上已有多个发展中国家（包括非洲、南美洲、亚洲等部分国家）针对进口物品实施和制定强制性装运前检验法规。通常由进口国政府有关部门颁布法令，指定一家或多家跨国检验机构对本国进口货物实行强制性装运前检验（Preshipment Inspection，PSI），以防止套汇、避税等非法活动。指定检验机构签发的装运前检验证书将作为银行付汇、海关放行和征税的有效凭证之一。

通过实行PSI，可以确保产品符合进口国国家技术标准或者其他国际标准，保障进口国消费者的安全和健康，保护进口国的自然环境，防止不合格的货物进口，并能够减少逃避进口关税的现象。

目前实行装运前检验制度的国家主要有：安哥拉、孟加拉国、贝宁、布基纳法索、布隆迪、柬埔寨、喀麦隆、中非共和国、科摩罗、刚果共和国（布）、刚果民主共和国（金）、科特迪瓦、厄瓜多尔、埃塞俄比亚、几内亚、印度、印度尼西亚、伊朗、科威特、利比里亚、马达加斯加、马拉维、马里、毛里塔尼亚、墨西哥、莫桑比克、尼日尔、塞内加尔、塞拉利昂、多哥、乌兹别克斯坦。

上述名单中的大多数国家都要求对超过一定价值的货物进行装运前检验。然而，在某些情况下，无论价值如何，所有进口产品都必须进行装运前检验。在某些情况下，一个国家可能只对某些类型的商品要求PSI。例如，科威特对价值超过3 000美元的受监管产品要求PSI。墨西哥只对不符合美加墨协定的鞋类、纺织品、钢铁、自行车等多种商品要求PSI。

出口方可以委托海关检验检疫机构进行装运前检验，也可以委托专业的第三方检验检疫机构进行。

（三）检验证书的作用

（1）可证明货物是否符合进出口国家要求。
检验证书是进出口报关验放的有效证件，是计算进口关税、减免进口关税的依据。
（2）可证明货物是否符合合同规定。
检验证书是证明出口方所交货物符合合同规定的依据，是买卖双方办理货款结算的依据。
（3）可证明货物受损后的状况及原因。
检验证书是明确责任归属、办理索赔和理赔的依据，是解决争议的依据，办理仲裁及诉讼的有效证件。

二、进口方检验责任

合同中对进口方检验责任的规定一般包括进口方检验货物的时间和检验机构等。

没有约定检验期限的，根据《民法典》，买方应当及时检验；根据《联合国国际货物销售合同公约》，买方必须在按情况实际可行的最短时间内检验货物或由他人检验货物。

三、合同检验条款内容

合同检验条款内容除了包括上述进出口方各自的检验责任外，还可能包括检验机构、检验地点、检验标准和检验方法。

(一) 检验机构

合同检验可以指定检验机构。国内知名检验机构主要有 CCIC（中国检验认证集团）、CTI（华测检测）、GS（国实检测）、SEG（赛格集团），国际知名检验机构主要有瑞士 SGS（通标标准）、法国 Bureau Veritas（必维集团）、英国 Intertek（天祥集团）、德国 DEKRA（德凯）、法国 Eurofins Scientific（欧陆科技集团）。

(二) 检验地点

与检验地点相关的检验条款一般包括四种情况，分别是：
（1）在出口国产地检验，或装运港（地）检验；
（2）在进口国目的港（地）检验，或买方所在地检验；
（3）在出口国检验，并且在进口国复验；
（4）装运港检验重量、目的港检验品质。

其中前两种情况适用于常规货物的交易，后两种情况通常适用于大宗货物的交易。

(三) 检验标准和检验方法

检验标准和检验方法通常是进口国的相关国家或行业标准，也可以是出口国的相关国家或行业标准，也可以是进口方提供的相关检验标准和方法。

出口方交付货物的质量、数量等是否符合合同要求，必须按照双方约定的检验标准和方法进行检验后才能确定。各方委托的检验机构必须按照合同约定的检验标准和方法进行检验，并出具检验报告。

如果检验机构未按照合同约定的检验标准和方法进行检验，则其出具的检验报告和证书无效。因此，出口方或进口方委托检验机构对货物进行检验时，必须提供相关检验标准和方法等信息，以确保检验机构出具合规的检验报告和证书。

(四) 合同检验条款举例

（1）Inspection of the Goods（where an inspection is required, specify, as appropriate, details of organization responsible for inspecting quality and/or quantity, place and date and/or period of inspection, responsibility for inspection costs）.

货物检验（如需要检验，应酌情详细说明负责检验质量和/或数量的机构、检验地点和日期和/或期限、检验费用的负担）。

（2）In case of quality discrepancy, claim should be filed by the Buyer within 30 days after the arrival of the goods at port of destination, while for quantity discrepancy, claim should be filed by the Buyer within 15 days after the arrival of the goods at port of destination. It is understood that the Seller shall not be liable for any discrepancy of the goods shipped due to causes for which the Insurance Company, Shipping Company, other Transportation Organization /or Post Office are liable.

如买方提出索赔，凡属品质异议须于货到目的口岸之日起 30 天内提出，凡属数量异议须于货到目的口岸之日起 15 天内提出，对所装货物所提任何异议于保险公司、轮船公司、其他有关运输机构或邮递机构所负责者，卖方不负任何责任。

（3）The Buyer shall, immediately upon delivery of the Goods by the carrier, duly examine the Goods and if the defects of Goods were apparent upon the collection of Goods, the Buyer shall promptly give notice on this to the Seller. Should the Buyer discover any defects during the Warranty Period, the Buyer shall give written notice of the defect to the Seller and not later than within 15 days after such defect had been detected. In a written notice specifying the defects he shall have the following options:

a. replace of defective Goods by delivery of non-defective Goods;

b. demand to repair the defective Goods if the defects are repairable;

c. demand appropriate Purchase Price reduction;

d. to withdraw from the Contract.

The Seller, upon receipt a notice from the Buyer stating the defect, promptly shall give a written statement and reply whether he accepts the claim for defects or not.

买方应在承运人交付货物后立即对货物进行检查,如果在收货时发现货物存在缺陷,买方应立即将此通知卖方。在保证期内发现任何缺陷,买方应在发现缺陷后的15天内向卖方发出书面通知。在说明货物缺陷的书面通知中,买方可以基于以下选择做出声明:

a. 要求发新货替换残次品;

b. 要求对缺陷货物进行修理;

c. 要求对货物适当降价;

d. 解除合同。

卖方在收到买方关于货物缺陷的通知后,应立即做出书面回复,并答复是否接受买方的缺陷索赔。

(4) The Seller warrant that the Products shall:

a. conform to the technical and quality standard and specifications as set out in part 3;

b. be safe, of good quality and free from any defect in manufacturing or material;

c. correspond strictly with any and all representations, descriptions, advertisements, brochures, drawings, specifications and samples made or given by Seller;

d. fit for the purpose of… (Product purpose to be filled in);

The Buyer shall inspect the received Products within 14 days after receipt of the delivery and shall inform the Seller within a further period of 3 working days of any apparent defect. Non-apparent defects shall be informed to the Seller within 14 days after they have become apparent.

卖方应保证产品:

a. 符合合同第3部分规定的技术、质量标准及规格要求;

b. 安全、质量良好、制造或材料无任何缺陷;

c. 严格遵守卖方制作或提供的任何及所有介绍、说明、广告、宣传册、图纸、规格和样品;

d. 适合……(填写产品用途)。

买方应在收到货物后14天内对收到的产品进行检验,如有明显缺陷应在顺延3个工作日内通知卖方。非明显缺陷应在其变得明显后14天内通知卖方。

(5) Where commodity is despatched for export by sea, the quality shall be determined from a sample taken by a recognised first class surveyor or inspection agency upon arrival of the commodity at the port of export. The quality so determined shall be final and binding on the parties.

经海运出口的商品,质量应当在商品到达出口装运港时由公认的一级公证行或者检验机构取样确定。这样确定的质量是最终的,对双方都有约束力。

(6) Weight and Quality Inspection: CCIC Inspection Certificate shall be the basis for settlement and compensation.

重量、质量检验:CCIC 检验证书为结算和索赔的依据。

(7) Cotton Inspection Upon Delivery-Inspection Institution: CCIC will conduct inspections after the goods arrive at the destination and issue the weight inspection certificate (including the confirmation of false packed bale and mixed packed bale) and the quality inspection certificate (such as the damage certificate if the cotton is damaged), which shall be the basis for the settlement and claims between the Seller and the Buyer.

棉花到货检验—检验机构:货物到目的地后由 CCIC 检验,其出具的重量检验证书(包括对欺诈棉包和混杂棉包的认定)和质量检验证书(如有残破还应出具残损证书),作为买卖双方结算和索赔的依据。

(8) Cotton Quality Inspection-Sampling: grade and staple, 10% to be sampled at random for each lot of bales; micronaire and strength, one half of the 10% is to be sampled at random for each bunch of bales.

棉花质量检验—抽样:品级、长度:从每批棉包中随机抽样 10%;马克隆值和强度:从品级、长度抽取的样品中随机抽取其样品总量的一半,作为马克隆值和强力的检验样品。

Inspection Method: combined equipment testing with sensory evaluation; where there is any dispute, the outcome of sensory evaluation shall prevail.

检验方法:采用仪器测试和感官检验相结合。如双方有争议时,以感官检验为主。

(9) 中国国际经济贸易仲裁委员会《成套设备进口合同(CIF 条件)》第九章标准与检验见二维码。

> 贸仲委样本合同检验条款

应用案例

案情:

2015 年 5 月 20 日,中国香港 TIK 公司(买方)与广东云龙公司(卖方)签订第 GYL201501T 号供应合同,约定:①广东云龙公司向 TIK 公司供应带金色贴花蓝色玻璃杯 50 064 个,单价人民币(FOB 广州)5.5 元/个,计人民币 275 352 元;用于鱼和金属环粘合 50 064 个,单价人民币 0.75 元/套,计人民币 37 548 元;合计人民币 312 900 元。②单价以 FOB 广州为基础,汇率以买方进行支付之日期为基础。③合同总金额 30%作为订金,余额在加工准备前支付。合同签订当日,TIK 公司向广东云龙公司支付 15 440 美元。该供应合同中约定的鱼和金属环由 TIK 公司提供,由广东云龙公司将鱼和金属环与玻璃杯粘合;TIK 公司和广东云龙公司采用样品成交方式,但双方均未保存样品。

2015 年 7 月和 8 月,广东云龙公司分两个批次向 TIK 公司交付 50 076 个玻璃杯,由 TIK 公司将货物从广州运往俄罗斯。TIK 公司于 2015 年 7 月和 8 月分两次共向广东云龙公司支付相应货款 35 109.27 美元。

2015 年 10 月 8 日,最终收货人俄罗斯 IDA 公司向 SGS 公司支付检验费 21 594 卢布,委托该公司对广东云龙公司交付的玻璃杯质量进行检验。10 月 9 日,SGS 公司出具检验报告，其主要内容为：受委托对广东云龙公司生产的共 1 391 个纸板箱的带贴花蓝色玻璃杯（金属鱼和金属环）进行检验，共分两批，一批为 556 个纸板箱，一批为 835 个纸板箱。通过随机抽样，对待检商品的 10% 进行了目检。根据目检结果，可确认所检产品中 100% 的缺陷商品，缺陷有：贴花缺陷；鱼松脱；鱼周围有胶水痕迹；鱼粘得不均匀；某些玻璃杯上鱼并没有粘稳且轻微机械活动就可以使其松脱；金属环松脱；玻璃杯表面与内部有胶水、涂料、手指印等痕迹，玻璃杯上有划痕。部分商品通过修复可以适用，被修复的有缺陷商品所占百分比为 16.6%，缺陷类型为：贴花缺陷；鱼松脱；鱼粘得不均匀；鱼粘得不稳固；玻璃杯表面与内部有胶水、涂料、手指印等痕迹，玻璃杯上有划痕。

2015 年 11 月，TIK 公司从中国其他公司采购了供应合同中的剩余货物，并付款。

2017 年 8 月 10 日，TIK 公司向广东云龙公司提出索赔。经法院裁决，广东云龙公司不承担赔偿责任。

法院判决：

在双方订立的供应合同中，对玻璃杯的质量并无明确约定，合同中虽约定了样品，但双方均未保存并提交样品。双方约定的交货地点为广州港，广东云龙公司在广州港将货物装运上船，其交货义务即完成。双方没有明确约定货物的检验期间，结合双方约定的交货条件为 FOB 广州，可以认定 TIK 公司最迟应当在货物于广州港装运上船之前进行验收，并根据验收的不同情况予以处理。

TIK 公司主张玻璃杯存在外观质量问题的唯一证据是案外人 IDA 公司单方委托 SGS 公司进行的检验报告，该检验报告是在案涉玻璃杯到达俄罗斯后于 2015 年 10 月 9 日做出的，其能够证明的是玻璃杯在到达俄罗斯后的状况，并不能证明玻璃杯在广州港交付给 TIK 公司时的状况。

从 SGS 公司的检验报告看，该报告反映的质量问题均为外观质量问题，无须依靠仪器设备，仅凭目测即可发现。《最高人民法院关于审理买卖合同纠纷案件适用法律问题的解释》第十五条规定，"当事人对标的物的检验期间未作约定，买受人签收的送货单、确认单等载明标的物数量、型号、规格的，人民法院应当根据合同法第一百五十七条的规定，认定买受人已对数量和外观瑕疵进行了检验，但有相反证据足以推翻的除外"，退而言之，由于 TIK 公司主张的仅为外观质量问题，在双方未对检验期间进行约定的情况下，根据 TIK 公司已经在广州港接收了货物并自行运至俄罗斯，且付清了全部货款的情形，应认定 TIK 公司已经对案涉玻璃杯的外观瑕疵进行了检验，且未提出任何异议，故 TIK 公司主张的外观质量问题在广州港装运上船前并不存在。

另外，如果 SGS 公司检验报告所称的外观质量问题在广州港交货时就已存在，只要 TIK 公司的工作人员依合同进行验收完全能够发现。验收既是 TIK 公司的合同权利，更是 TIK 公司的合同义务。验收可以在案涉玻璃杯离开加工厂家、装运报关之前进行，也可以在装运上船之前进行，虽然广东云龙公司没有充足的证据证明案涉玻璃杯在装运上船之前 TIK 公司进行了验收，但 TIK 公司提交的提货单表明，广东云龙公司已将货物生产加工完成的情况告知了 TIK 公司，TIK 公司在广州港接收了案涉玻璃杯并将其运输至俄罗斯，且分两次付清了货款，故应认定 TIK 公司已经履行了验收义务。

此外，由于双方约定的交货条件是 FOB 广州，根据《国际贸易术语解释通则 2010》的规定，在 FOB 术语下，货物装运上船后，货物灭失或损坏的一切风险即由卖方转移至买方，故在广州港装运上船之后，案涉玻璃杯的外观如果受包装、长途运输、气温变化等原因影响，其后果也应由 TIK 公司承担。

问题：
1. 双方在样品保存上犯了什么错误？
2. TIK 公司为何没有在广州港接收货物时验货？
3. 双方在检验条款方面有何不足之处？
4. 云龙公司虽然没有赔偿，但是该公司应如何加强管理？
5. TIK 公司如何应对已发生的损失？

练习题

1. 简述进出口商品检验的主要作用。
2. 简述合同检验条款的主要内容。
3. 简述商品检验证书的主要作用。

思维导图

第十一章 商品检验 知识俯视图
- 商品检验类型
  - 合同检验
    - 出口方检验
    - 进口方检验
  - 法定检验
    - 概念
    - 法定检验的性质和内容
    - 进出口报检　检验证书种类
    - 法检不合格的处置
- 合同检验条款
  - 出口方检验责任
    - 常规检验证书
    - 装运前检验证书
    - 检验证书的作用
  - 进口方检验责任
  - 合同检验条款内容

扫描观看思维导图详细版

第十二章　争端解决与处理

学习目标

1. 掌握合同索赔条款的类型和规定方法。
2. 了解不可抗力条款的主要作用和内容。
3. 了解解决争端的各种方式,尤其是仲裁方式的特点和基本要求。

思政目标

1. 了解有关违约救济、不可抗力和仲裁等活动的国际规则、国内制度的最新动态,强调贸易活动的合规性。
2. 了解国际贸易实践活动中潜在的争端风险和相应的预防和解决措施,鼓励学生积极维护企业和国家的正当权益。

导入案例

2017年6月10日,新加坡JLS贸易公司致函河北云龙制鞋公司购买鞋类一批,总共25 000双,其中对货物的款式、颜色、材质、尺寸、单价及总价款列出明细,并对该批货物的出厂发货时间、交付订金、装运货物的要求做了说明。双方于2017年7月18日通过开具形式发票的方式正式确立了买卖关系,新加坡JLS贸易公司依约先后支付云龙公司合同款23 456美元,贸易术语FOB天津港;河北云龙公司也依约发货。上述货物于2017年10月17日装入集装箱,从天津经海运于2017年10月18日抵达JLS公司在日本的收货地点。JLS公司在日本收货仓库发现99箱女士鞋子存在质量问题,遂于2017年11月10日委托日本海事检定协会对整批鞋子进行检验。该协会于2017年11月21日派员前往进行检验,于2017年11月29日出具调查报告,于2017年12月25日出具检验报告书。

检验报告书指出,检验后发现这些货物的鞋尖、侧面及鞋后跟有污渍,流苏剥落,鞋码不对,鞋内底剥离,鞋带丢失、脱落及污渍,检验结论认为该批货物难以在日本市场销售。

2018年8月,JLS贸易公司为索赔向云龙公司发送律师函。云龙公司辩称其产品没有质量问题,认为货物是可能是JLS公司向别的卖家所购买或是货物在运输途中受损而非云龙公司的责任。

2021年4月26日新加坡JLS贸易公司针对上述损失向中国法院提起索赔诉讼。

思考：
1. 两公司之间针对质量问题的纠纷，有几种解决方式？
2. 新加坡JLS贸易公司提起索赔诉讼的依据有哪些？
3. 收货地日本海事检定协会的检验报告书在两公司的争端解决中有何意义？

第一节 索赔条款

一、索赔（Claim）

索赔是指在合同履行过程中，合同一方因对方不履行或未能正确履行合同而受到经济损失或权利损害后，通过合同规定的程序向对方提出经济补偿要求的行为。

索赔前必须明确交易各方的责任和权利。在国际贸易中，买卖双方责任和权利首先在合同中做了约定，同时所约定的贸易术语也对买卖双方各自的责任做了规定，另外，《联合国国际货物销售合同公约》以及适用的法律等也对买卖双方各自的责任和权利做了明确和全面的规定。

一旦一方违反了合同或相关公约、法规的规定，则另一方有权利依据合同或依法向对方提出索赔。比如，在卖方未按时发货，发货数量不足，货物包装破损等情形下，买方均可向卖方索赔；在买方未按时支付尾款时，卖方可以向买方要求支付尾款并赔付额外损失。

卖方的主要合同义务是交货，而买方则是付款，因此，买卖双方通常的违约也分别主要与货、款相关。

卖方常见违约情况：
（1）未按合同规定的规格及/或数量及/或包装提交货物。
（2）未能提交双方约定或通常情况下应该提交的商业单据。
（3）未按照合同规定完成货物运输及/或保险工作。
（4）未按照合同规定完成货物的通关及/或检验工作等。

买方常见违约情况：
（1）未按合同规定的期限及/或金额完成付款。
（2）未按照合同规定申请开立信用证。
（3）未按照合同规定完成货物运输，比如FOB和FCA术语下。
（4）未按照合同规定完成货物接收，比如EXW和D组术语下。

二、索赔条款（Claim Clauses）

合同中的索赔条款通常主要是为保护进口方利益而针对出口方在供货方面的违约行为设立，主要包括索赔依据、索赔期限、索赔金额、索赔方法等内容。

（一）索赔依据

在异议与索赔条款中，一般都规定：货到目的地卸货后，若发现交货品质、数量或者重量与合同规定不符，除由保险公司或承运人负责外，买方应凭双方约定的某商检机构出具的检验证明向卖方提出异议与索赔。但货物在运输途中发生品质和重量上的自然变化，不在索赔之列。

常用的索赔依据包括索赔函、公证机构出具的检验报告（说明事故发生的性质、内容及数量等）、索赔清单（说明损失项目的名称、数量、索赔金额及计算方式）以及其他单据。

（二）索赔期限

在异议与索赔条款中，一般都约定被违约方向违约方索赔的时限，如超过约定时间索赔，违约方可不予受理。常用的起算方法有：

（1）货到目的地后若干天起算。
（2）货到目的地卸离运输工具后若干天起算。
（3）货到买方营业处所或用户所在地后若干天起算。
（4）货到检验后若干天起算。

（三）索赔金额

如果买卖合同中约定了损害赔偿的金额或损害赔偿额的计算方法，则按约定的赔偿金额或根据约定的损害赔偿额计算方法计算出的赔偿金额提出索赔。

但由于索赔金额事先难以预计，故订约时一般不做具体规定，待出现违约事件后，再由有关方面酌情确定。一般来说，一方违约给对方造成损失的，索赔金额应相当于因违约所造成的损失，其中包括合同履行后可以获得的利益，但不得超出违约方订立合同时能预见到或应当预见到的因违约可能造成的损失。

（四）索赔方法

如果合同中有此类具体的规定，则应按照约定的方法进行处理。如果合同未做出具体规定，则应本着实事求是和公平合理的原则，在弄清事实和分清责任的基础上，区别不同情况，有理有据地对违约事件进行适当处理。

（五）索赔条款举例

1. 品质/数量异议（Quality/Quantity Discrepancy）

In case of quality discrepancy, claim should be filed by the Buyer within 30 days after the arrival of the goods at port of destination, while for quantity discrepancy, claim should be filed by the Buyer within 15 days after the arrival of the goods at port of destination. It is understood that the Seller shall not be liable for any discrepancy of the goods shipped due to causes for which the Insurance Company, Shipping Company, other Transportation Organization /or Post Office are liable.

如买方提出索赔，凡属品质异议须于货到目的口岸之日起 30 天内提出，凡属数量异议须于货到目的口岸之日起 15 天内提出，对所装货物所提任何异议于保险公司、轮船公司、其他有关运输机构或邮递机构所负责者，卖方不负任何责任。

2. 信用证开证拖延

The Buyer shall establish a Letter of Credit before the above-stipulated time, failing which, the Seller shall have the right to rescind this Contract upon the arrival of the notice at Buyer or to accept whole or part of this Contract non-fulfilled by the Buyer, or to lodge a claim for the direct losses sustained, if any.

买方未在规定的时间内开出信用证，卖方有权发出通知取消本合同，或接受买方对本合同未执行的全部或部分，或对因此遭受的损失提出索赔。

3. 索赔期限与报告

If any claims, concerning the goods shipped should be filed within 30 days after arrival at destination and accompanied by an inspection report; It is understood that the Seller shall not be liable for any discrepancy of the goods shipped due to causes for which the insurance Company, shipping Company, other transportation organization or Post Office are liable.

任何索赔应在货物到达目的地后 30 天内提出，并附有检验报告；由于保险公司、船公司、其他运输组织或邮局原因导致的任何货物不符，卖方概不负责。

4. 延期交货

If the Seller is in delay in delivery of any goods as provided in this contract, the Buyer is entitled to claim liquidated damages equal to 0.5% of the price of those goods for each complete day of delay as from the agreed date of delivery or the last day of the agreed delivery period, as specified in Article 2 of this contract, provided the Buyer notifies the Seller of the delay.

如果卖方延迟交付本合同规定的任何货物，买方有权要求赔偿违约金，违约金金额为自本合同第二条规定的约定交货日期或约定交货期的最后一天起，每延迟一整天货物价格的 0.5%，前提是买方将延迟通知卖方。

5. 部分交货

The Seller is advised that failure to execute the contract in part or in total by reason of shortage of the commodity herein described many render him liable to a claim for damages by the Buyer.

卖方须知因商品短缺而导致不能部分或全部履行合同时，应对买方因此提出的损害赔偿请求承担责任。

6. 延迟装运（Delay of Shipment）

If the cotton fails to be shipped as scheduled due to the Seller's reasons, the Seller shall pay the Buyer a delayed delivery fee equivalent to 1.25% of the value of the commodity for the delay incurred in the contracted latest shipment date from the eleventh day after the month the cotton was due to be shipped.

由于卖方原因造成棉花不能按期装运的，则卖方应从合同规定的最晚装运日的第 11 天起，按照实际延迟的天数，每月付给买方货值金额 1.25% 的迟装费。

If the cotton fails to be shipped as scheduled due to the Buyer's reasons, the Buyer shall compensate the Seller carrying charges equivalent to 1.25% of the value of the commodity for the delay incurred in the contracted latest shipment date from the eleventh day after the month the cotton was due to be shipped.

由于买方原因造成棉花不能按期装运的，则买方应从合同规定的最晚装运日的第 11 天起，按照实际延迟的天数，每月付给卖方货值金额 1.25% 的迟装费。

第二节 仲裁条款

当合同一方根据合同或依法向另一方提出索赔时，被索赔方通常会有两种处理方式：一种是积极与索赔方协商处理，一种是拒绝对方的索赔请求。当合同双方无法友好协商处理纠纷时，通常只有两种纠纷解决方式，分别是仲裁和诉讼。诉讼方式就是由索赔方向合同约定的国家（地区）法院提出诉讼请求，由法院做出强制性裁判的争端解决方式。诉讼方式涉及异国复杂的法律体系，并且诉讼周期长、诉讼费用高，案情通常会被公开，因此在国际贸易中较多约定仲裁方式解决双方的争端。

一、中国仲裁制度

仲裁（Arbitration）是指平等主体即公民、法人与其他组织通过达成书面仲裁协议或者共同签订合同中的仲裁条款，将经济合同纠纷和其他财产权益纠纷提交依法设立的仲裁机构，由双方选定或者仲裁机构指定独立、公正的仲裁员对该纠纷进行审理并做出终局的仲裁裁决的一种争议解决机制。简单而言，仲裁是仲裁机构接受当事人自愿仲裁申请，根据事实，符合法律规定，公平合理地解决经济合同纠纷或其他财产权益纠纷的争议解决机制。

仲裁是国际通行的纠纷解决方式，是我国多元化解纠纷机制的重要"一元"，在保护当事人的合法权益、保障社会主义市场经济健康发展、促进国际经济交往等方面发挥着不可替代的重要作用。

仲裁作为独特的纠纷处理机制，对促进改革开放、经济发展，维护社会稳定，发挥了积极重要的作用。现行《中华人民共和国仲裁法》颁布于 1994 年，分别于 2009 年和 2017 年对个别条款进行了修正。截至 2021 年仲裁法实施以来，全国共依法设立组建 270 多家仲裁机构，办理仲裁案件 400 多万件，涉案标的额 5 万多亿元，解决的纠纷涵盖经济社会诸多领域，当事人涉及全球 100 多个国家和地区。

根据《中国国际商事仲裁年度报告（2021—2022）》，2021 年，全国 270 家仲裁委员会共受理案件 415 889 件，全国仲裁案件标的总额为 8 593 亿元，比 2020 年上升 1 406 亿元，同比上升 19.6%。其中，中国国际经济贸易仲裁委员会（简称贸仲，英文 CIETAC）2021 年受理案件 4 071 件，同比增长 12.61%，受案量近 3 年实现连续增长。案件涉及 93 个国家和地区，涉外、涉我国港澳台地区案件共 636 件（包括双方均为境外当事人的国际案件 61 件），涉"一带一路"案件 136 件（涵盖 36 个"一带一路"国家和地区）。受理仲裁案件涉案标的额达 1 232.1 亿元人民币，连续 4 年破千亿元大关，同比增长 9.88%。上亿元标的额争议案件共计 182 件，其中 10 亿元标的额以上案件 16 件。案件的国际化程度显著增强，涉外案件数量大幅增加，当事人选择适用国际公约和域外法律情况增多，包括《联合国国际货物销售合同公约》以及荷兰、希腊、菲律宾、英国等国家和地区法律。

随着社会主义市场经济的深入发展和改革的深化，以及对外开放的进一步扩大，仲裁法也显露出与形势发展和仲裁实践需要不适应的问题。2021 年 7 月 30 日，司法部公布《中华人民共和国仲裁法（修订）（征求意见稿）》，向社会公开征求意见。该征求意见稿亮点颇多：统一规范境内外仲裁机构登记管理；尊重当事人对仲裁员的选择权，明确仲裁员名册为"推荐"名册；删除仲裁条款需要约定明确的仲裁机构的硬性要求，增加关于"仲裁地"的规定；体现司法对仲裁的支持态度，增加行为保全和紧急仲裁员制度，明确仲裁庭有权决定临时措施；增加关于"涉外商事纠纷"可以进行"临时仲裁"的制度等。

二、仲裁协议和仲裁规则

争议双方签署仲裁协议后，才可以向仲裁机构申请仲裁。不同仲裁机构的仲裁规则之间存在一定的差异。仲裁协议的成立可以确定双方申请仲裁的自愿性。没有仲裁协议，一方申请仲裁的，仲裁机构不予受理。

（一）仲裁协议

仲裁协议应当采取书面形式，包括合同中订立的仲裁条款和以其他书面方式在纠纷发生前或者纠纷发生后达成的请求仲裁的协议。

1. 仲裁协议的内容

仲裁协议应当具有下列内容：
（1）请求仲裁的意思表示；
（2）仲裁事项；
（3）选定的仲裁机构。

"其他书面方式"的仲裁协议，包括以合同书、信件和数据电文（包括电报、电传、传真、电子数据交换和电子邮件）等形式达成的请求仲裁的协议。

仲裁协议无效的情形如下：
（1）当事人约定争议可以向仲裁机构申请仲裁也可以向法院起诉的，仲裁协议无效。
（2）仲裁协议约定两个以上仲裁机构的，当事人可以协议选择其中的一个仲裁机构申请仲裁；当事人不能就仲裁机构选择达成一致的，仲裁协议无效。

2. 仲裁协议的作用

仲裁协议的作用，包括下列三个方面：

第一，约束双方当事人只能以仲裁方式解决争议，不得向法院起诉。

第二，排除法院对有关案件的管辖权。如果一方违背仲裁协议，自行向法院起诉，另一方可根据仲裁协议要求法院不予受理，并将争议案件退交仲裁机构。

第三，使仲裁机构取得对争议案件的管辖权。

（二）仲裁规则

每个仲裁机构都制定了专门的仲裁规则，作为仲裁案件的基本准则。

以上海仲裁委员会仲裁规则（2023年）为例，其包括总则、仲裁协议与管辖权、仲裁程序的开始、仲裁庭、审理、裁决等内容。

仲裁规则遵循当事人意思自治原则。当事人可以申请使用仲裁机构的仲裁规则，也可以约定对该规则有关内容进行变更，也可以约定使用其他仲裁机构的仲裁规则。比如，上海仲裁委员会仲裁规则（2023年）规定：各仲裁机构当事人约定适用其他仲裁规则，或约定对本规则有关内容进行变更的，从其约定，但其约定无法执行或与仲裁程序所适用法律的强制性规定相抵触的除外。当事人约定适用的其他仲裁规则规定由仲裁机构履行的职责，由仲裁委履行。

仲裁规则一般都规定保密原则，即除非当事人另有约定，仲裁不公开审理。

仲裁规则都规定了"一裁终局"，即仲裁裁决是终局的，自裁决书做出之日起发生法律效力，对各方当事人均具有约束力。裁决做出后，当事人不得就生效裁决事项再申请仲裁或者向法院提起诉讼。

（三）主要国际仲裁机构及规则

1. 斯德哥尔摩商会仲裁院仲裁规则

机构简称 the SCC，现全称 SCC Arbitration Institute，原全称 Arbitration Institute of the Stockholm Chamber of Commerce。

2. 美国仲裁协会国际仲裁规则

机构简称 AAA，全称 American Arbitration Association。

3. 世界知识产权组织快速仲裁规则

规则全称 WIPO Expedited Arbitration Rules。

4. 世界知识产权组织仲裁中心仲裁规则

规则全称 WIPO Arbitration Rules。

5. 国际商会仲裁规则

机构简称 ICC，全称 International Chamber of Commerce。

6. 伦敦国际仲裁院仲裁规则

机构简称 LCIA，全称 The London Court of International Arbitration。

7. 新加坡国际仲裁中心仲裁规则

机构简称 SIAC，全称 Singapore International Arbitration Centre。

8. 英国仲裁员学会仲裁规则

机构简称 CIArb，全称 The Chartered Institute of Arbitrators。

9. 俄罗斯国际商事仲裁院仲裁规则

机构俄语简称 MKAS，英文全称 International Commercial Arbitration Court at the Chamber of Commerce and Industry of the Russian Federation。

10. 意大利仲裁协会仲裁规则

机构简称 AIA，全称 Associazione Italiana per l'Arbitrato。

11. 联合国国际贸易法委员会仲裁规则（简称贸法会规则）

规则全称 UNCITRAL Arbitration Rules。

12. 日本商事仲裁协会商事仲裁规则

机构简称 JCAA，全称 Japan Commercial Arbitration Association。

13. 瑞士仲裁中心

全称 The Swiss Arbitration Centre。

三、仲裁的优势

与其他争议解决方式相比，仲裁具有以下优点。

（一）当事人意思自治

在仲裁中，当事人享有选定仲裁员、仲裁地、仲裁语言以及适用法律的自由。当事人还可以就开庭审理、证据的提交和意见的陈述等事项达成协议，设计符合自己特殊需要的仲裁程序。在当事人没有协议的情况下，则由仲裁庭决定。因此，与法院严格的诉讼程序和时间表相比，仲裁程序更为灵活。

（二）一裁终局

商事合同当事人解决其争议的方式多种多样，但是，只有诉讼判决和仲裁裁决才对当事人具有约束力并可强制执行。仲裁裁决不同于法院判决，仲裁裁决不能上诉，一经做出即为终局，对当事人具有约束力。仲裁裁决虽然可能在裁决做出地被法院裁定撤销或在执行地被法院裁定不予承认和执行，但是，法院裁定撤销或不予承认和执行的理由是非常有限的，在涉外仲裁中通常仅限于程序问题。

（三）仲裁具有保密性

仲裁案件不公开审理，从而有效地保护当事人的商业秘密和商业信誉。

（四）裁决可以在国际上得到承认和执行

《承认及执行外国仲裁裁决公约》，通常被称作《1958年纽约公约》，是联合国在国际贸易法领域最重要的条约之一，也是国际仲裁制度的基石。《承认及执行外国仲裁裁决公约》现有缔约的国家和地区172个（截至2023年6月）。根据该公约，各国（或地区）承诺认可仲裁协议的效力，并承认和执行在其他国家（或地区）做出的裁决。此外，仲裁裁决还可根据其他一些有关仲裁的国际公约和条约得到执行。

四、示范仲裁条款（Model Arbitration Clause）

（一）中国国际经济贸易仲裁委员会示范仲裁条款

1. 示范仲裁条款（一）

Any dispute arising from or in connection with this Contract shall be submitted to China International Economic and Trade Arbitration Commission (CIETAC) for arbitration which shall be conducted in accordance with the CIETAC's Arbitration Rules in effect at the time of applying for arbitration. The arbitral award is final and binding upon both parties.

凡因本合同引起的或与本合同有关的任何争议，均应提交中国国际经济贸易仲裁委员会，按照申请仲裁时该会现行有效的仲裁规则进行仲裁。仲裁裁决是终局的，对双方均有约束力。

2. 示范仲裁条款（二）

Any dispute arising from or in connection with this Contract shall be submitted to China International Economic and Trade Arbitration Commission (CIETAC) _____ Sub-Commission (Arbitration Center) for arbitration which shall be conducted in accordance with the CIETAC's arbitration rules in effect at the time of applying for arbitration. The arbitral award is final and binding upon both parties.

凡因本合同引起的或与本合同有关的任何争议，均应提交中国国际经济贸易仲裁委员会_____分会（仲裁中心），按照仲裁申请时中国国际经济贸易仲裁委员会现行有效的仲裁规则进行仲裁。仲裁裁决是终局的，对双方均有约束力。

（二）斯德哥尔摩商会仲裁院示范仲裁条款

Any dispute, controversy or claim arising out of or in connection with this contract, or the breach, termination or invalidity thereof, shall be finally settled by arbitration in accordance with the Arbitration Rules of the SCC Arbitration Institute.

Recommended additions:

The seat of arbitration shall be [……].

The language to be used in the arbitral proceedings shall be [……].

This contract shall be governed by the substantive law of [……].

任何因本合同而引起的或与本合同有关的争议、纠纷或索赔，或者有关违约、终止合同或合同无效的争议，均应当根据斯德哥尔摩商会仲裁院仲裁规则通过仲裁的方式最终予以解决。

建议补充如下：

仲裁地应为［……］。

仲裁程序应当使用的语言为［……］。

本合同应当受［……］实体法所管辖。

(三) 瑞士仲裁中心示范仲裁条款

Any dispute, controversy, or claim arising out of, or in relation to, this contract, including regarding the validity, invalidity, breach, or termination thereof, shall be resolved by arbitration in accordance with the Swiss Rules of International Arbitration of the Swiss Arbitration Centre in force on the date on which the Notice of Arbitration is submitted in accordance with those Rules.

The number of arbitrators shall be… ("one" "three" "one or three");

The seat of the arbitration shall be… (name of city in Switzerland, unless the parties agree on a city in another country);

The arbitral proceedings shall be conducted in… (insert desired language).

任何因本合同而引起的或与本合同有关的争议、纠纷或索赔，包括有关合同效力、合同无效、违约或终止合同的争议，应当根据提交仲裁通知之日生效中的由瑞士仲裁中心制定的《瑞士国际仲裁规则》以仲裁的方式予以解决。该仲裁通知的提交应遵守《瑞士国际仲裁规则》的规定。

仲裁员的人数为_____（"一人"、"三人"、"一人或三人"）；

仲裁地点为_____（瑞士城市名称，除非双方约定另一国家的城市）；

仲裁程序采用_____（插入所需语言）。

> **应用案例**
>
> **明晰仲裁裁决籍属认定规则　明确外国仲裁机构在中国做出的裁决视为涉外仲裁裁决**
> **——美国布兰特伍德工业有限公司申请承认和执行外国仲裁裁决案**
>
> **基本案情：**
>
> 正启公司为买方，布兰特伍德公司为卖方，在广州签订合同及补充协议，合同第十六条争议解决方式约定："凡因本合同引起的或与本合同有关的任何争议，双方应通过友好协商解决。如果协商不能解决，应提交国际商会仲裁委员会根据国际惯例在项目所在地进行仲裁。该仲裁委员会做出的裁决是终局性的，对双方均有约束力。除仲裁委员会另有规定外，仲裁费用由败诉一方负担。仲裁语言为中、英双语。"该仲裁条款中所称的"项目"系补充协议第三条所列明的"广州猎德污水处理厂四期工程"，地点在中国广州。后因合同履行发生争议，布兰特伍德公司向国际商会国际仲裁院秘书处提起仲裁申请。该院独任仲裁员在广州做出终局裁决。后布兰特伍德公司向广州市中级人民法院申请承认和执行前述仲裁裁决。
>
> **裁判结果：**
>
> 广州市中级人民法院审查认为，案涉裁决系外国仲裁机构在我国内地做出的仲裁裁决，可以视为我国涉外仲裁裁决。被申请人不履行裁决的，布兰特伍德公司可以参照民事诉讼法关于执行涉外仲裁裁决的规定向被申请人住所地或财产所在地的中级人民法院申请执行。布兰特伍德公司依据《纽约公约》或《关于内地与香港特别行政区相互执行仲裁裁决的安排》申请承认和执行仲裁裁决，法律依据显属错误，故裁定终结审查。布兰特伍德公司可依法另行提起执行申请。

国际民商事司法协助常见问题解答

> **典型意义：**
> 该案经报核至最高人民法院同意，首次明确了境外仲裁机构在我国内地做出的仲裁裁决籍属的认定规则，将该类裁决视为我国涉外仲裁裁决，确认该类裁决能够在我国内地直接申请执行，有利于提升我国仲裁制度的国际化水平，树立了"仲裁友好型"的司法形象，对于我国仲裁业务的对外开放及仲裁国际化发展具有里程碑意义。
> （引自：最高人民法院第三批涉"一带一路"建设典型案例，2022-03-01）

第三节 不可抗力条款

在国际贸易合同签署后，出口方可能由于多种原因而无法交货或无法如期交货。当出口方能够证明导致其无法履约的原因为不可抗力时，则出口方可以免责，不承担对进口方的赔偿责任。中国法律下，不可抗力是法定免责事由之一。进口方不能以不可抗力为由而不履行付款责任。

在国际贸易实践中，对"不可抗力"的认定一般结合两方面的规定，分别是不可抗力的法律规定和合同中的不可抗力条款。

一、不可抗力的含义

根据《民法典》，不可抗力（Force Majeure）是不能预见、不能避免且不能克服的客观情况。

当前对国际贸易中"不可抗力"影响较大的国际规则有《联合国国际货物销售合同公约》《国际商事合同通则》《欧洲示范民法典草案》中的有关规定以及国际商会的《不可抗力和艰难情形条款2020》。

《联合国国际货物销售合同公约》中并没有使用"Force Majeure"（不可抗力）一词，但在"第四节 免责"中对相关情形做了表述：当事人对不履行义务不负责任，如果他能证明此种不履行义务，是由于某种非他所能控制的障碍，而且对于这种障碍，没有理由预期在订立合同时能考虑到或能避免或克服它或它的后果。

国际统一私法协会制定的《国际商事合同通则》（1994年）中界定了不可抗力的含义：若不履行的一方当事人证明，其不履行是由于非他所能控制的障碍所致，而且在合同订立之时，无法合理地预期该方当事人能够考虑到该障碍，或者避免、克服该障碍或其后果，则不履行方应予免责。

在国际商会《不可抗力和艰难情形条款2020》中"不可抗力"是指阻止或妨碍一方当事人履行合同项下的一项或多项义务的事件或情况（"Force Majeure Event"，即不可抗力事件）发生，且受障碍影响的当事人（"受影响的当事人"）证明：
（1）该障碍超出其合理控制范围。
（2）该障碍在订立合同时无法被合理预见。
（3）障碍的后果无法被受影响的当事人合理避免或克服。

不可抗力事件的发生会阻碍、延迟或阻止合同的正常履行，不可抗力条件下当事人的

权利和义务包括以下方面:

首先,当事人一方因不可抗力不能履行合同的,根据不可抗力的影响,部分或者全部免除责任;其次,因不可抗力不能履行合同的,应当及时通知对方,以减轻可能给对方造成的损失,并应当在合理期限内提供证明;再次,因不可抗力致使不能实现合同目的时,当事人可以解除合同;最后,当事人迟延履行合同后发生不可抗力的,不能因不可抗力为由要求免除其违约责任。

二、不可抗力条款

《民法典》《联合国国际货物销售合同公约》和《国际商事合同通则》均未确定不可抗力的具体类型。常见的不可抗力情形包括自然灾害(地震、海啸、洪水、火山爆发等),火灾,罢工,政府突然发布禁运、禁止进口、出口等行政命令,战争,瘟疫等。依据合同自由原则,在不违反法律强制性规定的前提下,当事人可以通过在合同中约定具体的不可抗力条款,扩大或缩小甚至排除不可抗力规定适用的范围。

国际商会《不可抗力和艰难情形条款 2020》中列举了推定不可抗力事件(Presumed Force Majeure Events)的多种具体情形,但在任何情况下,援引不可抗力的当事人必须证明障碍的后果不可能被合理地避免或克服。

(1)战争(无论是否宣战),敌对行动,入侵,外敌行动,大规模军事动员。

(2)内战,暴乱,叛乱和革命,军事政变或篡权,暴动,恐怖主义行为,破坏或海盗活动。

(3)货币和贸易限制,禁运,制裁。

(4)合法或非法的权力行为,遵守任何法律或政府命令,征收,厂房扣押,征用,国有化。

(5)瘟疫,流行病,自然灾害或极端自然事件。

(6)爆炸,火灾,设备损坏,运输、电信、信息系统或能源的长期崩溃。

(7)普遍的劳工骚乱,如抵制,罢工和封门,怠工,工厂和场所的占领。

国际贸易合同中一项完整的不可抗力条款,除了明确不可抗力的具体情形,也会明确权利与义务的相应调整,包括是否延长原有的履约时限,暂停履行直到不可抗力事件过去,只履行部分合同义务,甚至延误一定时间后合同某一方有权解除合同等。此外,需要注意的是:如果当事人迟延履行后发生不可抗力的,则不能免除责任;如果不可抗力仅仅是损失发生的原因之一,仅免除部分责任,而不是合同下的全部责任。

不可抗力来源于大陆法系,在适用大陆法的情况下,即使当事人未在合同中明确约定不可抗力条款,也可以直接依据不可抗力规则主张免责。在适用中国法的前提下,合同当事人即使在合同中没有约定不可抗力条款,也可依据法律的规定,在发生不能预见、不能避免且不能克服的事件情形下,主张因不可抗力带来的部分或全部免除合同责任。

在英美法国家,不可抗力的效果由合同条款具体约定,如果合同不可抗力条款中未列出某种具体情形,则该情形将不会被法院或仲裁机构裁判为不可抗力。

1. 不可抗力条款例（一）

Neither party shall be held liable or responsible to the other party, nor be deemed to have defaulted under or breached this agreement for failure or delay in fulfilling or performing any obligation under this agreement when such failure or delay is caused by or results from causes beyond the reasonable control of the affected party, including but not limited to fire, floods, embargoes, war, acts of war, insurrections, riots, strikes, lockouts or other labor disturbances, or acts of god; provided, however, that the party so affected shall use reasonable commercial efforts to avoid or remove such causes of nonperformance, and shall continue performance hereunder with reasonable dispatch whenever such causes are removed. Either party shall provide the other party with prompt written notice of any delay or failure to perform that occurs by reason of force majeure.

任何一方均不对另一方承担责任或负责，也不应被视为违反本协议，如果此类终止履约或延迟履行本协议项下的任何义务是由超出受影响方合理控制的原因引起的，包括但不限于火灾、洪水、禁运、战争、战争行为、叛乱、骚乱、罢工、停工或其他劳工骚乱，或天灾；但是，受影响的一方应尽合理的商业努力避免或消除此类不履约原因，并在消除此类原因时应尽快继续履行本协议。任何一方应及时向另一方提供因不可抗力而发生的任何延迟或未能履约的书面通知。

2. 不可抗力条款例（二）

The seller shall not be held responsible for failure or delay in delivery of the entire lot or a portion of the goods under this sales contract in consequence of any Force Majeure incidents which might occur. Force Majeure as referred to in this contract means unforeseeable, unavoidable and insurmountable objective conditions.

由于发生人力不可抗拒的原因，致使本合约不能履行，部分或全部商品延误交货，卖方概不负责。本合同所指的不可抗力系指不可干预、不能避免且不能克服的客观情况。

3. 国际商会合同样本不可抗力条款

国际商会合同样本中设置了不可抗力条款，但是并未列举具体的不可抗力事件类型。

（1）A party is not liable for a failure to perform any of its obligations in so far as it proves:

（a）that the failure was due to an impediment beyond its control;

（b）that it could not reasonably be expected to have taken into account the impediment and its effects upon its ability to perform at the time of the conclusion of the contract;

（c）that it could not reasonably have avoided or overcome the impediment or its effects.

一方当事人不必因为其没履行义务而承担责任，只要其能证明：

（a）没履行义务是因为出现了其不可控制的障碍；

（b）在订立合同时无法合理预见该种障碍及其对履行能力的影响；

（c）不能合理地避免或克服该障碍或其影响。

（2）A party seeking relief shall, as soon as practicable after the impediment and its effects upon that party's ability to perform become known to it, give notice to the other party of such impediment and its effects on that party's ability to perform. Notice shall also be given when the ground of relief ceases.

Failure to give either notice makes the party thus failing liable in damages for loss which otherwise could have been avoided.

主张免责的一方,应当自知道该种障碍及其对履行合同的不利影响之日起,将该种障碍及其对履行合同的不利影响尽快通知另一方。当免责的原因消除时,也应当通知另一方。

未能履行任何上述通知义务的,则该当事人应承担原可避免的损失的赔偿责任。

三、不可抗力证明

不可抗力事件发生后,受影响的一方需要向另一方举证证明发生了相关事实,包括:

(1) 发生的事件是否属于不可抗力条款中定义的事件。

(2) 合同履行受到的影响与该事件之间是否有直接的因果关系。

(3) 依赖不可抗力条款的履约方已经采取了合理的措施去避免或减轻这一不可抗力事件对合同履行的影响,但仍然无法履约。

不可抗力证明是证明不可抗力事件客观事实(比如洪水、地震、疫情)是否实际发生的重要证据,但是一个事件是否构成不可抗力,当事人是否可以主张免责,除非当事人明确约定,否则只能由法院或仲裁机构予以认定。

依据《中国国际贸易促进委员会章程》(2015年)第八条规定,中国贸促会可以出具不可抗力证明。贸促会出具的不可抗力事实性证明已得到全球200多个国家和地区政府、海关、商会和企业的认可,在域外具有较强的执行力。不可抗力事实证明书是否需要提供,还应根据合同条款的明确约定,看合同条款是否明确要求在提供不可抗力证明文件时必须以出具此类证明书的方式作为证据。如果合同条款没有这样明确的要求,则此类事实证明书的提供也非必要。

2020年疫情发生后,截至2020年12月31日,全国贸促系统共计105家商事证明机构累计出具不可抗力事实性证明7 526份,涉及俄罗斯、美国、德国等145个国家,涉及合同金额总计约1 129.76亿美元,直接为企业减免违约责任近200亿美元,间接为企业协商变更、终止合同提供了支持,并为企业应对潜在的仲裁或诉讼提供了有力的证据。中国贸促会不可抗力事实性证明见二维码。

"不可抗力"主要适用于大陆法系国家,如中国和德国等;而在英国及我国香港地区并不存在"不可抗力"的说法,美国虽有相关法律规定但也设定了严格的限制条件。因此,即便我国出口企业向贸促会申办了不可抗力事实性证明,主张"不可抗力"免责也不一定能够得到国外司法机关的承认。

中国贸促会
证明书

知识库

各个国家/地区不可抗力立法及司法实践

我们有必要研究各国/地区对于不可抗力的立法规定及司法实践,以便未来更好地防范及应对国际贸易中潜在的法律适用风险。

(一)国际公约

《联合国国际货物销售合同公约》第79条第1款规定:

A party is not liable for a failure to perform any of his obligations if he proves that the failure was due to an impediment beyond his control and that he could not reasonably be expected to have taken the impediment into account. at the time of the conclusion of the contract or to have avoided or overcome it or its consequences. (中文译文为:如果合同一方证明不能履约是由于他无法控制的障碍所致,并且无法合理地预期他在缔结合同时已考虑到该障碍,或已经避免或克服了该障碍或其后果,则该方不承担任何责任。)

(二)中国

我国属大陆法系,我国法律明确对不可抗力进行了规定。《民法典》第180条规定:因不可抗力不能履行民事义务的,不承担民事责任。法律另有规定的,依照其规定。不可抗力是指不能预见、不能避免且不能克服的客观情况。

(三)英国

英国法中并没有明确的"不可抗力"的概念,因此英国法院对简单概括性的不可抗力条款基本采取排斥态度。由于国际商贸合同普遍采用普通法或英国法的原则适用法律,因此中国贸促会开具不可抗力事实性证明的行为在国内外都引起了比较大的反响乃至争议。

在英国法中,如果合同未明确约定不可抗力条款,那么当合同无法履行时,当事方其实只有很有限的救济方式来终止合同,主要的手段就是"合同受挫"。而且,合同受挫的适用门槛极高,如以下情况都不构成合同受挫:双方已就所发生的特定事件的后果做出明确约定、当事人主张的受挫事件具有可预见性、受挫事件是由于当事人自身行为所致、合同具有可替代履行方式、履约成本增加等。

因此,在英国法下,当事方如果想要援引不可抗力,需要同时满足两个条件:第一,合同明确约定了不可抗力条款,并将不可抗力的定义明确扩展到包括瘟疫(Epidemics)、大流行病(Pandemics)、隔离(Quarantine)等事项。第二,主张不可抗力的当事人还应当证明不能履行或中止履行与相应的不可抗力事件之间存在联系。

(四)中国香港地区

我国香港地区法律受英国普通法影响较大,对不可抗力相关内容的适用限制与英国类似,也较为严格。我国香港地区对于疫情期间不可抗力相关的法律直接保护比较保守,更倾向于采用财政与经济金融手段给予企业支持。

根据我国香港地区法律,只有当双方在其合同中包括不可抗力条款时,不可抗力才适用。若合同不包括不可抗力条款,香港法中的合同受挫失效原则(该原则主要指如果在合同成立后发生使合同履行在客观上或商业上不可能,或和合同设立时完全相反的事件,以至于新的情况让双方固守原约定显失公平,则该原则可用于解除该合同)也有可能适用,但受到严格的限制。香港地区法律明确规定,不能仅仅为了不承担不利的商业约定责任,或在双方曾预见到相关事件的情况下援引合同受挫失效原则;同时,援引该原则的一方也要承担根据上述严格标准证明合同受挫失效的义务。

根据以上法律精神，再加上香港社会非常崇尚自由市场以及合同自治的原则，香港特区政府往往不会采取直接措施来帮助一些企业或个体开具不可抗力的相关证明或进行类似工作。从判例法来看，不论是在中国香港地区抑或是在英国，直接阐明流行病是否以及如何会使商业合同目的受挫失效的判例法也非常有限。

（五）美国

美国作为以判例法为主的国家，其在司法实践上并没有针对新冠疫情做出如我国一般的特殊处理。不过不同于英国，美国《统一商法典》（Uniform Commercial Code，UCC）中有对于不可抗力的明确规定。UCC第2~615条要求不可抗力必须满足3个条件：

（1）发生意外事件（Contingency）；

（2）意外事件使合同的履行变得不切实际（impracticable）；

（3）意外事件的不发生是订立合同的基本前提（Basic Assumption）。UCC第2~615条的基本逻辑是，在意外事件发生的情况下，合同履行不能，或者合同的实际履行与合同预期目的发生了重大改变，以致无法合理地认为在意外事件发生的情况下，合同依然能够继续适用；但合理的商业风险不能构成不可抗力。

关于新冠疫情可否在美国被认定为不可抗力，泰和泰律师事务所相关法律专家认为，应从以下3个条件来分析：

（1）新冠疫情是否构成意外事件。需要具体问题具体分析。疫情的暴发是一个过程，国内采取交通限制等措施的时间和程度不一，其他国家对中国开始实施禁令的时间和程度也不一，不能将新冠疫情期间发生的所有事情一概归为不可预见的意外事件。因此，若想在美国法院主张不可抗力并取得成功，需要细心准备证据，而不能仅仅依靠中国政府部门或者司法机构开具的不可抗力证明。

（2）新冠疫情是否造成合同的履行不切实际。单纯的商业风险很难被认定为不可抗力，想要主张疫情构成不可抗力，必须要达到在疫情发生的情况下，合同的履行已经达到完全不可能的程度；而单纯的因新冠疫情导致合同履行难度增加，或商业成本增加等并不足以证明合同履行彻底丧失了现实性条件。

（3）新冠疫情的不发生是否是合同订立的基本前提。即合同双方在订立合同时认为不可抗力涉及的情况不会在合同履行期间发生，这一共识是双方订立合同的前提。如果预见到该不可抗力可能发生，那么一开始双方就不会订立合同。值得注意的是，判断新冠疫情的不发生是否构成订立合同的基本前提，需要根据合同的具体内容及订立合同当时的客观环境做出具体判断，不是单纯的主观认定问题。

综上，在美国的司法框架下判断一种情况是否构成不可抗力是相对困难且十分复杂的，需要谨慎对待。

（六）澳大利亚

澳大利亚为普通法国家，在其法律体系下，能否适用"不可抗力"条款来主张免除合同项下的全部或部分责任，要取决于合同方对"不可抗力"条款的具体约定。

"不可抗力"在澳大利亚法律体系中是一个合同谈判的产物，合同方可以自由谈判约定他们认为合适的不可抗力条款，这意味着不可抗力条款因合同约定而异。

若合同中未约定"不可抗力"条款，则通常依据英美普通法中的"合同受挫"原则认定其法律后果。澳大利亚法院通常会引用 Davis Contractors Ltd v Fareham Urban District

Council [1956] AC 696 案中的判断标准来认定是否构成合同受挫,即在没有任何一方违约的情况下,因履约环境的变化致使该履约义务与合同中原定所承担的义务根本上不相同,从而使该合同义务变得无法履行。

"合同受挫"的法律后果与合同明确约定"不可抗力"条款有着明显的差别。一旦"合同受挫"被认定,则通常会导致合同解除;以及通常以受挫事件发生的时间为节点,即该事件发生后,双方的权利义务终止,这很可能意味着前期的预付款或定金或保证金将无法获得返还。

因此,新冠疫情不一定会被认定为不可抗力。合同方需要考虑合同中不可抗力条款的具体约定情况以及新冠疫情对于合同各方履约义务带来的特定影响等综合因素才能做出判定。

(七) 欧洲

据报道,中国海洋石油总公司(China National Offshore Oil Corp.)以疫情封控导致必要劳动力缺乏从而无法提货为由,援引"不可抗力"条款主张免责,但交易相对方荷兰皇家壳牌有限公司(Royal Dutch Shell Plc)和道达尔公司(Total S. A.)明确拒绝接受中国海洋石油总公司这一主张。

可以看出,双方之间应该没有将"病毒传染病事由"约定在合同条款不可抗力范畴里,否则不会出现上述不同意情形。此时如果诉诸到法院,则管辖法院和准据法便成为关键。如果管辖法院为中国法院,准据法为中国法,则很大程度上国内公司拒收货物,会被认定为适用"不可抗力"而免责。反之,如果管辖法院为外国法院,准据法为外国法,则很有可能不会认定为适用"不可抗力"。

荷兰法中的不可抗力规定于《荷兰民法典》(DCC)的第 6:75 条,即如果义务人未能履行其义务不是其过错,并且根据(i)法律,(ii)任何法律行为,或(iii)一般常识,不可归责于该义务人,则该义务人不承担责任。

根据荷兰法律,不可抗力的法定规定自动适用于所有合同。但证明不可抗力事件妨碍履行合同义务的责任由寻求依赖不可抗力抗辩的一方承担,并且法院有权决定提交的证据是否足以达到其证明目的。

因此,在荷兰法规定下,如果想要证明因不可抗力导致合同的不履行,应当从以下两方面予以证明:第一,不存在不履行的过错。这意味着不履行不应是义务人本可以或本应防止的某件事造成的。因此,必须确定当事人是否能够以及在多大程度上能够控制不履行的原因及其后果。第二,根据具体的法律规定、法律行为或一般常识,合同的不履行不应归咎于义务人。

(引自中国国际贸易促进委员会网站,2021 年 1 月 18 日,对 2020 年新冠疫情之下中国贸促会不可抗力相关工作的回顾及前瞻,https://www.ccpit.org/a/20 210 118/202 101 183mu6.html)

> **应用案例**
>
> 2020 年 8 月起,云龙公司与美国 IBK 公司多次签订采购订单,约定由 IBK 公司向云龙公司采购货物,订单除载明货物编码外,还载明付款条件为 FOB,见提单后 60 天支付。
>
> 2020 年 11 月 18 日,云龙公司为安排出口货物的出运,通过电子邮件的方式向江苏滹沱物流发送国际货物托运书(海运),载明托运人为云龙公司,收货人为 IBK 公司,运抵国为美国,成交方式为 FOB,货物品名为水泵零件联轴器,数量 276 件,毛重 647.11 千克,

净重609.78千克，总价10 674.78美元。并同时寄送了发票及装箱单。当日，云龙公司从江苏潭沱物流处取得编号为HT20××18的高邑公司进仓通知书，要求其将货物于2020年11月24日之前送至位于上海市浦东新区××镇××公路××号高邑公司的仓库，预计船期为2020年11月28日。次日，云龙公司委托他人将货物用卡车送至高邑公司仓库，取得高邑公司开具的进仓单，并向高邑公司缴纳进仓费和进门费人民币160元。2020年11月25日，位于上海市浦东新区××镇××公路××号高邑公司的仓库发生火灾，浦东新区消防救援支队于2021年1月21日出具火灾事故认定书，认定火灾造成仓库建筑及内部设施和各类货物等烧毁烧损，起火原因为电气线路短路引发火灾。2020年11月26日，江苏潭沱物流告知仓库失火，云龙公司的货物也在其中，并要求云龙公司提供货物的发票、装箱单和报关单据。云龙公司之后委托快递公司将相关单据送达江苏潭沱物流。

云龙公司与江苏潭沱物流就货物赔偿问题发生纠纷。经法院裁判，江苏潭沱物流应当向云龙公司承担违约赔偿责任。但江苏潭沱物流辩称涉案火灾事故的发生对江苏潭沱物流来说是不可预见、不可避免的，构成不可抗力，对于火灾事故造成的损失，江苏潭沱物流应予免责。

二审法院认为：消防部门出具的火灾事故认定书认定，起火原因为电气线路短路引发火灾。二审中仓库方高邑公司确认，涉案火灾事故发生后，消防部门曾对其予以行政处罚，认定涉案仓库存在消防设施配置不符合标准的消防违法行为。因此，涉案火灾事故属于人为因素导致，不属于构成不可抗力的客观情况。同时，根据《合同法》第四百条的规定，转委托未经同意的，受托人应当对转委托的第三人的行为承担责任。本案中，高邑公司作为江苏潭沱物流转委托的第三人，对受托存放于其仓库的涉案货物未履行好妥善保管义务造成损失，江苏潭沱物流作为云龙公司的受托人，虽无证据证明其对涉案火灾事故的发生具有过错，但因转委托高邑公司未经云龙公司同意，依法应对高邑公司行为造成的损害后果承担赔偿责任。综上，对于江苏潭沱物流提出依据不可抗力要求免责的上诉主张，不予支持。

问题：

1. 云龙公司货物在装船前遇火灾全损，请问云龙公司无法按时装运货物，是否要承担责任？请说明理由。
2. 如果云龙公司承担责任，可否引用不可抗力条款免责，而要求延期交货？
3. 进口方IBK公司订舱后，因无货物可装，产生的订舱损失，应该由谁承担？
4. 进口方如果已经投保，那么因火灾而损失的货物可否获得保险公司的赔偿？

练习题

1. 名词解释。
   (1) 仲裁。
   (2) 不可抗力。
2. 简答题。
   (1) 简述异议与索赔条款的主要内容。
   (2) 简述仲裁的特点。
   (3) 简述仲裁协议的类型和作用。

第十二章 争端解决与处理

3. 案例分析。

2021年1月10日,中国A公司与埃及B公司签订进口矿物油的合同,合同条款包含各项常规交易条款,如术语 FOB PORT SAID, EGYPT, 2021年3月装运等。3月25日,B公司按照规定备妥货物并完成货物集港,等待A公司指派的船舶到港受领货物。当时,A公司租用的船舶已经由南向北驶入苏伊士运河,预计26日前后可驶抵赛德港(苏伊士运河北端)。但埃及时间2021年3月23日上午8时(北京时间下午2时)左右,中国台湾长荣集团旗下巴拿马籍货轮"长赐号"在苏伊士运河搁浅,导致欧亚之间最重要的航道之一苏伊士运河被切断。虽然6天后,即3月29日,"长赐号"成功重新上浮,埃及政府也宣布苏伊士运河货轮搁浅危机解除,但由于南北双向拥堵船舶过多,等到A公司指派的船舶抵达赛德港已经是4月7日,导致合同未能按时履行。

问题:此事件发生过程中和之后,交易双方应如何应对为宜?引致的后果和可能出现的损失及费用应该如何划分?

思维导图

争端解决与处理 知识俯视图

- **索赔条款**
  - 索赔
    - 概念
    - 索赔前必须明确交易各方的责任和权利。一旦一方违反了合同或相关公约、法规的规定,则另一方有权利依据合同或依法向对方提出索赔
    - 卖方常见违约情况
    - 买方常见违约情况
  - 索赔条款
    - 索赔依据
    - 索赔期限
    - 索赔金额
    - 索赔方法

- **仲裁条款**
  - 拒绝对方的索赔请求可以采取仲裁和诉讼的方式进行解决
  - 仲裁
    - 概念
  - 仲裁协议
    - 仲裁协议的内容
      - 请求仲裁的意思表示
      - 仲裁事项
      - 选定的仲裁机构
  - 仲裁协议的作用
  - 仲裁的优势

- **不可抗力条款**
  - 不可抗力含义
    - 中国《民法典》,不可抗力是不能预见、不能避免且不能克服的客观情况
  - 不可抗力证明
    - 发生的事件是否属于不可抗力条款中定义的事件
    - 合同履行受到的影响与该事件之间是否有直接的因果关系
    - 依赖不可抗力条款的履约方已经采取了合理的措施去避免或减轻这一不可抗力事件对合同履行的影响,但仍然无法履约

扫描观看
思维导图详细版

参 考 文 献

[1] 中国国际商会/国际商会中国国家委员会译. 国际贸易术语解释通则2020［M］. 北京：对外经济贸易大学出版社，2020.
[2] 黎孝先，王健. 国际贸易实务［M］. 北京：对外经济贸易大学出版社，2020.
[3] 吴百福，徐小薇，聂清. 进出口贸易实务教程［M］. 8版. 上海：上海人民出版社，2020.
[4] 苏宗祥，徐捷. 国际结算［M］. 7版. 北京：中国金融出版社，2020.
[5] 吕红军. 国际货物贸易实务［M］. 北京：中国商务出版社，2021.
[6] 闵海燕，韩涌. 国际贸易实务［M］. 北京：北京理工大学出版社，2017.
[7] 郑俊田. 国际物流与运输［M］. 北京：中国海关出版社，2018.
[8] 中国报关协会. 关务基础知识（2022年版）［M］. 北京：中国海关出版社，2022.
[9] 中国银行及境外机构、中国工商银行及境外机构、中国建设银行及境外机构、中国农业银行、昆仑银行、厦门国际银行、汇丰银行、渣打银行、中国进出口银行、中信银行、招商银行、安徽银行、中国光大银行、杭州联合银行、恒生银行、河北银行、泉州银行、华夏银行、宁波银行、平安银行、兴业银行、渤海银行等网站信息及资料。
[10] 书中未注明出处的案例根据中国裁判文书网（wenshu. court. gov. cn）相关裁判文书进行删减并修改完成，并对相关企业和机构名称、时间等信息做了虚构处理，如相关企业名称或人名与本教材中相同，纯属巧合。